U0226292

普通高等教育“十一五”国家级规划教材
高等学校网络空间安全系列丛书

网络安全概论

（第2版）

刘建伟　毛　剑　杜皓华　王　娜　编著

電子工業出版社
Publishing House of Electronics Industry
北京 • BEIJING

内 容 简 介

本书介绍了网络安全的基本概念，较深入地讨论了网络边界安全、电子商务安全及通信网安全的理论与技术，内容基本上涵盖了网络安全理论与技术的各方面，其中的知识单元和知识点符合教育部信息安全类专业教学指导委员会制定的《信息安全类专业课程设置规范》的要求。

本书概念清晰、语言精练。在网络安全基本概念和理论介绍方面，力求深入浅出，尽可能将复杂的工作原理借助图表加以表述，以适应本科教学的特点。特别是本书在每章的后面提供了很多填空题和思考题，便于进一步加深读者对课堂上所学知识的理解，并让读者深入思考一些有关网络安全的技术问题。

本书既可以作为高等学校信息安全、信息对抗、密码学、通信、计算机等专业高年级本科生和研究生的教材，也可以作为网络安全工程师、网络管理员和计算机用户的参考书或培训教材。

图书在版编目（CIP）数据

网络安全概论 / 刘建伟等编著. —2 版 —北京：电子工业出版社，2020.12

ISBN 978-7-121-40293-7

Ⅰ. ①网… Ⅱ. ①刘… Ⅲ. ①计算机网络—网络安全—高等学校—教材 Ⅳ. ①TP393.08

中国版本图书馆 CIP 数据核字（2020）第 258355 号

责任编辑：章海涛　　特约编辑：王　崧
印　　刷：北京京师印务有限公司
装　　订：北京京师印务有限公司
出版发行：电子工业出版社
　　　　　北京市海淀区万寿路 173 信箱　　邮编　100036
开　　本：787×1092　1/16　印张：19.25　字数：490 千字
版　　次：2009 年 6 月第 1 版
　　　　　2020 年 12 月第 2 版
印　　次：2020 年 12 月第 1 次印刷
定　　价：58.00 元

凡所购买电子工业出版社图书有缺损问题，请向购买书店调换。若书店售缺，请与本社发行部联系，联系及邮购电话：（010）88254888，88258888。

质量投诉请发邮件至 zlts@phei.com.cn，盗版侵权举报请发邮件至 dbqq@phei.com.cn。

本书咨询联系方式：192910558（QQ 群）。

前　　言

随着网络技术的飞速发展，电子政务和电子商务正在得到普及。网络在为人们的日常工作和生活带来便利的同时，也带来了日益严重的安全威胁。为了满足社会对信息安全人才的需求，许多大学都开设了信息安全或信息对抗专业，以培养信息安全方面的专门人才。在作者从事网络安全教学实践过程中，总想编写一本比较适合本科生教学的网络安全教材。然而，直到今天，作者才有时间和精力将这一想法付诸实现。

本教材是在国家信息化专家咨询委员会的指导下编写的"信息化与信息社会"系列丛书之一。本教材涉及的网络安全知识体系和知识点，是根据教育部信息安全类专业教学指导委员会拟定的研究型大学的《信息安全专业指导性专业规范》制定的。在编写本教材的过程中，作者力求做到基本概念清晰、语言表达流畅、分析深入浅出、内容符合《信息安全专业指导性专业规范》的要求。本教材基本涵盖了网络安全理论与技术的各方面内容，可作为信息安全、信息对抗、计算机、通信等专业高年级本科生和研究生的教材，也可作为广大网络安全工程师、网络管理员和计算机用户的参考书与培训教材。

作者不敢妄言这是一本完美的网络安全教材，但作者真心期望能写出一本得到读者认可的教材。长期以来，作者一直从事网络安全的教学、科研和产品开发工作，积累了一定的教学经验和实践经验，而这些经验的取得进一步增强了作者写好此教材的信心。如果一定要归纳几条本教材的特色，那么作者认为本书的特色应体现在以下几方面。

特色 1：基本概念清晰，表述深入浅出。在基本概念的阐述上，力求准确而精炼；在语言的运用上，力求顺畅而自然。在本教材中，作者尽量避免使用烦琐的语言描述晦涩难懂的理论知识，借助大量的图表来阐述深奥的科学道理，力求做到简繁合理。

特色 2：内容翔实，重点突出。与很多网络安全教材不同，本教材完全舍弃了密码学的有关内容，重点阐述网络安全理论与技术。在网络安全知识体系和知识点的选择上，充分考虑到高年级本科生和研究生的特点，力求做到既有广度又有深度。

特色 3：理论与实践相结合。针对某些网络安全技术和产品，本教材给出相应的网络安全解决方案，从而使读者能够深入而全面地了解网络安全技术的具体应用，以提高读者在未来的网络安全实践中独立分析问题和解决问题的能力。

特色 4：每章后面都附有精心斟酌和编排的思考题。通过深入分析和讨论思考题中所列的问题，读者可加强对每章所学理论知识的理解，从而进一步巩固所学的知识。

本版是在对第 1 版进行审校和更新的基础上形成的：缩减了第 5、6、7 章中较为过时的内容，合并成了新版中的第 5 章；结合当前的技术发展热点，在第 1 章中新增了关于工业互联网、移动互联网及物联网安全相关的内容，在第 3 章中新增了关于证书透明化技术最新进展的内容，在第 8 章中新增了 5G 网络安全相关技术进展的内容，在第 9 章中新增了垃圾邮件及安全检测相关部分的内容，同时扩展了第 10 章中关于 3D 安全协议的内容。

本书由刘建伟、毛剑统稿。其中，第 1 章由刘建伟和王娜编著，第 2 章和第 5～6 章由刘建伟编著，第 3 章由毛剑和刘建伟编著，第 4 章和第 7 章由刘建伟、王育民和王娜编著，第 8 章由刘建伟和杜皓华编著，第 9～10 章由毛剑编著。

感谢中国科学院软件所的冯登国院士。没有冯登国院士的积极推荐和热情鼓励，作者恐怕不会承担编写本书的任务。同时，感谢杨义先教授和陈克非教授，他们对本书原稿进行了审核，并提出了许多建设性的指导意见。

感谢西安电子科技大学的王育民教授。他学识渊博、品德高尚，无论是在做人还是在做学问方面，一直都是作者学习的榜样。作为他的学生，作者始终牢记导师的教诲，丝毫不敢懈怠。感谢北京航空航天大学的张其善教授。正是由于张其善教授给予了作者无微不至的关怀和鼎力支持，作者才有了战胜困难的力量和勇气。

感谢王琼副译审。她认真阅读了全文，帮助作者修改了大量的文字和语法错误，为提高本书的质量做出了贡献。她极强的文字功底令人钦佩。

感谢北京航空航天大学的研究生们为本书的顺利出版所做出的贡献，他们分别是：胡荣磊、刘淳、丁晓宇、郭克强、杨友福、刘建华、杨大伟、李莉、宫晓妍、郑海龙、张亮、张建荣、郭旭东、韩东、田甜、刘书明、田园、王冠、周耀斌、李为宇、韩庆同、张薇、孙钰、宋璐等。在本书的编写过程中，作者参阅了大量国内外同行的书籍和参考文献，在此谨向这些参考书和文献的作者表示衷心感谢。

最后，作者感谢电子工业出版社的编辑们在本书撰写过程中给予的支持与帮助。因作者水平所限，书中难免存在错误和不当之处。对此，作者恳请读者批评指正。

本书的编写得到了国家重点研发计划“智能服务交易与监管技术研究”（2017YFB1400702）、国家自然科学基金重点项目“空间信息网络安全可信模型和关键方法研究”（61972018）及“基于区块链的物联网安全技术研究”（61932014）、北京市自然科学基金项目“基于深度关联分析的软件定义网络安全机理研究”（4202036）的支持。

作　者

2020 年 11 月于北京

目　录

第1章

网络安全基础

内容提要

计算机网络及分布式系统的出现在给人们工作和生活带来便利的同时，也引入了极大的安全风险。如何认知和解决网络安全问题，是社会信息化进程中的重要课题。本章将首先介绍网络安全发展态势与网络安全需求，然后阐述目前存在的安全威胁、安全攻击与相应的网络安全策略、安全防护措施，最后给出国际标准化组织（ISO，International Standard Organization）提出的开放系统互连（OSI，Open System Interconnection）安全框架，并详细介绍 ITU-T X.800 标准提出的各类安全服务和安全机制。在深入讨论安全服务和安全机制之间的相互关系后，给出了一般的网络安全模型。通过本章的学习，读者可以明确网络安全基本概念，了解网络安全现状与现有安全体系结构，为全面掌握本书后续章节内容奠定基础。

本章重点

- 网络安全发展态势与安全需求
- 安全威胁的来源及防护措施
- 安全攻击的概念及分类
- OSI 安全框架
- 网络安全服务及机制
- 安全服务及安全机制之间的关系
- 网络安全模型

1.1 引言

在计算机发明之前，人们主要靠物理手段（如保险柜）和行政手段（如制定相应的规章制度）来保证重要信息的安全。在第二次世界大战期间，人们发明了各种机械密码机，以保证军事通信的安全。虽然这些机械密码机在今天看来安全性非常有限，但它们在第二次世界大战中战功卓著，其设计的精巧令人惊叹。第二次世界大战期间使用的各种机械密码机如图 1.1 所示。

图 1.1 第二次世界大战期间使用的各种机械密码机

自 1946 年 2 月 14 日世界上第一台计算机 ENIAC 在美国宾夕法尼亚大学诞生以来，人们对信息安全的需求经历了两次重大的变革。计算机的发明给信息安全带来了第一次变革。计算机用户的许多重要文件和信息均存储在计算机中，因此对这些文件和信息的安全保护成为一个重要的研究课题。人们迫切需要使用自动的加密工具对这些重要文件和机密数据进行加密，同时需要对这些文件设置访问控制权限，还需要保证数据免遭非法篡改。这一切均属于计算机安全的研究范畴。

计算机网络及分布式系统的出现给信息安全带来了第二次变革。人们通过各种通信网络进行数据的传输、交换、存储、共享和分布式计算。网络的出现给人们的工作和生活带来了极大的便利，同时也带来了极大的安全风险。在信息传输和交换时，需要对通信信道上传输的机密数据进行加密；在数据存储和共享时，需要对数据库进行安全的访问控制及对访问者授权；在进行多方计算时，需要保证各方的机密信息不被泄露。这些均属于网络安全的范畴。

实际上，上述两种形式的安全之间并没有明确的界限。目前，几乎所有的计算机均与 Internet 相连，计算机主机的安全会直接影响网络安全，网络安全也会直接导致计算机主机的安全问题。例如，对信息系统最常见的攻击是计算机病毒，它可能最先感染计算机的磁盘和其他存储介质，然后加载到计算机系统上，并通过 Internet 进行传播。

本书主要讨论网络安全，涉及内容非常广泛。本书既包括计算机网络安全的问题，又包括通信网安全的问题。为便于读者感性地认识本书讨论的内容，下面先举几个与网络安全有关的例子。

（1）用户 Alice 向用户 Bob 传送一个包含敏感信息（如工资单）的文件。出于安全考虑，Alice 将该文件加密。恶意的窃听者 Eve 可以利用数据嗅探软件在网络上截获该加密文件，并千方百计地对其解密以求获得该敏感信息。

（2）网络管理员 Alice 向计算机 Bob 发送一条消息，命令计算机 Bob 更新权限控制文件以允许新用户访问计算机。攻击者 Eve 截获并修改该消息，并冒充管理员向计算机 Bob 发出修改访问权限的命令，而 Bob 误以为是管理员发来的消息并按照 Eve 的命令更新权限文件。

（3）在网上进行电子交易时，客户 Alice 将订单发给商家 Bob。Bob 接到订单后，与客户的开户行联系，以确认客户的账户存在并有足够的支付能力。此后，商家将确认信息发给客户，并自动将货款划拨到商家的账户上。如果 Bob 是不法商家，那么他在收到货款后，会拒绝给客户发货，或者抵赖，否认客户曾经下过订单。

（4）用户 Alice 购买了一部移动电话，在使用网络服务之前，她必须通过注册获得一个 SIM 或 UIM 卡。当她打开手机时，网络会对 Alice 的身份进行认证。如果 Alice 是一个不法用户，那么她可以使用盗取的 SIM/UIM 卡免费使用网络提供的服务；当然，如果基站是假冒的，那么它也会获取 Alice 的一些秘密个人信息。

虽然以上例子无法涵盖网络中存在的所有安全风险，但是这些例子使得我们对网络安全的重要性有了初步的理解。

一般来说，信息安全有以下三个基本目标。

（1）**保密性**（Confidentiality）。确保信息不被泄露或呈现给非授权的人。

（2）**完整性**（Integrity）。确保数据的一致性；特别要防止未经授权生成、修改或毁坏数据。

（3）**可用性**（Availability）。确保合法用户不会无缘无故地被拒绝访问信息或资源。

在今天的网络环境下，还有一个基本的目标是不能被忽视的，它就是合法使用。

（4）**合法使用**（Legitimate Use）。确保资源不被非授权的人或以非授权的方式使用。

为了支持这些基本的安全目标，网络管理员需要有一个非常明确的安全策略，并且需要实施一系列安全措施，确保安全策略所描述的安全目标能够得以实现。安全措施可以分成几大类，本书讨论的内容属于网络安全的范畴，它包括网络边界安全、Web 安全及电子邮件安全等内容。此外，还有两大类分别属于通信安全和计算机安全的范畴。通信安全对通信过程中所传输的信息施加保护，而计算机安全则对计算机系统中的信息施加保护，它也包含操作系统安全和数据库安全两个子类。网络安全、通信安全和计算机安全措施需要与其他类型的安全措施（如物理安全和人员安全措施）配合使用，才能更有效地发挥作用。

本章主要介绍如下一些基本概念。

- 网络安全需求。
- 安全威胁与防护措施。
- 网络安全策略。
- 安全攻击的分类。
- 网络攻击的常见形式。
- 网络安全服务。
- 网络安全机制。
- 网络安全的一般模型。

后续章节将详细讨论网络安全实践中常用的理论和技术，并结合一些具体的网络应用介绍一些网络安全产品和网络安全解决方案。

1.2 网络安全概述

1.2.1 网络安全现状及安全挑战

1969年，美国国防部国防高级研究计划署（DOD/DARPA）资助建立了ARPANET（阿帕网），这标志着互联网的诞生。计算机网络及分布式系统的出现给信息安全带来了第二次变革。人们通过各种通信网络进行数据的传输、交换、存储、共享和分布式计算。网络的出现给人们的工作和生活带来了极大的便利，同时也带来了极大的安全风险。在信息传输和交换时，需要对通信信道上传输的机密数据进行加密；在数据存储和共享时，需要对数据库进行安全访问控制及对访问者授权；在进行多方计算时，需要保证各方的机密信息不被泄露。这些均属于网络安全的范畴。

1. 网络安全现状

在今天的计算机技术产业中，网络安全是急需解决的重要问题之一。美国律师联合会（American Bar Association）所做的一项与安全有关的调查发现，40%的被调查者承认在他们的机构内曾经发生过计算机犯罪事件。在过去的几年里，Internet 继续快速发展，Internet 用户数量急剧攀升。随着网络基础设施的建设和 Internet 用户的激增，网络与信息安全问题越来越严重，因黑客事件而造成的损失也越来越巨大。

第一，计算机病毒层出不穷，肆虐全球，并且逐渐呈现新的传播态势和特点。其主要表现是传播速度快，与黑客技术结合在一起而形成的“混种病毒”和“变异病毒”越来越多。病毒能够自我复制，主动攻击与主动感染能力增强。当前，全球计算机病毒已达8万多种，每天要产生5～10种新病毒。

第二，黑客对全球网络的恶意攻击势头逐年攀升。近年来，网络攻击还呈现出黑客技术与病毒传播相结合的趋势。2001年以来，计算机病毒的大规模传播与破坏都与黑客技术的发展有关，二者的结合使病毒的传染力与破坏性倍增。这意味着网络安全遇到了新的挑战，即集病毒、木马、蠕虫和网络攻击为一体的威胁，可能造成快速、大规模的感染，造成主机或服务器瘫痪，数据信息丢失，损失不可估量。在网络和无线电通信普及的情况下，尤其是在计算机网络与无线通信融合、国家信息基础设施网络化的情况下，黑客加病毒的攻击很可能构成对网络生存与运行的致命威胁。黑客对国家信息基础设施中的任何一处目标发起攻击，都可能导致巨大的经济损失。

第三，由于技术和设计上的不完备，导致系统存在缺陷或安全漏洞。这些安全漏洞或缺陷主要存在于计算机操作系统与网络软件中。例如，微软的 Windows XP 操作系统中含有数项严重的安全漏洞，黑客可以透过这些漏洞实施网络窃取、销毁用户资料或擅自安装软件，乃至控制用户的整个计算机系统。正是因为计算机操作系统与网络软件难以完全克服这些安全漏洞和缺陷，使得病毒和黑客有了可乘之机。由于操作系统和应用软件所用的技术越来越先进和复杂，因此带来的安全问题越来越多。同时，由于黑客工具随手可得，使得网络安全问题越来越严重。所谓“网络是安全的”的说法只是相对的，根本无法达到“绝对安全”的状态。

第四，世界各国军方都在加紧进行信息战的研究。近年来，黑客技术已经不再局限于修改网页、删除数据等，而是堂而皇之地登上了信息战的舞台，成为信息战的一种手段。信息战的威力之大，在某种程度上不亚于核武器。在海湾战争、科索沃战争及巴以战争中，信息战发挥了巨大的威力。

今天，“制信息权”已经成为衡量一个国家实力的重要标志之一。信息空间上的信息战正在悄悄而积极地酝酿，小规模的信息战一直不断出现、发展和扩大。信息战是信息化社会发展的必然产物。在信息战场上能否取得控制权，是赢得政治、外交、军事和经济斗争胜利的先决条件。信息安全问题已成为影响社会稳定和国家安危的战略性问题。

2. 敏感信息对安全的需求

与传统的邮政业务和有纸办公不同，现代的信息传递、存储与交换是通过电子和光子完成的。现代通信系统可以让人类实现面对面的电视会议或电话通信。然而，流过信息系统的信息有可能十分敏感，因为它们可能涉及产权信息、政府或企业的机密信息，或者与企业之间的竞争密切相关。目前，许多机构已经明确规定，对网络上传输的所有信息必须进行加密保护。从这个意义上讲，必须对数据保护、安全标准与策略的制定、安全措施的实际应用等各方面的工作进行全面的规划和部署。

根据多级安全模型，通常将信息的密级由低到高划分为秘密级、机密级和绝密级，以确保每一密级的信息仅能让那些具有大于等于该权限的人使用。所谓机密信息和绝密信息，是指国家政府对军事、经济、外交等领域严加控制的一类信息。军事机构和国家政府部门应特别重视对信息施加严格的保护，特别应对那些机密和绝密信息施加严格的保护措施。对于那些被认为敏感但非机密的信息，也需要通过法律手段和技术手段加以保护，以防止信息泄露或被恶意修改。事实上，一些政府部门的信息是非机密的，但它们通常属于敏感信息。一旦泄露这些信息，就有可能对社会的稳定造成危害。因此，不能通过未加保护的通信媒介传送此类信息，而应该在发送前或发送过程中对此类信息进行加密保护。当然，这些保护措施的实施是要付出代价的。除此之外，在系统的方案设计、系统管理和系统的维护方面还需要花费额外的时间与精力。近年来，一些采用极强防护措施的部门也面临着越来越严重的安全威胁。今天的信息系统不再是孤立的系统，通信网络已经将无数个独立的系统连在一起。在这种情况下，网络安全也呈现出许多新的形式和特点。

3. 网络应用对安全的需求

Internet（因特网）从诞生到现在只有短短几十年的时间，但其爆炸式的技术发展速度远远超过人类历史上的任何一次技术革命。然而，从长远发展趋势来看，现在的 Internet 还处于发展的初级阶段，Internet 技术存在着巨大的发展空间和潜力。

随着网络技术的发展，网络视频会议、远程教育等各种新型网络多媒体应用不断出现，传统的网络架构越来越显示出局限性。1996 年，美国政府制定了下一代 Internet（Next Generation Internet，NGI）计划，与目前使用的 Internet 相比，它的传输速度更快、规模更大，而且更安全。

1.2.2 网络安全威胁与防护措施

1. 基本概念

所谓**安全威胁**，是指某个人、物、事件或概念对某一资源的保密性、完整性、可用性或合法使用所带来的危险。攻击就是某个安全威胁的具体实施。

所谓**防护措施**，是指保护资源免受威胁的一些物理控制、机制、策略和过程。脆弱性是指在实施防护措施中或缺少防护措施时系统所具有的弱点。

所谓**风险**，是对某个已知的、可能引发某种成功攻击的脆弱性的代价的测度。当某个脆弱的资源的价值越高且成功攻击的概率越大时，风险就越高；反之，当某个脆弱资源的价值越低且成功攻击的概率越小时，风险就越低。风险分析能够提供定量的方法，以确定是否应保证在防护措施方面的资金投入。

安全威胁有时可以分为故意威胁（如黑客渗透）和偶然威胁（如信息被发往错误的地方）两类。故意威胁又可以进一步分为被动攻击和主动攻击。被动攻击只对信息进行监听（如搭线窃听），而不对其进行修改。主动攻击对信息进行故意的修改（如改动某次金融会话过程中货币的数量）。总之，被动攻击比主动攻击更容易以更少的花费付诸实施。

目前尚没有统一的方法来对各种威胁加以区别和进行分类，也难以理清各种威胁之间的相互关系。不同威胁的存在及其严重性随着环境的变化而变化。然而，为了解释网络安全服务的作用，下面将现代计算机网络及通信过程中常遇到的一些威胁汇编成图表，如图 1.2 和表 1.1 所示。下面分 3 个阶段对威胁进行分析：① 基本威胁；② 主要的可实现威胁；③ 潜在威胁。

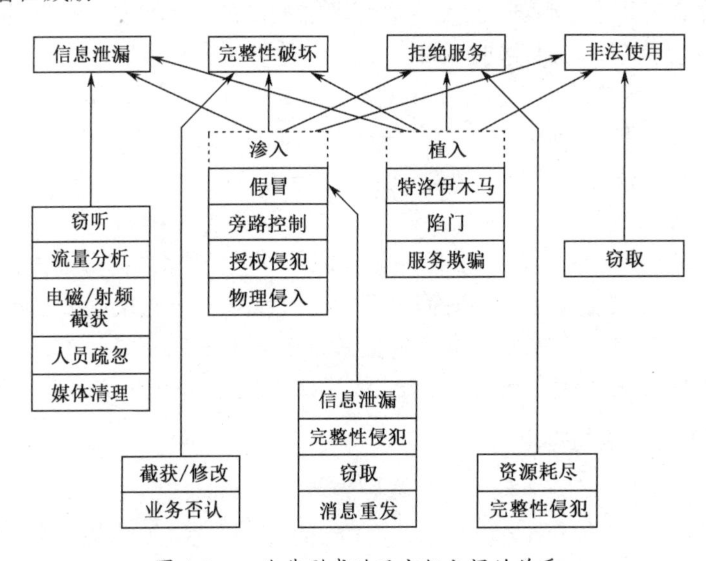

图 1.2 一些典型威胁及它们之间的关系

2. 安全威胁的来源

（1）基本威胁

在信息系统中，存在以下 4 种基本安全威胁。

① **信息泄露**。信息被泄露或透露给某个非授权的人或实体。这种威胁来自诸如窃听、搭线或其他更加错综复杂的信息探测攻击。

② **完整性破坏**。数据的一致性通过非授权的增删、修改或破坏而受到损坏。

③ **拒绝服务**。对信息或资源的访问被无条件地阻止。这可能由以下攻击所致：攻击者通过对系统进行非法的、根本无法成功的访问，尝试使系统产生过量的负荷，从而导致系统的资源在合法用户看来是不可使用的。拒绝服务也可能因为系统在物理上或逻辑上受到破坏而中断服务。

④ **非法使用**。某一资源被某个非授权的人或以某种非授权的方式使用。例如，侵入某个计算机系统的攻击者会利用此系统作为盗用电信服务的基点，或者作为侵入其他系统的“桥头堡”。

（2）主要的可实现威胁

在安全威胁中，主要的可实现威胁应引起人们的高度关注，因为这类威胁一旦成功实施，就会直接导致其他任何威胁的实施。主要的可实现威胁包括渗入威胁和植入威胁。

主要的渗入威胁有如下几种。

① **假冒**。某个实体（人或系统）假装成另一个不同的实体。这是突破某一安全防线的常用方法。这个非授权的实体提示某个防线的守卫者，使其相信它是一个合法实体，此后便攫取此合法用户的权利和特权。黑客大多采取这种假冒攻击方式来实施攻击。

② **旁路控制**。为了获得非授权的权利和特权，某个攻击者会发掘系统的缺陷和安全漏洞。例如，攻击者通过各种手段发现原本应保密但暴露出来的一些系统“特征”。攻击者可以绕过防线守卫者侵入系统内部。

③ **授权侵犯**。一个授权以特定目的使用某个系统或资源的人，却将其权限用于其他非授权的目的。这种攻击的发起者往往属于系统内的某个合法用户，因此这种攻击又称“内部攻击”。

主要的植入威胁有如下几种。

① **特洛伊木马**（Trojan Horse）。软件中含有一个不易觉察的或无害的程序段，当被执行时，它会破坏用户的安全性。例如，一个表面上具有合法目的的应用程序软件，如文本编辑软件，还具有一个暗藏的目的，就是将用户的文件复制到一个隐藏的秘密文件中，这种应用程序就称为特洛伊木马。此后，植入特洛伊木马的那个攻击者就可以阅读该用户的文件。

② **陷门**（Trapdoor）。在某个系统或其个部件中设置“机关”，使得在提供特定的输入数据时，允许违反安全策略。例如，如果在一个用户登录子系统上设有陷门，那么当攻击者输入一个特别的用户身份号时，就可以绕过通常的口令检测。

（3）潜在威胁

在某个特定的环境中，如果对任何一种基本威胁或主要的可实现威胁进行分析，那么就能发现某些特定的潜在威胁，而任意一种潜在的威胁都可能导致一些更基本的威胁发生。例如，在对信息泄露这种基本威胁进行分析时，有可能找出以下几种潜在的威胁。

① 窃听（Eavesdropping）。

② 流量分析（Traffic Analysis）。

③ 操作人员不慎导致的信息泄露。

④ 媒体废弃物导致的信息泄露。

图 1.2 中显示了一些典型威胁及它们之间的关系。注意，图中的路径可以交错。例如，

假冒攻击可以成为所有基本威胁的基础，同时假冒攻击本身也存在信息泄露的潜在威胁。信息泄露可能暴露某个口令，而攻击者用此口令也可以实施假冒攻击。表 1.1 中列出了各种威胁之间的差异，并分别进行了描述。

对 3000 种以上的计算机误用案例所做的一次抽样调查显示，最主要的几种安全威胁如下（按照出现频率由高至低排列）。

① 授权侵犯。

② 假冒攻击。

③ 旁路控制。

④ 特洛伊木马或陷门。

⑤ 媒体废弃物。

在 Internet 中，网络蠕虫（Internet Worm）就是将旁路控制与假冒攻击结合起来的一种威胁。旁路控制是指利用 UNIX、Windows 和 Linux 等操作系统的已知安全缺陷，避开系统的访问控制措施，进入系统内部。而假冒攻击则通过破译或窃取用户口令，冒充合法用户使用网络服务和资源。

表 1.1　各种威胁之间的差异

威　胁	描　述
授权侵犯	一个被授权以特定目的使用系统的人，却将此系统用于其他非授权的目的
旁路控制	攻击者发掘系统的安全缺陷或安全脆弱性，以绕过访问控制措施
拒绝服务*	对信息或其他资源的合法访问被无条件地拒绝
窃听攻击	信息从被监视的通信过程中泄露出去
电磁/射频截获	信息从电子或机电设备所发出的无线频率或其他电磁场辐射中被提取出来
非法使用	资源被某个非授权的人或以非授权的方式使用
人员疏忽	一个被授权的人为了金钱等利益或由于粗心，将信息泄露给非授权的人
信息泄露	信息被泄露或暴露给某个非授权的人
完整性侵犯*	数据的一致性由于非授权的增删、修改或破坏而受到损害
截获/修改*	某一通信数据在传输过程中被改变、删除或替换
假冒攻击*	一个实体（人或系统）假装成另一个不同的实体
媒体清理	信息从被废弃的磁带或打印的废纸中泄露出去
物理侵入	入侵者通过绕过物理控制（如防盗门）而获得对系统的访问
消息重发*	对所截获的某次合法通信数据备份，出于非法的目的而重新发送该数据
业务否认*	参与某次通信交换的一方，事后错误地否认曾经发生过此次信息交换
资源耗尽	某一资源（如访问接口）被故意地超负荷使用，导致其他用户服务中断
服务欺骗	某一伪造的系统或部件欺骗合法的用户或系统，自愿放弃敏感信息
窃取	某一安全攸关的物品被盗，如令牌或身份卡
流量分析*	通过对通信流量的模式进行观察，机密信息有可能泄露给非授权的实体
陷门	将某一“特征”嵌入某个系统或其部件，输入特定数据时，允许违反安全策略
特洛伊木马	一个不易察觉或无害程序段的软件，当其被运行时，就会破坏用户的安全性

说明：带“*”的威胁表示在计算机通信安全中可能发生的威胁。

3. 安全防护措施

在安全领域中，存在多种类型的防护措施。除了采用密码技术的防护措施，还有其他类型的安全防护措施。

① **物理安全**。包括门锁或其他物理访问控制措施、敏感设备的防篡改和环境控制等。

② **人员安全**。包括对工作岗位敏感性的划分、雇员的筛选，还包括对人员的安全性培训，以增强其安全意识。

③ **管理安全**。包括对进口软件和硬件设备的控制，负责调查安全泄露事件，对犯罪分子进行审计跟踪，并追查安全责任。

④ **媒体安全**。包括对受保护的信息进行存储，控制敏感信息的记录、再生和销毁，确保废弃的纸张或含有敏感信息的磁性介质被安全销毁。同时，对所用媒体进行扫描，以便发现病毒。

⑤ **辐射安全**。对射频（RF）及其他电磁（EM）辐射进行控制（又称 TEMPEST 保护）。

⑥ **生命周期控制**。包括对可信系统进行系统设计、工程实施、安全评估及提供担保，并对程序的设计标准和日志记录进行控制。

一个安全系统的强度与其最弱链路的强度相同。为了提供有效的安全性，需要将不同种类的威胁对抗措施联合起来使用。例如，当用户将口令遗忘在某个不安全的地方或受到欺骗而将口令暴露给某个未知的电话用户时，即使技术上是完备的，用于对付假冒攻击的口令系统也将无效。

防护措施可用来对付大多数安全威胁，但是采用每种防护措施均要付出代价。网络用户需要认真考虑这样一个问题，即为了防止某个攻击所付出的代价是否值得。例如，在商业网络中，一般不考虑对付电磁（EM）或射频（RF）泄漏，因为它们对商用环境来说风险很小，而且其防护措施又十分昂贵。但在机密环境中，我们会得出不同的结论。对于某一特定的网络环境，究竟采用什么安全防护措施，这种决策属于风险管理的范畴。目前，人们已经开发出各种定性和定量的风险管理工具。要进一步了解有关的信息，请参看有关文献。

1.3 网络安全策略

所谓**安全策略**，是指在某个安全域内，施加给所有与安全相关活动的一套规则。所谓安全域，通常是指属于某个组织机构的一系列处理进程和通信资源。这些规则由该安全域中所设立的安全权威机构制定，并由安全控制机构来描述、实施或实现。

安全策略是一个很宽泛的概念，这一术语以许多不同的方式用于各种文献和标准。一些有关的分析表明，安全策略有几个不同的等级。

（1）**安全策略目标**。一个机构对所保护的资源要达到的安全目标而进行的描述。

（2）**机构安全策略**。一套法律、规则及实际操作方法，用于规范一个机构如何管理、保护和分配资源，以便达到安全策略所规定的安全目标。

（3）**系统安全策略**。描述如何将一个特定的信息系统付诸工程实现，以支持机构的安全策略要求。

在本书中，术语“安全策略”通常是指系统级的安全策略。但是，读者必须牢记，它只是广义安全策略概念的一个组成部分。

下面几节讨论影响网络系统及其各个组成部分的主要安全策略。

1.3.1 授权

授权（Authorization）是安全策略的一个基本组成部分。所谓**授权**，是指**主体**（用户、终端、程序等）对**客体**（数据、程序等）的支配权利，它等于规定了谁可以对什么做些什么（Who may do what to what）。在机构安全策略等级上，一些描述授权的例子如下。

① 文件 Project-X-Status 只能由 G. Smith 修改，并由 G. Smith、P. Jones 和 Project-X 计划小组中的成员阅读。

② 一条人事记录只能由人事部门的职员添加和修改，并且只能由人事部门的职员、部门经理及该记录所属的那个人阅读。

③ 假设在多级安全系统中，有一个密级为 Confidential-secret-top Secret。只有所持许可证级别等于或高于此密级的人员才有权访问该密级的信息。

这些安全策略的描述也对各类防护措施提出了要求。例如，采用人员安全措施来决定人员的许可证级别。在计算机和通信系统中，主要安全需求可以由一种称为“访问控制策略”的系统安全策略反映出来。

1.3.2 访问控制策略

访问控制策略隶属于系统级安全策略，它迫使计算机系统和网络自动地执行授权。上一小节中有关授权描述的示例（1）、（2）和（3）分别对应于以下不同的访问控制策略。

（1）基于身份的策略。该策略允许或拒绝对明确区分的个体或群体进行访问。

（2）基于任务的策略。基于身份的策略的一种变体，它给每个个体分配任务，并基于这些任务来使用授权规则。

（3）多等级策略。基于信息敏感性的等级及工作人员许可等级制定的一般规则的策略。

访问控制策略有时也被划分为强制性访问控制策略（Mandatory Access Control Policies）和自主性访问控制策略（Discretionary Access Control Policies）两类。强制性访问控制策略由安全域中的权威机构强制实施，任何人都不能回避。强制性安全策略在军事和其他政府机密环境中最为常用，上面提到的策略（3）就是一个例子。自主性访问控制策略为一些特定的用户提供访问资源（如信息）的权限，此后可以利用此权限控制这些用户对资源的进一步访问。上述策略（1）和策略（2）就是两个自主性访问控制策略的例子。在机密环境中，自主性访问控制策略用于强化“须知”（Need to know）的**最小权益策略**（Least Privilege Policy）或**最小泄露策略**（Least Exposure Policy）。前者只授予主体为执行任务所必需的信息或处理能力，而后者则按照规则向主体提供机密信息，并且主体承担保护信息的责任。访问控制策略将在后面的章节中详细讨论。

1.3.3 责任

所有安全策略都有一个潜在的基本原则，那就是“责任”。在执行任务时，受到安全策略约束的任何个体需要对其行为负责。它与人员安全之间建立了非常重要的联系。某些网络安全防护措施，如对工作人员身份及采用这些身份从事相关的活动进行认证，都直接支持这一原则。

1.4 安全攻击的分类

X.800 和 RFC 2828 对安全攻击进行了分类。它们把攻击分成两类：被动攻击和主动攻击。被动攻击试图获得或利用系统的信息，但不会对系统的资源造成破坏。而主动攻击则不同，它试图破坏系统的资源，影响系统的正常工作。

1.4.1 被动攻击

被动攻击的特性是对所传输的信息进行窃听和监测。攻击者的目标是获得线路上所传输的信息。信息泄露和流量分析就是两种被动攻击的例子。

第一种被动攻击是窃听攻击，如图 1.3（a）所示。电话、电子邮件和传输的文件中都可能含有敏感或秘密信息。攻击者通过窃听，可以截获这些敏感或秘密信息。我们要做的工作就是阻止攻击者获得这些信息。

第二种被动攻击是流量分析，如图 1.3（b）所示。假设我们已经采取了某种措施来隐藏消息内容或其他信息的流量，使得攻击者即使捕获了消息也不能从中发现有价值的信息。加密是隐藏消息的常用方法。即使我们对信息进行了合理的加密保护，攻击者仍然可以通过流量分析获得这些消息的模式。攻击者可以确定通信主机的身份及其所处的位置，可以观察传输消息的频率和长度，然后根据获得的这些信息推断本次通信的性质。

被动攻击由于不涉及对数据的更改，所以很难被察觉。通过采用加密措施，我们完全有可能阻止这种攻击。因此，处理被动攻击的重点是预防，而不是检测。

1.4.2 主动攻击

主动攻击是指恶意篡改数据流或伪造数据流等攻击行为，它分为 4 类：① 伪装攻击（Impersonation Attack）；② 重放攻击（Replay Attack）；③ 消息篡改（Message Modification）；④ 拒绝服务（Denial of Service）。

伪装攻击是指某个实体假装成其他实体，对目标发起攻击，如图 1.4（a）所示。伪装攻击的例子如下：攻击者捕获认证信息，然后将其重发，这样攻击者就有可能获得其他实体所拥有的访问权限。

重放攻击是指攻击者为了达到某种目的，将获得的信息再次发送，以在非授权的情况下进行传输，如图 1.4（b）所示。

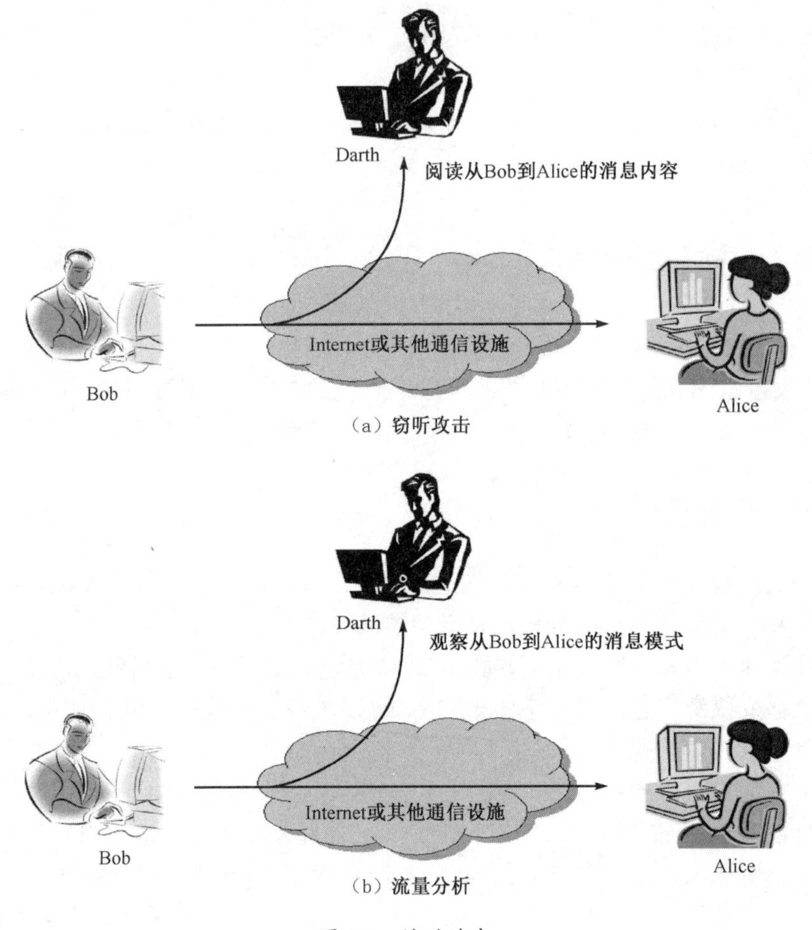

图 1.3 被动攻击

消息篡改是指攻击者对所获得的合法消息中的一部分进行修改或延迟消息的传输，以达到其非授权的目的，如图 1.4（c）所示。例如，攻击者将消息“Allow John Smith to read confidential accounts”修改为“Allow Fred Brown to read confidential file accounts”。

拒绝服务攻击是指阻止或禁止人们正常使用网络服务或管理通信设备，如图 1.4（d）所示。这种攻击可能目标非常明确。例如，某个实体可能会禁止所有发往某个目的地的消息。拒绝服务的另一种形式是破坏某个网络，使其瘫痪，或者使其过载以降低性能。

主动攻击与被动攻击相反。被动攻击虽然难以检测，但采取某些安全防护措施就可以有效阻止它；主动攻击虽然易于检测，但却难以阻止它。所以对付主动攻击的重点应当放在如何检测并发现它们上，并采取相应的应急响应措施，并使系统从故障状态恢复到正常运行。由于检测主动攻击对于攻击者来说能起到威慑作用，所以在某种程度上可以阻止主动攻击。

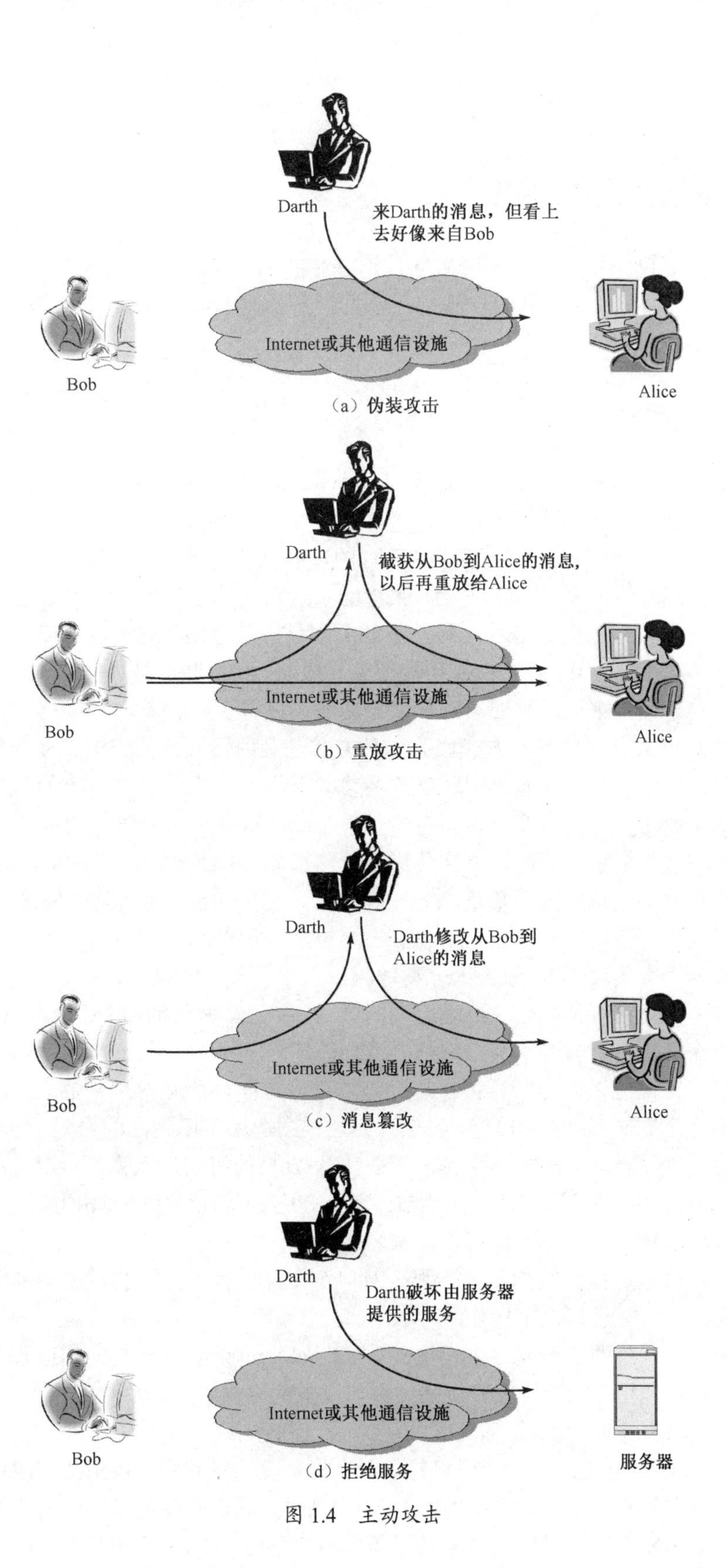

Darth
来Darth的消息，但看上去好像来自Bob
Internet或其他通信设施
Bob
Alice
（a）伪装攻击
Darth
截获从Bob到Alice的消息，以后再重放给Alice
Internet或其他通信设施
Bob
Alice
（b）重放攻击
Darth
Darth修改从Bob到Alice的消息
Internet或其他通信设施
Bob
Alice
（c）消息篡改
Darth
Darth破坏由服务器提供的服务
Internet或其他通信设施
Bob
服务器
（d）拒绝服务

图 1.4　主动攻击

1.5 网络攻击的常见形式

前面讨论了网络中存在的各种威胁，这些威胁的直接表现形式是黑客通常采取的各种网络攻击。下面对常见的网络攻击进行分类。通过分类，可以针对不同的攻击类型采取相应的安全防护措施。

1.5.1 口令窃取

进入一台计算机最容易的方法是采用口令登录。只要在许可的登录次数范围内输入正确的口令，就可以成功地登录系统。

虽然利用系统缺陷破坏网络系统是可行的，但这不是最容易的办法。最容易的办法是窃取用户的口令进入系统。事实上，大量的系统入侵是由口令系统失效造成的。

口令系统失效的原因有多种，最常见的原因是人们倾向于选择很糟糕的口令作为登录密码。反复研究的结果表明，口令猜测很容易成功。我们并不是说所有人都采用了很差的口令，但对于黑客来说，只要给他一次机会就可以得手。

口令猜测攻击有三种基本方式。第一种方式是利用已知或假定的口令尝试登录。虽然这种登录尝试需要反复进行十几次甚至更多，但往往会取得成功。一旦攻击者成功登录，网络的主要防线就会崩溃。很少有操作系统能够抵御从内部发起的攻击。

第二种方式是根据窃取的口令文件进行猜测（如 UNIX 系统中的/etc/passwd 文件）。这些口令文件有的是从已被攻破的系统中窃取的，有的是从未被攻破的系统中获得的。由于用户习惯重复使用同一口令，当黑客得到这些文件后，就会尝试用其登录其他机器。这种攻击称为“字典攻击”，通常十分奏效。

第三种方式是窃听某次合法终端之间的会话，并记录所用的口令。采用这种方式，不管用户的口令设计得有多好，其系统都会遭到破坏。

通过以上讨论可以得出结论：在选择好的口令方面，加强对用户的培训是非常重要的。大多数人习惯选择简单的口令。虽然人们也试图选用难以猜测的密码，但收效不大。据统计，攻击者如果掌握一本小字典，那么就有 20%的机会进入系统。况且现在可以获得的字典很多，大的可以达到几十兆字节。字典中几乎包括所有单词和短语，还有各种个人信息，如电话号码、地址、生日、作家名字等。

如果无法阻止选择低级的口令，那么对口令文件进行严格保护就变得非常关键。要做到这一点，就必须进行以下操作。

（1）对某些服务的安全属性进行认真配置，如 Sun 操作系统中的 NIS 服务。

（2）对可以使用 TFTP 协议获得的文件加以限制。

（3）避免将真正的/etc/passwd 文件放在匿名 FTP 区。

某些 UNIX 系统提供对合法用户的口令进行杂凑计算并将杂凑值进行隐藏的功能。杂凑后的口令文件称为“影子”或“附属”口令文件。这里强烈建议充分利用系统的这一功能。除了 UNIX 系统，还有很多系统也具备对口令进行杂凑和隐藏的功能。

要彻底解决使用口令的弊端，就要完全放弃使用口令机制，转而使用基于令牌（Token-based）的机制。若暂时还不能做到，则起码要使用一次性口令方案，如 OTP（One-Time Password）。

1.5.2 欺骗攻击

黑客的另外一种攻击方式是采用欺骗的方式获取登录权限。泄密通常发生在打电话和聊天的过程中。请看 Thompson 与网络管理员的一段对话：

“This is Thompson. Someone called me about a problem with the *ls* command. He’d like me to fix it.”

“Oh, OK. What should I do?”

“Just change the password on my login on your machine; it’s been a while since I’ve used it.”

“No problem.”

从上面的对话可以看出，Thompson 欺骗网络管理员改变口令，使他能够成功登录到其计算机上。还存在其他的欺骗方式，如利用邮件欺骗。请看攻击者发出的这封邮件：

From: smb@research.att.com

TO: admin@research.att.com

Subject: Visitor

We have a visitor coming next week. Could you ask for your SA to add a Login for her?

Here’s her passwd line; use the same hashed password.

Pxf: 5bHD/k5k2mtTTs:2403:147:Pat:/home/pat:/bin/sh

注意，这封邮件明显带有欺骗行为。如果 Pat 是一位来访者，那么她不会将家里的机器口令拿到外面使用。因此，在没有搞清对方的真正意图之前，就不能随意采取行动。当你收到一个朋友的电子邮件，警告你“sulfnbk.exe 是一个病毒文件，必须删除。请转告你的朋友。”这种电子邮件很可能就是一个骗局。如果你照此去做，你的系统就会中毒并遭到破坏。遗憾的是，很多人都会上当，因为这封邮件毕竟是自己的朋友发送来的。

1.5.3 缺陷和后门攻击

网络蠕虫传播的方式之一是通过向 Finger 守护程序（Daemon）发送新的代码。显然，该守护程序并不希望收到这些代码，但在协议中没有限制接收这些代码的机制。守护程序的确可以发出一个 gets 呼叫，但并没有指定最大的缓冲区长度。蠕虫向“读”缓冲区内注入大量的数据，直到将 gets 堆栈中的返回地址覆盖。当守护程序中的子程序返回时，就会转而执行入侵者写入的代码。

缓冲器溢出攻击也称“堆栈粉碎”（Stack Smashing）攻击。这是攻击者常采用的一种扰乱程序的攻击方法。长期以来，人们试图通过改进设计来消除缓冲器溢出缺陷。有些计算机语言在设计时就尽可能不让攻击者做到这一点。一些硬件系统也尽量不在堆栈上执行代码。此外，一些 C 编译器和库函数也使用了许多对付缓冲器溢出攻击的方法。

所谓缺陷（Flaws），是指程序中的某些代码并不满足特定的要求。尽管一些程序缺陷已由厂家逐步解决，但是一些常见问题依然存在。最佳解决办法就是在编写软件时，力求做到准确、无误。然而，软件上的缺陷有时很难避免，这正是今天的软件中存在很多缺陷的原因。

Morris 蠕虫及其现代变体给我们的教训极为深刻，其中最重要的一点是：缺陷导致的后果并不局限于产生不良的效果或造成某一特定服务的混乱，更可怕的是某一部分代码的错误而导致的整个系统的瘫痪。当然，没有人有意编写带有缺陷的代码。只要采取相应的步骤，就可以降低其发生的可能性。

第一，在编写网络服务器软件时，要充分考虑如何防止黑客的攻击行为。要检验所有输入数据的正确性。如果程序中使用了固定长度的缓冲器，那么要确保这些缓冲器不会产生溢出。如果使用了动态分配存储区的方法，那么要考虑内存或文件系统的占用情况，同时考虑在系统恢复时也要占用内存和磁盘空间。

第二，必须正确地定义输入语法。不能真正理解“正确”一词的含义，就不能做出正确性检查。如果不知道什么是合法的，那么就无法写出输入语法。有时，对于语法正确性的检查需要借助于某些编译工具。

第三，必须遵守“最小特权”原则。不要给网络守护程序授予任何超出其需要的权限。特别是在设置防火墙的访问控制规则时，轻易不要授予用户超级用户权限。例如，我们会给本地邮件转发系统的某些模块授予一定的特权，使其能将用户发送的信息复制到另外一个用户的邮箱里。而对于网关上的邮件服务器，我们通常不设置任何特权，它所做的事情仅限于将邮件从一个网络端口复制到另一个网络端口。

如果进行恰当的设计，即使是那些好像需要授权的服务器，也不再需要授权。例如，UNIX 的 FTP 服务器允许用户使用 root 权限登录，并能够绑定到 20 端口的数据通道上。对于 20 端口绑定是协议的要求，但我们可以采用一个更小的、更简单的和更明确的授权程序来做这件事。同样，登录问题也可由一个前端软件来解决。该前端软件仅处理 USER 和 PASS 命令，放弃授权要求，并执行无特权程序。

最后需要指出的是，不要为了追求效率而牺牲对程序正确性的检查。如果仅仅为了节约几纳秒的执行时间而将程序设计得既复杂又别出心裁，并且需要特权，那么你就错了。现在的计算机硬件速度越来越高，节约的这点时间毫无价值。一旦出现安全问题，在清除入侵上所花的时间和付出的代价将是非常巨大的。

1.5.4 认证失效

许多攻击的成功都可归结于认证机制的失效。一种安全机制即使再好，也存在遭受攻击的可能性。例如，一个源地址有效性的验证机制在某些应用场合（如有防火墙地址过滤时）能够发挥作用，但是黑客可以使用 rpcbind 重发某些请求。在这种情况下，最终的服务器就会被欺骗。对于这些服务器来说，这些消息看起来好像源于本地，但实际上来自其他地方。

如果源机器是不可信的，那么基于地址的认证也会失效。虽然人们可以采用口令机制来控制自己的计算机，但是口令失窃也很常见。

某些认证机制失效是因为协议没有携带正确的信息。TCP 和 IP 协议都不能识别发送用户。X11 和 rsh 协议要么靠自己去获得这些信息，要么就没有这些信息。如果它们能够得到信息，那么必须以安全的方式通过网络传送这些信息。

即使对源主机或用户采用密码认证的方式，往往也不能奏效。如前所述，一个被破坏的主机不会进行安全加密。

窃听者可以很容易地从未加密的会话中获得明文的口令，有时也可能对某些一次口令方案发起攻击。对于一个好的认证方案来说，下次登录必须具有唯一的有效口令。有时攻击者会将自己置于客户机和服务器中间，它只转发服务器对客户机发出的“挑战”（Challenge，实际上是一个随机数），并从客户机获得一个正确的“响应”。此时，攻击者可以采用此“响应”信息登录到服务器上。有关此类攻击的详细信息，请参阅相关文献。

通过修改认证方案消除其缺陷，完全可以挫败这种类型的攻击。基于“挑战/响应”（Challenge/Response）的认证机制完全可以通过精心设计的安全密码协议来消除这种攻击的威胁。

1.5.5 协议缺陷

前面讨论的是在系统完全正常工作的情况下发生的攻击。但是，有些认证协议本身就有安全缺陷，这些缺陷的存在会直接导致攻击的发生。

例如，攻击者可对 TCP 发起序列号攻击。由于在建立连接时所生成的初始序列号的随机性不够，攻击者很可能发起源地址欺骗攻击。为了做到公平，TCP 的序列号在设计时并没有考虑抵御恶意攻击。其他基于序列号认证的协议也可能遭受同样的攻击。这样的协议有很多，如 DNS 和许多基于 RPC 的协议。

在密码学上，如何发现协议中存在的安全漏洞是非常重要的研究课题。有时错误是由协议的设计者无意造成的，但更多的安全漏洞是由不同的安全假设所引发的。对密码协议的安全性进行证明非常困难，人们正在加强这方面的研究工作。现在，各种学术刊物、安全公司网站和操作系统开发商经常公布一些新发现的安全漏洞，我们必须对此加以重视。

安全协议取决于安全的基础。例如，安全壳协议（Secure Shell，SSH）是一个安全的远程存取协议。SSH 协议具有这样一个特点：用户可以指定一个可信的公钥，并将其存储到 authorized keys 文件中。如果客户机知道相应的私钥，那么该用户不用输入口令就能登录。在 UNIX 系统中，该文件通常位于用户主目录下的.ssh 目录中。现在考虑这样一种情况：有人使用 SSH 登录到某个加载了 NFS 主目录的主机上。在这种情况下，攻击者就可以欺骗 NFS 将一个伪造的 authorized keys 文件注入其主目录中。

802.11 无线数据通信标准中的 WEP 协议在设计上也存在缺陷。目前，针对 WEP 协议的攻击软件在网络上随处可见。这一切说明，真正的安全是很难做到的。工程师在设计密码协议时，应当多向密码学家咨询，而不要随意地进行设计。信息安全对人的技术素质要求非常高，未进行专业学习和受过专门培训的人员很难胜任此项工作。

1.5.6 信息泄露

许多协议都会丢失一些信息，这就给那些想要使用该服务的攻击者提供了可乘之机。这些信息可能成为商业间谍窃取的目标，攻击者也可借助这些信息攻破系统。Finger 协议就是这样和一个例子。这些信息除了可以用于口令猜测，还可以用来进行欺骗攻击。

有时，电话号码和办公室的房间号也可能很有用。我们可以根据电话号码本推理出该组织的结构。

在某些公司的网站上，往往提供了在线的电话号码查询。其实，公司的这些电话号码信息也应该是保密的。因为，当猎头们需要某些具有专业技能的人员时，他们可以根据这些信息打电话找到他们想要的专业人才。

另一个丰富的数据来源是 DNS。在这里，黑客可以获得从公司的组织结构到目标用户的非常有价值的数据。要控制数据的流出非常困难，唯一的办法是对外部可见的 DNS 加以限制，使其仅提供网关机器的地址列表。

精明的黑客当然深谙其理，他根本不需要你说出有哪些机器存在。他只需进行端口号和地址空间扫描，就可找到感兴趣的服务和隐藏的主机。这里，对 DNS 进行保护的最佳防护措施是使用防火墙。如果黑客不能向某一主机发送数据包，那么他也就不能侵入该主机并获取有价值的信息。

1.5.7 指数攻击——病毒和蠕虫

指数攻击能够使用程序快速复制并传播攻击。当程序自行传播时，这些程序被称为蠕虫（Worms）；当它们依附于其他程序传播时，这些程序就被称为病毒。它们传播的数学模型是相似的，因而两者之间的区别并不重要。这些程序的流行传播与生物感染病毒非常相似。

这些程序利用在很多系统或用户中普遍存在的缺陷和不良行为获得成功。它们可以在几小时或几分钟之内扩散到全世界，从而使得许多机构蒙受巨大损失。Melissa 蠕虫能够阻塞基于微软软件的电子邮件系统达 5 天。各种各样的蠕虫给 Internet 造成了巨大的负担。这些程序本身更倾向于攻击随机的目标，而不针对特定的个人或机构。但是，它们携带的某些代码却可能对那些著名的政治目标或商业目标发起攻击。

降低感染病毒概率的方法有多种。最基本的方法是不使用流行的软件。采用自行编写的操作系统或应用程序，就不太可能受到感染。目前，针对微软的视窗操作系统的病毒有很多，但 MacOS 和 UNIX 用户却很少受到病毒感染。现在这种情况正在发生变化，尤其是针对 Linux 的攻击越来越多。我们已发现 Linux 蠕虫和一些交叉平台的蠕虫能够通过几种平台进行传播，或者通过直接网络访问、网页浏览和电子邮件进行传播。

如果不与受感染的主机通信，那么就不会感染病毒。严格控制对网络的访问和从外部获得的文件，可以大大降低遭受感染的风险。需要注意的是，有些病毒是经人工传播的。有人会将消息转发给他的所有朋友，并指示他们将此信息转发给他们的所有朋友，以此类推。那些缺乏计算机知识的用户会照此办理。这样，收到这一消息的用户就会受到感染。在某些情况下，这些消息往往指示你删除某个关键的文件。如果真的照此去做，那么你的计算机就会受到损害。

对于已知的计算机病毒，采用流行的查杀病毒软件来清除非常有效。但是这些软件必须经常升级，因为病毒的制造者和杀毒软件厂商之间正进行着一场较量。现在，病毒的隐蔽性越来越高，使得杀毒软件不再局限于在可执行代码中寻找某些字符串。它们必须能够仿效这些代码并寻找过滤性病毒的行为特征。病毒越来越难以发现，病毒检测软件不得不花更多的时间来检查每个文件，有时所花的时间会很长。病毒的制造者可能会巧妙地设计代码，使杀毒软件在一定的时间内不能识别出来病毒。

1.5.8 拒绝服务攻击

在前面讨论的攻击方式中，大多数是基于协议的弱点、服务器软件的缺陷和人为因素而实施的。拒绝服务（Denial-of-Service，DoS）攻击则与之不同，它们只是过度使用服务，使软件、硬件过度运行，使网络连接超出其容量，目的是造成自动关机或系统瘫痪，或者降低服务质量。这种攻击通常不会造成文件删除或数据丢失，因此是一种比较温和的攻击。

这类攻击往往比较明显，较容易发现。例如，关闭一个服务很容易被检测到。尽管攻击很容易暴露，但要找到攻击的源头却十分困难。这类攻击往往生成伪装的数据包，其中含有随机和无效的返回地址。

分布式拒绝服务（Distributed Denial-of-Service，DDoS）攻击使用很多 Internet 主机同时向某个目标发起攻击。通常，参与攻击的主机不明不白地成了攻击者的帮凶。这些主机可能已被攻击者攻破，或者安装了恶意的代码。DDoS 攻击通常难以恢复，因为攻击可能来自世界各地。

目前，由于黑客采用 DDoS 攻击成功地攻击了几个著名的网站，如雅虎、微软和 SCO 等，它已经引起全世界的广泛关注。DDoS 其实是 DoS 攻击的一种，不同的是它能够使用许多台计算机通过网络同时对某个网站发起攻击。它的工作原理如下。

① 黑客通过 Internet 将木马程序植入尽可能多的计算机。这些计算机分布在全球的不同区域。被植入的木马程序绑定在计算机的某个端口上，等待接受攻击命令。

② 攻击者在 Internet 的某个地方安装一个主控程序，该主控程序中含有一个木马程序所处位置的列表。此后，主控程序等待黑客发出命令。

③ 攻击者等待时机，做好攻击前的准备。

④ 攻击的时机一到，攻击者就会向主控程序发出一条消息，其中包括要攻击的目标地址。主控程序会向每个植入木马程序的计算机发送攻击命令，这个命令中包含攻击目标的地址。

⑤ 木马程序立即向攻击目标发送大量的数据包，足以使目标瘫痪。

从主控程序向下发出的攻击命令中通常使用伪装的源地址，有些则采用密码技术使其难以识别。从植入木马程序的计算机发出的数据包也使用伪装的 IP 源地址，要想追查数据包的来源非常困难。此外，主控程序常常使用 ICMP 响应机制与攻击目标通信。许多防火墙都开放了 ICMP 协议。

网络上流行许多 DDoS 攻击工具，还存在它们的许多变体，其中之一是 Tribe Flood Network（TFN）。从许多网站上都可获得其源代码。黑客可以选择使用各种 Flood 技术，如 UDP Flood、TCP SYN Flood、ICMP 响应 Flood 和 Smurf 攻击等。从主控程序返回的 ICMP 响应数据包告诉木马程序采用哪种 Flood 攻击方式。此外，还有其他的 DDoS 工具，如 TFN2K（比 TFN 更先进的工具，可以攻击 Windows NT 和许多 UNIX 系统）、Trinoo 和 Stacheldraht 等。最后一个工具十分先进，它具有加密连接和自动升级的功能。

现在一些新的工具越来越高明。Slapper 是一个攻击 Linux 系统的蠕虫，它可在许多网络节点中间建立实体到实体的网络，使主控程序的通信出现问题变得更容易。还有一些工具则使用 IRC 信道作为控制通道。

对于 DDoS，没有什么灵丹妙药，我们只能采取一些措施减轻攻击的强度，但绝对不可能完全消除它们。遇到这种攻击时，可以采取以下 4 种办法。

（1）寻找一种方法来过滤这些不良的数据包。

（2）提高对接收数据进行处理的能力。

（3）追查并关闭那些发动攻击的站点。

（4）增加硬件设备或提高网络容量，以便从容处理正常的负载和攻击数据流量。

当然，以上这些措施都不完美，只能与攻击者展开较量。到底谁能取得这场斗争的胜利，取决于对手能够走多远。

1.6 开放系统互连安全架构

研究信息系统安全架构的目的，是将普遍性的安全理论与实际信息系统相结合，形成满足信息系统安全需求的安全架构。应用安全架构的目的是，从管理上和技术上保证完整、准确地实现安全策略，满足安全需求。开放系统互连（Open System Interconnection，OSI）安全架构定义了必需的安全服务、安全机制和技术管理，以及它们在系统上的合理部署和关系配置。

由于基于计算机网络的信息系统以开放系统 Internet 为支撑平台，因此本章重点讨论开放系统互联安全架构。

OSI 安全架构的研究始于 1982 年，当时 ISO 基本参考模型刚刚确立。这项工作由 ISO/IEC JTC1/SC21 完成。国际标准化组织（ISO）于 1988 年发布了 ISO 7498-2 标准，作为 OSI 基本参考模型的新补充。1990 年，国际电信联盟（International Telecommunication Union，ITU）决定采用 ISO 7498-2 作为其 X.800 推荐标准。因此，X.800 和 ISO 7498-2 标准基本相同。

我国的国家标准《信息处理系统开放系统互连基本参考模型——第二部分：安全体系架构》（GB/T 9387.2—1995）（等同于 ISO 7498-2）和《Internet 安全架构》（RFC 2401）中提到的安全架构是两个普遍适用的安全架构，用于保证在开放系统中进程与进程之间远距离安全交换信息。这些标准确立了与安全架构有关的一般要素，适用于开放系统之间需要通信保护的各种场合。这些标准在参考模型的框架内建立一些指导原则与约束条件，从而提供解决开放互联系统中安全问题的统一方法。

为了有效评估一个机构的安全需求，并对所用的安全产品和安全策略进行评估和选择，安全管理员需要采用某种系统的方法来定义系统对安全的需求，并对这些需求进行描述。在集中处理环境下，要准确地做到这一点非常困难。随着局域网和广域网的使用，问题将变得更加复杂。

ITU-T 推荐方案 X.800（即 ISO 安全框架）定义了一种系统的评估和分析方法。对于网络安全管理员来说，它提供了一种安全的组织方法。由于这个框架是作为国际标准开发的，所以被广泛使用。一些计算机和电信服务提供商已在其产品和服务上开发出这些安全特性，使其产品和服务与安全机制的结构化定义紧密地联系在一起。

通过讨论 OSI 安全架构，我们可以初步了解许多概念。下面重点讨论安全架构中所定义的安全服务和安全机制，以及两者之间的关系。

1.6.1 安全服务

X.800 对安全服务的定义如下：为了保证系统或数据传输具有足够的安全性，开放系统通信协议所提供的服务。RFC 2828 也对安全服务给出了更加明确的定义：安全服务是一种由系统提供的对资源进行特殊保护的进程或通信服务。安全服务通过安全机制来实现安全策略。X.800 将这些服务分为 5 类，共 14 个特定服务，如表 1.2 所示。后面将逐一讨论这些服务。

表 1.2　X.800 定义的 5 类安全服务

认　证	数据完整性
确保通信实体就是它们声称的实体 • 同等实体认证：用于逻辑连接建立和数据传输阶段，为该连接的实体的身份提供可信性保障 • 数据源认证：在无连接传输时，保证收到的信息来源是所声称的来源 访问控制 防止对资源的非授权访问，包括防止以非授权方式使用某一资源。这种访问控制要与不同的安全策略协调一致 数据保密性 保护数据，使之不被非授权地泄露 • 连接保密性：保护一次连接中的所有用户数据 • 无连接保密性：保护单个数据单元中的所有用户数据 • 选择域保密性：对一次连接或单个数据单元中选定的数据部分提供保密性服务 • 流量保密性：保护那些可以通过观察流量而获得的信息	保证收到的数据确实是授权实体发出的数据（即没有修改、插入、删除或重发） • 具有恢复功能的连接完整性：提供一次连接中所有用户数据的完整性。检测整个数据序列内存在的修改、插入、删除或重发，并试图将其恢复 • 无恢复功能的连接完整性：与具有恢复功能的连接完整性基本一致，但仅提供检测，无恢复功能 • 选择域连接完整性：提供一次连接中传输的单个数据单元用户数据中选定部分的数据完整性，并判断选定域是否被修改、插入、删除或重发 • 无连接完整性：为单个无连接数据单元提供完整性保护；判断选定域是否被修改 不可否认性 防止整个或部分通信过程中，任意一个通信实体进行否认的行为 • 信源的不可否认性：证明消息由特定的一方发出 • 信宿的不可否认性：证明消息已被特定方收到

1．认证

认证服务与保证通信的真实性有关。在单条消息下，如一条警告或报警信号，认证服务向接收方保证消息来自所声称的发送方。对于正在进行的交互，如终端和主机连接，则涉及两个方面的问题：首先，在连接的初始化阶段，认证服务保证两个实体是可信的，即每个实体都是它们所声称的实体；其次，认证服务必须保证该连接不受第三方的干扰，例如，第三方能够伪装成两个合法实体中的一方，进行非授权的传输或接收。

该标准还定义了如下两个特殊的认证服务。

① **同等实体认证**。用于在连接建立或数据传输阶段为连接中的同等实体提供身份确认。该服务提供这样的保证：一个实体不能实现伪装成另外一个实体或对上次连接的消息进行非授权重发的企图。

② **数据源认证**。为数据的来源提供确认，但对数据的复制或修改不提供保护。这种服务支持电子邮件这类应用。在这种应用下，通信实体之间没有任何预先的交互。

2．访问控制

在网络安全中，访问控制对那些通过通信连接对主机和应用的访问进行限制与控制。这种保护服务可应用于对资源的各种不同类型的访问。例如，这些访问包括使用通信资源、读/写或删除信息资源或处理信息资源的操作。为此，每个试图获得访问控制权限的实体必须在经过认证或识别后，才能获取其相应的访问控制权限。

3．数据保密性

保密性是指防止传输的数据遭到诸如窃听、流量分析等被动攻击。对于数据传输，我们可以提供多层的保护。最常使用的方法是在某个时间段内对两个用户之间所传输的所有用户数据提供保护。例如，若两个系统之间建立了 TCP 连接，则这种最通用的保护措施可以防止在 TCP 连接上泄露传输的用户数据。此外，还可采用一种更特殊的保密性服务，它可对单条消息或对单条消息中的某个特定的区域提供保护。这种特殊的保护措施与普通的保护措施相比，所用的场合更少，且实现起来更复杂、更昂贵。

保密性的另外一个用途是防止流量分析。它可以使攻击者观察不到消息的信源和信宿、频率、长度或通信设施上的其他流量特征。

4．数据完整性

与数据的保密性相比，数据完整性可以应用于消息流、单条消息或消息的选定部分。同样，最常用和最直接的方法是对整个数据流提供保护。

面向连接的完整性服务保证收到的消息和发出的消息一致，不存在对消息进行的复制、插入、修改、倒序、重发和破坏。因此，面向连接的完整性服务也能解决消息流的修改和拒绝服务两个问题。另一方面，用于处理单条消息的无连接完整性服务通常只能防止对单条消息的修改。

另外，我们还可以区分有恢复功能的完整性服务和无恢复功能的完整性服务。因为数据完整性的破坏与主动攻击有关，所以重点在于检测而不是阻止攻击。如果检测到完整性遭到破坏，那么完整性服务能够报告这种破坏，并通过软件或人工干预的办法来恢复被破坏的部分。后面会讲到，有些安全机制可以用来恢复数据的完整性。通常，自动恢复机制是一种非常好的选择。

5．不可否认性

不可否认性防止发送方或接收方否认传输或接收过某条消息。因此，当消息发出后，接收方能证明消息是由所声称的发送方发出的。同样，当消息接收后，发送方能证明消息确实是由所声称的接收方收到的。

6．可用性

X.800 和 RFC 2828 对可用性的定义如下：根据系统的性能说明，能够按照系统所授权的实体的要求对系统或系统资源进行访问。也就是说，当用户请求服务时，如果系统设计时能够提供这些服务，那么系统是可用的。许多攻击可能导致可用性的损失或降低。我们可以采取一些自动防御措施（如认证、加密等）来对付这些攻击。

X.800 将可用性视为与其他安全服务相关的性质。但是，对可用性服务进行单独说明很有意义。可用性服务能够确保系统的可用性，能够对付由拒绝服务攻击引起的安全问题。

由于它依赖于对系统资源的恰当管理和控制，因此它依赖于访问控制和其他安全服务。

1.6.2 安全机制

表 1.3 中列出了 X.800 定义的安全机制。由表可知，这些安全机制可以分为两类：一类在特定的协议层实现，另一类不属于任何协议层或安全服务。前一类被称为特定安全机制，共 8 种；后一类被称为普遍安全机制，共 5 种。

表 1.3 X.800 定义的安全机制

特定安全机制
可以嵌入合适的协议层以提供一些 OSI 安全服务 • 加密：运用数学算法将数据转换成不可知的形式。数据的变换和复原依赖于算法和一个或多个加密密钥 • 数字签名：附加在数据单元之后的数据，是对数据单元的密码变换，可使接收方证明数据的来源和完整性，并防止伪造 • 访问控制：对资源实施访问控制的各种机制 • 数据完整性：用于保证数据元或数据流的完整性的各种机制 • 认证交换：通过信息交换来保证实体身份的各种机制 • 流量填充：在数据流空隙中插入若干位以阻止流量分析 • 路由控制：能够为某些数据动态地或预定地选取路由，确保只使用物理上安全的子网络、中继站或链路 • 公证：利用可信的第三方来保证数据交换的某些性质
普遍安全机制
不限于任何 OSI 安全服务或协议层的机制 • 可信功能度：根据某些标准（如安全策略所设立的标准）被认为是正确的，就是可信的 • 安全标志：资源（可能是数据元）的标志，以指明该资源的属性 • 事件检测：检测与安全相关的事件 • 安全审计跟踪：收集潜在可用于安全审计的数据，以便对系统的记录和活动进行独立的观察与检查 • 安全恢复：处理来自诸如事件处置与管理功能等安全机制的请求，并采取恢复措施

1.6.3 安全服务与安全机制的关系

根据 X.800 的定义，安全服务与安全机制之间的关系如表 1.4 所示。该表详细说明了实现某种安全服务时应该采用哪些安全机制。

表 1.4 安全服务与安全机制之间的关系

安全服务	加密	数字签名	访问控制	数据完整性	认证交换	流量填充	路由控制	公证
同等实体认证	Y	Y	—	—	Y	—	—	—
数据源认证	Y	Y	—	—	—	—	—	—
访问控制	—	—	Y	—	—	—	—	—
保密性	Y	—	—	—	—	—	Y	—
流量保密性	Y	—	—	—	—	Y	Y	—
数据完整性	Y	Y	—	Y	—	—	—	—
不可否认性	—	Y	—	Y	—	—	—	Y
可用性	—	—	—	Y	Y	—	—	—

注：“Y”表示该安全机制适合提供该种安全服务，“—”表示该安全机制不适合提供该种安全服务。

1.6.4 OSI 层中的服务配置

OSI 安全架构最重要的贡献是总结了各种安全服务在 OSI 七层参考模型中的适当配置。安全服务与协议层之间的关系如表 1.5 所示。

表 1.5 安全服务与协议层之间的关系

安全服务	协议层						
	1	2	3	4	5	6	7
同等实体认证	—	—	Y	Y	—	—	Y
数据源认证	—	—	Y	Y	—	—	Y
访问控制	—	—	Y	Y	—	—	Y
连接保密性	Y	Y	Y	Y	—	Y	Y
无连接保密性	—	Y	Y	Y	—	Y	Y
选择域保密性	—	—	—	—	—	—	Y
流量保密性	—	—	—	—	—	Y	Y
具有恢复功能的连接完整性	Y	—	Y	—	—	—	Y
不具有恢复功能的连接完整性	—	—	—	Y	—	—	Y
选择域无连接完整性	—	—	Y	Y	—	—	Y
无连接完整性	—	—	—	—	—	—	Y
信源的不可否认性	—	—	—	—	—	—	Y
信宿的不可否认性	—	—	—	—	—	—	Y

注："Y"表示该服务应在相应的层中提供，"—"表示不提供。第 7 层必须提供所有安全服务。

1.7 网络安全模型

广泛使用的网络安全模型如图 1.5 所示。如果通信一方要通过 Internet 将消息传送给另一方，那么通信双方（也称交互的主体）必须通过执行严格的通信协议来共同完成消息交换。在 Internet 上，通信双方要建立一条从信源到信宿的路由，并共同使用通信协议（如 TCP/IP）来建立逻辑信息通道。

从图 1.5 可以看出，网络安全模型通常由 6 个功能实体组成，它们分别是消息的发送方（信源）、消息的接收方（信宿）、安全变换、信息通道、可信的第三方和攻击者。

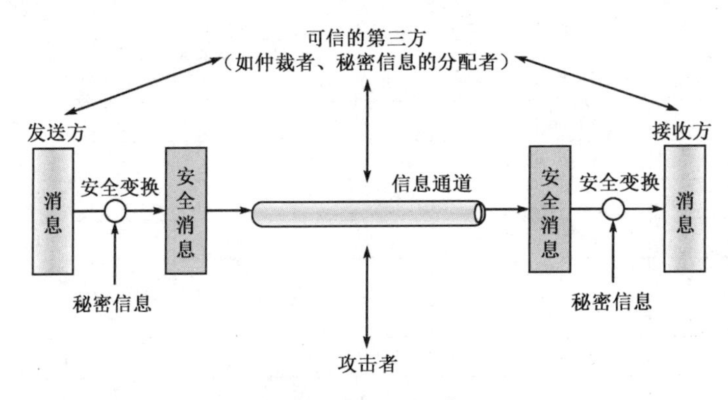

图 1.5 网络安全模型

在需要保护信息传输以防攻击者威胁消息的保密性、真实性和完整性时，就会涉及信息安全，任何用来保证信息安全的方法都包含如下两个方面。

（1）对被发送信息进行安全相关的变换。例如对消息加密，打乱消息使得攻击者不能读懂消息，或者将基于消息的编码附于消息后，用于验证发送方的身份。

（2）让通信双方共享某些秘密信息，而这些信息不为攻击者所知。例如，加密和解密密钥，在发送端加密算法采用加密密钥加密所发送的消息，而在接收端解密算法采用解密密钥解密收到的密文。

图 1.5 中的安全变换是密码学课程中所学习的各种密码算法。安全信息通道的建立可以采用本书第 4 章讨论的密钥管理技术和第 5 章讨论的 VPN 技术实现。为了实现安全传输，需要有可信的第三方。例如，第三方负责将秘密信息分配给通信双方，而对攻击者保密，或者当通信双方就关于信息传输的真实性发生争执时，由第三方仲裁。这部分内容就是本书第 3 章要讨论的 PKI/CA 技术。

网络安全模型说明，设计安全服务应包含以下 4 个方面的内容。

（1）设计一个算法，它执行与安全相关的变换，该算法应是攻击者无法攻破的。

（2）产生算法所用的秘密信息。

（3）设计分配和共享秘密信息的方法。

（4）指明通信双方使用的协议，该协议利用安全算法和秘密信息实现安全服务。

本书讨论的安全服务和安全机制基本上都遵循如图 1.5 所示的网络安全模型。但是，还有一些安全应用方案不完全符合该模型，它们遵循如图 1.6 所示的网络访问安全模型。该模型希望保护信息系统不受有害的访问。大多数读者都熟悉黑客引起的问题，黑客试图通过网络渗入可访问的系统。有时他可能没有恶意，只是对闯入或进入计算机系统感到满足；或者入侵者可能是一位对公司不满的员工，想破坏公司的信息系统以发泄自己的不满；或者入侵者是一名罪犯，想利用计算机网络来获取非法的利益（如获取信用卡号或进行非法的资金转账）。

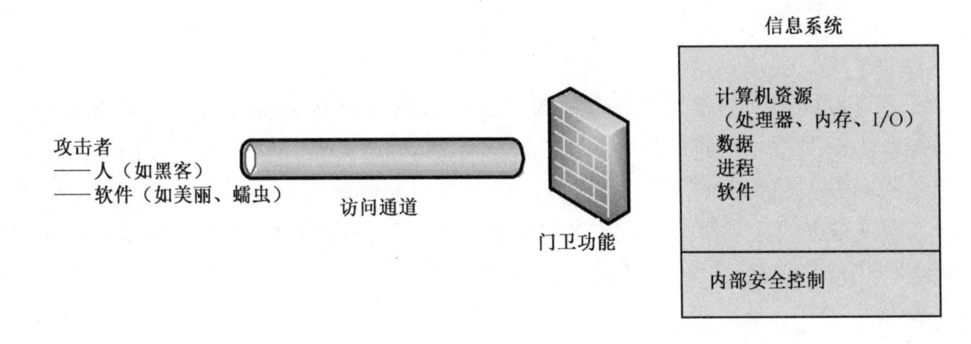

图 1.6　网络访问安全模型

另一类有害的访问是在计算机系统中加入程序，它利用系统的弱点来影响应用程序和实用程序，如编辑程序和编译程序。程序引起的威胁有如下两种。

- **信息访问威胁。**以非授权用户的名义截获或修改数据。
- **服务威胁。**利用计算机中的服务缺陷禁止合法用户使用这些服务。

病毒和蠕虫是两种软件攻击，它们隐藏在有用软件中，并通过磁盘进入系统，也可以通过网络进入系统。网络安全更关心的是通过网络进入系统的攻击。

对付有害访问所需的安全机制可分为两大类，如图 1.6 所示。第一类称为门卫功能，它包含基于口令的登录过程，该过程只允许授权用户的访问。本书第 6 章中介绍的身份认证技术就属于此类安全机制。第二类称为内部安全监控程序，该程序负责检测和拒绝蠕虫、病毒及其他类似的攻击。一旦非法用户或软件获得访问权，那么由各种内部控制程序组成的第二道防线就会监视其活动、分析存储的信息，以便检测非法入侵者。本书 5.1 节中介绍的防火墙技术和 5.2 节中介绍的入侵检测技术均属于此类安全机制。

1.8 新兴网络及安全技术

1.8.1 工业互联网安全

1. 工业互联网的概念

工业互联网是全球工业系统与高级计算、分析、感应技术及互联网深度融合所形成的全新网络互联模式。工业互联网的本质是通过开放式的全球化工业级网络平台，紧密融合物理设备、生产线、工厂、运营商、产品和客户，高效共享工业经济中的各种要素资源，通过自动化和智能化的生产方式降低成本、提高效率，帮助制造业延长产业链，推动制造业转型发展。目前，以工业互联网为基础的智能制造被视为第四次工业革命，如图 1.7 所示。

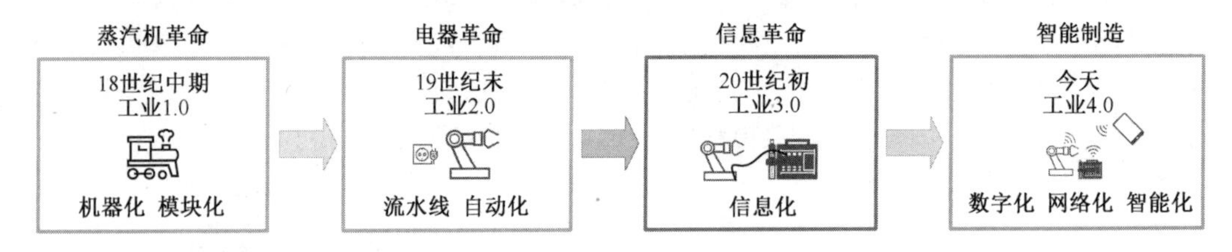

图 1.7 工业革命进程

工业互联网的核心是信息物理系统（Cyber-Physical Systems，CPS），其主要作用是监控和控制生产过程中的物理过程，包括状态监控、远程诊断和实时远程控制生产系统等。工业互联网发展趋势的典型特点是通过网络（如 Internet 等）连接工业系统中的各种 CPS 设备，集成先进的计算资源和方式，实现生产和运营过程的自动化和智能化，优化产业组织管理和企业价值链，节约材料和人工等生产资源，提高产品个性化开发能力和大规模生产效率。

2. 工业互联网面临的新安全挑战

现代工业互联网建设面临的主要挑战是在各类设备正确和可靠运行的前提下，实现低成本的多重实时安全防护。与传统信息系统成熟的安全防护体系相比，含有大量 CPS 设备的工业互联网安全防护措施相对滞后。因此，在传统信息系统和 CPS 系统集成联网后，工业互联网更容易遭受网络攻击。

（1）传统攻击方式的危害性更大

改进后的蠕虫、病毒和木马等传统攻击方式严重威胁着工业互联网的安全。最早针对工业控制系统的攻击之一是斯拉姆默蠕虫（Slammer Worm），它在2003年成功感染了美国一个核电站的两台关键监控计算机，造成安全参数监控显示面板瘫痪。同年，计算机病毒感染了美国CSX交通运输公司的计算机系统，并关闭了交通信号、调度和其他系统，导致该公司客运和货运列车服务完全瘫痪。针对工业互联网的网络攻击也会严重威胁国家安全，譬如Stuxnet蠕虫利用“零日漏洞”导致伊朗核设施中的离心机出现故障。

（2）网络攻击的入口更多

由于工业互联网集成多类不同系统，所以存在多种攻击发起点。攻击者可以从物理层、网络层和控制层分别发起攻击（见图1.8）。在物理层，智能电子设备本身容易受到硬件入侵、旁路攻击和逆向工程攻击等物理攻击，其系统软件也面临特洛伊木马、病毒和运行时攻击等安全风险。在网络层，通信协议可能受到中间人和拒绝服务攻击等多种网络攻击。在控制层，操作工业互联网设备的用户可能受到钓鱼网站攻击等社交攻击。

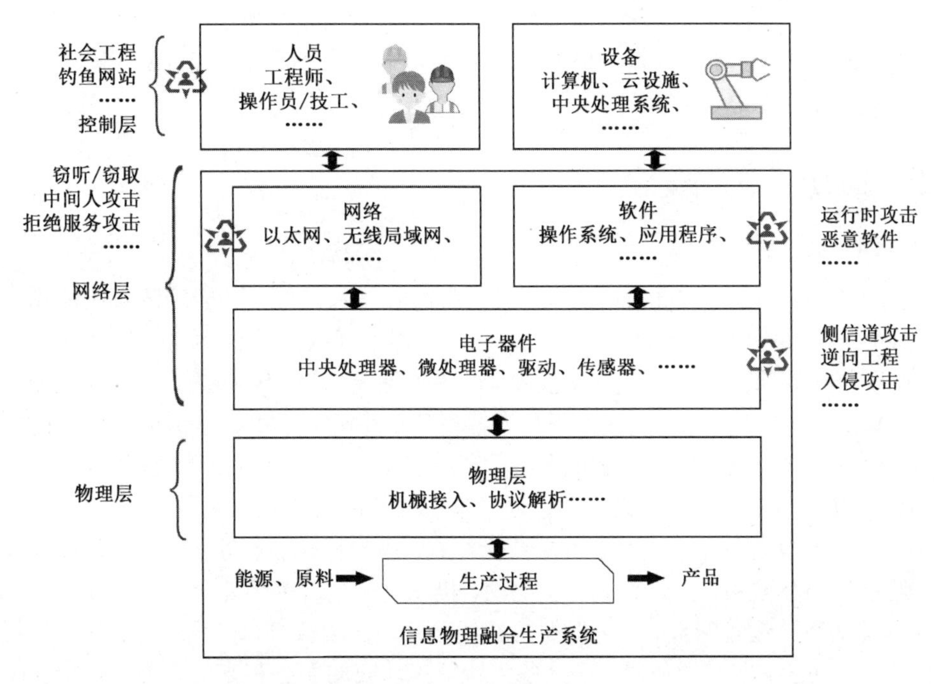

图1.8　工业互联网攻击入口

3. 工业互联网主要安全防护技术

因为传统信息系统和工业互联网之间存在许多差异，所以实现工业互联网安全不能简单使用现有的信息安全解决方案。譬如，发生网络攻击时，传统信息系统通常会牺牲可用性，暂时禁用被攻击的服务，直到攻击解除。然而，工业生产系统最重要的目标是可用性，以避免生产力和收入损失。这个目标需要工业互联网能够抵御拒绝服务攻击。

除了可用性，工业互联网系统必须保证系统的完整性，防止对设备的蓄意损坏或者恶意使用假冒伪劣生产组件（或软件），避免对工业生产过程和产品质量造成损害。联网后的工业互联网系统，必须确保局部系统故障或恶意攻击不会在系统内部或跨企业传播。在智能产品方面，工业互联网的目标之一是实现产品制造和使用历史的可追溯性与真实性，自主控制生产过程。存在产品质量争议时，能够向第三方仲裁机构提供资源材料质量和产品生产正确性的证据。为了防止工业间谍对工业互联网系统信息的窃取，需要保证整个系统敏感信息的保密性和完整性，以及员工信息的隐私性。

在工业互联网系统中，主要通过工业 4.0 安全工程的 5 个阶段来检测安全防护技术和方案的适用性。

① 安全人员培训。通过培训、工具检测、题目检测等方式，提高企业员工的安全意识，使员工深刻认识网络安全的重要性并按照制度进行工作。

② 安全需求制定和实施计划。安全人员根据企业 IT 系统、CPS 系统架构和企业数据等制定网络安全需求和实施方案，包括需要实现的安全目标（可用性、完整性、保密性、真实性等）和网络安全软/硬件等。

③ 安全硬件和软件设计、实现与评估。基于安全硬件和处理器级别的安全执行环境，搭建可信安全计算平台，相关的解决方案包括 SMART、SPM、TrustLite 等。

④ 安全方案部署。将安全设备和软件部署到工业互联网系统的各个部件中。

⑤ 信息反馈、测试和升级。根据工业生产实际情况、网络攻击日志和新功能需求等反馈信息调整安全解决方案。

1.8.2 移动互联网安全

1. 移动互联网的概念

移动互联网（Mobile Internet）是利用互联网的技术、平台、应用及商业模式与移动通信技术相结合并实践的活动的统称。广义上，移动互联网是移动通信与互联网结合的产物，其整合移动通信技术和互联网技术，以各种无线网络（WWAN、WLAN、WMAN、WPAN、WSN、WBAN 等）为接入网，为各种移动终端（手机、掌上电脑、笔记本、平板电脑、POS 机、可穿戴设备、智能车载、智能家居、智能无人机等）提供信息服务。狭义上的移动互联网是指以手机为终端，通过移动通信网络接入互联网。

移动互联网具有网络融合化、终端智能化、应用多样化、业务多元化、平台开放化等特点。通过移动互联网，人们在家里、地铁、机场、火车站等地方可以随时使用手机、平板电脑等移动终端浏览网页、收发邮件、在线诊疗、在线教育、在线政务、共享位置、移动支付、移动网游、即时通信等，享受各类新型移动应用服务带来的方便与快捷。移动互联网的移动性优势决定了其用户数量庞大。根据中国互联网络信息中心（CNNIC）发布的第 45 次《中国互联网络发展状况统计报告》，2019 年，我国已建成全球最大规模的光纤和移动通信网络。截至 2020 年 3 月 15 日，我国网民规模达 9.04 亿，其中手机网民规模达 8.97 亿，网民使用手机上网的比例达 99.3%。2019 年 1 月至 12 月，移动互联网接入流量消费达 1220.0 亿吉字节。移动互联网使得“任何人、任何时间、任何地方”可以享受网络服务成为现实，真正实现了“把互联网装入口袋”的梦想。

移动互联网的组成主要包括 4 部分：移动互联网终端设备、移动互联网通信网络、移动互联网应用和移动互联网相关技术，如图 1.9 所示。

2. 移动互联网面临的新安全挑战

移动互联网技术是移动通信技术和互联网技术深度融合的产物，其取之于传统技术，而又超脱于传统技术。不可避免地，移动互联网也继承了传统互联网技术的安全漏洞。此外，移动互联网具有移动性、私密性和融合性的特性，其技术开放化，网络异构化，智能终端用户基数大，自组织能力强，使得用户行为难以溯源。同时，移动互联网市场仍然处于“粗放型”发展阶段，涉及大量的用户个人信息（如位置信息、通信信息、日志信息、账户信息、支付信息、传感采集信息、设备信息、文件信息等），这些均给移动互联网安全监管和用户隐私保护带来了极大的挑战。

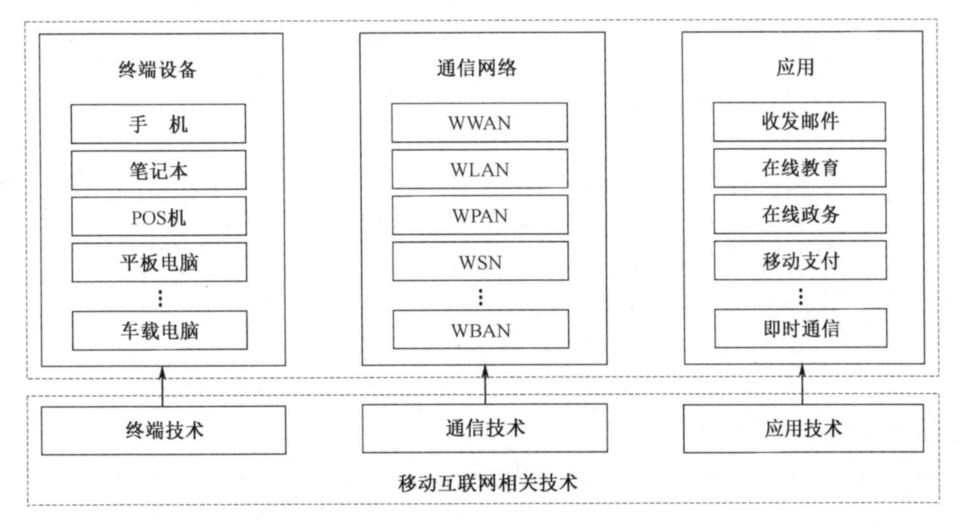

图 1.9 移动互联网的组成

国家计算机病毒应急处理中心 2019 年 9 月 15 日发布的《第十八次计算机病毒和移动终端病毒疫情调查报告》显示，2018 年我国移动终端病毒感染率达 45.4%，比 2017 年上升 11.84%。移动终端感染病毒后，可能造成多种危害，其中位居前三的危害分别为影响手机正常运行、信息泄露和恶意扣费，占比分别达 72.3%、71.47%和 58.11%。近期，移动互联网的恶意行为已从针对移动终端的系统破坏、恶意扣费、资费消耗等形式，逐步向强制推广、风险传播、越权收集等行为转变，与移动互联网相关的新型网络违法犯罪日益突出。

3. 移动互联网主要安全防护技术

根据移动互联网的特征和组成架构，移动互联网的安全问题可分为三大部分：移动互联网终端安全、移动互联网网络安全和移动互联网应用安全，如图 1.10 所示。

（1）移动互联网终端安全

智能移动终端已成为人们生活的必需品，移动终端的安全关系着我们最直接的信息和隐私安全，是不可忽视的安全要素。移动互联网终端安全主要包括移动终端硬件安全、终端操作系统安全、终端应用软件安全及终端设备上的信息安全。

移动终端硬件包括基带芯片和物理器件，容易受到物理攻击，攻击者可能利用高科技手段（如探针、光学显微镜等方式）获取硬件信息。终端操作系统容易遭受各类恶意攻击，例如，攻击者可能会利用蠕虫病毒、木马病毒、恶意代码、钓鱼网站等破坏操作系统。终端应用软件存在病毒植入、身份认证、越权访问等安全威胁。终端设备中存储的用户数据和隐私信息存在被非法获取和篡改的安全威胁。

目前解决移动互联网终端安全问题的主要防护策略是：引入可信计算技术，构造安全、可信的智能移动终端；推出终端查毒、杀毒等安全软件，利用病毒防护技术加强对木马后门、邮件病毒、恶意网页代码等主流病毒的过滤和拦截能力，加强对灰色软件、间谍软件及其变体的阻断能力；利用数字签名技术保障软件和数据的完整性，防止被非法篡改。利用密码加密技术对存储数据、传输数据进行加密，防止被非法窃取，保障用户信息的保密性。

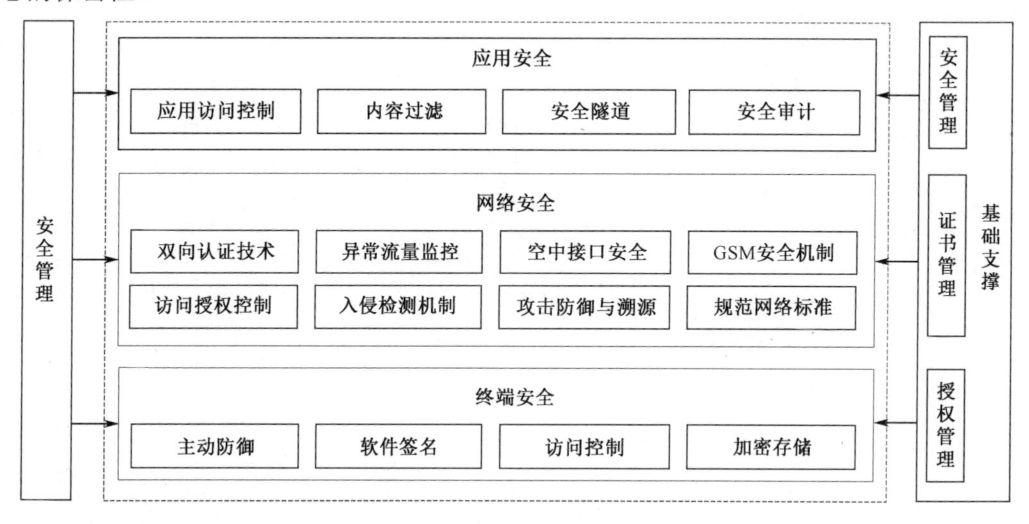

图 1.10　移动互联网安全架构

（2）移动互联网网络安全

移动互联网网络安全包括设备与环境安全、传输安全和信息安全。移动互联网设备与环境安全主要是指路由器、接入网服务器等网络设备自身的安全，以及设备所处环境温度、湿度、电磁、访问控制等条件需要符合一定的标准要求，其安全受到自然环境的制约。传输安全主要是指接入网络服务基站、传输线路、空中接口等的安全，容易遭受恶意破坏、非法窃听、接入等安全攻击。移动互联网信息安全主要指信息在空中接口传播、IP承载网和互联网等传递线路上的安全，信息容易遭受非法获取、篡改、重放等安全攻击。

针对移动互联网网络安全存在的隐患，主要防护策略是：增强网络设备操作系统、中间件、数据库、基础协议栈等的防攻击、防入侵能力，规范制定网络接入标准、设备电气化标准等，定时维护设备，并严格遵守设备的使用要求；采用双向身份认证、访问授权机制、安全协议和密码算法等方式确保合法用户可以正常使用网络服务，防止业务被盗用、冒名使用等情况的发生；利用入侵检测机制和加密技术为网络信息提供必要的隔离和隐私防护。

（3）移动互联网应用安全

移动互联网应用包括复制于传统互联网和移动通信网络上的业务，以及由移动通信网络与传统互联网相互融合所产生的创新型业务。目前的移动互联网业务包括利用移动智能终端获取的移动 Web、移动搜索、移动浏览、移动支付、移动定位、移动导航、移动在线教育、在线电子商务、在线游戏、移动即时通信、移动广告等业务。

由于移动互联网业务种类繁多、应用形态多样、用户规模庞大、生态环境复杂，使得移动互联网应用安全面临更严峻的威胁。应用访问控制采用安全隧道技术，可为应用系统提供严格统一的基于身份令牌和数字证书的身份认证机制。基于属性证书的访问权限控制，可以有效地防止攻击者对资源的非授权访问。利用名单过滤技术、关键词过滤技术、图像过滤技术、模板过滤技术和智能过滤技术等可对不良的 Web 内容、垃圾邮件、恶意短信等进行过滤。

（4）移动互联网安全管理和规范

移动互联网已成为信息产业中发展快速、竞争激烈、创新活跃的重点领域之一，正迅速地向经济、社会、文化等多个领域广泛渗透。移动互联网的持续健康快速发展，对推动技术进步、促进信息消费、推进信息领域供给侧结构性改革具有重要意义。统一的行业标准、规范和协议是推动移动互联网发展的关键环节。近年来，我国制定了关于移动互联网的相关法律、法规和标准。未来我国还需不断完善和优化综合标准化技术体系，加强与国际标准化组织的交流与合作，推动我国移动互联网标准国际化的进程。

1.8.3 物联网安全

1. 物联网的概念

物联网（The Internet of Things，IoT）是指通过各种信息传感器、射频识别技术、全球定位系统、红外感应器、激光扫描器等装置与技术，实时采集需要监控、连接、互动的物体或过程，采集其声、光、热、电、力学、化学、生物、位置等需要的信息，通过各种可能的网络接入，进行物与物、物与人的泛在连接，实现对物品和过程的智能化感知、识别与管理。物联网是一个基于互联网、传统电信网等的信息承载体，它让所有能够被独立寻址的普通物理对象实现互联互通。

物联网的理念最早由比尔·盖茨在 1995 年出版的《未来之路》中提出。2005 年，国际电信联盟发布了《ITU 互联网报告 2005：物联网》。报告指出，物联网时代即将来临，世界上所有的物体，从轮胎到牙刷，从房屋到纸巾，都可以通过互联网进行信息交换。随后，世界各国相继将发展物联网提上日程，并制定了详细的规划。

物联网形式多样，技术复杂。根据信息生成、传输、处理和应用的原则，物联网可分为四层，即感知识别层、网络构建层、管理服务层和综合应用层，如图 1.11 所示。

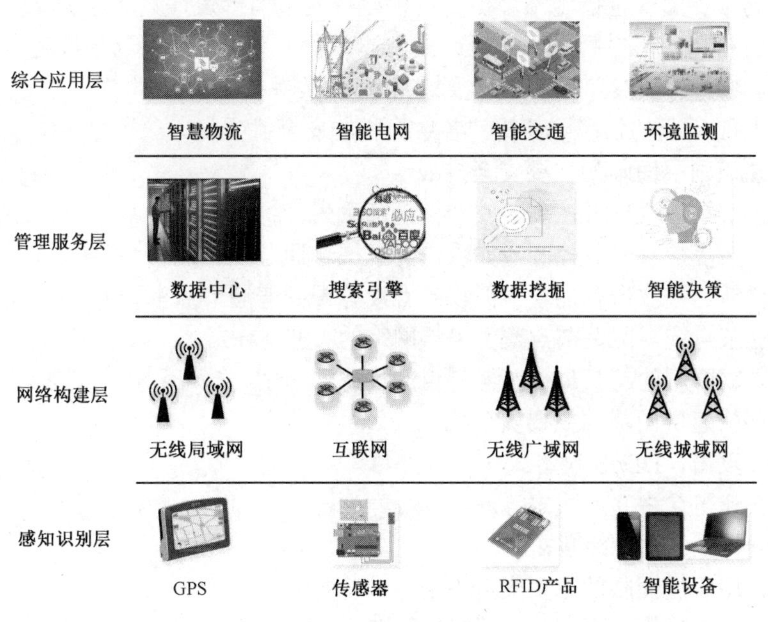

图 1.11 物联网架构

① 感知识别层是物联网的核心，是物理世界和信息世界之间的桥梁与纽带。感知识别层包括射频识别（FRID）产品、无线传感器和各种智能电子产品，对物质性质、环境状态、行为模式等信息进行大规模、长期、实时的获取。

② 网络构建层的主要作用是把感知识别层设备接入互联网，供上层服务使用。互联网是物联网的核心网络，边缘的其他无线网络提供随时随地的网络接入服务。不同类型的无线网络适用于不同的应用场景，提供便捷的网络接入服务，是实现物物互联的重要基础设施。

③ 管理服务层在高性能计算和海量存储技术的支撑下，将大规模数据高效、可靠地组织起来，运用运筹学、数据挖掘、人工智能等技术为上层行业应用提供智能的支撑平台。

④ 综合应用层包括以数据服务为主要特征的文件传输、电子邮件等应用，以用户为中心的万维网、电子商务、视频点播、网络游戏等应用，以及物品追踪、环境感知、智能物流、智能交通、智慧家庭等应用。

物联网各层之间既相对独立又紧密联系。在综合应用层以下，同一层上的不同技术互为补充，适用于不同环境，构成该层技术的全套应对策略。而不同层次提供各种技术的配置和组合，根据应用需求，构成完整的解决方案。

2. 物联网面临的新安全挑战

近年来，物联网安全事件在全球范围内频频发生。2016 年 10 月，美国 DNS 管理优化提供商 Dyn 遭遇由暴露在互联网上大量存在弱口令漏洞摄像头组成的僵尸网络 Mirai 发起的 DDoS 攻击。2017 年 9 月，物联网安全研究公司 Armis 在蓝牙协议中发现了 8 个零日漏洞，这些漏洞影响了 50 多亿台物联网设备的安全运行。2018 年 5 月，思科 Talos 安全研究团队发现攻击者利用恶意程序 VPNFilter 感染了全球 54 个国家超过 50 万台路由器和 NAS 设备等。

目前，国家、企业及个人尚未树立起足够强的物联网安全与隐私保护意识。同时，大部分厂商认为额外的安全措施不会提高设备自身的市场价值，只会增加其生产成本。因此，许多厂商在产品销售后并不为用户提供补丁和更新服务，从而导致现有物联网设备长期存在默认口令、明文传输密钥等大量高危漏洞。

基于图 1.11 所示的物联网架构，各层面临的安全挑战如下。

（1）感知识别层面临的主要安全挑战

- 网关节点被攻击者控制，安全性全部丢失。
- 普通节点被攻击者控制（如攻击者掌握普通节点密钥）。
- 普通节点被攻击者捕获（但攻击者没有得到普通节点密钥）。
- 普通节点或者网关节点遭受来自网络的 DoS 攻击。
- 接入物联网的超大量传感器节点的标识、识别、认证和控制问题。

（2）网络构建层面临的主要安全挑战

- DoS 攻击、DDoS 攻击。
- 假冒攻击、中间人攻击等。
- 跨异构网络的网络攻击。

（3）管理服务层面临的主要安全挑战

- 来自超大量终端的海量数据的识别和处理。

- 智能变为低能。
- 自动变为失控。
- 灾难控制和恢复。
- 非法人为干预。
- 设备（特别是移动设备）丢失。

（4）综合应用层面临的主要安全挑战

- 如何根据不同访问权限对同一数据库内容进行筛选。
- 如何提供用户隐私信息保护，同时又能正确认证。
- 如何解决信息泄露追踪问题。
- 如何进行计算机取证。
- 如何销毁计算机数据。
- 如何保护电子产品和软件的知识产权。

3. 物联网主要安全防护技术

物联网的健康发展需要信息安全保护技术提供安全保障，但传统的信息安全技术不能直接移植应用，需要重新搭建物联网安全架构并在此架构下采用适用的具体方案。本节以图 1.11 所示的物联网组成架构为基础，讨论相关安全技术。

（1）感知识别层安全

在感知识别层的传感网内部，需要有效的密钥管理机制，用于保障传感网内部通信的保密性和认证性。保密性需要在通信时建立一个临时会话密钥，而认证性可以通过对称密码或非对称密码方案解决。使用非对称密码技术的传感网一般具有较好的计算和通信能力，并且对安全性要求更高。当传感网节点资源受限时，需要轻量级安全技术。

（2）网络构建层安全

网络构建层的安全架构主要包括节点认证、数据保密性、完整性、数据流保密性等，可通过跨域认证和跨网认证、端对端加密、支持组播和广播的密码算法和安全协议等技术保障。网络构建层还应考虑传统网络中 DDoS 攻击的检测与预防。

（3）管理服务层安全

物联网管理服务层主要的安全技术包括：高强度数据保密性和完整性服务，入侵检测和病毒检测，恶意指令分析和预防，访问控制及灾难恢复机制，保密日志跟踪和行为分析，恶意行为模型的建立，移动设备文件（包括机密文件）的可备份和恢复，移动设备识别、定位和追踪机制等。

（4）综合应用层安全

综合应用层主要的安全技术包括：有效的数据库访问控制和内容筛选机制，不同应用场景的隐私信息保护技术，叛逆追踪和其他信息泄露追踪机制，有效的计算机取证技术，安全的计算机数据销毁技术，安全的电子产品和软件知识产权保护技术。

物联网的安全问题不仅仅是技术问题，还会涉及教育、信息安全管理、口令管理等非技术因素。在物联网的设计和使用过程中，除了需要加强技术手段提高物联网安全的保护力度，还应注重对物联网安全有影响的非技术因素，从整体上降低信息被非法获取和使用的概率。

1.9 本章小结

随着计算机网络和各种通信网络的快速发展，网络安全问题日益突出。如何解决网络安全的问题，是信息化社会必须面临的一个重要问题。我们面临的网络安全威胁多种多样，信息泄露、完整性破坏、拒绝服务、非法使用网络资源是4种基本的安全威胁，攻击者可以采取不同类型的主动攻击和被动攻击手段来达到目的。为了从系统的角度研究网络安全问题，国际标准化组织（ISO）提出了开放系统互联的安全架构，ITU-T也提出了X.800标准，定义了认证、访问控制、数据保密性、数据完整性、不可否认性5种安全服务，还提出了实现安全服务所需的8种特定安全机制和4种普遍安全机制。安全服务和安全机制之间存在着相互关系，一种安全服务可能需要同时采用几种安全机制才能够实现。本章的最后给出了网络安全的一般模型和访问控制模型。这些模型是对后续章节将要讨论的各种密码算法、网络安全理论与技术的高度抽象和概括。

填空题

1. 信息安全的3个基本目标是：①____________，②____________，③____________。此外，还有一个不可忽视的目标是：____________。
2. 网络中存在的4种基本安全威胁是：①____________，②____________，③____________，④____________。
3. 访问控制策略可以划分为：①____________，②____________。
4. 安全性攻击可以划分为：①____________，②____________。
5. X.800定义的5类安全服务是：①____________，②____________，③____________，④____________，⑤____________。
6. X.800定义的8种特定的安全机制是：①____________，②____________，③____________，④____________，⑤____________，⑥____________，⑦____________，⑧____________。
7. X.800定义的5种普遍的安全机制是：①____________，②____________，③____________，④____________，⑤____________。

思考题

1. 简述通信安全、计算机安全和网络安全之间的联系与区别。
2. 基本的安全威胁有哪些？主要的渗入类型威胁是什么？主要的植入类型威胁是什么？列出几种最主要的威胁。
3. 在安全领域，除了采用密码技术的防护措施，还有哪些其他类型的防护措施？
4. 什么是安全策略？安全策略有几个不同的等级？

5. 什么是访问控制策略、强制性访问控制策略、自主性访问控制策略？
6. 主动攻击和被动攻击有何区别？举例说明。
7. 网络攻击的常见形式有哪些？逐一加以评述。
8. 简述安全服务与安全机制之间的关系。
9. 画出一个通用的网络安全模型，说明每个功能实体的作用。

第2章

TCP/IP 协议族的安全性

内容提要

TCP/IP 及许多网络协议在设计之初并未全面考虑其安全性问题。随着网络技术发展与应用普及，协议的安全性问题日益突出。本章重点讨论常用的低层网络协议和高层网络协议的安全性，主要涉及TCP/IP基本协议、网络地址和域名管理协议、电子邮件协议、消息传输协议、远程登录协议、简单网络管理协议、网络时间协议。具体协议包括TCP/IP、ICMP、FTP、SMTP、POP3、SNMP、DNS、Telnet、SSH、NTP 等。通过本章的学习，读者能够深入了解这些协议的安全缺陷，对网络管理中服务器和各种网络安全设备的合理配置具有重要指导作用。

本章重点

- TCP/IP 的安全性
- FTP 的安全性
- SMTP 和 POP3 等电子邮件协议的安全性
- SNMP 的安全性
- DNS 和 NAT 的安全性
- 路由协议的安全性
- Telnet 和 SSH 等远程登录协议的安全性

2.1 基本协议

TCP/IP 是一组通信协议的缩写，其最初是在美国国防部高级研究计划署（DARPA）的支持下开发的，并于 1983 年在 ARPANET 网上使用。这里只简要介绍 TCP/IP。

TCP/IP 协议族的不同层次划分示意图如图 2.1 所示。图中的每行代表一个不同的协议层。顶层包括邮件传输、登录和视频服务器等应用。这些应用程序调用低层的接口来接收或发送数据。图中中间位置是 IP（Internet Protocol）。IP 是一个数据的打包机。从高层来的每一条消息都被添加一个 IP 头部。这些消息被送到相应的设备驱动器上进行传输。下面首先讨论 IP。

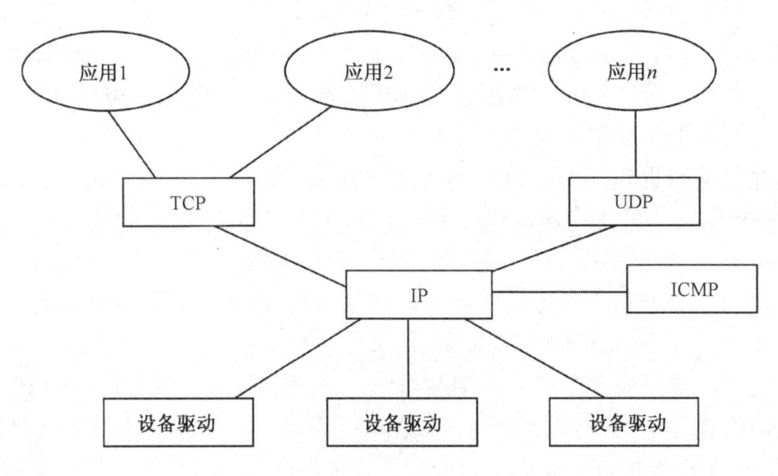

图 2.1 TCP/IP 协议族的不同层次划分示意图

2.1.1 网际协议

网际协议（Internet Protocol，IP）是 TCP/IP 的心脏，也是网络层中最重要的协议。IP 数据包是一组数据，这些数据构成了 TCP/IP 协议族的基础。每个数据包含有源地址、目标地址及其他选项，如比特位、头校验位和数据净荷等。典型 IP 数据包的长度为几百字节。成千上万的数据包通过以太网、串行线、SONET 环网、分组无线电连接、帧中继连接、异步传输模式（Asynchronous Transfer Mode，ATM）链路等进行传输。

IP 层接收由更低层（网络接口层，如以太网设备驱动程序）发来的数据包，并把该数据包发送到更高层——TCP 层或 UDP 层；相反，IP 层也把从 TCP 或 UDP 层接收的数据包传送到更低层。IP 数据包是不可靠的，因为 IP 并未做任何事情来确认数据包是按顺序发送的或未被破坏。IP 数据包中含有发送它的主机的地址（源地址）和接收它的主机的地址（目标地址）。

高层的 TCP 和 UDP 服务在接收数据包时，通常假设包中的源地址是有效的。也可以这样说，IP 地址形成了许多服务的认证基础，这些服务相信数据包是从一个有效的主机发来的。IP 确认包含一个选项，称为 IP source routing，可以用来指定一条源地址和目标地址之间的直接路径。对于一些 TCP 和 UDP 的服务来说，使用了该选项的 IP 包就好像是从路径上的最后一个系统传过来的，而不来自它的真实地点。这个选项是为了测试而存在的，当然，黑客也可以用它来欺骗系统，以便进行平常被禁止的连接。此时，许多依靠 IP 源地址认证的服务将产生问题并会被非法入侵。

在 IP 层，不存在虚电路或“电话呼叫”的概念，每个数据包都是独立的。IP 是一个不可靠的数据业务，它既不能保证数据包是否能传送出去，又不能保证数据包只传送一次或以特定的次序传输，也不能对收到的数据包进行正确性检验。IP 头部中的校验和部分只用于检验数据包 IP 头部的正确性，没有任何机制保证数据净荷传输的正确性。

事实上，IP 不能保证数据一定是由数据包中的源地址发送的。任意一台主机都能发送具有任意源地址的数据包。尽管许多操作系统能够控制源地址的生成，以确保数据离开主机时能够被赋予正确的值，并且某些 ISP 也能限制不符合要求的数据包流出网站，但我们一定不要靠检验源地址来判断数据包的好坏。尽管有些协议确实是靠检验源地址来判别数据包的，但我们必须记住认证不能依赖于源地址域的检验。通常攻击者会发送含有伪造返回地址（源地址）的数据包来欺骗接收者，这种攻击被称为 IP 欺骗攻击。一般来说，认证需要采用高层协议中的安全机制来实现。

长距离地传输数据包时，数据包需要经过许多中继站。每个中继站就是一台主机或路由器，它们基于路由信息将数据包向下一个中继站传递。在数据传输的路途上，如果路由器遇到大数据流量的情况，那么它可能在没有任何提示的情况下丢掉一些数据包。较高层的协议（如 TCP）用于处理这些问题，以便为应用程序提供一条可靠的链路。

数据包在向下一个中继站传递时，如果数据包太大，那么该数据包会被分段。也就是说，大的数据包会被分成两个或多个小数据包，每个小数据包都有自己的 IP 头部，但其净荷只是大数据包净荷的一部分。每个小数据包可以经由不同的路径到达目的地。在传输的路途上，每个小数据包还会被继续分段。当这些小数据包到达目标机器时，它们会被重组到一起。按照规则规定，中间节点不能对小数据包进行拼装组合。

正是由于数据包在传输过程中要经历被分段和重组的过程，攻击者通过向包过滤器注入大量病态的小数据包，就可破坏包过滤器的正常工作。当重要的信息被分成两个数据包时，过滤器可能会错误地处理数据包，或者仅传输第二个数据包。更糟的是，当两个重叠的数据包含不同的内容时，重组规则并不提示如何处理这两个数据包。许多防火墙能够重组分段的数据包，以便检查其内容。

下面讨论 IP 地址的问题。目前，我们使用的是 IPv4 网络地址，其长度为 32bit，并且分成网络域和主机域两个部分。在每个节点上都设定一条无形的管理边界。实际上，在一个网站内部，该边界也是可以变化的。在两个地址段之间有一条固定边界的传统观念已被抛弃，取而代之的是无分类域间路由（Classless Inter-Domain Routing，CIDR）。一个 CIDR 网络地址可以写为

207.99.106.128/25

在这个例子中，前 25bit 是网络域（也称前缀），主机域是后面余下的 7bit。在主机地址部分，全“0”和全“1”的地址作为广播地址保留。发送一个具有外部网络广播地址的数据包称为定向广播。发送这样的数据包非常危险，因为它们可以很容易地被用来攻击许多不同类型的主机。许多攻击者已将定向广播作为一种网络攻击手段。许多路由器具

有阻止发送这类数据包的能力，因此这里强烈建议网络管理员在配置路由器时，一定要启用这个功能。

人们在浏览网站时很少使用实际的IP地址，而更喜欢使用域名。域名系统（Domain Name System，DNS）是一个特殊的分布式数据库，它负责将域名翻译成真实的IP地址。这部分内容将在2.2.3节中介绍。

2.1.2 地址解析协议

在局域网中，网络中实际传输的是"帧"，帧中包含目标主机的MAC地址。在以太网中，一台主机要与另一台主机直接通信，就必须知道目标主机的MAC地址（也称以太地址或物理地址）。这个目标MAC地址是如何获得的？它是通过地址解析协议（Address Resolution Protocol，ARP）获得的。所谓"地址解析"，是指主机在发送帧之前将目标IP地址转换成目标MAC地址的过程。ARP的基本功能是根据目标设备的IP地址查询目标设备的MAC地址，以保证通信的顺利进行。

ARP主要负责将局域网中的32bit IP地址转换为对应的48bit物理地址，即网卡的MAC地址。例如，IP地址为192.168.0.1，网卡的MAC地址为00-03-0F-FD-1D-2B。IP数据包通常经过以太网发送。以太网络设备不理解32bit的IPv4地址，它们发送的是具有48bit以太地址的以太数据包。因此，IP驱动程序必须能将IP目标地址转换成MAC地址。在这两类地址之间存在静态或算法上的映射，通常需要进行地址表查询。ARP用来决定这些映射。ARP协议也可用于其他类型的链路，前提是这些链路一定要采用某种链路层的广播机制。

发送者通过ARP发送包含目标IP地址的以太网广播数据包，目标主机或其他系统将对此做出响应，发回一个含有IP地址和以太地址对的数据包。发送者会将该数据包保存到缓冲区中，避免在后续通信时产生不必要的ARP数据流。

如果不可信的节点对本地网络具有写权限，那么这是非常危险的。一台不可信的计算机会发出假冒的ARP查询或应答信息，然后将所有流向它的数据流转移。这样，它就可以伪装成某台机器或修改数据流向，这称为ARP欺骗。许多HOTS（Hacker Off-The-Shelf）软件包都能够实现这种攻击。

ARP机制通常是自动完成的。在高安全性的网络上，ARP是通过硬件实现静态映射的，并且禁止使用自动协议以防止干扰。如果要禁止两台主机通信，那么只需确保它们相互之间不能进行ARP翻译即可。然而，在网络中要确保它们永远不能得到映射表是非常困难的。

2.1.3 传输控制协议

由上面的介绍可知，在IP层，数据包非常容易丢失、被复制或以错误的次序传递。要想用Internet为用户进程提供可靠的虚电路，必须依赖于传输控制协议（Transmission Control Protocol，TCP）层。这些数据包在接收端得到梳理、重传或重组，以便获得与原始发送数据相同的数据流。

如果IP数据包中有已经封好的TCP数据包，那么IP将把它们向"上"传送到TCP

层。TCP 将数据包排序并进行错误检查，同时实现虚电路间的连接。TCP 数据包中包括序号和确认，所以未按照顺序收到的数据包可被排序，而损坏的数据包可被重传。

TCP 将它的信息送到更高层的应用程序，如 Telnet 的服务程序和客户程序。应用程序轮流将信息送回 TCP 层，TCP 层将它们向下传送到 IP 层、设备驱动程序和物理介质，最后传送到接收方。

面向连接的服务（如 Telnet、FTP、rlogin、X Window 和 SMTP）需要具有高可靠性，所以使用了 TCP。DNS 在某些情况下使用 TCP（发送和接收域名数据库），但使用 UDP 传送有关主机的信息。

数据包的次序靠每个数据包中的序号来维持。所发送的每个字节，包括打开和关闭连接的请求，都单独标号。一条连接的两端均使用不同的序号。在一个会话中，除了发送的第一个 TCP 数据包，所有的数据包都含有一个应答号，以便为下个字节提供序号。

每条 TCP 消息都含有发送消息的主机信息和端口号，还含有目标主机信息和端口号。这个四元组的格式如下：

〈localhost, localport, remotehost, remoteport〉

这个四元组确定一条特定的电路。对于同一台主机上的不同连接，允许有同一个本地端口号。只要远程地址或远程端口号不同，主机就能正常工作。

为了提供某些 Internet 服务，服务器会利用某些进程监听特定的端口。根据约定，服务器的端口采用较小的数字编号。这种约定其实并不合理，后面我们会看到，它会带来许多安全问题。所有标准服务的端口号对用户来说都是已知的。服务器在监听时，监听端口是半开的。只有在服务器已知本地主机和端口号的情况下，监听端口才是全部开放的，主机的操作系统将响应该监听连接。

此外，客户机也要使用服务器提供的服务，它们需要从本地端口连接到目标服务器的端口上。尽管允许客户机自己选择端口，但在默认状态下总是由操作系统随机地选择本地端口。

许多 UNIX 系统的 TCP 和 UDP 版本施行这样一条规则：只有超级用户才能创建小于 1024 的端口。这些端口都是特权端口，目的是让系统相信写入这些特权端口信息的真实性。这个限制只是一个约定，并不是协议标准的要求。对于非 UNIX 操作系统，这一约定没有任何意义。因此，只有当确信系统具有这样的规则并得到正确实施和管理时，才能相信低端口号的特权性。人们可能认为具有这一特权端口约定的操作系统是安全的，但其实不然。通过下面的讨论，就会对 TCP 的安全性有进一步的认识。

1. 开放 TCP 连接

开放 TCP 连接是一个三步握手过程，TCP 连接开放过程如图 2.2 所示。在服务器收到初始的 SYN 数据包后，连接处于半开放状态。此后，服务器返回自己的序号，并等待确认。最后，客户机发送第三个数据包使得 TCP 连接开放，在客户机和服务器之间建立连接。

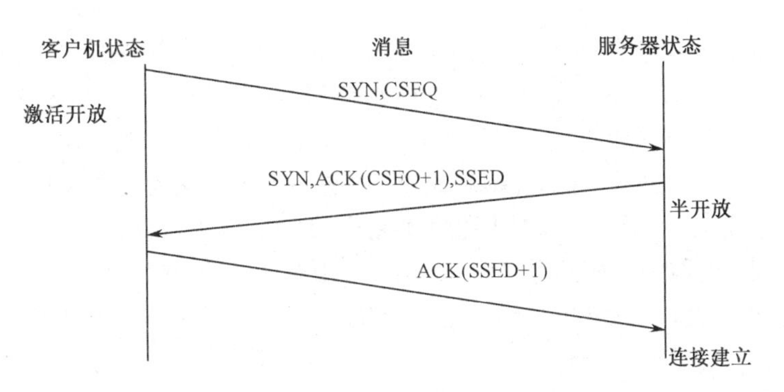

图 2.2　TCP 连接开放过程

由图 2.2 可以看出，三步握手交换的信息如下。

（1）客户机首先向服务器发送设置了 SYN 标志位的数据包和一个初始的客户机序号 CSEQ。

（2）服务器返回的数据包既有 SYN 标志位，又有 ACK 信息（客户机的序号加 1），同时附加服务器的序号 SSED。

（3）客户机将服务器的序号加 1 作为返回数据包的 ACK 值。

至此，客户机和服务器之间的连接就已建立，通信一方可以向另一方发送数据。

当 TCP 协议处于半开放状态时，攻击者可以成功利用 SYN Flood 对服务器发动攻击。攻击者使用第一个数据包对服务器进行大流量冲击，使服务器一直处于半开放连接状态，导致服务器无法完成三步握手协议。这样，服务器就无法响应其他客户机发来的连接建立请求，从而使客户机无法与服务器建立连接。

TCP 协议中的序号起一定的安全性功效，即只有当通信双方验证并确认对方的初始序号正确时，才能完全建立一个连接。但是，采用序号也存在一个潜在的威胁。如果攻击者能够预测目标主机选择的起始序号，那么攻击者就可能欺骗该目标主机，使目标主机相信自己正在与一台可信的主机会话。Morris 已经证明：在某些情况下，预测目标主机选择的起始序号确实是可行的。这样，攻击者就会利用只靠 IP 源地址认证的协议攻入目标系统。我们将这类基于序号揣测的网络攻击称为序号攻击。

有两点需要注意。第一，Morris 的序号攻击依赖于能够建立一条通往目标主机的合法连接。如果这些连接被防火墙阻挡，那么序号攻击将不会成功。网关防火墙不应该过度信任内部主机。通过合理配置，我们可以通过加强防火墙的安全性来防止这类攻击。第二，序号攻击的方法可以延伸到攻击其他协议。除了 TCP 协议，许多网络协议都是非常脆弱的。实际上，由于 TCP 在连接建立阶段采用了三步握手，所以它提供了比其他协议更多的安全保护。目前，序号攻击已经非常普遍。

为了对付序号攻击，许多操作系统厂商提出采用各种随机数生成器来产生初始序号。现在看来，只有 Bellovin 于 1996 年提出的方案是可行的，而许多其他方案被怀疑可能会遭受概率统计方法攻击。

2.1.4　用户数据报协议

用户数据报协议（User Datagram Protocol，UDP）与 TCP 位于同一层。TCP 具有连

接建立、撤销和状态维护的过程，而 UDP 被设计成没有连接建立过程的协议。采用 UDP 传递数据时，它既没有纠错和重传机制，又没有对数据包进行丢包、复制或重新排序的检测机制，甚至 UDP 的误码检测也是可选项。但在数据接收端，被分段的 UDP 数据包能够得以重组。它用于交换消息的开销要比 TCP 的小得多，这就使得 UDP 非常适用于挑战/响应等类型的应用。因此，UDP 通常不用于那些使用虚电路的面向连接的服务，而主要用于那些面向挑战/响应的服务，如 NFS。相对于 FTP 或 Telnet，这些服务需要交换的信息量较小。使用 UDP 的服务还包括 NTP（网络时间协议）和 DNS（DNS 也使用 TCP）等。

从网络安全的角度来看，当采用 UDP 进行大量的数据传输时，UDP 的表现较差。因为 UDP 自身缺少流控制特性，所以采用 UDP 进行大流量的数据传输时，可能堵塞主机或路由器，并导致大量的数据包丢失。

UDP 使用与 TCP 相同的端口号和服务器约定，但它具有单独的地址空间。同样，服务器通常也使用低编号端口。UDP 没有电路的概念，所有发往给定端口的数据包都被发送给同一进程，而忽略源地址和源端口号。

由于 UDP 没有交换握手信息和序号的过程，所以采用 UDP 实施欺骗要比使用 TCP 更容易。因此，确认这些 UDP 数据包的源地址时要特别小心。在一些重要的应用中，我们必须采用相应的数据源点认证机制。

2.1.5 Internet 控制消息协议

Internet 控制消息协议（Internet Control Message Protocol，ICMP）是一个低层通信机制，用来对 TCP 和 UDP 的连接行为产生影响。它可以用来通知主机到达目的地的最佳路由，报告路由故障，或者因网络故障中断某个连接。提起 ICMP，一些人可能会感到陌生，实际上，ICMP 与我们息息相关。ICMP 是网络管理员常常使用的两个非常重要的监控工具——Ping 和 Traceroute 的重要组成部分。

在网络架构的各层次中都需要控制，不同的层次有不同的分工和控制内容。IP 层的控制功能是最复杂的，主要负责差错控制、拥塞控制等。在基于 IP 数据报的网络体系中，网关必须自己处理数据报的传输工作，而 IP 自身没有内在机制来获取差错信息并加以处理。ICMP 可以用来处理传输错误，当某个网关发现传输错误时，立即向信源主机发送 ICMP 报文，报告出错信息，让信源主机采取相应的处理措施。它是一种差错和控制报文协议，不仅用于传输差错报文，而且用于传输控制报文。

从网络安全的角度来看，一台主机收到的 ICMP 消息都属于某些特定的连接。黑客会滥用 ICMP 来中断这些连接。例如，网上流行的 nuke.c 黑客程序就采用了这类攻击方式。

更坏的情况是，黑客能够用 ICMP 对消息进行重定向。只要黑客能够篡改到达目的地的正确路由，黑客就有可能攻破你的计算机。一般来说，重定向消息应该仅由主机执行，而不由路由器执行。仅当消息直接来自路由器时，才由路由器执行重定向。然而，有时网络管理员可能使用 ICMP 创建通往目的地的新路由，这种非常不谨慎的行为最终会导致非常严重的网络安全问题。

其实，在防火墙上封堵所有的 ICMP 消息并不妥当。有时候，主机常采用一种称为 Path MTU 的机制来测试究竟多大的数据包可以不用分段发送。这种测试需要依赖于地址不可达的 ICMP 数据包通过防火墙。该数据包巨大，但在它的 IP 头部中设置一个“不可分段”比特位。当主机发送大数据包时，将会遇到“难以诊断”的死点而结束数据传递。虽然防火墙存在启用 ICMP 带来的风险，但这里还是强烈建议网络管理员允许 Path MTU 消息通过防火墙。

IPv6 有新版本的 ICMP。ICMPv6 本质上与 ICMPv4 相似，但显然更为简单。那些没用的消息和选项已被删除，Path MTU 也有自己的消息类型，从而可以简化数据的过滤。

2.2 网络地址和域名管理

2.2.1 路由协议

路由协议是一种在 Internet 上动态寻找恰当路径的机制，也是 TCP/IP 的工作基础。路由信息确定两个通道：第一条通道从主叫主机到目标主机，第二条通道从目标主机返回主叫主机。第二条通道可以是第一条通道的逆通道，也可以不是。当第二条通道不是第一条通道的逆通道时，就称为非对称路由。虽然这种情况在 Internet 上非常普遍，但当网络中有多个防火墙时，非对称路由就会引发安全问题。从安全的角度看，返回通道通常比发送通道更加重要。当目标主机遭到攻击时，反向流动的数据包究竟通过哪个通道返回攻击主机呢？如果敌手能够破坏路由机制，那么他就会成功欺骗目标主机，使目标主机相信发起攻击的主机是一台真正可信的计算机。如果发生这种情况，那么依赖于源地址验证的认证机制将会失效。

目前，攻击者已经掌握了许多攻击标准路由设备的方式。一种最容易的办法是利用 IP 中的“宽松路由”（Loose Source Route）选项。采用这一选项，发起 TCP 连接的人能够指定一条到达目标主机的确切路由，并改写由正常路由选择进程所选择的路由。根据 RFC 1122，目标主机必须使用逆通道作为返回路由，这意味着攻击者可以假冒目标主机所信任的任意一台主机。

抵御源路由欺骗最简单的办法是拒绝接收含有这一选项的数据包。许多路由器提供这一功能。尽管人们有时确实会用到源路由（Source Routing）功能（例如，有时人们可能用它来调试某些网络故障，许多 ISP 也在骨干网络上使用这一功能），但源路由很少用于正当的目的。如果在配置防火墙时使这一功能失效，那么防火墙就比较安全。上面提到的源路由应用不需要穿越管理边界。另外，某些版本的 rlogind 和 rshd 也将拒绝含有源路由的连接。使这一选项失效只是下策，因为其他协议也可能有同样的缺陷。此外，即使一些应用能够丢掉含有源路由的数据包，源路由的误用仍然会导致其他类型的攻击。攻击者可以从合法连接中发现序号，并实施序号攻击。前面在介绍 TCP 时，讨论了序号攻击。

攻击者实施攻击的另一种攻击途径是“玩弄”路由协议。例如，攻击者很容易将伪造的路由信息协议（Routing Information Protocol，RIP）数据包注入网络。主机和路由器通常会相信这些数据包。如果攻击主机到达目标主机的距离比真正的源点主机更近，那么就容易改变数据流的方向。许多 RIP 的实现方案甚至可以接收特定主机的路由，要检测它会更加困难。

某些路由协议，如 RIP v2 和有限开放最短路径（Open Shortest Path First，OSPF）协

议都定义了认证域，但其作用非常有限。主要原因如下：第一，即使某些版本的OSPF有较强的认证功能，但某些站点仍然使用简单的口令认证，既然攻击者是有能力“玩弄”路由协议的高手，那么他们当然也有能力在本地网络上收集到用户的口令；第二，在路由会话中，如果有一台合法的主机被攻破，那么它发出的消息就不再可信；第三，在许多路由协议中，每台机器只与其邻近的计算机对话，而这些邻近的计算机将会重复旧会话内容，这样欺骗就会得到传播。

其实，并不是所有的路由协议都有这样的缺陷。对于那些只涉及两台主机会话的协议来说，尽管前面提到的序号攻击仍然可能成功，但其他类型的攻击很难破坏这些协议。更强的防护是从网络拓扑上解决问题。我们应当合理配置路由器，使其知道什么样的路由能够合法地出现在一条给定的线路上。一般来说，要实现这一点非常困难，但采用具有防火墙功能的路由器来实现此方案就相对比较简单。对于防火墙来说，如果路由表太大，那么实现起来就要困难一些。目前，人们正在开展路由协议的安全性研究。

有些ISP在内部使用了OSI的IS-IS路由协议，以替代OSPF协议。这样做有一个好处，即网络用户不能注入虚假的路由消息。由于IS-IS并不承载于IP之上，所以它与用户没有连通性。注意，采用这一技术并不能抵御公司内部的不法人员发起的攻击。

边界网关协议（Border Gateway Protocol，BGP）通过TCP连接在路由器之间分配路由信息。它通常运行于ISP内部或ISP之间，也可以工作于ISP和多宿主用户之间，有时也工作于内域网内部。BGP的细节非常复杂，超出了本书讨论的范围。有关BGP的详细情况可参阅相关文献，这里只讨论其安全性。

BGP用来为Internet上的核心路由器生成路由表。各种自主系统（Autonomous System，AS）通过广播交换网络位置信息。这些广播信息以一种稳定的数据流发送，平均几秒就发送一次。一次广播只需花20分钟或更多的点时间就可传遍整个Internet。所分配的路由信息中包含许多内容，如它可能含有对某个目标主机或数据包类型进行特别处理的信息。如果路由信息中含有其他因子，如路由聚合和转发延迟，那么很可能引起混乱。

显然，这些路由广播信息是非常重要的。任何错误的、恶意的广播都会造成Internet混乱。黑客可以采用这种破坏性的路由广播实施各种攻击。现在已经出现关于黑客对BGP发起攻击的报道，黑客使用路由器让经由GRE隧道的数据流改变方向，并窃听、劫持或抑制正常的会话。还有一些人会向自己所处的网络广播一个路由，并攻击某个目标，然后在法律取证调查之前删除这一路由。

许多ISP从建网之初就着手解决路由问题。对BGP做一些检查很容易，如ISP可以过滤来自其用户的路由广播，但ISP却不能过滤来自其同盟的广播，因为ISP认为来自同盟的所有数据均合法。目前，对这个问题还没有有效的解决方法。

从理论上讲，黑客有可能劫持BGP TCP会话。但是，采用MD5的BGP认证机制可以挫败这一攻击。虽然这种认证方法已经成熟，但是目前还没有得到广泛使用。不过在未来，BGP认证机制一定会得到应用。

目前，人们提出了许多解决此问题的方案。其中有一种称为S-BGP方案，它为每个路由提供一条数字签名链。此外，还有很多研究开发计划正在进行中，简述如下。

（1）对于负担较重的路由器来说，确保其性能非常重要。许多新协议涉及公钥密码算法，由于这些协议的计算量很大，所以会降低路由器的性能。因此，最好能够进行预计算，以缓解采用公钥密码体制给路由器带来的压力。此外，必要时可以采用硬件方案来提高公钥密码算法的运算速度。

（2）基于公钥基础设施（PKI）进行 IP 地址授权分配是非常迫切的需求，但目前人们还没有提出合适的解决方案。

（3）出于政治上的考虑，有人对中央路由注册机构的存在表示担忧。中央路由注册机构可以发现公司的网络布局及用户清单，而这些信息可能会被竞争对手用来实施攻击。因此，人们也正在探讨解决这一问题的方案。

目前，对于终端用户和 ISP 来说，最好的解决方案是对目标主机（包括域名服务器）做例行的 Traceroute 检查。尽管个别跳点通常发生改变，但所谓的自主系统（AS）路径相对来说是稳定的。现在有一种 traceroute-as 软件包可以用来做这种检查。

2.2.2 BOOTP 和 DHCP

动态主机配置协议（Dynamic Host Configuration Protocol，DHCP）用来分配 IP 地址，并提供启动计算机（或唤醒一个新网络）的其他信息。处于启动状态的客户机发送 UDP 广播数据包，服务器会对查询做出响应。这些查询信息可以使用中继程序向前传递到其他网络。服务器给主机分配一个固定的 IP 地址。

DHCP 是 BOOTP 的扩展，它基于客户机/服务器模式。它提供了一种动态指定 IP 地址和配置参数的机制，主要用于大型网络环境和配置比较困难的情况。DHCP 的配置参数使得网络上的计算机通信变得方便且容易实现。DHCP 可让用户租用 IP 地址，对于拥有成百上千台计算机的大型网络来说，每台计算机拥有一个 IP 地址有时是不必要的。IP 地址采用“租约”的方式，租期从 1 分钟到 100 年不定。当租期已满时，服务器可将这个 IP 地址分配给其他机器使用。当然，客户也可以请求使用自己喜欢的网络地址及相应的配置参数。

由于 DHCP 是对 BOOTP 的扩展，所以它的包格式和 BOOTP 的相同，因此可以使用 BOOTP 中的转发代理来发送 DHCP 包，这就使得 BOOTP 和 DHCP 之间可以实现互操作。对于 BOOTP 中的转发代理来说，根本不用区分转发的是 DHCP 包还是 BOOTP 包。它们使用的服务器端口号是 67 和 68，但有些地方存在不同：BOOTP 仅在启动时发送单个消息，而 DHCP 在启动后还对 IP 地址和其他信息进行更新和维护。DHCP 服务器通常与 DNS 服务器接口，以便提供当前的 IP 地址/域名映射。

DHCP 能够提供大量的信息——域名服务器地址、默认的路由地址、默认的域名及客户机的 IP 地址，许多应用都会使用这些信息。它还提供其他一些设备地址，如网络时间服务器的地址等。

在安装服务器软件时，必须保证 DHCP 能正常运行。DHCP 服务器能对 IP 地址提供集中化的管理，因此简化了管理任务。动态 IP 地址分配仅保留有限的 IP 地址使用空间。它可以很容易地为便携式计算机分配 IP 地址。例如，人们在咖啡馆或机场候机厅无线上网时，就必须使用这个协议。此外，使用 DHCP 的中继代理也不再要求在每个 LAN 分段内设一个 DHCP 服务器。

DHCP 日志可以用作法庭上的重要证据。特别是在进行 IP 地址动态分配时，我们需要知道在给定时刻哪台硬件设备使用了哪个 IP 地址。日志中记录的以太网地址是非常有用的。当计算机犯罪事件发生时，网络警察会设法取得 ISP 的 DHCP 日志（包括 RADIUS 或其他认证日志），并对日志进行分析。

此协议只能在本地网络上使用，这主要是基于安全性的考虑。处于启动状态的客户机向本地网络广播查询信息，这些查询信息可在本地网络中到处传播。无论是服务器还是中继代理，都必须接到本地网络上。处于启动状态的主机尚不知道自身的 IP 地址，所以 DHCP 服务器必须将查询响应传送到它的第二层地址，即它的以太网地址。要做到这一点，DHCP 服务器要么在自己的 ARP 表中添加一个映射，要么发送一个纯第二层的数据包给客户机。总之，DHCP 服务器和客户机均需要直接接入本地网络。由于远程攻击者无法接入本地网络，因此也就无法对 DHCP 服务器发起远程攻击。

由于 DHCP 服务器通常未对查询信息进行认证，所以查询响应容易受到中间人攻击和 DoS 攻击。但是，如果攻击者已经接入本地网络，那么就可以发动 ARP 欺骗攻击。既然远程攻击者接入本地网络的可能性不大，那么这就意味着运行 BOOTP/DHCP 带来的风险并不大。当 DHCP 服务器与 DNS 服务器接口时，需要建立一条从 DHCP 服务器到 DNS 服务器的安全连接，通常采用对称密钥加密算法生成 SIG 签名记录来实现。

攻击者可用假冒的 DHCP 服务器压制合法的 DHCP 服务器，对查询提供响应并导致各种类型的攻击。这些假冒的服务器会模仿不同的以太地址向合法的服务器发出大量请求。合法的服务器会被这些查询请求淹没，全部可用的 IP 地址会被消耗殆尽。

2.2.3 域名系统

采用 IE 浏览器上网时，通常输入的是类似 www.sina.com.cn 这样的网址，其实这是一个域名。网络上的计算机之间只能用 IP 地址才能相互识别。也可在浏览器中输入类似 218.30.66.101 这样的 IP 地址，但我们很难记住 IP 地址，却能很容易地记住域名。

域名系统（Domain Name System，DNS）是一个分布式数据库系统，用来实现域名到 IP 地址或 IP 地址到域名的映射。在 Internet 上，域名与 IP 地址之间是一一对应的。域名虽然便于人们记忆，但机器之间只能互相识别 IP 地址，它们之间的转换工作被称为域名解析，域名解析的工作需要由专门的域名解析服务器来自动完成。域名解析服务器也称 DNS 服务器，DNS 服务使用的是 53 号端口。

从安全的角度看，DNS 也存在安全问题。在正常工作模式下，主机向 DNS 服务器发送 UDP 查询信息，服务器则以适当的信息给予应答。查询也可通过 TCP 来实现，但是 TCP 操作通常只用于“区转移”（Zone Transfer）。备份服务器可用“区转移”来获得域名空间中所属信息的完整备份，黑客也常使用这种方式快速获得攻击目标列表。

DNS 中存储了大量不同种类的资源记录（Resource Records，RR）。表 2.1 中给出了一些重要的 DNS 记录类型。

DNS 的域名空间是一个树状结构。为便于操作，子树被分配给其他服务器。逻辑上，DNS 使用两种不同类型的树：第一种树称为前向映射树（Forward Mapping Tree），它将域名（如 SMTP.SINA.COM）映射至 IP 地址（如 192.20.225.4），前向树中可能包含 HINFO 或 MX 记录；第二种是用于反向查询（Inverse Queries）的树，称为反向树，它将 IP 地址映射至域名，反向树中包含 PTR 记录。尽管有些网站试图在这两种树之间建立关联，但在这两种树之间不存在强制的联系。由于我们通常使用的是前向映射树，所以反向映射树很少得到良好的维护和更新。

表 2.1　一些重要的 DNS 记录类型

类　型	功　能
A	特定主机的 IPv4 地址
AAAA	主机的 IPv6 地址
NS	名称服务器，将一棵子树委托给另一台服务器
SOA	管理机构的起始点。它表示子树的起点，包含缓存和配置参数，并给出了该区负责人的地址
MX	邮件交换记录。为一台处理接收邮件并转发到指定目标的主机命名。目标可以含有通配符，如*.SINA.COM，使单条 MX 记录能够将邮件重定向到整棵子树
CNAME	主机真实名称的别名
PTR	用于 IP 地址到主机名的映射
HINFO	主机类型和操作系统信息。它能够给黑客提供含有操作系统缺陷的目标清单，因此该记录对于安全性来说是非常不利的
WKS	常用的服务，即所支持协议的列表。因为这个记录可为黑客攻击省掉端口扫描操作，所以这一记录很少使用
SRV	服务位置，用来指示如何使用 DNS 才能找到特定的服务，参见 NAPTR
SIG	数字签名记录，它是 DNSsec 的一部分
DNSKEY	DNSsec 的公钥
NAPTR	命名管理机构指针，用于间接引用

此外，还有其他树状结构方案，但都没有得到广泛使用。

分离前向命名和后向命名，可能会带来安全问题。黑客如果能够掌控部分反向映射树，那么就能实施欺骗。也就是说，反向记录中可能虚假地含有你所信赖的那台机器的名称。之后，攻击者会用 rlogin 远程登录到你的机器，你的机器会相信该伪造的记录，并接受该呼叫请求。

许多较新的系统对这种攻击具有免疫力。在通过 DNS 检索到指定的主机名后，这些新系统会利用该主机名获得相应的 IP 地址集合。如果用于该连接的实际地址不在此地址列表内，那么呼叫就会被驳回，并记录安全性入侵。

操作系统能够实现交叉检验，这种检验可在由地址生成主机名称的库子程序中实现，也可在守护程序中实现。最重要的是要了解操作系统如何进行校验。总之，无论操作系统的哪个组件检测到异常情况的发生，都要记录下来。

一种破坏力更强的攻击变体是，攻击者在发起呼叫之前，会扰乱目标机器中 DNS 响应的高速缓存。当目标机器进行交叉检验时，验证似乎取得了成功，但此时黑客已经获得了访问权。另一种攻击变体是，采用呼叫响应来淹没目标的 DNS 服务器，使其陷入混乱。此类黑客攻击很常见，黑客只需用非常简单的程序就可捣毁 DNS 的高速缓存。

尽管最新版本的 DNS 软件看起来可以防止此类攻击，但我们绝对不可轻率地认为它们没有漏洞。这里强烈建议那些暴露的机器不要只用基于名称的认证。基于地址的认证虽然脆弱，但优于前者。

许多 DNS 解析器中也表现出了危险的特征。如果期望的名称与用户的名称存在相同的部分，那么 DNS 允许用户省掉尾随层次，因为用户不想拼出域名全称的情况很常见。

例如，假设 SQUEAMISH.CS.BIG.EDU 上的某人试图连接到目标机器 FOO.COM。解析器在尝试连接正确的 FOO.COM 前，会尝试连接 FOO.COM.CS.BIG.EDU、FOO.COM.BIG.EDU 和 FOO.COM.EDU。这样做是有风险的。如果有人创建了域名 COM.EDU，那么他就能截获所有发向.COM 下的所有机器的数据流。另外，如果他掌握了任何通配符 DNS 记录，那么会更加危险。比较谨慎的用户希望使用根域名（Rooted Domain Name），因为它有一个尾随周期。在上面的这个例子中，解析器不能对地址 X.CS.BIG.EDU 进行多次尝试（因为有尾随周期）。系统管理员应该设置搜索序列，规定只有在本域中才对不合格的名称进行检查。

除了认证问题，DNS 还存在其他问题。DNS 中含有大量的网站信息，如机器名称、地址和组织结构等，这些信息一旦泄露将非常危险。例如，黑客可以找到一台名称为 FOO.ESS.CORP.COM 的机器，然后搜遍整个 ESS.CORP.COM 域，于是就可知道有多少台计算机正在共同进行一个项目的开发。

建议不要把秘密信息置于主机名称中。攻击者可以通过分析主机名称找出有用的信息。这有些像流量分析，攻击者可从未解密的消息中获得有价值的信息。

虽然我们无法阻止人们对获取这些信息的好奇心，但是可以采取相应的措施加以控制，如可以对授权的第二级服务器限制使用“区转移”功能。但是，聪明的攻击者能够通过 DNS 反向查询不断搜索网络地址空间，然后进行前向查找，检索其他有用的信息。此外，还存在其他名称泄露，如电子邮件中的“Received:”一行就泄露了一些信息。虽然应设法阻止此类情况的发生，但也无须大惊小怪，因为名称泄露造成的危害非常有限。

下面介绍 DNSsec。对 DNS 记录进行数字签名，是消除欺骗性 DNS 记录的最简单的方法。但是，这不能消除反向映射树存在的问题。当某个区的所有者动机不良时，就会签署一个欺骗性的记录。通过采用一种称为 DNSsec 的机制，可以有效防止这种欺骗。其基本思路如下：一个安全域内的所有 RRsets 都有一个 SIG 记录，签名的公钥也在该 DNS 树上，以取代数字证书。此外，对域的签名可以离线进行，因此降低了域签名私钥泄露的风险。

虽然这种方法对付以上欺骗攻击很有效，但也有不足之处。最初的版本工作不稳定，协议也不兼容。当然，还存在其他一些问题，包括：① 签名的 DNS 响应长度限制（由 UDP 发送时，DNS 数据包被局限为 512B）；② 对.COM 这样大的域进行签名的难度；③ 如何处理 DNS 的动态更新；④ 通配符 DNS 记录的细节问题。目前，人们还在争论是否可以仅对某个域（如.COM）中的某些名称进行签名。

这些问题的出现延缓了 DNSsec 的推广和应用。按照原计划，DNSsec 的推广和应用应从 2003 年开始启动，但迄今为止它仍未成为主流的 DNS 查询方式，因此不要对 DNSsec 的推广和应用过于乐观。

2.2.4 网络地址转换

目前，网络的 IP 地址面临着耗尽的危险，甚至有人声称目前的 IP 地址已经用完。在这种情况下，网络地址转换盒（NAT boxes）应运而生。从概念上讲，网络地址转换（NAT）非常简单：它们监听使用专用地址空间的内部接口，并对出站数据包重写源地址和端口号。出站数据包的源地址使用 ISP 为外部接口分配的 Internet 静态 IP 地址。对于返回的数据包，它们执行相反的操作。然而，在现实中，网络地址转换并非如此简单。

许多应用并不通过 NAT 盒工作，有些应用服务含有内嵌的 IP 地址（如 FTP）。如果 NAT 盒不知道如何重写这类数据流，那么 NAT 盒就无法工作。

对于进入动态端口的呼叫，NAT 盒也不能正常工作。许多 NAT 盒将数据路由到特定的静态主机和端口，它们并不能处理全部的应用协议。需要说明的是，市场上的一些 NAT 产品确实能处理一些常用的高层协议，但在碰到一些不常见的应用程序或新协议时，这些 NAT 盒很可能不支持这些新协议，从而给用户带来麻烦。

从安全的角度看，NAT 盒最严重的问题是不能与加密协调工作。显然，NAT 盒不能对加密的应用数据流进行检查。其次，某些形式的 IPSec 与 NAT 盒并不兼容。IPSec 能对传输层协议头部进行加密，而此协议头部包含一个校验和，校验和中包含 NAT 盒要重写的 IP 地址。有关这些问题的讨论，请参考相关的文献。

有些人也把 NAT 盒视为某种形式的防火墙。NAT 盒只能算是一种非常低级的防火墙，或者是某种形式的包过滤器，它缺少专业防火墙所具有的应用级过滤功能。此外，许多 NAT 方案缺少优秀的设计。例如，有些品牌的 NAT 盒允许管理员通过 Web 进行管理，但是 NAT 盒却未对这条 Web 连接实施加密。

NAT 盒存在的价值是目前 IPv4 地址短缺。协议的多样性和复杂性使得 NAT 盒变得不可靠。在这种情况下，我们需要在网络中使用真正意义上的防火墙。NAT 盒是大多数防火墙的一个基本功能。此外，IPv6 的普及应用也能很好地解决 IP 地址短缺问题。

2.3 IPv6

2.3.1 IPv6 简介

IPv6 与当前采用的 IPv4 相似，设计思想也相同，即 IP 是一个不稳定的数据报协议，具有最小的头部信息。IPv6 的最重要的设计目标之一是使得重新编址容易。这意味着基于地址的访问控制设备需要了解重新编址的情况，并且需要及时进行软件升级。重新编址不会在整个网络上瞬间完成。人们更趋向于在主机地址的低位前加一个前缀，以实现逐渐过渡。有时，给定的接口可能会设有多个地址，有些地址标有“禁用”标志，即新建连接不能使用这些地址。但是，旧连接可在很长一段时间内继续使用这些地址。这意味着防火墙或其他网络设备也需要等待一段时间才能使用新的 IPv6 地址。

IPv4 的头部比较复杂，包含 13 个字段且长度不固定。这不利于高效地处理，也不便于扩展。事实上，Internet 上绝大部分数据包只需要进行简单的转发，少量数据包才需要进行一些复杂的处理。针对这种实际情况，IPv6 对头部进行了重新设计，新头部由一个简化的、长度固定的基本头部和多个可选的扩展头部组成，既加快了路由速度，又能灵活地支持多种应用，还便于以后扩展新应用。IPv6 的基本头部如图 2.3 所示。

版本号（Version, 4bit）字段指示 IP 的版本，在 IPv6 中它总是 6。可以通过检测版本号来识别数据包的类型（IPv4 的版本号为 4）。一般来说，在数据链路层识别数据包并直接传给正确的协议栈，效率会高一些。在以太帧中，IPv4 的类型为 0x0800，IPv6 的类型为 0x86DD。

业务流类别（Traffic Class, 8bit）字段和流标签（Flow Label, 20bit）字段对于改善服

务质量有着重要的作用。业务流类别与 IPv4 的流量类别类似，流标签用来标识某个特定的数据流。通过流标签，路由器不再孤立地处理每个数据包，而是将它们与具体的业务流关联起来，并根据业务流类别的不同分配不同的资源，以满足不同应用对带宽、延迟的要求，从而改善服务质量。通过流标签还可减少路由查找的开销，属于相同数据流的数据包可以按照相同的方式直接转发，而不必都进行最长前缀匹配。

版本号	业务流类别	流标签	
净荷长度		下一头部	跳数限制
源地址			
目的地址			

图 2.3　IPv6 的基本头部

净荷长度（Payload Length, 16bit）字段由 IPv4 的总长字段演变而来。但是，与 IPv4 不同，IPv6 只包括扩展头部和数据区的长度。因为 IPv6 的基本头部长度是固定的（40byte），所以它取消了 IPv4 中的头部长度字段。

IPv6 的头部中没有选项字段，某些可选的功能通过不同的扩展头部来实现。下一头部（Next Header, 8bit）字段用来指示后续头部的类型。最后一个头部的下一头部字段则说明传输层的头部类型（如 TCP、UDP 等）。IPv6 删除了 IPv4 头部中的协议类型字段。

跳数限制（Hop Limit, 8bit）字段与 IPv4 中的生存时间（TTL）一样，用来避免数据包无休止地传递（如出现路由环路）。数据包每经过一个站点，跳数限制递减 1；跳数限制为 0 时，数据包将被丢弃。事实上，跳数限制是一种比生存时间更有效的做法。

IPv6 的头部中没有校验和字段，因为网络传输的可靠性越来越高，且链路层和传输层都有自己的校验和，没有必要再在 IP 层进行数据校验。去掉校验和使得 IPv6 更加轻便，效率更高（计算校验和的开销较大）。

IPv6 的基本头部中去掉了所有与分段相关的字段。在 IPv4 中，源站点以本地链路 MTU 发送数据包，中途路由器若发现数据包的长度大于出口链路 MTU，就对数据包进行分段，目的站点对分段进行重组。这种逐跳分段的方法使得端节点无须了解网络的信息，便于不同网络之间的互联，但另一方面也加重了路由器的负担。IPv6 采取了不同的方法来实现分段。首先，要求所有链路必须支持至少 1280byte 的数据包，这样就降低了分段的可能性。此外，对于过大的 IPv6 数据包，不能转发该数据包的路由器并不将其分段，而是返回一条出错消息，通知源主机分解所有将来到达那个目的地的数据包。这种端到端的分段方式让主机一开始就发送长度正确的数据包，远比在数据包传送过程中分段有效。不足的是，源站点先要发现路径的 MTU，并且当路径 MTU 发生改变（如某个路由器出现故障而重新选择一条路由）时，要重新发现路径 MTU。

IPv6 对 IPv4 中的选项进行了重新设计。IPv4 中的选项代表了一些需要特殊处理的特定应用，同时这些应用也不需要一般的处理。因此在 IPv6 的基本头部中，删除了 IPv4 头部中的这些选项，使得基本头部大大简化，并以不同的扩展头部来实现这些特定的应用。

这样做既提高了整体效率，又带来了灵活性和可扩展性。当出现多个扩展头部时，它们的排列顺序很重要。迄今为止，IPv6 定义了 6 种扩展头部，通常以下面的顺序出现：逐跳（Hop-by-Hop）头部、路由（Routing）头部、分段（Fragmentation）头部、目的（Destination）头部、认证头部（Authentication Header，AH）和封装安全净荷头部（Encapsulating Security Payload，ESP）。

2.3.2 过滤 IPv6

与 IPv4 一样，IPv6 通过 IPSec 协议来保证 IP 层的安全。IPSec 是 IPv6 的一个组成部分，而 IPSec 对 IPv4 来说是可选项。虽然在实现 IPv6 时必须实现 IPSec 协议，但应用时并不一定要使用它，IPv6 协议把认证头部（AH）和封装安全净荷头部（ESP）作为两个可选的扩展头部。因此，与 IPv4 相比，IPv6 本质上并不能带来更高的安全性。要保证 IPv6 网络的安全性，仍然需要传统的安全设备，如防火墙、入侵检测等。

目前，IPv6 在全球还未得到广泛应用，因此人们开发了许多协议来实现从 IPv4 向 IPv6 的过渡。如果网络设备不支持 IPv6，那么隧道数据流将被阻断。如果想让 IPv6 数据流通过，那么就要使用 IPv6 防火墙。如果所用的防火墙不支持 IPv6 协议，那么这些隧道将终止于 IPv6 防火墙的外部。因此，需要开凿 IPv6 隧道，即要隧穿 IPv4 防火墙。因此，在进行网络安全工程实施时，要特别小心。

在 IPv4 网络上打通 IPv6 隧道有多种方式。RFC 3056 中详细介绍了一个 6to4 协议。该协议利用 41 号协议，在 IPv4 数据包中封装了 IPv6 的数据流。在各种不同的 BSD 操作系统中，都有 6to4 协议的执行代码。还有另外一种类似的协议，称为 6over4 协议。当数据包过滤器识别出这一数据流时，要么丢掉它，要么向前传送给隧道数据处理设备。第 5 章中介绍的 IPF 防火墙软件包能够过滤 IPv6 数据包。然而，目前很多防火墙都不能实现对 IPv6 数据包的过滤。

在 IPv4 网络上打通 IPv6 隧道的另外一种方案称为 Teredo 协议。该协议使用 3544 号 UDP 端口，并且允许隧道穿过网络地址转换（NAT）盒。如果对此协议有安全上的顾虑，那可将 3544 号 UDP 端口关闭。在防火墙上，除非非常明确地要求打开某些端口，一般来说我们总是要求关闭所有的 UDP 端口。确保防火墙能够封堵 Teredo 协议尤其重要。如果防火墙安装在 NAT 盒的后面，那么 Teredo 只能依赖于一台具有全球路由地址的外部服务器。由于难以知道防火墙的前面到底有多少个 NAT 盒，特别是当这个数目随着目标机器不同而变化时，Teredo 协议的可用性受到了质疑。目前，这个方案还未被标准化。

最后一种在 IPv4 Internet 上开凿 IPv6 隧道的方案是采用电路中继。如果采用电路中继，那么路由器上的中继代理会将每个 IPv6 的 TCP 连接映射到 IPv4 的 TCP 连接。在接收路由器上，这个过程恰好相反，即接收路由器将 IPv4 的 TCP 连接映射到 IPv6 的 TCP 连接。

2.4 电子邮件协议

2.4.1 简单邮件传输协议

电子邮件是 Internet 上使用最广泛的服务之一。尽管网络上有多种邮件收发服务，但最常用的是简单邮件传输协议（Simple Mail Transfer Protocol，SMTP）。SMTP 服务使用的是 25 号端口。

传统 SMTP 使用简单的协议传输 7bit ASCII 文本字符，SMTP 会话样本日志记录如图 2.4 所示，箭头表明数据的流向（它还有一种扩展形式，称为 ESMTP，允许扩展协商，它包括 8bit 的传输。这样，它不仅能够传输二进制数据，而且能传输非 ASCII 字符集）。从图中可以看出，远程站点 sales.mymegacorp.com 向本地主机 fg.net 发送了一个电子邮件。这是一个简单的协议，网络管理员和黑客都知道如何使用这些命令，他们可以手工输入这些命令。

注意，主叫方在 MAIL FROM 命令中指明了一个返回地址。在这种情况下，本地主机没有可靠的办法来验证该返回地址的正确性。你确实不知道是谁用 SMTP 给你发送了邮件。如果你需要更高的可信度或保密性，那么就必须使用更高级的安全机制。

一个组织机构至少需要一台邮件服务器。内部网络用户的邮件服务器通常设置在网关上。这样，内部的管理员只需从网关上的邮件服务器上获得他们的邮件。此网关能够保证出站的邮件头部符合标准。如果本地邮件服务器出现问题，那么管理员可以方便、及时地解决邮件服务器的故障。

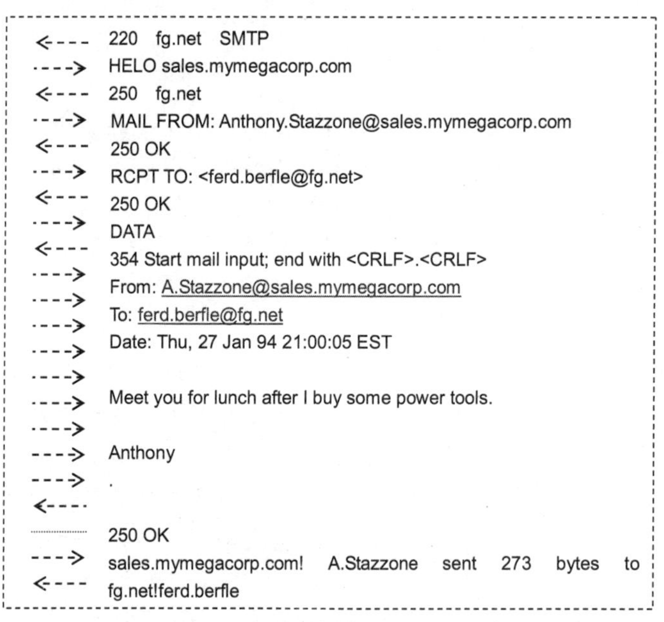

图 2.4　SMTP 会话样本日志记录

采用邮件网关，公司内部的每个人都可以有一个单独设立的邮箱。但是这些邮件账户列表必须严加保护，以防被窃而成为黑客攻击的目标。从安全的角度看，SMTP 本身完全无害，但它可能成为黑客发起拒绝服务（Denial of Service，DoS）攻击的工具。攻击者可以采用 DoS 攻击阻止用户合法使用该邮件服务器。假设攻击者能控制 50 台机器，每台机器都向邮件服务器发送 1000 个 1MB 大小的邮件，那么恐怕邮件系统很难处理如此多的邮件。

SMTP 的最常见的实现方案之一是 Sendmail。在许多 UNIX 软件版本中，该程序是免费的，但是它比正版的软件少很多东西。Sendmail 有一个致命的安全缺陷，即它包含成千上万行 C 语言代码，而且常常以根用户权限工作。这实际上违背了“最小信任”（Minimal Trust）原则。这种有意或无意造成的安全漏洞已存在了很长时间，其中一个安全漏洞可被网络蠕虫用来传播病毒。特权程序应该尽可能小，而且应该模块化。SMTP 守护程序不必以根权限运行。后来出现的 Sendmail 版本做了很大的改进。此外，还有一些免费的电子邮件服务程序也是可用的。

对于邮件管理员来说，最大的问题是如何对这些邮件服务程序进行合理配置。Sendmail 的配置规则非常复杂，现在有些很好的参考书详细讨论了 Sendmail 的配置方法。即使邮件服务器的配置相对容易，要搞清如何合理配置也非易事。

以上问题的存在使得 Sendmail 的使用受到限制。人们常常采用其他一些现有的邮件服务程序。不管使用何种邮件服务程序，都应合理地对其进行配置，让它仅接收那些来自可信用户的邮件。所谓开放中继（open relay），是指允许在任何人之间进行邮件传递，这非常危险。许多网站都拒绝接收那些来自已知“开放中继”的电子邮件。

垃圾邮件制造者（spammer）常利用 SMTP 服务器传播垃圾邮件（spam）。它们拨号连接到高带宽的 E-mail 服务器上，将垃圾邮件到处传播。利用 SMTP 服务器（尤其是 sendmail）传播垃圾邮件是黑客惯用的伎俩。当前，如何处理垃圾邮件是我们面临的一个重要的问题。在实际工作中，我们常用具有防垃圾邮件功能的邮件服务器网关来处理垃圾邮件。

要支持移动计算机用户 VPN 隧道，可以使用 SMTP 的认证功能。它可与 SMTP 会话加密很好地结合起来。SMTP 认证的主要目的是避免接受“开放中继”，因为“开放中继”会导致垃圾邮件。这种 SMTP 的用法有时被称为邮件托付（Mail Submission），以区别于普通的邮件传输。

UNIX 是当前使用最普遍、影响最深远的主流操作系统，SCO UNIX 一直以其根植于 Intel 平台、具有明显特色而名满天下。SCO 公司综合以前的 OPENSERVER 和 UNIXWARE，最近推出了 OPENSERVER，它是目前市场上最流行和最新的 UNIX 系统。SCO OPENSERVER 提供了两种电子邮件路由器：Sendmail 和 MMDF。Sendmail 是目前使用比较广泛的一种电子邮件服务器，具有提供别名和转发、自动网关寻找、路由机制及配置灵活的特点，支持 Internet 风格的邮件地址表达方式，即用户名@域名（USER@DOMAIN）。但是，Sendmail 也存在代码复杂、难以配置等缺点。在 SCO OPENSERVER 5.0.5 中还提供另一种邮件路由器 MMDF，它在功能上比 Sendmail 更强大，也更复杂，但它的配置比 Sendmail 的简单。

2.4.2 POP3 协议

邮局协议（Post Office Protocol，POP）是一个邮件接收协议，它的第三个版本称为 POP3。它规定了如何将个人计算机连接到网络邮件服务器上以下载电子邮件，是 Internet 电子邮件的第一个离线协议标准。POP3 允许用户通过服务器把邮件存储到本地主机（用户的计算机）上，同时删除保存在邮件服务器上的邮件。POP3 服务器是遵循 POP3 协议的接收邮件服务器，用来接收电子邮件。POP3 服务使用的是 110 号端口。

POP3 是访问 Internet 上电子邮箱的常用方法。POP3 服务允许用户设置本地浏览器的接收/发送邮件服务器名称，使用自己的 E-mail 软件收发邮件。用户可以使用 Outlook、

Outlook Express、Foxmail 和 Netscape Mail 等邮件程序直接访问自己的邮箱。每个 POP3 账号都有自己的密码。无论用户身在何处，只要能接入 Internet，就可查看和接收邮件。使用 Netscape、Foxmail、Outlook Express 等软件收发邮件时，必须在这些软件上配置好 SMTP 服务器和 POP3 服务器的地址。

用户的邮箱可以开设在一台专门的邮件服务器上，也可以由 ISP 提供免费或收费的邮箱。当客户机运行邮件客户端软件时，邮件程序可将邮件下载到本地客户机上，通常邮件服务器上的邮件会被删除。当客户机长时间保持在线时，邮件客户端软件每隔一定的时间就收取一次新的邮件。客户机采用 POP3 和 SMTP，用同一个或不同的邮件服务器来收发电子邮件。

POP3 非常简单，服务器可用 Perl 脚本程序非常容易地实现它。正是因为简单，它非常不安全。在旧版本中，用户在访问邮箱时采用的口令是以明文形式传输的。最近开发的邮件客户端软件采用 APOP 来收发邮件。APOP 基于口令认证中常用的挑战/响应机制。以上两种协议都需要将口令以明文形式存储在服务器上，这是非常不安全的。此外，攻击者也可能对认证交换的口令发起字典攻击。有些站点支持基于 SSL/TLS 的 POP3 服务，但许多客户端却不支持这一服务。

若邮件服务器运行的是 UNIX 操作系统，则 POP3 服务器软件在认证结束前通常以根用户权限运行。用户必须在服务器上开设一个账号，其实这很不利：一方面它会增加邮件服务器的管理难度，另一方面意味着用户可以登录到邮件服务器上。这种设计思想非常危险，因为用户可能给服务器带来非常大的安全风险。尽管如此，仍然可以使用 POP3 服务器收发邮件，但要保证 POP3 服务器只对其用户数据库和电子邮件进行维护。

2.4.3 Internet 消息访问协议

Internet 消息访问协议（Internet Message Access Protocol，IMAP）是由美国华盛顿大学研发的一种邮件获取协议，当前的权威定义是 RFC 3501。它的主要作用是邮件客户端（如 MS Outlook Express）可以通过这种协议从邮件服务器上获取邮件的信息、下载邮件等。如 POP3 是 POP 的第三个版本一样，IMAP4 是 IMAP 的第四个版本，它提供了同 POP3 一样方便的邮件下载服务，而且在对邮箱的访问控制功能上比 POP3 更加强大。IMAP 运行在 TCP/IP 协议之上，使用的端口号是 143。

IMAP 同样提供方便的邮件下载服务，可让用户进行离线阅读，但 IMAP 还有其他一些功能。首先，IMAP 提供的摘要浏览功能可让用户在阅读完所有邮件的到达时间、主题、发件人、大小等信息后才做出是否下载的决定；其次，用户可以享受选择性下载附件服务。例如，一封邮件里含有 5 个附件，用户可以选择下载其中的两个附件；第三，在支持离线阅读的同时，IMAP 既允许用户把邮件存储和组织在服务器上，又允许用户把邮箱作为信息存储工具。

总体而言，IMAP 同时兼顾了 POP3 和 WebMail 的优点，是当前较好的一种通信协议。目前支持 IMAP4 的免费邮件系统并不多，如 777 免费电子邮箱（http://mail.777.net.cn）就支持 IMAP4。

IMAP4 可以让用户对服务器上的邮箱进行远程访问，可使客户机和服务器的状态同步，并支持多重文件夹。如同 POP3 一样，邮件仍然通过 SMTP 发送。

典型的 UNIX IMAP4 服务器提供了与 POP3 服务器相同的访问方式，同时增加了许多功能。虽然 POP3 服务器已能满足用户的需求，但 IMAP 服务器的应用也很有潜力。

IAMP 能够支持一些认证方法，并且有些方法非常安全。前面提到的挑战/响应机制很有用，但它并未达到人们预期的安全性。在挑战/响应机制中使用了一个共享的秘密信息，这个秘密信息必须存储在服务器上。若将秘密信息与域字符串进行杂凑运算，那么对消除口令的等值性可能会更有利。

对于 IMAP 来说，最大的牺牲是协议的复杂度太高，因此需要一个更复杂的服务器。如果服务器能够采用小而简单的认证模块恰当地实现，那么认证的安全性将会得到保障。但是，这需要对服务器的设计进行验证。

2.4.4 多用途网际邮件扩充协议

多用途网际邮件扩充协议（Multipurpose Internet E-mail Extension，MIME）最早在 1992 年就应用于电子邮件系统，后来也用于浏览器。服务器将它们发送的多媒体数据的类型告诉浏览器，而通知手段是说明该多媒体数据的 MIME 类型，从而让浏览器知道收到的哪些信息是 MP3 文件，哪些是 Shockwave 文件等。服务器将 MIME 标志符放入所传送的数据，以此告诉浏览器使用哪种插件读取相关文件。

浏览器收到文件后，会进入插件系统进行查找，以便查出哪种插件可以识别并打开收到的文件。如果浏览器不清楚调用哪种插件系统，那么它可能会告诉用户缺少某插件，或者直接选择现有的某个插件来尝试打开收到的文件。传输的信息中缺少 MIME 标识时可能导致的情况很难估计，因为某些计算机系统可能不会出现什么故障，但某些计算机可能会因此而崩溃。

电子邮件的内容也会带来安全风险。抛开邮件客户端软件的缺陷不谈，自动运行 MIME 编码消息就潜藏了巨大的风险。这些消息中被编码的结构信息能够指示客户端软件要采取何种行动。

对于 MIME 也存在着一种分段攻击。有一种 MIME 类型，它允许将单个电子邮件消息分成几段。如果消息的分段做得很巧妙，就可以用来逃避基于网关的病毒检测。当然，如果邮件客户端软件不能重组这些分段的消息，那么这种攻击不会得逞。遗憾的是，MS Outlook Express 确实可以重组这些分段的消息。要解决这个问题，要么在网关上重组这些消息，要么拒绝那些以分段方式发来的邮件。

MIME 存在的其他风险包括邮寄可执行程序和含有危险动作的 PostScript 文件。通过电子邮件发送可执行程序是传播蠕虫和病毒的主要根源。当然，攻击者也可能通过电子邮件发送一条含有伪造的“From:”命令行的 MIME 消息。许多流行的蠕虫和病毒就是采用这种方式传播的。上述问题和其他一些安全问题在 MIME 技术文档中已有详细说明。然而，很多基于 Windows 系统的邮件服务器几乎都忽视了这些建议。

2.5 消息传输协议

2.5.1 简单文件传输协议

简单文件传输协议（Trivial File Transfer Protocol，TFTP）是用来在客户机与服务器之间进行简单文件传输的协议，它提供不复杂、开销不大的文件传输服务。TFTP 承载在 UDP 上，提供不可靠的数据流传输服务，不提供存取授权与认证机制，使用超时重传方式来保证数据的到达。与 FTP 相比，TFTP 的尺寸要小得多。现在最普遍使用的是第二版 TFTP（TFTP Version 2，RFC 1350）。TFTP 服务使用 UDP 67 端口。

之所以说该协议简单，是因为它只提供文件传输而不能确保文件的成功传送。由于在安全性上没有保证，所以它的应用不像 FTP 那样普及。不过，由于它不用消耗太多的网络资源用于传输数据，所以 TFTP 常用于一些对连接安全性要求不高的场合。它常用于启动路由器、无盘工作站、X11 终端和嵌入式设备等。总体上讲，FTP 的功能要比 TFTP 的更加强大，因此占据了文件传输协议的主导地位。

适当配置 TFTP 守护程序，可以限制客户端只能访问服务器端的一个或两个目录，这两个目录通常为 usr/local/boot 和 X11 字库。过去，许多厂商发布的 TFTP 软件没有这种限制，黑客可轻易地利用它从事非法活动。下面是黑客实施口令破解攻击的一个实例。

```
$ tftp  target.cs.boofhead.edu
tftp> get  /etc/passwd  /tmp/passwd
Received 1205 bytes in 0.5 seconds
Tftp>  quit
$crack  </tmp/passwd
```

我们知道，现在网络上存在很多用来进行口令破解的“字典”。如果采用一个普通字典猜对口令的概率是25%，那么攻击者就很容易攻破一台机器。同时，与该机器相连的其他机器也难逃厄运。因此，除非真的需要此协议，否则不应在任何机器上运行该协议。如果所用的机器上确实安装了此协议，则应确保对它进行正确配置，只允许那些符合访问控制策略的文件进行传送。

很多路由器（特别是低端路由器）都使用 TFTP 来上载可执行的映像文件或配置文件。上载配置文件特别危险，因为精明的黑客可能上载伪造的文件，并通过配置文件中包含的口令对系统发起攻击。因为 TFTP 的安全问题，即便用 TFTP 也往往只开放其下载权限而不分配上载权限。

2.5.2 文件传输协议

文件传输协议（File Transfer Protocol，FTP）是 TCP/IP 协议族中的重要协议之一。RFC 959 草案中详细说明了该协议。FTP 是 Internet 文件传送的基础，它由一系列规格说明文档组成，目标是提高文件的共享性。简单地说，FTP 完成两台计算机之间的复制。将文件从远程计算机复制至本地计算机上时，称为下载文件；将文件从本地计算机复制到远程计算机上时，称为上载文件。在 TCP/IP 中，FTP 标准命令采用的 TCP 端口号为 21，

PORT 方式的数据端口为 20。

FTP 支持文本和二进制文件的传输和字符集翻译。使用 PORT 命令的一个典型 FTP 会话样本如图 2.5 所示。在图 2.5 中，用户使用 FTP 命令打开一个通往目标主机的控制通道。各种命令和响应都通过这个通道发送。图中，“--->”后面的命令为通过线路实际发送的命令，服务器的响应在每行的开始部分都包含一个三位数的回复编码。

当客户端使用行命令传输文件或创建列表时，FTP 服务程序会打开第二个数据通道。FTP 标准建议可以创建单个通道，并在会话期间对所有数据传输开放此通道。然而，在实际应用中，FTP 会对每个传输的文件都打开一个新通道。

由于从服务器到客户机或从客户机到服务器都可采用 FTP 打开一条数据通道，因此这种情形隐藏着巨大的安全风险。在服务器到客户机的连接中，客户机监听一个随机的端口号，并通过 PORT 命令将该端口号通知服务器，服务器随后通过呼叫指定的端口建立数据连接。该端口通常为 20 号端口，客户机也默认将该端口号作为控制通道。

```
$ ftp –d research.att.com
220 inet FTP server （Version 4.271 Fri Apr 9 10:11:04 EDT 1993） ready
---> USER anonymous
331 Guest login ok, send ident as password.
---> PASS guest
230 Guest login ok, access restrictions apply.
---> SYST
215 UNIX Type: L8 Version: BSD-43
Remote system type is UNIX.
---> TYPE I
200 Type set to I
Using binary mode to transfer files.
ftp> ls
---> PORT 192, 20, 225, 3, 5, 163
200 PORT command successful.
---> Type set to A
---> NLST
150 Opening ASCII mode data connection for /bin/ls.
bin
dist
etc
ls-lR.Z
netlib
pub
226 Transfer complete.
---> TYPE I
200 Type set to I
ftp> bye
---> QUIT
221 Goodbye
$
```

图 2.5 使用 PORT 命令的一个典型 FTP 会话样本

在从客户机到服务器的连接中，客户机向服务器发送一条 PASV 命令，就可打开一条与原控制通道同向的数据通道。服务器随机监听端口，并将所选的端口号通知客户机，以此作为对 PASV 命令的回应。

现在，Internet 上的大多数 FTP 服务器都支持 PASV 命令，并且所有的主流浏览器都支持该命令，不过需要在 IE 的某些版本中进行明确设置。之所以支持 PASV 命令，是因为采用旧 PORT 命令会使安全策略的实施变得非常困难，也会增加防火墙的设计复杂度。对于防火墙来说，设置安全策略允许出站 TCP 连接非常容易，而且合情合理。但是，防火墙往往禁止入站 TCP 连接。如果 FTP 使用 PASV 命令，那么就不需要对防火墙的安全策略做任何修改。如果要使防火墙支持 PORT 命令，那么就需要某种机制来动态识别并允许这些入站呼叫。

伪装成 FTP 客户机的 Java 程序能做一些危险的事情。例如，假设攻击者希望连接到防火墙后面某台机器的 Telnet 端口，那么他会设法将这个 Java 程序嵌入目标 Web 页面文件。当有人在该站点上运行这个 Java 程序时，就会打开一条通往 Web 页面的 FTP 连接。只要伪装的 FTP 客户机发出一条 PORT 命令，指明采用 23 号端口 Telnet 到目标主机上，防火墙就会顺从地打开该端口。

使用 PORT 命令不仅会导致难以处理穿过防火墙的入站呼叫，而且可能引起更加严重的安全问题，即可能引起 FTP 反弹攻击（FTP Bounce attack）。攻击者可采用这种攻击做许多危险的事情。采用此类攻击，攻击者能够让某台机器打开一条通往其他任意一台机器的通道。

尽管 PASV 命令比 PORT 命令更加优越（在许多人看来，使用 PORT 命令似乎是一种倒退），但是大多数防火墙都支持 PORT 命令，并且微软公司的许多新软件都默认支持这条命令。

匿名 FTP 是一个主要的应用程序和数据传输机制。有些网站都设置了 FTP 服务器，以便允许外部人员在没有事先授权的情况下从系统的受限区域获取所需的文件。按照惯例，用户可采用用户名 anonymous 和任意口令登录并使用这一服务。某些网站要求用户使用真实的电子邮件地址作为登录口令，其实这种登录方式更容易遭受欺骗攻击。即使这样，有些 FTP 服务器仍然强制使用这一规则。还有许多服务器要求能够通过反向域名查询获得主叫用户的 IP 地址。如果域名不存在，那么就拒绝为用户提供服务。

因此，对于网络管理员而言，FTP 确实存在许多现实问题，具体如下。

（1）若 FTP 服务器不设防，则 FTP 能在短时间内泄露公司大量的重要文件。

（2）访问 FTP 服务器要使用口令登录，但该口令能够很容易地被探测或猜测到。

（3）FTPD 守护程序开始时以根用户权限运行，但它不能在登录后掩盖其特权用户身份。

（4）FTPD 守护程序中存在很多缺陷，可能导致严重的安全漏洞。

（5）在匿名 FTP 服务中，不法分子常用全球可读/写目录来存储和发布盗版软件或其他违法信息。

另一方面，FTP 目前已经成为 Internet 的一个重要标准，人们常用 FTP 来发布软件、论文、图片等资料。许多网站也需要开辟一个可公开访问的匿名 FTP 知识库。尽管这些应用大部分可被 Web 服务代替，但是 FTP 仍然是支持文件上载的最佳方式。毫无疑问，匿名 FTP 是一个非常有价值的服务，但在使用和管理它时必须要倍加小心，以防出现安全问题。

需要提醒的是，对于匿名 FTP 来说，第一条规则是在匿名 FTP 域内，不应设置可写的文件或目录。如果 FTP 目录是不可写的，此时仍然需要注意某些服务器可能允许远程客户机改变文件的读/写属性。在匿名服务器中，允许远程用户改变文件的读/写属性是非常危险的。强烈建议删除 FTP 服务器上用来修改文件读/写属性的这些命令代码。此外，安全无关人员绝对不能对匿名 FTP 服务器安全策略的设置做任何改动。

第二条规则是要避免在匿名 FTP 区域中遗留真实的/etc/passwd 文件。对于攻击者来说，发现真实的/etc/passwd 文件对于实施攻击非常有用。如果删除该文件对系统的可用性和有效性没有影响，那么就干脆删除它。如果确实需要创建该文件，那么请使用其中没有真实账户或口令的伪装文件。

目前，人们对是否应在 FTP 服务器上创建公开可读/写的目录仍然存在很大的争议。尽管创建这种目录无疑为用户提供了方便，但 Internet 上的一些不法分子会滥用这个目录中的资源。FTP 服务器可能会变成存储盗版软件和色情资料的仓库。不法分子可能把 FTP 服务器当成匿名交换危险信息的桥梁。有些人会把所需的文件放入该目录，并向其他人通知文件所在的位置；另一些人会从库中拿走这些文件，并将这些文件删除。

如果确实要创建一个可写的目录，那么 FTP 服务器就要能辨别内部访问和外部访问。对于那些由外部人员创建的文件，FTP 服务器应该加以标记，使得这些文件对其他外部人员来说不可读。

即便如此，不法用户仍然会想方设法在你的主机上存放他们的文件。攻击者可能会在你的搜索不到的目录下创建一个新的子目录，然后发布访问该子目录的路径。当然，为了防范这种攻击，要确保只有内部人员才可创建这样的子目录。

注意，必须把 FTP 区域中的所有文件都当作潜在的威胁来对待，且要对该区域中存在的可执行命令倍加小心。最常见的命令之一是许多服务器上可执行的 ls 命令。为了保护网站免遭这种可执行命令的破坏，必须保证只有以 FTP 登录进入服务器的用户才能执行这些命令。这种防护只能保护 FTP 区域本身免遭破坏，但不能保证那些从外部上载的文件是可以信赖的。

2.5.3 网络文件系统

网络文件系统（Network File System，NFS）最早是由 SUN Microsystem 公司开发的，现在许多计算机都支持这一系统，它是许多工作站的重要组成部分。NFS 是一个流行的基于 TCP/IP 网络的文件共享协议，提供了文件共享服务，客户端可通过网络连接来挂接其他系统的磁盘卷。提供共享磁盘的主机为服务器，挂接服务器磁盘的主机是客户机。客户机可以像对待本地文件系统一样在服务器的共享磁盘上进行诸如修改、删除和创建的文件操作。它很像 Windows 中的共享文件夹，有的读者觉得 NFS 与 Samba 比较相似，因为它们都支持系统之间的文件系统共享。但是，由于 NFS 有专门的 Solaris 内核的支持，因而它有更强的数据吞吐能力。

NFS 文件系统采用基于远程过程调用（RPC）的分布式文件系统结构。NFS 采用远程过程调用（RPC）技术，客户机可以很方便地实现对服务器系统过程的远程执行请求。目前，RPC 已经得到很多操作系统的支持，包括 Solaris、Linux 和 Microsoft Windows。

NFS 的安全性问题主要体现在以下 4 个方面。

（1）新手对 NFS 的访问控制机制配置难以做到得心应手，难以控制目标的精确性。

（2）NFS 没有真正的用户验证机制，只有对 RPC/Mount（加载）请求的验证机制。

（3）较早的 NFS 可以使未授权用户获得有效的文件句柄。

（4）在 RPC 远程调用中，SUID 程序具有超级用户权限。

为了实现稳健性目的，NFS 基于 RPC、UDP 和无状态服务器进行工作。对于 NFS 服务器（通常是具有真正磁盘存储的主机）来说，每个请求都是独立的，不保留通信过程的上下文信息。因此，所有的操作必须被分别认证，这可能会导致一系列问题。

为了使 NFS 的访问更强健，在进行系统重启和网络分区时，NFS 客户机必须保持状态，而服务器不必保持状态。这里采用的基本工具是文件句柄。文件句柄是一个能够识别磁盘上所有文件和目录的独特字符串。所有的 NFS 请求都使用文件句柄、操作和与此操作有关的一些参数加以描述。当服务器收到客户机要访问新文件的请求时，如收到 open 命令时，就会向该客户进程返回一个新的句柄。这些文件句柄不能由客户机翻译。服务器可以根据自己的需要创建文件句柄。大多数文件句柄中还包含一个随机数。

文件系统根目录的初始句柄在加载时获得。在老版本中，服务器的加载守护程序（一个基于 RPC 的服务）对照管理员提供的配置列表检查客户机的主机名和所请求的文件系统，并验证操作模式（只读或读/写操作）。如果一切正常，那么服务器的守护程序就将该文件系统根目录的文件句柄传递给客户机。

注意以上过程的真实意义。任意一台持有根文件句柄的客户机都具有访问该文件系统永久权限。尽管标准的客户机软件在每次加载（通常是重启）时都要重新协商访问权限，但服务器并未对每次操作强制验证客户端的访问控制权限，所以 NFS 这种基于加载的访问控制是非常不恰当的。因此，基于 GSS-API 的 NFS 服务器可以做到对每次操作都进行访问控制权限检查。

文件句柄通常是在文件系统创建时分配的，句柄中的随机数由伪随机数生成器产生（有些旧版本的 NFS 使用的随机数的随机性不足，因此种子密钥是可预测的）。采用 fsirand 命令，新句柄仅能写入未加载的文件系统。在执行此命令之前，已加载文件系统的客户机首先要卸载此文件系统，以免客户机收到“过时文件句柄”的错误提示。正是因为存在（服务器与其客户机的行为需要协调）这一制约，才使得撤销访问权限变得非常困难。NFS 确实是一种非常健壮的协议。

对于某些 UNIX 文件系统操作（如文件或记录锁定），不管 NFS 采用何种结构，都需要服务器保持状态。这些操作使用 RPC 的辅助进程来实现。服务器也使用 RPC 的辅助进程来跟踪那些已加载文件系统的客户机。

NFS 服务器使用 2049 号端口，该端口号在选择上是有问题的，因为它处于“无特权”范围内，该范围内的端口一般应该分配给那些普通的进程。因此，必须对包过滤器做适当的配置，以阻止 UDP 会话访问 2049 号端口。UDP 是一种很危险的服务，我们必须对其保持警惕。有些版本的 NFS 使用随机端口，采用 rpcbind 提供地址信息。

NFS 也对客户机构成一定的威胁。某个具有访问服务器优先权或能够伪造返回数据包的客户机，有可能创建一个 setuid 程序或一个设备文件，它会不停地取消或打开它与服务器的连接，从而影响其他客户机对服务器的正常访问。有些 NFS 客户端含有禁止这种行为的选项。当客户机从不可信的资源加载文件系统时，切记要利用这些选项。

通过 NFS 浏览文档时，会出现一个更加敏感的问题。对于服务器来说，要在客户机上植入某种恶意的程序（如 ls）非常容易，这种程序很可能用于某些非法操作。对于客户机来说，最佳的防护是对所有外来的文件进行检查，删除那些可执行的代码。

现在许多站点都使用 NFS version 3。该版本的许多重要属性都支持基于 TCP 的数据传输，这就使认证更加容易实现。

2.6 远程登录协议

2.6.1 Telnet

远程登录（Telnet）协议是 TCP/IP 协议族中的一员，是 Internet 远程登录服务的标准协议。应用 Telnet 协议可把本地用户使用的计算机变成远程主机系统的一个终端。使用 Telnet 协议可实现本地终端到远程主机的访问。该协议包括准备阶段，准备阶段的任务是处理各种终端设置，如原始模式、字符回传等。通常，Telnet 守护服务程序调用 login 程序进行认证和引发会话。主叫一方提供账号和口令进行登录。Telnet 协议使用 TCP 23 号端口。

大多数 Telnet 会话来自不可信的主机，这些主机上运行的呼叫程序、操作系统及中间网络都不可信。所用的口令和终端会话只是一种掩人耳目的摆设。使用 Telnet 程序可能会泄露秘密信息，攻击者可以通过嗅探器记录用户名和口令组合或者记录整个会话。口令嗅探是黑客惯用的伎俩，这种情况经常发生。

近年来，在许多主要 ISP 的主机上都发现了口令嗅探器，它们捕获 Internet 业务流的比例相当高。它们记录 Telnet、FTP 和 rlogin 会话的前 128 个字符，这足以记录目标主机的地址、登录用户名和口令。

当机器的磁盘空间变得越来越拥挤或当网络管理员进行调查时，经常发现嗅探程序的存在。另一方面，现有的一些嗅探器采用公钥体制对其信息加密，并到处传播。

当通信链路遭到搭线窃听时，传统的口令认证机制极不可靠。强烈建议使用一次性口令（One-Time Password，OTP）方案。OTP 也被称为动态口令，它是采用密码学中介绍的 HMAC 算法构造的动态口令认证系统。这部分内容将在第 8 章中详细讨论。

OTP 认证机制能够保证安全登录，但不能对后续的会话提供任何保护。搭线窃听者能够读到会话的内容，也许这些信息恰好是机密信息；黑客甚至能够在认证完成后劫持这一会话。如果 Telnet 命令遭到篡改，那么黑客就有可能在会话中插入有害的命令，或在会话结束后仍然保持这一连接。

攻击者也可能在线路上做文章。黑客团体已经掌握了使用 TCP 劫持工具的方法，因此能在某种条件下劫持 TCP 会话。对黑客来说，Telnet 和 rlogin 会话是极具吸引力的目标。如果使用标准的 Telnet 服务，那么我们的 OTP 认证机制并不能对付这种会话劫持攻击。

现在，对 Telnet 会话进行加密是可行的方案。但是，如果通信双方互不信任，那么加密毫无用处。实际上，采用加密会使情况变得更糟，因为通信一方必须将密钥提供给不可信的另一方，因此会泄露密钥。目前，出现了几种 Telnet 的加密解决方案（stel、SSLtelnet、stelnet 和 SSH），并且出现了对 Telnet 加密的标准化版本，但尚不清楚有多少用户使用它。SSH 已成为远程登录事实上的标准协议。

2.6.2 SSH

传统的网络服务程序，如 FTP、POP 和 Telnet，本质上都是不安全的，因为它们在网络上用明文传送口令和数据。攻击者非常容易截获这些口令和数据。此外，这些服务程序的安全认证方式也存在缺陷，很容易受到中间人攻击。

安全壳（Secure Shell，SSH）协议是一种基于安全会话目的的应用程序，由 Tatu Ylonen 设计。SSH 支持身份认证和数据加密，对所有传输的数据进行加密处理，而且能够防止 DNS 和 IP 欺骗。此外，SSH 可以对传输数据进行压缩处理，从而加快数据传输的速度。SSH 提供的功能很多，既可以代替 Telnet、rlogin、rdisk、rsh 和 rpc 等协议实现安全的远程登录，又可以为 FTP、POP 乃至 PPP 服务提供一个安全的“隧道”。 SSH 协议默认采用 TCP 22 端口。

SSH 协议用两个程序 ssh 和 scp 分别替代 rsh 和 rcp，它们与 rsh 和 rcp 具有相同的用户接口，不同的是使用了加密协议。SSH 还含有打通 X11 或任意 TCP 端口隧道的机制。

SSH 还提供许多加密和认证方法。SSH 采用 RSA 或 DSA 签名的密码协议实现加密和认证，并采用挑战/响应机制代替传统的主机名和口令认证。

对于网络管理员来说，SSH 是一个基本工具，但需要花一些时间才能学会正确地安装和安全地使用它。安装时，许多地方需要配置：认证的类型、采用的加密算法、主机密钥等。每台主机都有唯一的密钥，当然用户也可以拥有自己的密钥。此外，用户的密钥可以使用 ssh-agent 传递给后续的连接。

SSH 采用的是客户机/服务器结构，且有两个不兼容的版本，即 SSH 1.x 和 SSH 2.x。使用 SSH 2.x 的客户程序无法连接到 SSH 1.x 的服务程序。注意，目前 OpenIOS 只支持 SSH 1.x。第一个版本存在一些问题，现在已经很少使用。下面只讨论第二个版本。

对于 SSH 及其配置和协议，说明如下。

（1）原始的 SSH 协议是自定义设计的，这通常非常危险。协议设计是一种“黑色”艺术，看起来容易做起来难。迄今为止，因为 SSH 协议存在安全问题，人们至少进行了两次修改。对于 SSH 安全漏洞的加固工作非常及时，我们应对此协议的安全性抱有足够的信心。即使还存在一些缺陷，SSH 也比其他方案更安全。IETF 标准化小组正在对此协议的第二个版本进行标准化工作。

（2）SSH 在工作时，服务器以根权限运行，这样的设计也非常危险。此外，服务器程序自身也很复杂，因此难以对其进行安全审计。

（3）服务程序不能在客户层次上指定认证方式。例如，sshd 服务程序对所有客户端均把选项 PasswordAuthentication 配置成 yes 或 no。认证方式的选择权应该属于服务器的所有者，并且配置操作应在服务器上进行。此外，所有者应能决定在哪些主机上设置口令或密钥。

（4）SSH 商业版正在与 OpenSSH 竞争。最初的 SSH 版是由芬兰的一家公司开发的。但是因为受版权和加密算法的限制，现在很多人都转而使用 OpenSSH。OpenSSH 是 SSH 的替代软件，而且是免费的，预计将来会有越来越多的人使用。现在已有各种基于 Windows 的 SSH 版本，这些版本的功能和价格各不相同。putty 是一个不错的自由软件，该软件不需要安装就可以运行。

2.7 简单网络管理协议

简单网络管理协议（Simple Network Management Protocol，SNMP）最初是由 Internet 工程任务组（IETF）的研究小组为了解决 Internet 上的路由器管理问题而提出的。许多人认为，SNMP 是基于 TCP/IP 的协议，位事实并非如此。SNMP 的设计与协议无关，所以它可在 IP、IPX、AppleTalk、OSI 及其他用到的传输协议上使用。目前广泛使用的是 SNMP v3。SNMP 服务使用 UDP 161 端口。

SNMP 用来控制路由器、网桥及其他网络单元，读/写各种设备信息，如操作系统、版本、路由表、默认的 TTL、流量统计、接口名称和 ARP 映射表等。其中有些信息是非常敏感的。例如，出于商业原因，许多 ISP 会对其流量统计信息严加保护。

该协议支持读、写和告警消息。读操作由 GET 和 GETNEXT 消息实现。由于这一操作使用 UDP 数据包，因此每次操作都会返回一条记录。SET 用来实现写操作，对管理信息进行修改和设置；TRAP 用来报告重要的事件，实现告警。繁杂的各种消息会大大增加路由器 CPU 的负荷。

在管理信息基（Management Information Base，MIB）中定义了数据对象。MIB 采用 ASN.1（Abstract Syntax Notation 1）编码。ASN.1 是一种复杂的数据说明语言，是许多应用程序和设备广泛使用的一种数据标准。采用 ASN.1 编码可使各种平台中的数据标准化。ASN.1 与任何特定的标准、编码方法、编程语言或硬件平台都没有直接关系。为了从路由器上获得信息，人们会使用标准的 MIB，或从制造商那里下载特殊的 MIB。这些 MIB 通常没有经过严格的安全性测试。

由于 ASN.1 比较复杂，没有人专门为它编写编译器程序，只有一些网上传播的编译器程序。2001 年，芬兰奥卢大学的安全编程小组对几个实现方案进行了运行测试，但这些方案都没有通过。在处理 ASN.1 的过程中，许多 SNMP 及其他重要协议的实现方案都存在问题，而这些问题最终可能导致黑客攻击。

SNMP 有两个主要的版本，即 SNMP v1 和 SNMP v3，其实 SNMP v2 从来未被采用过。最广泛采用的是 SNMP v1，它非常不安全。访问授权采用一个共同体字符串（即口令）来实现。在 SNMP v1 中，该口令是以明文形式传输的。许多实现方案默认使用熟悉的字符串“public”，但是黑客会发布其他一些有效的共同体字符串清单。在许多情况下，共同体字符串（特别是“public”）仅用于“读”访问授权，即便如此，我们发现它也能泄露某些敏感数据。为了便于网络管理，通常还需要“写”授权。许多网站发现 SNMP 对于配置路由器来说没有任何用处，但一些小设备（如打印机和接入集线器）却将 SNMP 作为唯一的访问和管理方式，并采用共同体字符串进行“写”访问。有些主机（如 Solaris）上也运行了 SNMP 服务器。

允许陌生人访问运行 SNMP v1 的服务器非常危险。与 SNMP v1 相比，SNMP v3 的安全性更高，如增加了密码学的认证方式，可选择加密算法。最重要的是，它给不同用户授予了访问 MIB 的不同权限。采用密码认证可能要耗费系统资源，而路由器 CPU 的计算能力通常比较弱，因此最好限制路由器访问此类服务。对于 SNMP v3 安全性的进一步讨论，请参阅相关的文献。

2.8 网络时间协议

网络时间协议（Network Time Protocol，NTP）是由 RFC 1305 定义的时间同步协议，用来在分布式时间服务器和客户端之间进行时间同步，使网络内所有设备的时钟保持一致，从而使设备能够提供基于统一时间的多种应用。NTP 基于 UDP 报文进行传输，使用的 UDP 端口号为 123。

众所周知，对于大型网络中的各台设备来说，依靠管理员手工输入命令来修改系统时钟是不可能的。手工调整时钟不但工作量巨大，而且不能保证时钟的精确性。通过 NTP，可以很快地将网络中设备的时钟同步，同时也能保证很高的精度。

NTP 主要用于需要网络中所有设备时钟保持一致的场合，具体如下。

（1）在网络管理中，对于从不同设备采集的日志信息、调试信息进行分析时，需要以时间作为参照依据。

（2）计费系统要求所有设备的时钟保持一致。

（3）定时重启网络中的所有设备时，要求所有设备的时钟保持一致。

（4）多个系统协同处理同一个比较复杂的事件时，为保证正确的执行顺序，多个系统必须参考同一时钟。

（5）在备份服务器和客户端之间进行增量备份时，要求备份服务器和所有客户端之间的时钟同步。

对于网关机器来说，NTP 是一个危险的协议。该协议使得网络中各主机的时钟与外部世界保持同步。NTP 支持绝对准确的时间，它将时间服务器的原子时钟或无线电时钟调整到与国家时间服务同步，从而获得准确的时间。网络中的每台机器都与一台或几台邻近的计算机通信，这些机器根据各自到时间服务器的距离自发地组成一个群体。NTP 服务器通过对多个时间信息源进行比较，丢弃有问题的输入信息。这一措施可以用来对付故意的破坏行为，从而给 NTP 服务器提供更好的安全保护。

全球定位系统（GPS）接收机可为运行 NTP 程序的主服务器提供非常廉价和精确的时间信息。安全性较高的网站应该具有一个精确的时间源。当然，有时卫星信号不能穿透机房，这会带来布线问题。

知道了准确的时间，用户就可对比来自不同机器的日志文件。NTP 的这种时间维护能力（通常可以精确到 10ms 以内）非常有用，用户能用它来确定黑客刺探不同机器的相对时间，即使黑客同时发起攻击，用户也能辨别出来。这些信息对于了解黑客所采用的技术是非常关键的。此外，许多密码协议也采用了时戳技术来防止重放攻击。采用同步时钟，可以消除网络中存在的许多安全风险。

NTP 服务器的日志文件也很有用，它能提供某些黑客入侵线索。黑客喜欢替换各种系统命令，并改变文件的时戳来消除入侵证据。对于 UNIX 系统来说，有些时戳如 i-node changed 域是不能改变的。为重新设置该域，黑客会试图对主机系统的时钟做临时的修改，使其与本地时钟匹配。但是，NTP 服务器难以容忍时间上的波动。当它发现异常行为时，就会将其记录到日志文件中。

NTP 服务器自身可能成为各种攻击的目标。一般来说，这种攻击的目的是试图改变攻击目标的正确时间。例如，攻击者会考虑对基于时间的认证设备和协议发起攻击。如果黑客能够将机器的时钟重新设置为先前的某个值，就能重发前面用过的某个认证字符串来实施重放攻击。

为了抵御这类攻击，新版本的 NTP 服务器软件可以采用密码技术对消息进行认证。尽管这一功能非常有用，但达到的效果却不尽如人意。攻击者即使不能与 NTP 守护程序直接对话，仍然可以扰乱服务器的守护程序以阻止获取正确的时钟。换言之，要达到安全的目的，NTP 服务器就必须对本地时间源到其他时间源直至根时间源的连接加以认证。管理员也应合理配置 NTP 守护程序，拒绝那些来自外部的跟踪请求。

2.9 Internet 电话协议

目前，引起人们广泛关注的应用之一是 Internet 电话。全球电话网络越来越多地与 Internet 连接在一起。这种连接不仅提供了电话交换信令通道和实际语音呼叫数据通道，而且增加了 Internet 和普通电话网络兼有的新用户功能。

语音呼叫主要采用两种协议：会话启动协议（Session Initiation Protocol，SIP）和 H.323 协议。这两种协议除了可以建立简单的电话呼叫，还可以建立电话会议（微软的 NetMeeting 就支持这两种协议）。SIP 也是某些 Internet/电话网络交互和某些即时消息协议的基础。

2.9.1 H.323

H.323 是 ITU 提出的 Internet 电话协议，它是 ITU 基于 ISDN 的 Q.931 信令协议设计的，是一套在分组网上提供实时音频、视频和数据通信的标准，是 ITU-T 制定的在各种网络上提供多媒体通信的系列协议 H.32x 的一部分。H.323 协议被普遍认为是目前在分组网上支持语音、图像和数据业务的最成熟的协议。采用 H.323 协议，不同厂商的多媒体产品和应用可以进行互操作，用户不必考虑兼容性问题。但是，该协议的复杂度大大增加，且与现有的 ISDN 协议栈有所区别。

实际的语音呼叫业务是通过的 UDP 端口传送的。在具有防火墙的网络环境下，这意味着防火墙必须解析 ASN.1 编码消息，确定允许哪个端口号的消息进入防火墙。这不是一项简单的任务，它需要对防火墙进行配置。如果防火墙存在设计上的问题，那么会使问题变得更复杂。

H.323 电话呼叫并不是点对点的，它至少需要一台中间服务器，这台服务器可能设在电信公司，也可能设在其他地方。根据配置和所用选项等具体情况，网络中有可能采用更多的中间服务器。

2.9.2 SIP

SIP 是一个复杂的通信协议，是 IETF 提出的标准，可使用户的通信系统更加开放、使用更加方便、选择更加多样，也更为个性化。IETF 从 1996 年开始对 SIP 进行标准化，以支持多点传送应用。因为 SIP 使用简便、功能强大、分布广泛，它在整个 IETF 内迅速得到了使用者的认同，特别是 VoIP 应用和即时留言应用。SIP 已被世界各地的主要电信服务供应商采用，还被用于新一代 3GPP 移动通信网的呼叫控制。微软公司已将它用于 Xbox 和 Windows Messenger，AOL 和其他许多公司已将它用于即时留言系统。

SIP 虽然很复杂，但与 H.323 相比却要简单得多。它采用 ASCII 码对消息编码，语法上很像 HTTP，甚至可以使用 MIME 和 S/MIME 数据类型进行数据传输。

SIP 电话可以是实体到实体的，但它也有像 H.323 一样的代理程序。尽管实际数据直接在两个或多个端点之间进行传输，但这些代理可以简化 SIP 电话穿过防火墙的过程。SIP 还提供很强的安全性，也许正因为安全性太好，在某些情况下，它会对应用层网关防火墙重写消息造成干扰，使语音数据流不易穿过应用层网关防火墙。

有些数据可以承载在 SIP 消息中进行传输，但实际语音数据通常使用其他协议进行传输。这个协议可能是 UDP，也可能是实时传输协议（Real-Time Transport Protocol，RTP）、TCP 或 SCTP。

H.323 和 SIP 都因为自身的复杂性而影响了推广和应用。例如，电话用户在拨号后已经习惯听“回铃音”，让主叫用户知道被叫用户正在振铃。Internet 电话要做到这一点。这意味着在呼叫完成之前必须要进行某些数据的传输。特别是近年来，Internet、电话网络和有线电视网络逐步实现了三网合一，使得 H.323 和 SIP 的应用环境变得更加复杂。

H.323 和 SIP 分别是通信领域与 Internet 两大阵营推出的建议。H.323 企图把 IP 电话作为众所周知的传统电话，只是传输方式发生了改变，即由电路交换变成了分组交换。而 SIP 侧重于将 IP 电话作为 Internet 上的一个应用，较其他应用（如 FTP、E-mail 等）增加了信令和 QoS 的要求。它们支持的业务基本相同，都利用 RTP 作为媒体传输的协议。但 H.323 是一个相对复杂的协议。

总之，H.323 沿用的是传统的实现电话信令模式，比较成熟，已经出现不少 H.323 产品。H.323 符合通信领域传统的设计思想，采用集中、层次控制，便于与传统电话网相连。SIP 协议借鉴了其他 Internet 标准和协议的设计思想，在风格上遵循 Internet 的简练、开放、兼容和可扩展等原则，比较简单，但推出时间不长，协议不是很成熟。

2.10 本章小结

本章主要讨论了一些常用的低层网络协议和高层网络协议的安全性，包括 TCP/IP、ICMP、FTP、SMTP、POP3、SNMP、DNS、Telnet、SSH、NTP 等。之所以选择这些协议，是因为它们的安全问题较为突出。熟悉和了解这些协议的安全缺陷，对于网络管理员合理配置服务器和各种网络安全设备具有重大的指导意义。当然，对协议的安全性，人们通常持两类不同的态度：具有安全意识的系统管理员更注重系统的安全，普通用户更注重系统使用起来是否方便，研究人员更倾向于对协议的安全性提出更高的要求。

填空题

1. 主机的IPv4的地址长度为__________bit,主机的MAC地址长度为_________bit。IPv6 的地址长度为____________bit。
2. ARP 的主要功能是将____________地址转换成____________地址。
3. NAT 的主要功能是实现______________地址和______________地址之间的转换，它解决了 IPv4 地址短缺问题。
4. DNS 服务使用______号端口，它用来实现________或________的映射。
5. SMTP 服务使用______号端口发送邮件;POP3 服务使用______号端口接收邮件;IMAP 使用______号端口接收邮件。
6. FTP 的主要功能是实现文件的上载和下载，它的数据通道采用 TCP 的______号端口，而其控制通道采用 TCP 的______号端口。
7. Telnet 服务的功能是实现远程登录，它采用 TCP 的______号端口。
8. SSH 服务的功能是实现安全的远程登录，它采用 TCP 的______号端口。
9. SNMP 服务的功能是实现对网元的管理，它采用 UDP 的______号端口。
10. NTP 服务使网络内的所有设备时钟保持一致，它使用 UDP 的______号端口。

思考题

1. 黑客为什么可以成功实施 ARP 欺骗攻击？在实际中如何防止 ARP 欺骗攻击？

2. 在 TCP 连接建立的三步握手阶段，攻击者为何可以成功实施 SYN Flood 攻击？在实际工作中应如何防范此类攻击？

3. 为什么 UDP 比 TCP 更易遭到攻击？

4. 什么是 ICMP 重定向攻击？如何防止此类攻击？

5. 为什么路由协议不能抵御路由欺骗攻击？如何设置路由器抵御这一攻击？

6. 在内部网络中，DHCP 服务器面临的主要威胁是什么？

7. DNS 可能遭到的攻击有哪些？DNSsec 协议有哪些优点？

8. 简述 IPv6 和 IPv4 的数据包格式的异同。在 IPv4 网络上打通 IPv6 隧道的方式有哪些？

9. 在邮件应用中，IMAP 与 POP3 比较，它的最大改进是什么？

10. 电子邮件系统通常面临哪些安全风险？在实际中，人们采用哪些安全措施来提高邮件系统的安全性？

11. FTP 服务存在哪些安全风险？应如何做才能消除或减少这些安全风险？

12. 比较 Telnet 和 SSH 协议的异同，并用 Sniffer 软件捕捉其数据包，查看两者的数据包内容有何不同。

13. 简述 H.323 协议与 SIP 协议的异同。

第3章

数字证书与公钥基础设施

内容提要

公开密钥基础设施（PKI）是一个用非对称密码算法原理和技术实现并提供安全服务的具有通用性的安全基础设施。PKI 的主要目的是通过自动管理密钥和数字证书，为用户建立一个安全的网络运行环境，方便用户可以在多种应用环境下采用加密和数字签名技术，保证网上数据的机密性、完整性和不可抵赖性。概括地说，PKI 是创建、管理、存储、分发和撤销基于公钥加密的数字证书所需要的一套硬件、软件、策略和过程的集合。本章将首先介绍 PKI 的产生和应用背景，之后详细阐述 PKI 关键技术——数字证书，并在此基础上对授权管理基础设施（PMI，Privilege Management Infrastructure）相关知识进行探讨。通过本章的学习，读者可以掌握 PKI 基础知识，了解数字证书、CA 等 PKI 关键技术及其在实际系统中的应用。

本章重点

- PKI 的功能、组成与各子系统架构
- 数字证书、CA 等 PKI 关键技术
- PKI 信任模型
- 权限管理基础设施（PMI）基本概念及其安全应用

3.1 PKI 的基本概念

3.1.1 PKI 的定义

PKI 是一种遵循标准的利用公钥理论和技术建立的提供安全服务的基础设施。所谓基础设施，是指在某个大型环境下普遍适用的基础和准则，只要遵循相应的准则，不同实体就可方便地使用基础设施提供的服务。例如，通信基础设施（网络）允许不同机器之间为不同的目的交换数据，电力供应基础设施可以让各种电力设备获得运行所需的电压和电流。

公钥基础设施的目的是从技术上解决网上身份认证、电子信息的完整性和不可抵赖性等安全问题，为网络应用（如浏览器、电子邮件、电子交易）提供可靠的安全服务。PKI 是遵循标准的密钥管理平台，能为所有网络应用透明地提供采用加密和数字签名等密码服务所需的密钥和证书管理。

PKI 最主要的任务是确立可信任的数字身份，这些身份可被用来和密码机制相结合，提供认证、授权或数字签名验证等服务，使用该类服务的用户可在一定程度上确信自己的行为未被误导。这个可信的数字身份通过数字证书（也称公钥证书）来实现。数字证书（如 3.2 节中介绍的 X.509 证书）是用户身份与其所持公钥的结合。

PKI 体系在保证安全、易用、灵活、经济的同时，必须充分考虑互操作性和可扩展性。PKI 体系包含的证书机构（Certificate Authority，CA）、注册机构（Registration Authority，RA）、策略管理、密钥（Key）与证书（Certificate）管理、密钥备份与恢复、撤销系统等功能模块需要有机结合；此外，安全应用程序的开发者不必再关心复杂的数学模型和运算，只需直接按照标准使用 API 接口即可实现相应的安全服务。

3.1.2 PKI 的组成

1. 证书机构

PKI 系统的关键是实现密钥管理。目前较好的密钥管理解决方案是采取证书机制。数字证书是公开密钥体制的一种密钥管理媒介，是一种权威性的电子文档，作用是证明证书中所列用户身份与证书中所列公开密钥合法且一致。要证明合法性，就需要有可信任主体对用户证书进行公证，证明主体的身份及其与公钥的匹配关系，证书机构就是这样的可信任机构。

CA 也称数字证书认证中心（认证中心），作为具有权威性、公正性的第三方可信任机构，是 PKI 体系的核心构件。CA 负责发放和管理数字证书，其作用类似于现实生活中的证件颁发部门，如护照办理机构。

CA 提供网络身份认证服务，负责证书签发及签发后证书生命周期内所有方面的管理，包括跟踪证书状态及在证书需要撤销（吊销）时发布证书撤销通知。CA 还维护证书档案和证书相关的审计，以保障后续验证需求。CA 系统的功能如图 3.1 所示，详细的证书与密钥管理见 3.2 节。

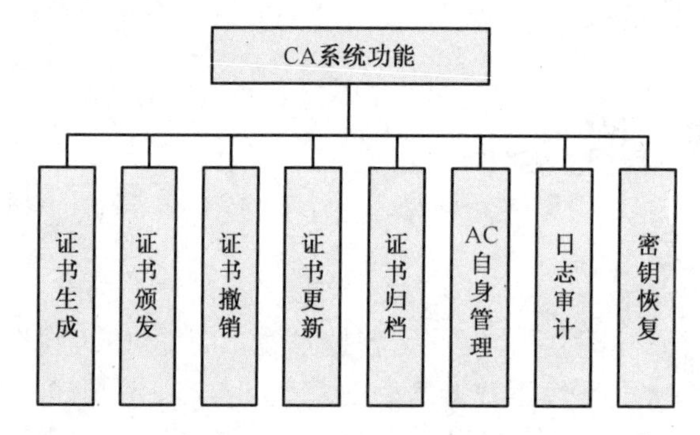

图 3.1　CA 系统的功能

2．注册机构

注册机构（RA）也称注册中心，是数字证书注册审批机构，是认证中心的延伸，与CA 在逻辑上是一个整体，但执行不同的功能。RA 按照特定政策与管理规范对用户的资格进行审查，并执行“是否同意给该申请者发放证书、撤销证书”等操作，承担因审核错误而导致的一切后果。审核通过后，RA 即可实时或批量地向 CA 提出申请，为用户签发证书。RA 并不发出主体的可信声明（证明），只有证书机构才有权颁发证书和撤销证书。RA 将与具体应用的业务流程相联系，是最终客户和 CA 交互的纽带，是 CA 得以运作的不可缺少的部分。

RA 负责对证书申请进行资格审查，其主要功能如下。

（1）填写用户注册信息。替用户填写有关用户证书申请信息。

（2）提交用户注册信息。核对用户申请信息，决定是否提交审核。

（3）审核。对用户的申请进行审核，决定是“批准”还是“拒绝”用户的证书申请。

（4）发送生成证书申请。向 CA 提交生成证书请求。

（5）发放证书。将用户证书和私钥发放给用户。

（6）登记黑名单。及时登记过期的证书和撤销的证书，并向 CA 发送。

（7）证书撤销列表（CRL）管理。确保 CRL 的及时性，并对 CRL 进行管理。

（8）日志审计。维护 RA 的操作日志。

（9）自身安全保证。保障服务器自身密钥数据库信息、相关配置文件安全。

RA 系统的功能如图 3.2 所示。

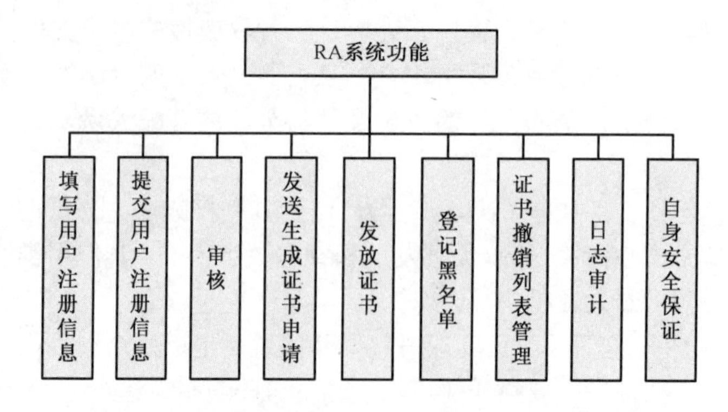

图 3.2　RA 系统的功能

3．证书发布库

证书发布库（简称证书库）集中存放 CA 颁发证书和证书撤销列表（Certificate Revocation List，CRL）。证书库是网上可供公众进行开放式查询的公共信息库。公众查询目的通常有两个：① 得到与之通信的实体的公钥；② 验证通信对方的证书是否在“黑名单”中。

在轻量级目录访问协议（Lightweight Directory Access Protocol，LDAP）出现之前，通常由各应用程序使用各自特定的数据库来存储证书及 CRL，并使用各自特定的协议实现访问。这种方案存在很大的局限性，因为数据库和访问协议不兼容使得人们无法使用其他应用程序实现对证书及 CRL 的访问。LDAP 作为一种标准的开发协议，使得以上问题得到了解决。此外，证书库还应该支持分布式存放，即将与本组织有关的证书和证书撤销列表存放在本地，以提高查询效率。在 PKI 支持的用户数量较多时，PKI 信息的及时性和强有力的分布机制将非常关键。LDAP 目录服务支持分布式存放，是大规模 PKI 系统成功实施的关键，也是创建高效的认证机构的关键技术。

4．密钥备份与恢复

针对用户密钥丢失的情形，PKI 提供密钥备份与恢复机制。密钥备份和恢复只能针对加密/解密密钥，而无法对签名密钥进行备份。数字签名是用于支持不可否认服务的，有时间性要求，因此不能备份/恢复签名密钥。

密钥备份在用户申请证书阶段进行，如果注册声明公钥/私钥对是用于数据加密的，那么 CA 可对该用户的私钥进行备份。用户丢失密钥后，可通过可信任的密钥恢复中心或 CA 完成密钥恢复。

5．证书撤销

证书由于某些原因需要作废（如用户身份的改变、私钥被窃或泄露、用户与所属企业关系变更等）时，PKI 需要使用一种方法警告其他用户不要再使用该用户的公钥证书，这种警告机制被称为证书撤销。

证书撤销的主要实现方法有以下两种。

（1）利用周期性发布机制，如证书撤销列表（Certificate Revocation List，CRL）。证书撤销消息的更新和发布频率非常重要，两次证书撤销信息发布之间的间隔称为撤销延迟。在特定的 PKI 系统中，撤销延迟必须遵循相应的策略要求。

（2）在线查询机制，如在线证书状态协议（Online Certificate Status Protocol，OCSP）。

3.2 节将详细介绍证书撤销方法。

6．PKI 应用接口

PKI 研究的初衷是让用户方便地使用加密、数字签名等安全服务，因此完善的 PKI 必须提供良好的应用接口系统，使得各种应用能够以安全、一致、可信的方式与 PKI 交互，确保安全网络环境的完整性和易用性。PKI 应用接口系统应是跨平台的。

3.1.3 PKI 的应用

PKI 的应用非常广泛，如安全浏览器、安全电子邮件、电子数据交换、Internet 上的信用卡交易及 VPN 等。PKI 作为安全基础设施，能够提供的主要服务如下。

1．认证服务

认证服务即身份识别与认证，就是确认实体为自己所声明的实体，鉴别身份的真伪。

下面以甲乙双方的认证为例加以说明。甲首先验证乙的证书的真伪，乙在网上将证书传送给甲，甲用 CA 的公钥验证证书上 CA 的数字签名，若签名通过验证，则证明乙持有的证书是真的；接着甲要验证乙身份的真伪，乙将自己的口令用其私钥进行数字签名传送给甲，甲从乙的证书库中查到乙的公钥后，即可用乙的公钥来验证乙的数字签名。若该签名通过验证，则乙在网上的身份就确凿无疑。

2．数据完整性服务

数据完整性服务是指确认数据未被修改过。实现数据完整性服务的主要方法是数字签名，它既可以提供实体验证，又可以保障被签名数据的完整性，这由哈希算法和签名算法提供保证。哈希算法的特点是输入数据的任何变化都会引起输出数据不可预测的极大变化，而签名则用自己的私钥加密哈希值，然后与数据一起传送给接收方。如果敏感数据在传输和处理过程中被篡改，那么接收方就不会收到完整的数字签名，验证就会失败。反之，若签名通过验证，则证明接收方收到的是未经修改的完整数据。

3．数据机密性服务

PKI 的机密性服务采用“数字信封”机制，即发送方先生成一个对称密钥，并用该对称密钥加密数据。同时，发送方用接收方的公钥加密对称密钥，就像把它装入一个“数字信封”，然后把加密后的对称密钥（“数字信封”）和加密后的敏感数据一起传送给接收方。接收方用自己的私钥拆开“数字信封”，并得到对称密钥，再用对称密钥解开被加密的敏感数据。

4．不可否认服务

不可否认服务是指从技术上保证实体对其行为的认可。此时，人们更关注数据来源的不可否认性、接收的不可否认性、接收后的不可否认性，以及传输的不可否认性、创建的不可否认性和同意的不可否认性。

5．公证服务

PKI 中的公证服务与社会上提供的公证人服务不同。PKI 中支持的公证服务是指“数据认证”，即公证人要证明的是数据的有效性和正确性，这种公证取决于数据验证的方式。例如，在 PKI 中被验证的数据是基于哈希值的数字签名、公钥在数学上的正确性和签名私钥的合法性。

PKI 提供的上述安全服务能很好地满足电子商务、电子政务、网上银行、网上证券等行业的安全需求，是确保这些活动能够顺利进行的安全措施。

3.2　数字证书

PKI 与非对称加密密切相关，涉及消息摘要、数字签名与加密等服务。数字证书技术则支持以上服务的 PKI 关键技术之一。

数字证书相当于护照、驾驶执照等用来证明实体身份的证件。例如，护照可以证明实体的姓名、国籍、出生日期和地点、照片与签名等方面的信息。类似地，数字证书也可以证明网络实体在特定安全应用的相关信息。

数字证书是用户的身份与其所持有的公钥的结合，在结合之前由一个可信任的权威机构 CA 来证实用户的身份，然后由该机构对用户身份及对应公钥相结合的证书进行数字签名，以证明其证书的有效性。

3.2.1 数字证书的概念

数字证书实际上是一个文件，它在用户身份与其所持的公钥之间建立关联。包含的主要信息如下：主体名（Subject Name），数字证书中任何用户名均称为主体名（即数字证书可能颁发给个人或组织）；序号（Serial Number）；有效期；签发者名（Issuer Name）。数字证书的示例如图 3.3 所示。

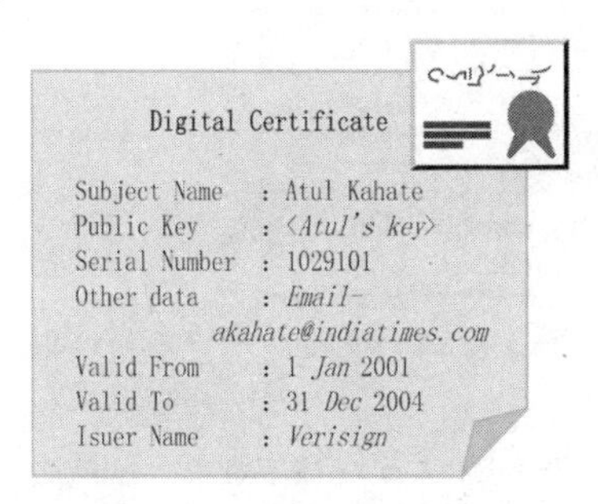

图 3.3 数字证书的示例

表 3.1 中对比了常规护照与数字证书项目。由表可见，常规护照与数字证书项目非常相似。同一签发者签发的护照不会重号，同一签发者签发的数字证书的序号也不重复。签发数字证书的机构通常为一些著名组织，其中最著名的国际证书机构是 VeriSign 和 Entrust。国内的许多政府机构和企业也建立了自己的CA 中心。例如，我国的 12 家银行联合组建了 CFCA。证书机构有权向个人和组织签发数字证书，使其可在非对称加密应用中使用这些证书。

表 3.1 常规护照与数字证书项目对比

常规护照项目	数字证书项目
姓名（Full Name）	主体名（Subject Name）
护照号（Passport Number）	序号（Serial Number）
起始日期（Valid From）	起始日期（Valid From）
终止日期（Valid To）	终止日期（Valid To）
签发者（Issued By）	签发者名（Issuer Name）
照片与签名（Photograph and Signature）	公钥（Public Key）

3.2.2 数字证书的结构

数字证书的结构在 Satyam 标准中定义。国际电信联盟（ITU）于 1988 年推出这个标准，当时放在 X.500 标准中。后来，X.509 标准于 1993 年和 1995 年做了两次修订。这个标准的最新版本是 X.509 v3。1999 年，IETF 发布了 X.509 标准的草案 RFC 2459。

图 3.4 中显示了 X.509 v3 数字证书的结构，图中不仅显示了 X.509 标准指定的数字证书字段，而且显示了字段对应的标准版本。可以看出，X.509 标准第 1 版共有 7 个基本字段，第 2 版增加了 2 个字段，第 3 版增加了 1 个字段。增加的字段分别称为第 2 版和第 3 版的扩展或扩展属性。这些版本的末尾还有 1 个共同的字段。表 3.2 中列出了这三个版本中的字段描述。

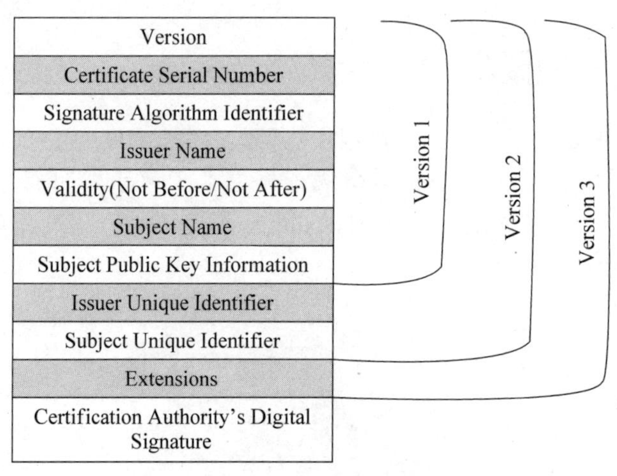

图 3.4　X.509 v3 数字证书的结构

表 3.2　X.509 数字证书字段描述

（a）第 1 版

字　段	描　述
版本（Version）	标识数字证书使用的 X.509 协议版本，目前可取 1/2/3
证书序号（Certificate Serial Number）	包含 CA 产生的唯一整数值
签名算法标识符（Signature Algorithm Identifier）	标识 CA 签名数字证书时使用的算法
签名者名（Issuer Name）	标识生成、签名数字证书的 CA 的可区分名（DN）
有效期（之前/之后）（Validity (Not Before/Not After)）	包含两个日期时间值（之前/之后），指定数字证书有效的时间范围。通常指定日期、时间，精确到秒或毫秒
主体名（Subject Name）	标识数字证书所指实体（即用户或组织）的可区分名（DN），除非 v3 扩展中定义了替换名，否则该字段必须有值
主体公钥信息（Subject Public Key Information）	包含主体的公钥与密钥相关的算法，该字段不能为空

（b）第 2 版

字　段	描　述
签发者唯一标识符（Issuer Unique Identifier）	在两个或多个 CA 使用相同签发者名时标识 CA
主体唯一标识符（Subject Unique Identifier）	在两个或多个主体使用相同签发者名时标识主体

（c）第 3 版

字　段	描　述
机构密钥标识符 （Authority Key Identifier）	单个证书机构可能有多个公钥/私钥对，本字段定义证书的签名使用哪个密钥对（用相应的密钥验证）
主体密钥标识符 （Subject Key Identifier）	主体可能有多个公钥/私钥对，本字段定义证书的签名使用哪个密钥对（用相应的密钥验证）
密钥用法（Key Usage）	定义该证书的公钥操作范围。例如，指定该公钥可用于所有密码学操作或只能用于加密，或者只能用于 Diffie-Hellman 密钥交换，或者只能用于数字签名等
扩展密钥用法 （Extended Key Usage）	可补充或替代密钥用法字段，指定证书可采用哪些协议，这些协议包括 TLS（传输层安全协议）、客户端认证、服务器认证、时戳等
私钥使用期 （Private Key Usage Period）	可对证书对应的公钥/私钥对定义不同的使用期限。若本字段为空，则证书对应的公钥/私钥对定义相同的使用期限
证书策略（Certificate Policies）	定义证书机构对某证书指定的策略和可选的限定信息
策略映射（Policy Mappings）	在某证书的主体也是证书机构时使用，即一个证书机构向另一证书机构签发证书，指定认证的证书机构要遵循哪些策略
主体替换名 （Subject Alternative Name）	对证书的主体定义一个或多个替换名，若主证书格式中的主体名字段为空，则该字段不能为空
签发者替换名 （Issuer Alternative Name）	可选择定义证书签发者的一个或多个替换名
主体目录属性 （Subject Directory Attributes）	可提供主体的其他信息，如主体电话/传真、电子邮件地址等
基本限制（Basic Constraints）	表示证书主体可否作为证书机构。本字段还指定主体可否让其他主体作为证书机构。例如，若证书机构 *X* 向证书机构 *Y* 签发该证书，则 *X* 不仅能指定 *Y* 能否作为证书机构向其他主体签发证书，还可指定 *Y* 能否指定其他主体作为证书机构
名称限制（Name Constraints）	指定名称空间
策略限制（Policy Constraints）	只用于 CA 证书

3.2.3 生成数字证书

本节介绍数字证书生成的典型过程。数字证书生成与管理主要涉及的参与方包括最终用户、注册机构、证书机构。与数字证书信息紧密相关的机构包括最终用户（主体）和证书机构（签发者）。证书机构的任务繁多，如签发新证书、维护旧证书、撤销无效证书等，因此一部分证书生成与管理任务由第三方——注册机构（RA）完成。从最终用户角度看，证书机构与注册机构差别不大。技术上，注册机构是用户与证书机构之间的中间实体，图 3.5 中显示了最终用户与 RA 和 CA 的关系。

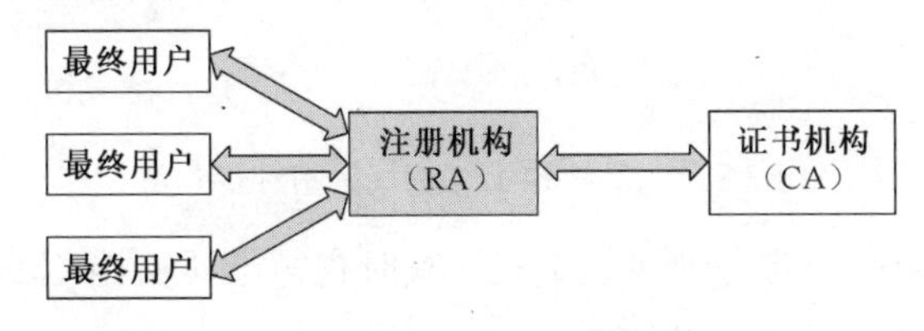

图 3.5　最终用户与 RA 和 CA 的关系

注册机构提供的服务包括：① 接收与验证最终用户的注册信息；② 为最终用户生成密钥；③ 接收与授权密钥备份与恢复请求；④ 接收与授权证书撤销请求。

注意，注册机构主要帮助证书机构与最终用户之间进行交互，注册机构不能签发数字证书，证书只能由证书机构签发。

数字证书的生成步骤如图 3.6 所示，下面详细介绍各个步骤。

第 1 步：密钥生成。密钥的生成可采用的方式有如下两种。

（1）主体（用户/组织）可采用特定软件生成公钥/私钥对，该软件通常是 Web 浏览器或 Web 服务器的一部分，也可以使用特殊软件程序。主体必须秘密保存私钥，并将公钥、身份证明与其他信息发送给注册机构，如图 3.7 所示。

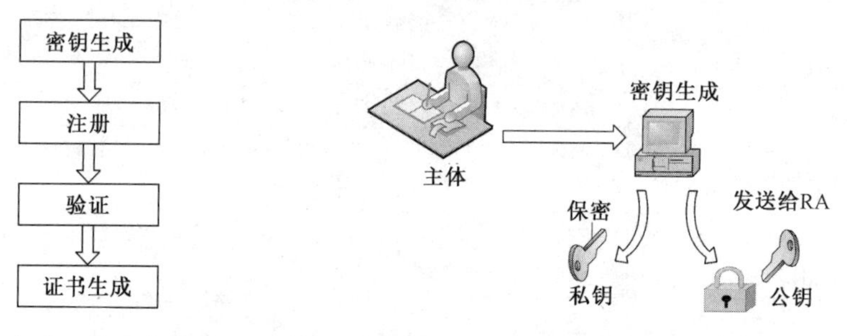

图 3.6　数字证书的生成步骤　　　　图 3.7　主体生成密钥对

（2）当用户不知密钥对生成技术或要求注册机构集中生成和发布所有密钥，以便于执行安全策略和密钥管理时，也可由注册机构为主体（用户）生成密钥对。该方法的缺陷是注册机构知道用户私钥，且在向主体发送途中也可能泄露。注册机构为主体生成密钥对示意图如图 3.8 所示。

第 2 步：注册。该步骤发生在第 1 步由主体生成密钥对情形下，若在第 1 步由 RA 为主体生成密钥对，则该步骤在第 1 步中完成。

假设用户生成密钥对，则要向注册机构发送公钥和相关注册信息（如主体名，将置于数字证书中）及相关证明材料。用户在特定软件的导引下正确地完成相应输入后通过 Internet 提交至注册机构。证书请求格式已经标准化，称为证书签名请求（Certificate Signing Request，CSR），PKCS#10 证书申请结构如图 3.9 所示。有关 CSR 的详细信息可参看公钥加密标准 PKCS#10。

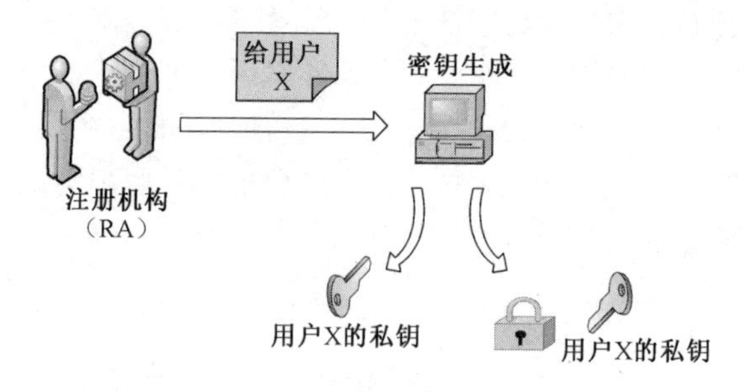

图 3.8　注册机构主体生成密钥对示意图

注意：证明材料未必一定是计算机数据，有时也需纸质文档（如护照、营业执照、收入/税收报表复印件等），如图 3.10 所示。

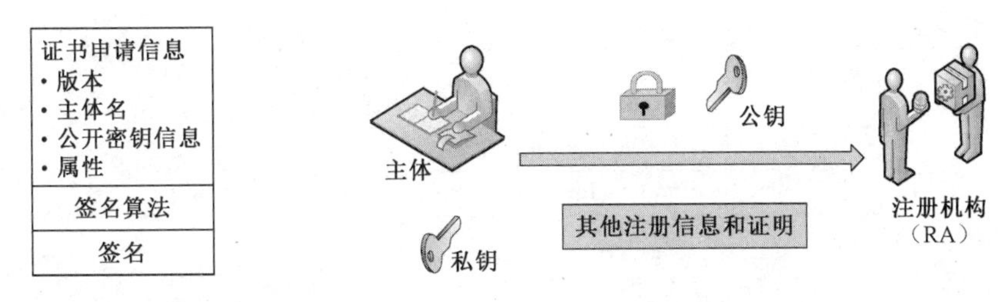

图 3.9　PKCS#10 证书申请结构　　　图 3.10　主体将公钥与证明材料发送给注册机构

第 3 步：验证。接收到公钥及相关证明材料后，注册机构须验证用户材料，验证分为以下两个层面。

（1）RA 要验证用户材料，以明确是否接受用户注册。若用户是组织，则 RA 需要检查营业记录、历史文件和信用证明；若用户为个人，则只需简单证明，如验证邮政地址、电子邮件地址、电话号码或护照、驾照等。

（2）确保请求证书的用户拥有与向 RA 的证书请求中发送的公钥相对应的私钥。这个检查被称为检查私钥的拥有证明（Proof Of Possession，POP）。主要的验证方法有如下几种。

① RA 可要求用户采用私钥对证书签名请求进行数字签名。若 RA 能用该用户公钥验证签名正确性，则可相信该用户拥有与其证书申请中公钥一致的私钥。

② RA 可生成随机数挑战信息，用该用户公钥加密，并将加密后的挑战值发送给用户。若用户能用其私钥解密，则可相信该用户拥有与公钥相匹配的私钥。

③ RA 可将 CA 所生成的数字证书采用用户公钥加密后，发送给该用户。用户需要用与公钥匹配的私钥解密方可取得明文证书——也实现了私钥拥有证明的验证。

第 4 步：证书生成。设上述所有步骤成功，则 RA 将用户的所有细节传递给证书机构。证书机构进行必要的验证，并生成数字证书。证书机构将证书发给用户，并在 CA 维护的证书目录（Certificate Directory）中保留一份证书记录。然后证书机构将证书发送给用户，可附在电子邮件中；也可向用户发送一个电子邮件，通知其证书已生成，让用户从 CA 站点下载。数字证书的格式实际上是不可读的，但应用程序可对数字证书进行分析解释，例如，打开 Internet Explorer 浏览器浏览证书时，可以看到可读格式的证书细节。

3.2.4　数字证书的签名与验证

正如护照需要权威机构的印章与签名一样，数字证书也需要证书机构 CA 采用其私钥签名后才是有效、可信的。下面分别介绍 CA 签名证书和数字证书验证。

1. CA 签名证书

前面介绍了 X.509 证书的结构，其中最后一个字段是证书机构的数字签名，即每个数字证书不仅包含用户信息（如主体名、公钥等），而且包含证书机构的数字签名。CA 对数字证书签名的过程如图 3.11 所示。

由图 3.11 可知，在向用户签发数字证书前，CA 首先要对证书的所有字段计算一个消息摘要（使用 MD5 或 SHA-1 等哈希算法），然后用 CA 私钥加密消息摘要（如采用 RSA 算法），构成 CA 的数字签名。CA 将算出的数字签名作为数字证书的最后一个字段插入，类似于护照上的印章与签名。该过程由密码运算程序自动完成。

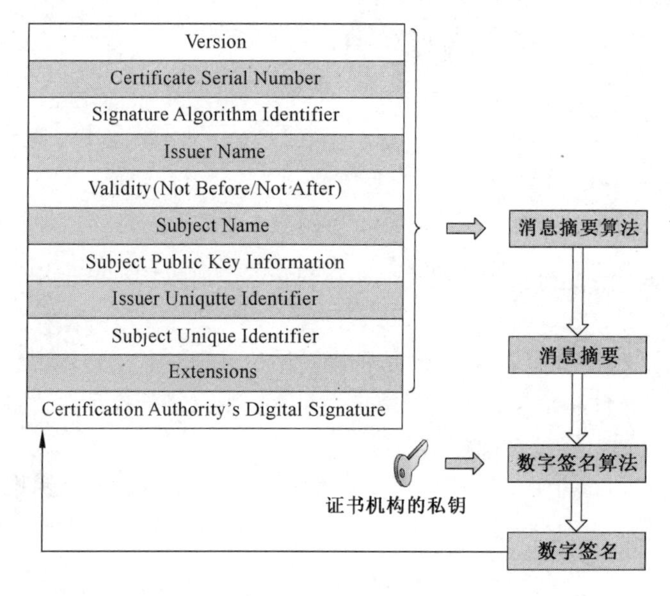

图 3.11　CA 对数字证书签名的过程

2. 数字证书验证

数字证书的验证步骤如图 3.12 所示，具体如下。

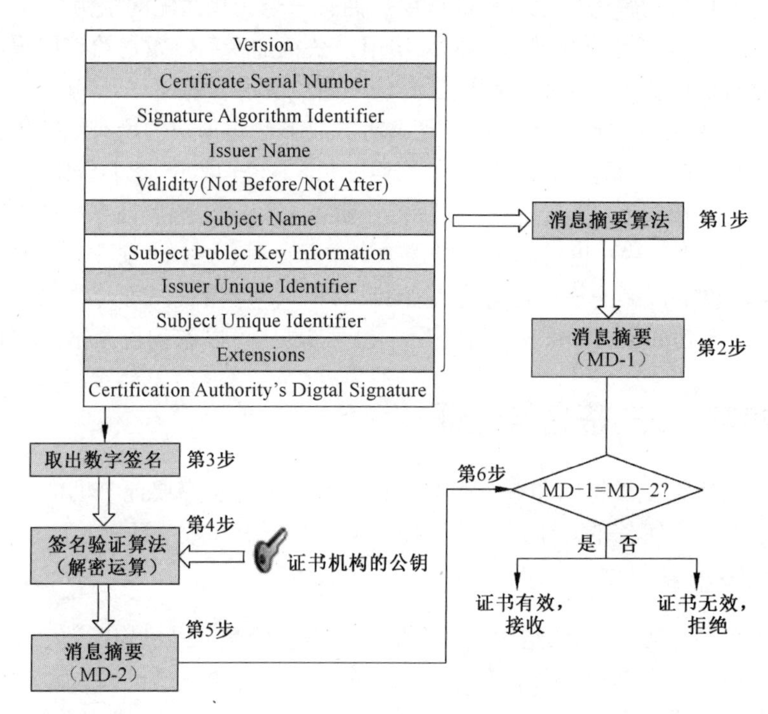

图 3.12　数字证书的验证步骤

(1)用户将数字证书中除最后一个字段外的所有字段输入消息摘要算法(哈希算法)。该算法与CA签发证书时使用的哈希算法相同,CA会在证书中指定签名算法及哈希算法，让用户知道相应的算法信息。

（2）由消息摘要算法计算数字证书中除最后一个字段外的其他字段的消息摘要，设该消息摘要为MD1。

（3）用户从证书中取出CA的数字签名（证书中的最后一个字段）。

（4）用户用CA的公钥对CA的数字签名信息进行解密运算。

（5）解密运算后获得CA签名所用的消息摘要，设为MD2。

（6）用户比较MD1与MD2。若两者相符，即MD1 = MD2，则可肯定数字证书已由CA用其私钥签名，否则用户不信任该证书并拒绝它。

3.2.5 数字证书层次与自签名数字证书

设用户Alice与Bob希望进行安全通信，在Alice收到Bob的数字证书时，需对该证书进行验证。由前可知，验证证书时需使用颁发该证书的CA的公钥，这就涉及如何获取CA公钥的问题。

若Alice与Bob具有相同的证书机构（CA），则Alice显然已知签发Bob证书的CA的公钥。若Alice与Bob属于不同的证书机构，则Alice需通过如图3.13所示的信任链（CA层次结构）获取签发证书的CA公钥。

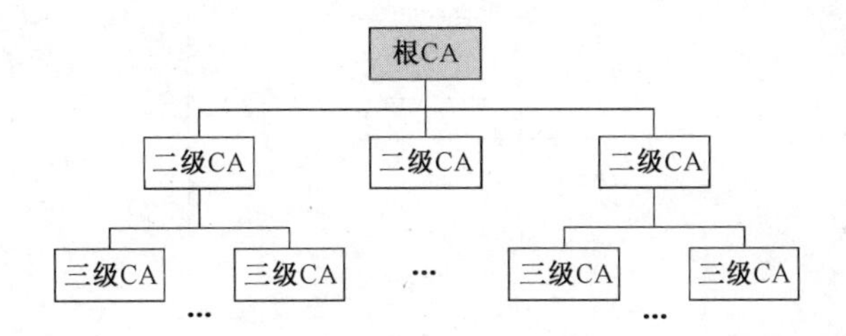

图3.13 CA层次结构

由图3.13可以看出，CA层次从根CA开始，根CA下面有一个或多个二级CA，每个二级CA下面有一个或多个三级CA，以此类推。这类似于组织中的报告层次体系，CEO或总经理具有最高权威，高级经理向CEO或总经理报告，经理向高级经理报告，员工向经理报告，以此类推。

CA层次使根CA不必管理所有的数字证书，而可将该任务委托给二级机构，每个二级CA又可在其区域内指定三级CA，每个三级CA又可指定四级CA，以此类推。

如图3.14所示，若Alice从三级CA（B1）取得证书，而Bob从另一个三级CA（B11）取得证书，则Alice显然不能直接获取B11的公钥。因此，除了自身的证书，Bob还需向Alice发送其CA（B11）的证书，告知Alice B11的公钥。Alice根据B11的公钥对Bob的证书进行计算验证。

显然，在使用B11的公钥对Bob的证书进行验证前，Alice需对B11的证书的正确性进行验证（确认对B11的证书的信任）。由图3.14可见，B11的证书是由A3签发的，于是Alice需获得A3的公钥以验证A3对B11的证书的签名。同理，为确保A3的公钥的真实性与正确性，Alice需获取A3的证书，并获得根CA的公钥对A3的证书进行验证。证书层次与根CA的验证问题如图3.15所示。

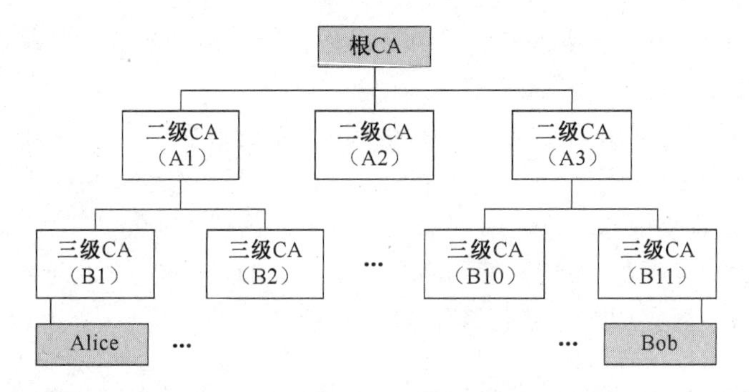

图 3.14　同一根 CA 中不同 CA 所辖的用户

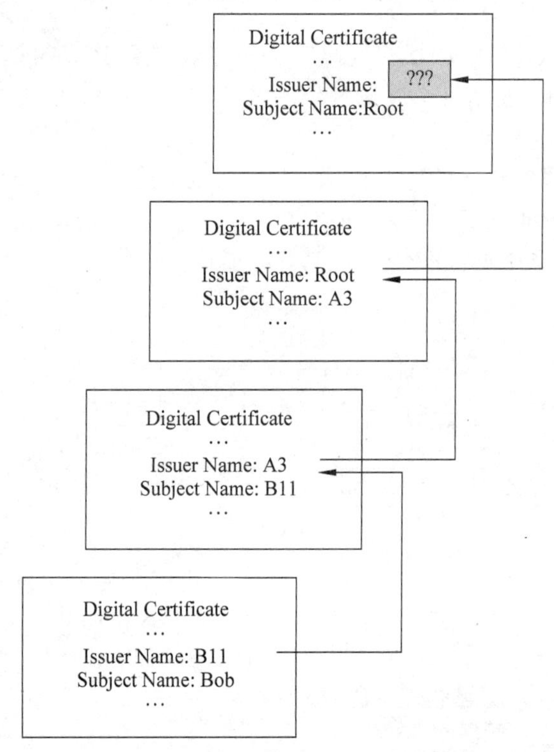

图 3.15　证书层次与根 CA 的验证问题

由图 3.15 可见，根 CA 是验证链的最后一环，根 CA 自动作为可信任 CA。根 CA 证书为自签名证书（Self-signed certificate），即根 CA 对自己的证书签名，如图 3.16 所示。证书的签发者名和主体名均指向根 CA。存储与验证证书的软件中包含预编程、硬编码的根 CA 证书。

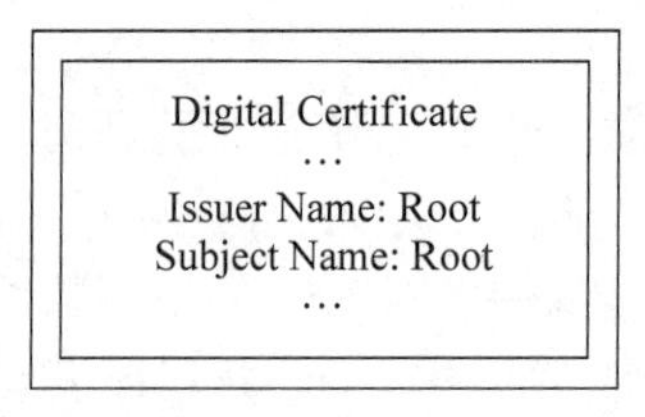

图 3.16　自签名证书

由于根 CA 证书存放在 Web 浏览器和 Web 服务器之类的基础软件中，因此 Alice 无须担心根 CA 证书的认证问题，除非其使用的基础软件本身来自非信任站点。Alice 只需采用遵循行业标准、被广泛接受的应用程序，即可保证根 CA 证书的有效性。

图 3.17 显示了验证证书链的过程。

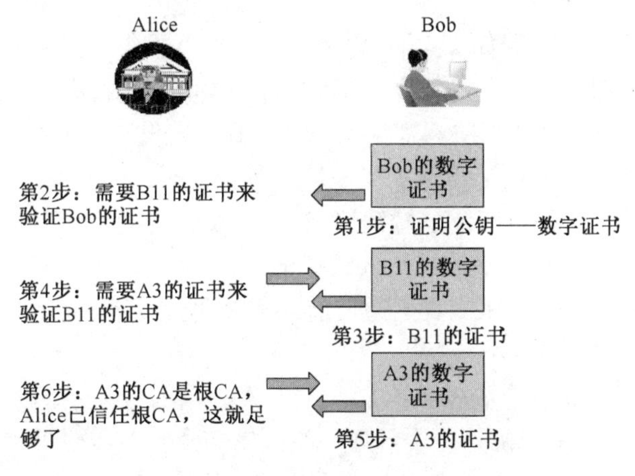

图 3.17　验证证书链的过程

3.2.6　交叉证书

每个国家都拥有不同的根 CA，同一国家也可能拥有多个根 CA。例如，美国的根 CA 有 Verisign、Thawte 和美国邮政局。这时，各方并不都信任同一个根 CA。在 3.2.5 节的示例中，若 Alice 与 Bob 身处不同的国家，即根 CA 不同时，也存在根 CA 的信任问题。

在上述情形下，需要采用交叉证书（Cross-certification）。由于实际中不可能有认证每个用户的统一 CA，因此要用分布式 CA 认证各个国家、政治组织与公司机构的证书。这种方式减少了单个 CA 的服务对象，同时确保 CA 可以独立运作。此外，交叉证书可让不同 PKI 域的 CA 和最终用户互动。交叉证书由对等 CA 签发，建立的是非层次信任路径。

如图 3.18 所示，Alice 与 Bob 的根 CA 不同，但他们可以进行交叉认证，即 Alice 的根 CA 从 Bob 的根 CA 那里取得自身的证书，Bob 的根 CA 从 Alice 的根 CA 处取得自身的证书。尽管 Alice 的基础软件只信任自己的根 CA，但由于 Bob 的根 CA 得到了 Alice 的根 CA 的认证，于是 Alice 也可信任 Bob 的根 CA。Alice 可采用下列路径验证 Bob 的证书：Bob-Q2-P1-Bob’s RCA-Alice’s RCA。

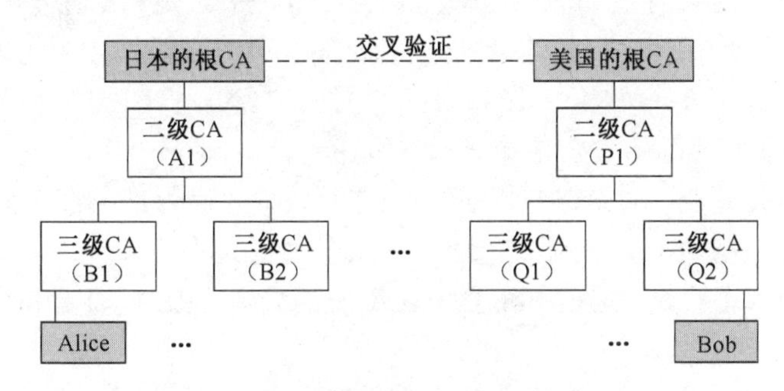

图 3.18　CA 的交叉证书

利用证书层次、自签名证书和交叉证书技术，所有用户均可验证其他用户的数字证书，进而确定信任证书或拒绝证书。

3.2.7 数字证书的撤销

数字证书撤销的常见原因如下：① 数字证书持有者报告证书中指定公钥对应的私钥被破解（被盗）；② CA 发现签发数字证书时出错；③ 证书持有者离职，而证书是其在职期间签发的。发生第一种情形时，需要由证书持有者提出证书撤销申请；发生第三种情形时，需要由组织提出证书撤销申请；发生第二种情形时，由 CA 启动证书撤销。CA 在接到证书撤销请求后，首先认证证书撤销请求，认证通过后接受请求，启动证书撤销，以防止攻击者滥用证书撤销过程来撤销他人的证书。

Alice 使用 Bob 的证书与 Bob 安全通信前，需要明确以下两点。

（1）该证书是否属于 Bob？

（2）该证书是否有效？是否被撤销？

Alice 可通过证书链来明确第一个问题，明确第二个问题需要采用证书撤销状态检查机制。CA 提供的证书撤销状态检查机制如图 3.19 所示。

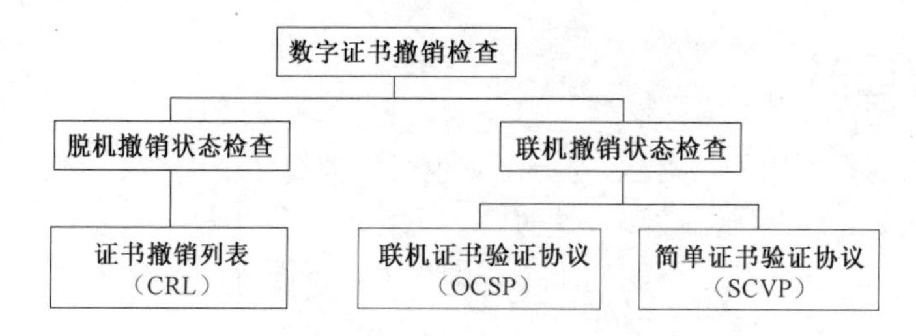

图 3.19 证书撤销状态检查机制

下面逐一介绍这几种撤销检查机制。

1. 脱机证书撤销状态检查

证书撤销列表（Certificate Revocation List，CRL）是脱机证书撤销状态检查的主要方法。最简单的 CRL 是由 CA 定期发布的证书列表，标识该 CA 撤销的所有证书。但该表中不包含过了有效期的失效证书。CRL 中只列出有效期内因故被撤销的证书。

每个 CA 签发自己的 CRL，CRL 包含相应的 CA 签名，易于验证。CRL 是一个随时间增长的顺序文件，包括有效期内因故被撤销的所有证书，是 CA 签发的所有 CRL 的子集。每个 CRL 项目列出证书序号、撤销日期和时间、撤销原因。CRL 的顶层还包括 CRL 发布的日期、时间和下一个 CRL 的发布时间。图 3.20 给出了 CRL 文件的逻辑视图。

Alice 对 Bob 数字证书的安全性检查操作如下。

（1）证书有效期检查。比较当前日期与证书有效期，确保证书在有效期内。

（2）签名检查。检查 Bob 的证书能否用其 CA 的签名验证。

（3）证书撤销状态检查。根据 Bob 的 CA 签发的最新 CRL 检查 Bob 的证书是否在证书撤销列表中。

完成以上检查后，Alice 方能信任 Bob 的数字证书。检验证书的过程及 CRL 在检验过程中的作用如图 3.21 所示。

CA: XYZ
Certificate Revocation List(CRL)
This CRL: 1 Jan 2002, 10: 00 am
Next CRL: 12 Jan 2002, 10: 00 am

Serial Number	Date	Reason
1234567	30-Dec-01	Private key compromised
2819281	30-Dec-01	Changedjob
…	…	…

图 3.20　CRL 文件的逻辑视图

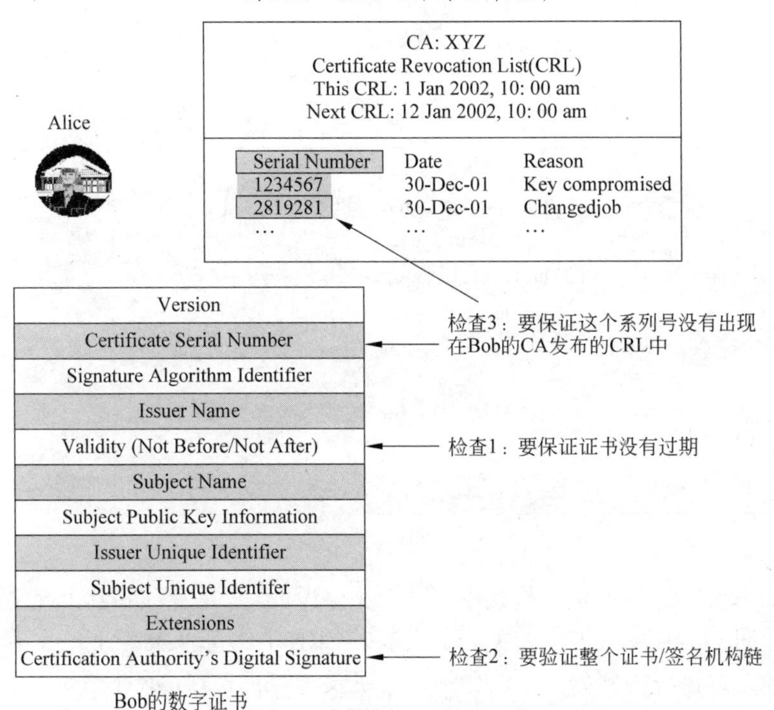

图 3.21　检验证书的过程及 CRL 在检验过程中的作用

随着时间的推移，CRL 可能会变得很大。一般假设每年撤销的未到期证书约为 10%，若 CA 有 100000 个用户，则两年时间在 CRL 中可能有 20000 条记录，记录数量相当庞大。此时，通过网络接收 CRL 文件是一个很大的瓶颈。为解决该问题，人们提出了差异 CRL（Delta CRL）的概念。

最初，CA 可向使用 CRL 服务的用户发一个一次性的完全更新的 CRL，它被称为基础 CRL（Base CRL）。下次更新时，CA 不必发送整个 CRL，而只需发送上次更新以来改变的 CRL。这一机制缩小了 CRL 文件的大小，加快了传输速度。基础 CRL 的改变称为差异 CRL，差异 CRL 也是一个需要 CA 签名的文件。图 3.22 给出了每次签发完整 CRL 与只签发差异 CRL 的区别。

使用 CRL 时需要注意以下几点：① 差异 CRL 文件包含一个差异 CRL 标识符，告知用户该 CRL 为差异 CRL，用户需要将该差异 CRL 文件与基础 CRL 文件一起使用，得到完整的 CRL；② 每个 CRL 均有序号，用户可以检查是否拥有全部差异 CRL；③ 基础 CRL 可能有一个差异信息标识符，告知用户这个基础 CRL 具有相应的差异 CRL，还可提供差异 CRL 的地址和下一个差异 CRL 的发布时间。图 3.23 给出了 CRL 的标准格式。

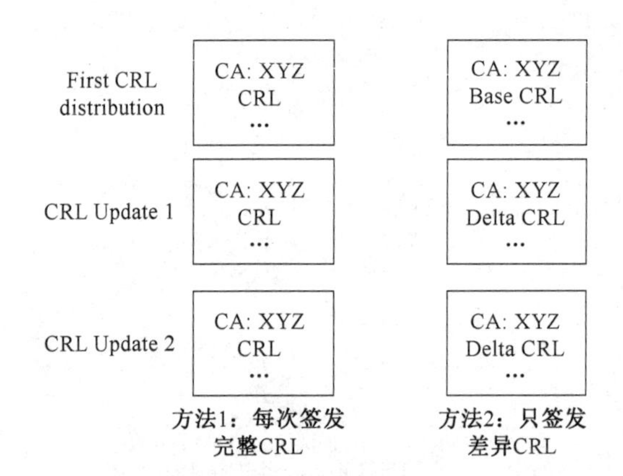

图 3.22　每次签发完整 CRL 与签发差异 CRL 的区别

Version
Signature Algorithm Identifier
Issuer Name
This Update (Date and Time)
Next Update (Date and Time)
User CERTIFICATE Serial Number Revocation Data CRL Entry Extensions
… … …
… … …
CRL Extensions
Signature
头字段
重复项
尾字段

图 3.23　CRL 的标准格式

如图 3.23 所示，CRL 的标准格式中有几个头字段、几个重复项和几个尾字段。其中，序号、撤销日期、CRL 项目扩展之类的字段依据 CRL 中的每个撤销证书重复，而其他字段构成头字段、尾字段两部分。下面介绍这些字段，如表 3.3 所示。

表 3.3　CRL 的不同字段

字　段	描　述
版本（Version）	表示 CRL 版本
签名算法标识符（Signature Algorithm Identifier）	CA 签名 CRL 所用的算法，如 SHA-1 和 RSA，表示 CA 先用 SHA-1 算法计算 CRL 的消息摘要，然后用 RSA 算法签名
签发者名（Issuer Name）	标识 CA 的可区分名（DN）
本次更新日期与时间（This Update Date and Time）	签发这个 CRL 的日期与时间值
下次更新日期与时间（Next Update Date and Time）	签发下一个 CRL 的日期与时间值
用户证书序号（User Certificate Serial Number）	撤销证书的证书号，该字段对每个撤销证书重复
撤销日期（Revocation Date）	撤销证书的日期和时间，该字段对每个撤销证书重复
CRL 项目扩展（CRL Entry Extension）	见表 3.4，每个 CRL 项目都有一个扩展
CRL 扩展（CRL Extension）	见表 3.5，每个 CRL 都有一个扩展
签名（Signature）	包含 CA 签名

这里需明确区别 CRL 项目扩展与 CRL 扩展。CRL 项目扩展对每个撤销证书重复，而整个 CRL 只有一个 CRL 扩展，详见表 3.4 和表 3.5。

表 3.4　CRL 项目扩展

字　段	描　述
原因代码（Reason Code）	指定证书撤销原因，可能是 Unspecified（未指定），Key Compromise（密钥损坏），CA Compromise（CA 被破坏），Superseded（重叠），Certificate Hold（证书暂扣）
扣证指示代码（Hold Instruction Code）	证书可以暂扣，即在指定时间内失效（可能因为用户休假，需保证期间不被滥用），该字段可指定扣证原因
证书签发者（Certificate Issuers）	标识证书签发者名和间接 CRL。间接 CRL 由第三方非证书签发者提供。第三方可以汇总多个 CA 的 CRL，发出一个合并的间接 CRL，使 CRL 信息请求更加方便
撤销日期（Invalidity Date）	发生私钥攻击的日期和时间

表 3.5　CRL 扩展

字　段	描　述
机构密钥标识符（Authority Key Identifier）	区别一个 CA 使用的多个 CRL 签名密钥
签发者别名（Issuer Alternative Name）	将签发者与一个或多个别名相联系
CRL 号（CRL Number）	序号（随每个 CRL 递增），帮助用户明确是否拥有此前的所有 CRL
差异 CRL 标识符（Delta CRL Indicator）	表示 CRL 为差异 CRL
签发发布点（Issuing Distribution Point）	表示 CRL 发布点或 CRL 分区。CRL 发布点可在 CRL 很大时使用——不用发布一个庞大的 CRL，而将其分解为多个 CRL 发布。CRL 请求者请求和处理这些小的 CRL。CRL 发布点提供了小 CRL 的地址指针（即 DNS 名、IP 地址或文件名）

和最终用户一样，CA 本身也用证书标识。在某些情形下，CA 证书也要撤销，类似于 CRL 提供最终用户证书的撤销信息表，机构撤销列表（ARL）提供了 CA 证书的撤销信息表。

2. 联机证书撤销状态检查

由于 CRL 可能过期，同时 CRL 存在长度问题，基于 CRL 的脱机证书撤销状态检查不是检查证书撤销的最好方式。因此，出现了两个联机检查证书状态协议：联机证书状态协议和简单证书验证协议。

联机证书状态协议（Online Certificate Status Protocol，OCSP）可以检查特定时刻某个数字证书是否有效，属于联机检查方式。联机证书状态协议可让证书检验者实时检查证书状态，是更简单、快捷、有效的数字证书验证机制。与 CRL 不同，该方式无须下载证书列表。下面介绍联机证书状态协议的工作步骤。

（1）CA 提供一个服务器，称为 OCSP 响应器（OCSP Responder），它包含最新证书撤销信息。请求者（客户机）发送联机证书状态查询请求（OCSP Request），检查该证书是否撤销。OCSP 最常用的基础协议是 HTTP，但也可使用其他应用层协议（如 SMTP），如图 3.24 所示。实际上，OSCP 请求还包括 OSCP 协议版本、请求服务和一个或多个证书标识符（其中包含签发者的消息摘要、签发者的公钥的消息摘要和证书序号）。为简单起见，暂时忽略这些细节。

图 3.24 OCSP 请求

(2) OCSP 响应器查询服务器的 X.500 目录（CA 不断向其提供最新证书撤销信息），以明确特定证书是否有效，如图 3.25 所示。

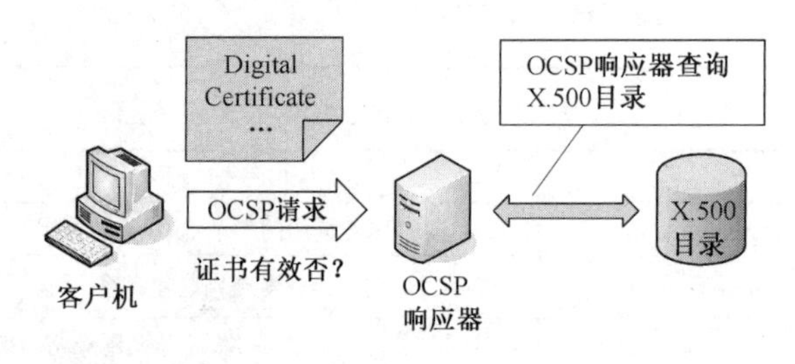

图 3.25 OCSP 证书撤销状态检查

(3) 根据 X.500 目录查找的状态检查结构，OCSP 响应器向客户机发送数字签名的 OCSP 响应（OCSP Response），原请求中的每个证书都有一个 OCSP 响应。OCSP 响应可以取 3 个值，即 Good、Revoked 或 Unknown。OCSP 响应还可包含撤销日期、时间和原因。客户机要根据 OCSP 响应确定相应的操作。一般来说，建议只在 OCSP 响应状态为 Good 时才认为证书有效。OCSP 响应如 3.26 所示。

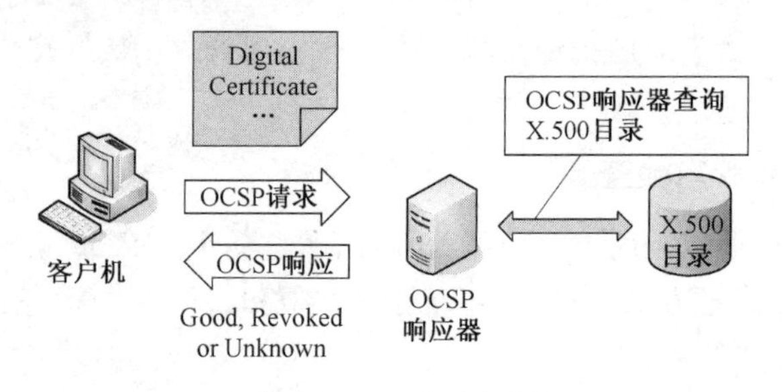

图 3.26 OCSP 响应

注意，OCSP 缺少针对与当前证书相关的证书链的有效性检查。例如，假设 Alice 要用 OCSP 验证 Bob 的证书，那么 OCSP 只是告诉 Alice，Bob 的证书是否有效，而不检验签发 Bob 的证书的 CA 的证书或证书链中更高层的证书。这些逻辑（验证证书链有效性）要放在使用 OCSP 的客户机应用程序中。另外，客户机应用程序还要检查证书有效期、密钥使用合法性和其他限制。

简单证书验证协议（Simple Certificate Validation Protocol，SCVP）目前还是草案，是联机证书状态报告协议，用于克服 OCSP 的缺点。SCVP 与 OCSP 在概念上非常相似，这里仅给出两者的差别，如表 3.6 所示。

表 3.6　OCSP 与 SCVP 的差别

特　点	OCSP	SCVP
客户端请求	客户机只向服务器发送证书序号	客户机向服务器发送整个证书，因此服务器可以进行更多的检查
信任链	只检查指定证书	客户机可以提供中间证书集合，让服务器检查
检查	只检查证书是否撤销	客户机可以请求其他检查（如检查整个信任链）、考虑的撤销信息类型（如服务器是否用 CRL 或 OCSP 进行撤销检查）等
返回信息	只返回证书状态	客户机可以指定感兴趣的其他信息（如服务器返回撤销状态证明或返回信任验证所用的证书链等）
其他特性	无	客户机可以请求检查证书的过去事件。例如，假设 Bob 向 Alice 发了证书和签名文档，则 Alice 可用 SCVP 检查 Bob 的证书在签名时（而非验证签名时）是否有效

3.2.8　漫游证书

数字证书应用的普及产生了证书的便携性需求。此前提供证书及其对应私钥移动性的实际解决方案主要有两种：① 智能卡技术，它将公钥/私钥对存放在卡上，但存在易丢失和损坏且依赖读卡器的缺点（虽然带 USB 接口的智能钥匙不依赖于读卡器，但成本太高）；② 将证书和私钥复制到一张软盘上备用，但软盘不仅容易丢失和损坏，而且安全性较差。

一个新解决方案是使用漫游证书。漫游证书由第三方软件提供，在任何系统中，只要正确地进行了配置，第三方软件（或插件）就能允许用户访问自己的公钥/私钥对。基本原理非常简单，如下所述。

（1）将用户的证书和私钥放在一个安全的中央服务器（称为证件服务器）数据库中，如图 3.27 所示。

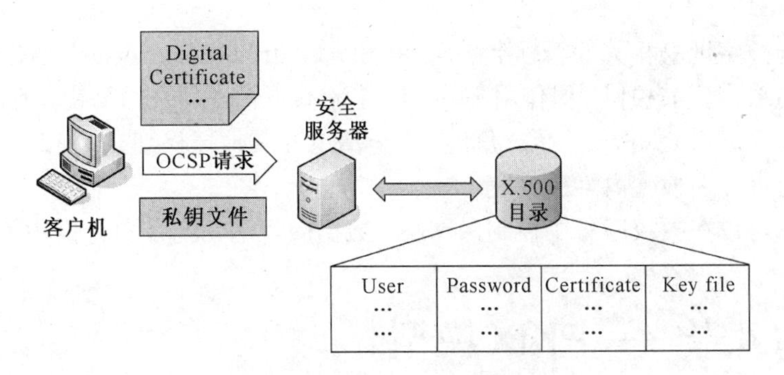

图 3.27　漫游证书用户注册

（2）用户登录一个本地系统时，使用用户名和口令通过 Internet 向证件服务器认证自己，如图 3.28 所示。

（3）证件服务器用证件数据库验证用户名和口令，认证成功后，证件服务器将数字证书与私钥文件发送给用户，如图 3.29 所示。

（4）用户完成工作并从本地系统注销后，软件自动删除存放在本地系统中的用户证书和私钥。

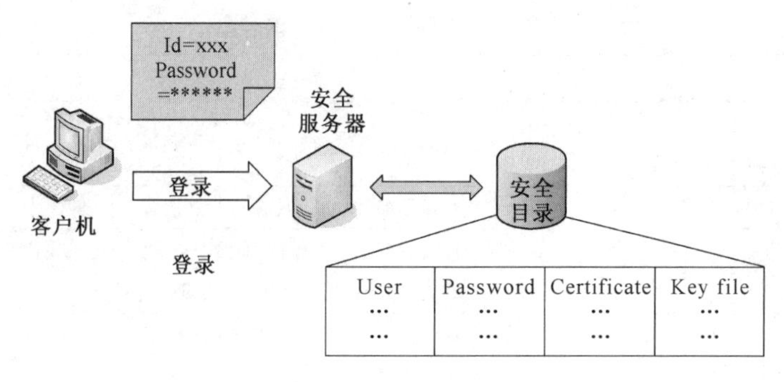

图 3.28 漫游证书用户登录

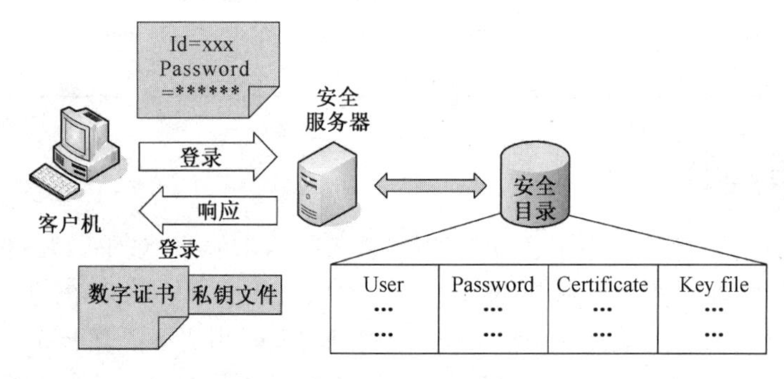

图 3.29 漫游证书用户接收数字证书与私钥文件

这种解决方案的优点是可以明显提高易用性，降低证书的使用成本，但它与已有的一些标准不一致，因此其应用有一些限制。在小额支付等安全要求不高的环境中，该解决方案是一种较合适的方法。

3.2.9 属性证书

另一个与数字证书相关的新标准是属性证书（Attribute Certificate，AC）标准。属性证书的结构与数字证书相似，但作用不同。属性证书不包含用户的公钥，而在实体及其一组属性之间建立联系（如成员关系、角色、安全清单和其他授权细节）。和数字证书一样，属性证书也通过签名检验内容的改变。

属性证书可以在授权服务中控制对网络、数据库等的访问及对特定物理环境的访问。

3.3 PKI 架构——PKIX 模型

X.509 标准定义了数字证书结构、格式与字段，还指定了发布公钥的过程。为了扩展该标准，令其更通用，IETF 建立了公钥基础设施（Public Key Infrastructure X.509，PKIX）工作组，以便扩展 X.509 标准的基本思想，指定在 Internet 中如何部署数字证书。此外，还为不同领域的应用程序定义了其他 PKI 模型。本节只简要介绍 PKIX 模型。

3.3.1 PKIX 服务

PKIX 提供的公钥基础设施服务包括以下几个方面。

（1）注册。最终实体（主体）向 CA 介绍自己的过程，通常通过注册机构进行。

（2）初始化。处理基础问题，如最终实体如何保证对方是正确的 CA。

（3）认证。CA 对最终实体生成数字证书并将其交给最终实体，维护复制记录，并在必要时将其复制到公共目录中。

（4）密钥对恢复。一定时间内可能要恢复加密运算所用的密钥，以便解密旧文档。密钥存档和恢复服务可以由 CA 提供，也可由独立的密钥恢复系统提供。

（5）密钥生成。PKIX 指定最终实体生成公钥/私钥对，或指定由 CA/RA 为最终实体生成（并将其安全地分发给最终实体）。

（6）密钥更新。可以从旧密钥对向新密钥对顺利过渡，自动刷新数字证书；也可以提供手工数字证书更新请求与响应。

（7）交叉证书。建立信任模型，使不同 CA 认证的最终实体能够相互验证。

（8）撤销。PKIX 支持两种证书状态检查模型——联机（使用 OCSP）或脱机（使用 CRL）。

3.3.2 PKIX 架构

PKIX 建立了综合性文档。下面介绍其架构模型的 5 个域。

（1）X.509 v3 证书与 v2 证书撤销列表配置文件。X.509 标准可用各种选项描述数字证书扩展。PKIX 将适合 Internet 用户使用的所有选项组织起来，称为 Internet 用户的配置文件。该配置文件（见 RFC 2459）指定必须/可以/不能支持的属性，并提供每个扩展类所用值的值域。例如，基本 X.509 标准不指定证书暂扣时的指示代码——PKIX 定义了相应的代码。

（2）操作协议。定义基础协议，向 PKI 用户发布证书、CRL 和其他管理与状态信息的传输机制。由于每个要求都有不同的服务方式，因此定义了 HTTP、LDAP、FTP、X.500 等的用法。

（3）管理协议。这些协议支持不同 PKI 实体交换信息（如传递注册请求、撤销状态或交叉证书请求与响应）。管理协议指定实体间浮动的信息结构、处理这些信息的细节。管理协议的一个示例是请求证书的证书管理协议（Certificate Management Protocol，CMP）。

（4）策略大纲。PKIX 在 RFC 2527 中定义了证书策略（Certificate Policies，CP）和证书实务声明（Certificate Practice Statements，CPS）的大纲。

（5）时间标注与数据证书服务。时间标注服务由时间标注机构信任的第三方提供，目的是对消息进行签名，保证消息在特定日期和时间之内存在，帮助处理不可抵赖的争端。数据证书服务（DCS）是信任的第三方服务，它验证所收到数据的正确性，类似于日常生活中的公证方。

3.4 PKI 实例

PKI/CA 认证系统由如下子系统构成。

- 签发系统（Authority）。
- 密钥管理中心系统（KMC）。
- 申请注册系统（RA）。
- 证书发布系统（DA）。
- 在线证书状态查询系统（OCSP）。

由各子系统组成的 PKI/CA 认证系统的结构如图 3.30 所示。

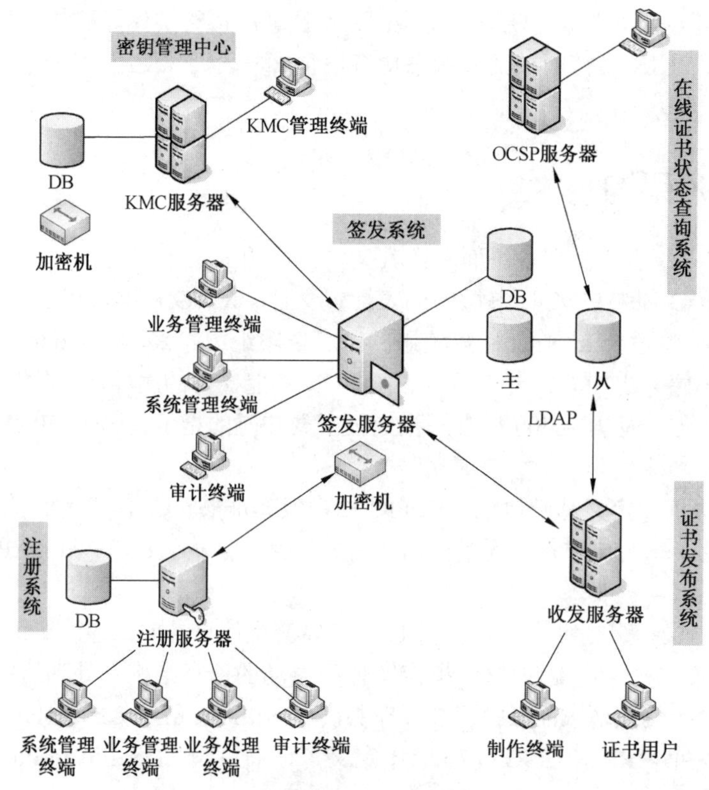

（a）PKI系统的拓扑结构

图 3.30　PKI/CA 认证系统的结构

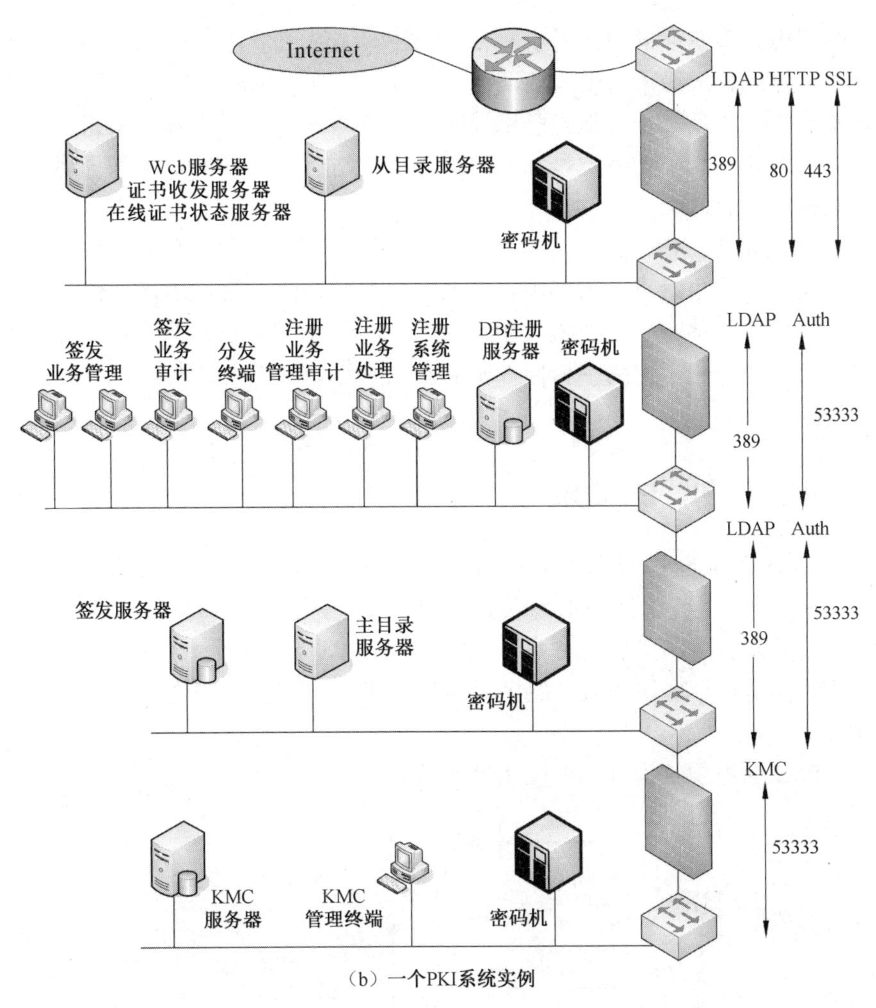

（b）一个PKI系统实例

图 3.30　PKI/CA 认证系统的结构（续）

3.5　授权管理设施——PMI

3.5.1　PMI 的定义

ITU&IETF 编写的相关文档说明了如何使用属性证书实现 PMI。PMI 即权限管理基础设施或授权管理基础设施，是属性证书、属性权威、属性证书库等组件的集合体，用来实现权限和证书的生成、管理、存储、分发和撤销等功能。

AA（Attribute Authority）即属性权威，是用来生成并签发属性证书（AC）的机构，它负责管理属性证书的整个生命周期。

AC（Attribute Certificate）即属性证书。对一个实体的权限绑定由一个被数字签名的数据结构提供，这种数据结构称为属性证书，由属性权威机构签发并管理，它包括一个展开机制和一系列特别的证书扩展机制。下面称公钥证书为 PKC（Public Key Certificate）。

X.509 定义的属性证书框架是构建权限管理基础设施（PMI）的基础，这些结构支持访问控制等应用。属性证书的使用（由 AA 签发）提供一个灵活的权限管理基础设施。

对一个实体的权限约束，由属性证书权威或公钥证书权威提供。

PMI 提出了一个新的信息保护基础设施，它能与 PKI 和目录服务紧密地集成，并且系统地建立了对认可用户的特定授权，对权限管理进行了系统的定义和描述，完整地提供了授权服务所需的过程。

建立在 PKI 基础上的 PMI，以向用户和应用程序提供权限管理和授权服务为目标，主要负责向业务应用系统提供与应用相关的授权服务管理，提供用户身份到应用授权的映射功能，实现与实际应用处理模式相对应的、与具体应用系统开发和管理无关的访问控制机制，极大地简化了应用中访问控制和权限管理系统的开发与维护，并减少了管理成本和复杂性。

3.5.2 PMI 与 PKI 的关系

PKI 和 PMI 之间的主要区别如下：PMI 主要进行授权管理，证明用户有什么权限，能干什么，即“你能做什么”；PKI 主要进行身份认证，证明用户身份，即“你是谁”。它们之间的关系类似于护照和签证的关系。护照是身份证明，它唯一地标识个人，只有持有护照才能证明你是一个合法的人。签证具有属性类别，即持有哪类签证才能在某个国家从事哪类活动。

PKI 和 PMI 的组织结构分别如图 3.31 和图 3.32 所示。

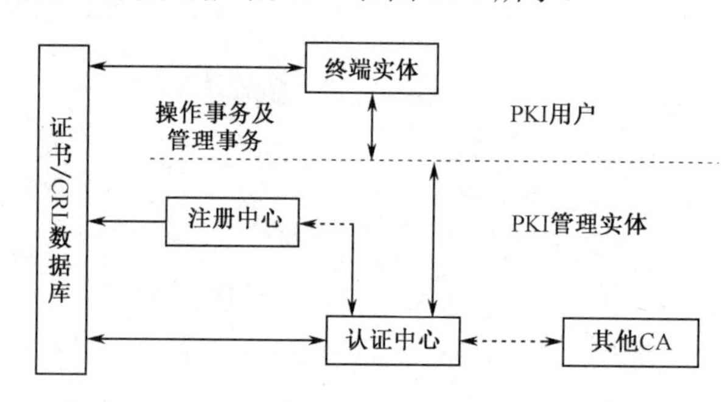

图 3.31 PKI 的组织结构

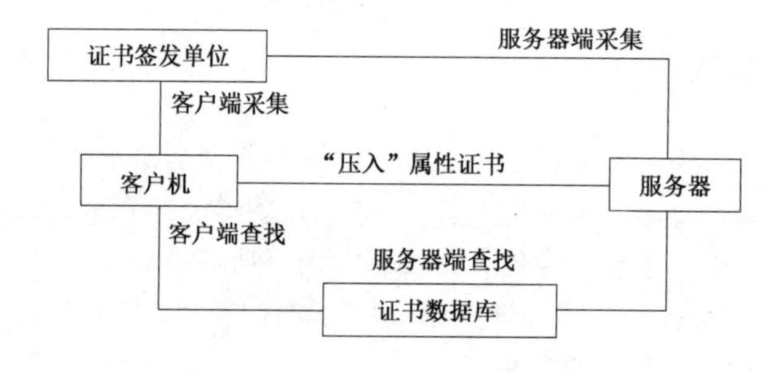

图 3.32 PMI 的组织结构

一个实体的权限约束由属性证书权威或公钥证书权威提供。授权信息可以放在身份证书扩展项或属性证书中，但将授权信息放在身份证书中很不方便。首先，授权信息和公钥实体的生存期往往不同，将授权信息放在身份证书扩展项中会缩短身份证书的生存期，而身份证书的申请、审核和签发代价是较高的；其次，对于授权信息来说，身份证书的签发者通常不具有权威性，这就使得身份证书的签发者必须使用额外的步骤从权威机构获得信息。另外，由于授权发布要比身份发布频繁得多，对同一个实体可由不同的属性权威机构来颁发属性证书，以便赋予不同的权限，因此一般使用属性证书来容纳授权信息。PMI 可由 PKI 构建并且可以独立地执行管理操作。但是，两者之间还存在联系，即 PKI 可用于认证属性证书中的实体和所有者身份，并鉴别属性证书签发属性权威机构的身份。

PMI 和 PKI 有很多相似的概念，如属性证书与公钥证书、属性权威与认证权威等。表 3.7 中比较了 PMI 实现和 PKI 实体。

表 3.7　PMI 实体和 PKI 实体比较

内　　容	PKI 实体	PMI 实体
证书	PKC 公钥证书	AC 属性证书
证书颁发者	证书机构	属性机构
证书接收者	证书主体	证书持有者
证书绑定	主体的名称绑定到公钥上	证书持有者绑定到一个或多个权限属性上
证书撤销	证书撤销列表（CRL）	属性证书撤销列表（ACRL）
信任的根	根 CA 或信任锚	权威源（SOA）
子机构	子 CA	属性权威机构
验证者	可信方	特权验证者

公钥证书将用户名及其公钥进行绑定，而属性证书则将用户名与一个或多个权威属性进行绑定。此时，公钥证书可视为特殊的属性证书。

数字签名公钥证书的实体被称为 CA，签名属性证书的实体被称为 AA。

PKI 信任源有时被称为根 CA，而 PMI 信任源被称为起始授权机构或权威源（SOA）。

CA 可以具有它们信任的次级 CA，次级 CA 可以代理鉴别和认证，SOA 可将它们的权力授给次级 AA。如果用户要废除他的签字密钥，那么 CA 将签发证书撤销列表。与此类似，如果用户要废除授权允许（Authorization Permission），那么 AA 将签发一个属性证书撤销列表（ACRL）。

3.5.3　实现 PMI 的机制

实现 PMI 的机制有多种，大致可以分为如下 3 类。

1．基于 Kerberos 的机制

Kerberos 系统基于对称密码技术，具有对称算法的一些优秀性能，如便于软/硬件实现、比非对称密码算法的速度快等，但也存在密钥管理不便和单点失败的问题。这种机制最适合用于大量实时事务处理环境中的授权管理。

2．基于策略服务器概念的机制

这种机制中有一台中心服务器，用来创建、维护和验证身份，以及组合角色。它施行的是高度集中的控制方案，便于进行单点管理，但容易形成通信的瓶颈。这种机制最适合用于地理位置相对集中的实体环境，具有很强的中心管理控制功能。

3．基于属性证书的机制

这种机制类似于公钥证书，但不包括公钥。这种机制是完全的分布式解决方案，具有失败拒绝的优点，但由于基于公钥的操作（因为 AC 使用数字签名进行认证和完整性校验，包含的属性可用加密技术确保机密性，这些都使用了公钥技术），性能不高。这种机制适用于支持不可否认服务的授权管理。

PKI 处理的是公钥证书，包括创建、管理、存储、分发和撤销公钥证书的一整套硬件、软件、人员、策略与过程。PMI 处理的是 AC 的管理，与 PKI 类似，它包括创建、管理、存储、分发和撤销 AC 的技术与过程。

3.5.4 PMI 模型

由于绝大多数的访问控制应用都能抽象为一般的权限管理模型，包括对象、权限声称者（Privilege Asserter）和权限验证者（Privilege Verifier）三个实体，因此 PMI 的基本模型包括目标、权限持有者和权限验证者三个实体。PMI 的基本模型如图 3.33 所示。

目标可以是被保护的资源。例如，在一个访问控制应用中，受保护的资源是目标；权限持有者是持有特定特权并为某个用途决定特权的实体；权限验证者对访问动作进行验证和决策，是制定决策的实体，是决定某次使用的特权是否充分的实体。

权限验证者根据 4 个条件决定访问“通过/失败”：① 权限持有者的权限；② 适当的权限策略；③ 当前环境变量（如果有的话）；④ 对象方法的敏感度（如果有的话）。

其中，权限策略说明给定敏感度的对象方法或权限的用法与内容，以及用户持有的权限需要满足的条件和达到的要求。权限策略准确定义什么时候权限验证者应确定一套已存在的权限是“充分的”，以便许可（对要求的对象、资源、应用等）权限持有者访问。为保证系统的安全性，权限策略需要完整性和可靠性保护，以便防止他人通过修改策略而攻击系统。

控制模型如图 3.34 所示，它说明了如何控制对敏感目标程序的接入。该模型有 5 个基本组件：权限持有者、权限验证者、目标程序、权限策略和环境变量。其中，权限验证者与 PMI 基本模型中的组件的解释相同；权限持有者可以是由公钥证书或档案资料定义的实体；目标程序含有敏感信息。

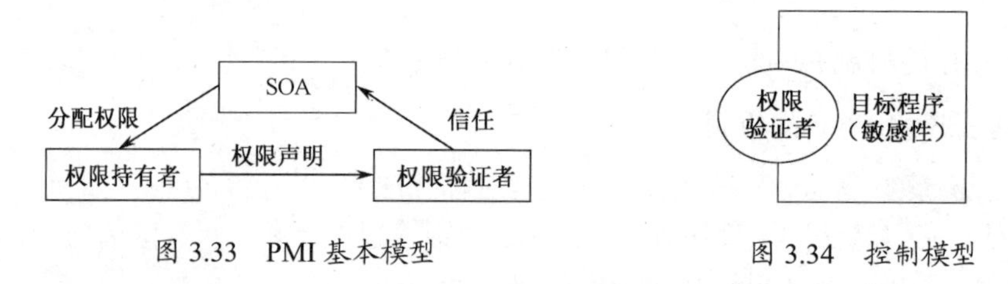

图 3.33　PMI 基本模型　　图 3.34　控制模型

该模型描述的方法使得特权验证者能够验证特权持有者与特权策略之间的一致性，来实现对环境变量的接入控制。

特权和敏感性可以有多个参数值。

委托模型（见图 3.35）在有些环境下可能需要委托特权，但这种框架是可选项，并非在所有环境下都是必需的。这种模型有 4 个组件：权限验证者、终端实体、SOA 和普通 AA。在使用委托的环境下，SOA 成为证书的最初颁发者，SOA 指定一些特权持有者作为 AA 并向其分配特权，由 AA 进一步向其他实体授权特权。

角色模型（见图 3.36）为角色提供一种间接地向个体分配特权的方式。个体通过证书中的角色属性分配到一个或多个角色。AA 可以定义任意数量的角色；角色本身和角色成员也可由不同的 AA 分别定义和管理；角色的关系类似于其他特权，是可以委托的；可以向角色和角色的关系分配任何合适的生命周期。

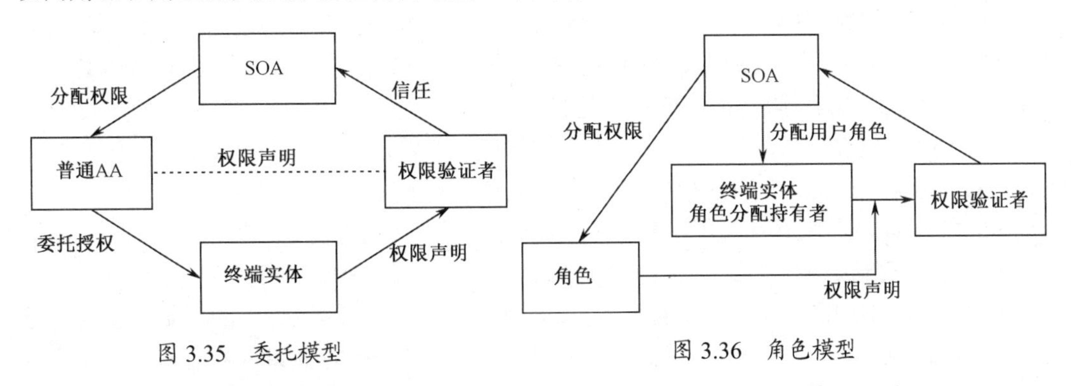

图 3.35 委托模型　　图 3.36 角色模型

3.5.5 基于 PMI 建立安全应用

PKI /PMI 和应用的逻辑结构如图 3.37 所示。

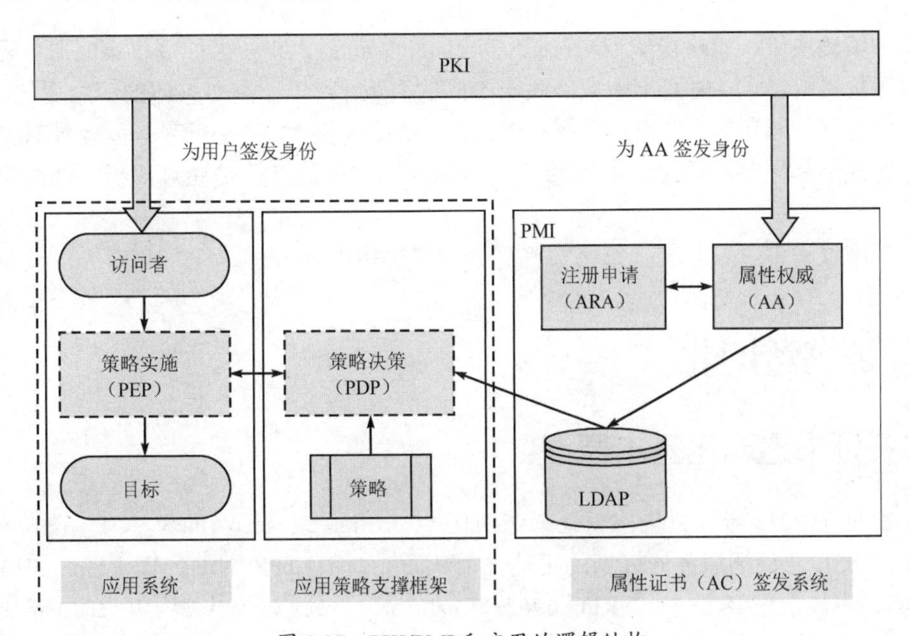

图 3.37 PKI/PMI 和应用的逻辑结构

图 3.37 中所示的各部分的说明如下。

（1）访问者、目标。访问者是一个实体（可能是人，也可能是其他计算机），它试图访问系统内的其他实体（目标）。

（2）策略。授权策略展示一个机构在信息安全和授权方面的顶层控制、授权遵循的原则和具体的授权信息。在机构的PMI应用中，策略应当包括机构如何将它的人员和数据进行分类组织，这种组织方式必须考虑具体应用的实际运行环境，如数据的敏感性、人员权限的明确划分及必须与相应人员层次相匹配的管理层次等因素。因此，策略的制定是需要根据具体的应用量身定做的。

策略包含应用系统中的所有用户和资源信息，以及用户和信息的组织管理方式、用户和资源之间的权限关系、保证安全的管理授权约束、保证系统安全的其他约束。在PMI中主要使用基于角色的访问控制（Role-Based Access Control，RBAC）。

（3）AC。属性证书（AC）是PMI的基本概念，是权威签名的数据结构，它将权限和实体信息绑定在一起。属性证书中包含用户在某个具体的应用系统中的角色信息，而该角色具有什么样的权限是在策略中指定的。

（4）AA。属性证书的签发者被称为属性权威（AA），AA的根称为SOA。

（5）ARA。属性证书的注册申请机构称为属性注册权威（ARA）。

（6）LDAP。用来存储签发的属性证书和属性证书撤销列表。

（7）策略实施：策略实施点（Policy Enforcement Points，PEP）也称PMI激活的应用，它对每个具体的应用可能是不同的，是指通过接口插件或代理修改后的应用或服务，这种应用或服务被用来实施一个应用内部的策略决策，介于访问者和目标之间，当访问者申请访问时，策略实施点向授权策略服务器申请授权，并根据授权决策的结果实施决策，即对目标执行访问或拒绝访问。在具体的应用中，策略实施点可能是应用程序内部进行访问控制的一段代码，也可能是安全的应用服务器（如在Web服务器上增加一个访问控制插件），或是进行访问控制的安全应用网关。

（8）策略决策。策略决策点（Policy Decision Point，PDP）也称授权策略服务器，它接收和评价授权请求，根据具体策略做出不同的决策。它一般不随具体的应用变化，是一个通用的处理判断逻辑。收到一个授权请求时，根据授权策略、访问者的安全属性及当前条件进行决策，并将决策结果返回给应用。对不同应用的支持是通过解析不同的定制策略来完成的。

在实施过程中，只需定制策略实施部分并定义相关策略。

3.6 证书透明化

3.6.1 证书透明化基本原理

Google于2013年3月提出了证书透明化（Certificate Transparency，CT）技术，用于提升TLS/SSL协议的服务器证书的可信性，从而提高HTTPS网站的安全性。2013年6月，CT技术被选作IETF标准RFC 6962（*Certificate Transparency*）[151]。2013年3月，Google推出首个证书透明性日志，同年9月，DigiCert成为首个实现CT的数字证书认证机构[152]。Google Chrome于2015年开始要求新颁发的扩展验证证书（Extended Validation，EV）提供CT证明，并要求在2018年4月前所有的SSL证书都要支持CT。

证书透明化的目标是提供一个开放透明的审计和监控系统，要求CA向该系统记录和提供所有的证书签发行为，以便让任何域名所有者或CA确定证书是否被错误签发或被恶意使用，从而提高用户访问 HTTPS 网站的安全性[152]。证书透明化的基础和核心是公开、可验证、不可篡改以及只能添加内容的日志[153,154]，这就要求 CA 必须将证书记录到公开的 CT 日志中，任何相关方都可通过 CT 日志查看证书的签发信息，从而促使 CA 在签发证书时更加谨慎，确保证书真实可靠。CT 日志支持公众的审计和监控，可以及时发现可疑证书或 CA 的错误行为。域名所有者通过监视 CT 日志，发现为其域名签发的可疑证书，此时可向颁发该证书的 CA 提出撤销证书的请求；若发现 CA 的签发行为有问题，则可在客户端信任存储中删除该 CA。注意，CT 日志记录所有的签发行为，以方便用户、浏览器等验证证书的有效性，但不能阻止 CA 签发错误的或虚假的证书。

CT 的整套系统由 4 部分组成：CA、日志服务器、监视器和审计器，CT 的系统架构[156]如图 3.38 所示。CT 不依赖于完全可信的日志服务器，而通过日志、监视器和审计器来共同保证系统的可靠性。

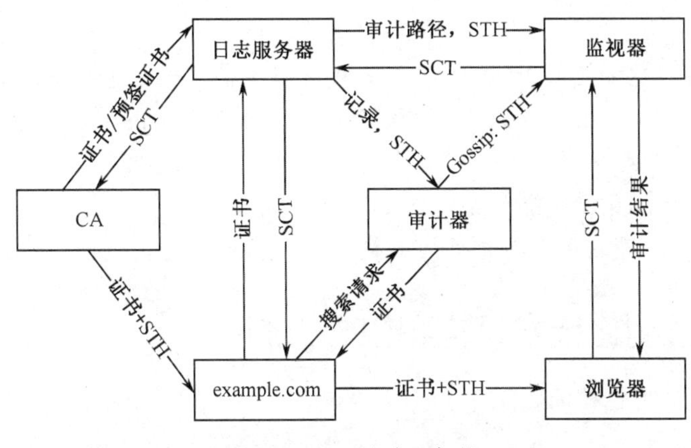

图 3.38　CT 的系统架构

1. CA

CT 部署运行在现有的 CA 系统中。通过 CT，CA 在日志中记录证书签发的行为，浏览器在 TLS 握手期间检查签名的证书时戳（Signed Certificate Timestamp，SCT）来验证证书的有效性，查看日志中记录的操作内容，深入了解 CA 的运行过程。

2. 日志服务器

证书日志有三大特点：① 仅允许附加，即证书记录只能被添加，不能被删除、修改或插入数据；② 加密可靠，使用 Merkle Tree Hash 加密机制防止被篡改；③ 公开审计，任何人都可以查询日志，验证已颁发的证书是否被合理地记录在日志中。使用多个独立日志服务器用于备份，可以减轻某份日志被篡改的影响，也可避免 CA 与日志操作员勾结修改日志。

3. 监视器

监视器一般部署在 CA 处，它从日志中获取记录，对证书进行解码，并检查相关证书。其主要功能包括：① 监视日志中的可疑证书，如非法或未经授权的证书、异常的证书扩展、拥有奇怪权限的证书等；② 验证所有记录的证书是否在日志中可见，通过定期读取已添加到日志中的所有新条目来实现该功能；③ 多数监视器拥有日志的副本，当日志服务器长时间脱机时，监视器可作为备份向其他监视器和审计器提供日志数据。域名所有者可以向监视器提出请求，监视日志中是否有和本域名相关的可疑证书。监视器也可由第三方监视程序负责，处理公共日志中的记录，为用户提供证书搜索服务。

4. 审计器

审计器的主要功能是确保日志服务器的正确行为，可以是独立的服务，也可以是 TLS 客户机或监视器的组件。审计器验证日志的整体完整性，定期获取日志，通过比较两个签名的树头（Signed Tree Head，STH），验证日志是否增加了新的条目，日志是否已被插入、删除或修改等；通过验证审计路径来验证每个 SCT 对应于日志中的一条记录。

CT 的基本工作原理如下。

① Web 服务器向 CA 请求颁发证书，CA 向日志服务器提供相应证书等注册信息。

② 日志服务器向 CA 返回证书签署时戳（SCT）；CA 向 Web 服务器颁发证书，并传递 SCT。

③ 浏览器等客户端访问 Web 时，获取 Web 服务器上的证书和 SCT。

④ 浏览器通过审计器将该证书和 SCT 与日志服务器上的信息进行比较，验证通过后，浏览器与服务器建立连接。

⑤ SSL 协议对浏览器和服务器之间的双向通信加密。

在上述过程中，域名管理者都通过监视器监视日志中是否存在可疑证书等。

3.6.2 证书透明化技术架构和核心机制

1. 已签名证书时戳验证

当域名所有者向 CA 请求签发 SSL/TLS 证书时，CA 必须将证书的详细信息提交给 CT 日志服务器。CA 一旦执行此操作，日志服务器就使用已签名证书时戳（SCT）进行响应，SCT 由 CA 传递交付给域名服务器。SCT 是一个可验证的承诺，使用日志服务器的私钥签名，表示日志服务器承诺将证书合并到其公共日志中[155]，是审计日志服务器在最大合并延迟（Maximum Merge Delay，MMD）内用于保证证书数据格式化的时戳信息。

向客户端传递 SCT 的方法有三种：X.509 v3 扩展、TLS 扩展和 OCSP Stapling。

（1）X.509 v3 扩展

CA 用 X.509 v3 扩展将 SCT 附加到证书中，具体过程如图 3.39（a）所示。CA 向日志服务器提交预签证书后，日志服务器返回一个 SCT。CA 将 SCT 作为 X.509 v3 扩展附加到预签证书中，用私钥签署证书后，将证书传递给服务器。该方法不需要服务器做任何修改，允许服务器使用原有方式管理 SSL 证书。

（2）TLS 扩展

使用特殊的 TLS 扩展传递 SCT 的过程如图 3.39（b）所示。CA 直接向域名服务器颁发证书，再由域名服务器将证书提交给日志服务器，日志服务器将 SCT 作为响应发送给域名服务器。域名服务器使用带有类型签名的 TLS 扩展 signed_certificate_timestamp 在 TLS 握手期间将 SCT 传递给客户端。该方法不改变 CA 签发 SSL 证书的方式，但需要域名服务器更改服务器以适应 TLS 扩展。如果签发证书的 CA 不支持 CT，那么域名服务器也可使用这种方法来记录自己的证书并提供 SCT。

（3）OCSP Stapling

OCSP（Online Certificate Status Protocol，在线证书状态协议）实时查询会增加 CA 和客户端的性能开销，网站的每个访问者都会进行 OCSP 查询，高并发的请求不仅会给 CA 服务器带来很大压力，还会影响浏览器打开页面的速度、安全性和可用性等。OCSP Stapling（TLS 证书状态查询扩展）可以解决上述问题，该方案允许在 TLS 握手中包含证书撤销信息。其基本工作原理是，服务器代替客户端完成证书撤销状态的检测，并在 TLS 握手过程中将全部信息返回给客户端，虽然增加了握手信息的大小，但省去了客户端独立验证证书撤销状态的时间。使用 OCSP 连接传递 SCT 的过程如图 3.39（c）所示。CA 同时向日志服务器和域名服务器颁发证书；域名服务器对 CA 进行 OCSP 查询，CA 以 SCT 作为响应；域名服务器在 TLS 握手期间将 SCT 包含在 OCSP 扩展中。该方法允许 CA 负责 SCT 并要求 CA 必须在 OCSP 响应中提供 SCT，由于 CA 可以异步获取 SCT，不会延迟证书的签发，此外域名服务器必须支持 OCSP Stapling[155]。

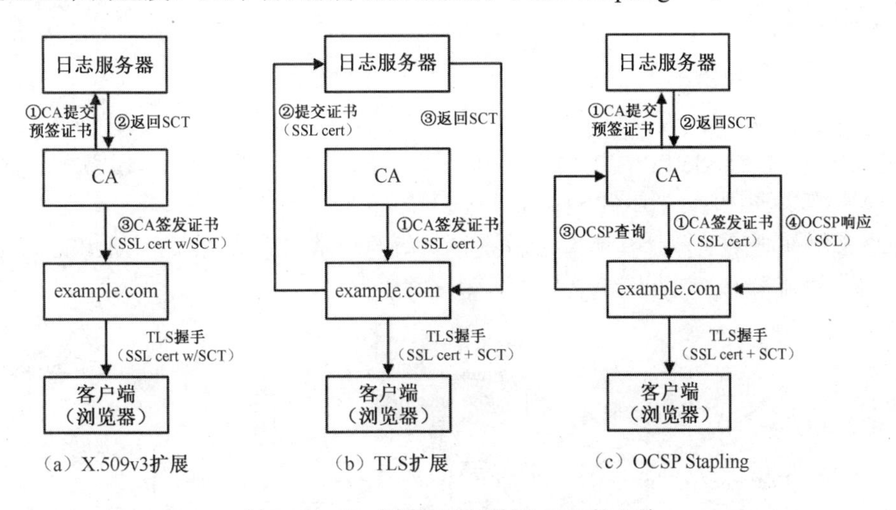

图 3.39　CT 支持的三种传递 SCT 的方法

Web 浏览器维护它们可以识别的由公用密钥标识的 CT 日志列表（类似于白名单），通常浏览器只识别满足某些可用性和正确性要求的日志。通过上述某种方法接收 SCT 时，浏览器将验证签名，检查 SCT 是否来自其识别的日志之一[155]。CT 的目标是，除非有 SCT 证明其已经或即将公开记录，否则任何公共证书均不被视为有效。

2. 基于 Merkle 树的证书日志

（1）Merkle 树。Merkle 树是由 Ralph Merkle 发明的一种基于数据哈希构建的数据结构，它采用树形结构，一般为二叉树。图 3.40 是一棵 Merkle 树的简单示例。叶子节点是数据块（如文件或文件集合等）的哈希值；非叶子节点是其左右子节点级联后哈希的结果；由叶子节点开始依次进行级联哈希，直到计算出树的根节点为止。树中所有节点具有关联性，底层数据（即叶子节点）的任何变化都会逐级向上传递到父节点，直到 Merkle 树的根节点，最终使根节点的哈希值发生变化。基于此特性，Merkle 树结构可以用于管理和认证数据的签名和完整性。

在网络安全领域，Merkle 树常被用于解决“使用很小的可信存储空间保护存放在不可信存储中的大量数据对象”的问题[157]。Merkle 树的基本思想[157]，是由可信构件维护

Merkle 树，对任何数据对象的读取或者更新操作都通过可信构件实施，可信构件在任何操作前都先使用哈希树来验证数据对象的完整性。在实际应用中，只要保证 MTH 被安全地存放在可信存储器中，即使 Merkle 树的节点存放在不可信存储器中，也能实现对数据篡改的可知性。Merkle 树中节点哈希值的计算采用非碰撞哈希算法，只要 MTH 被可靠地保护，即使攻击者篡改了 Merkle 树的部分节点，也无法利用这些节点构造拥有相同 MTH 但其他节点不同的树，这是计算上不可行的。

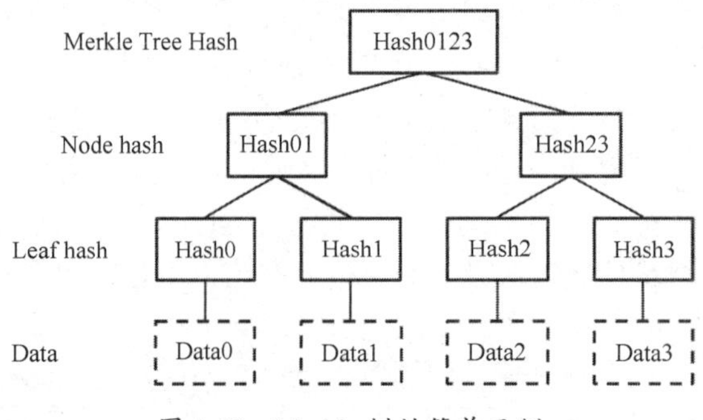

图 3.40　Merkle 树的简单示例

（2）CT 中的 Merkle 树。CT 要求证书日志可验证、不可篡改且只能添加，Merkle 树可以实现这些功能[153]。CT 中的 Merkle 树示例如图 3.41 所示，叶子节点是日志中的单个证书的哈希，非叶子节点是其所有子节点级联后的哈希，根节点称为 Merkle Tree Hash（MTH）；日志服务器对 MTH 签名，称为签名树头（STH）。

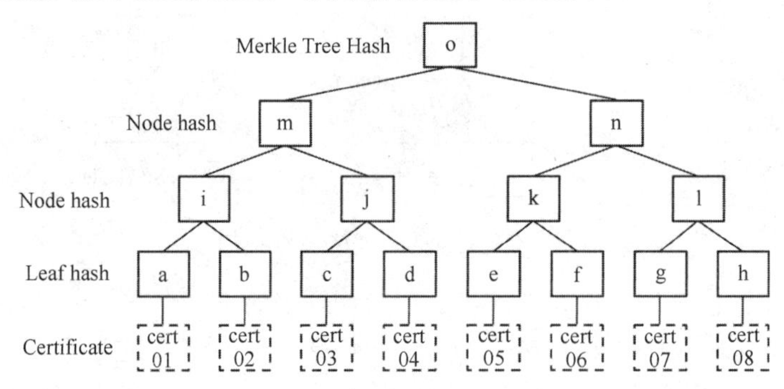

图 3.41　CT 中的 Merkle 树示例

日志服务器定期将新收到的证书追加到日志中，追加功能在 Merkle 树上的实现过程如图 3.42 所示。对新收到的证书创建单独的 MTH，将该哈希和原有 Merkle 树中的旧 MTH 结合成新的 MTH，并对新的 MTH 签名创建新 STH。整个过程随着日志服务器的不断定期更新而持续，最终形成一棵不断增长的 Merkle 树。

Merkle 树中的所有节点之间存在关联性[153]，每个非叶子节点都是其所有子节点的汇总，任意一个叶子节点的变化都会导致 MTH 发生变化，因此在不更改哈希值的情况下，任何节点都无法修改。由于 MTH 是所有叶子节点的汇总，因此通过校验 MTH 的值，可以判断所有叶子节点的数据是否具有完整性。

此外，利用 Merkle 树这一数据结构，证书日志可以验证两个重要现象：所有证书都被一致性地附加到日志中；日志中存在某个特定的证书。对应的两个证明为 Merkle 一致性证明和 Merkle 审计证明[158]。

- **Merkle 一致性证明**

Merkle 一致性证明可以验证日志的任意两个版本是否一致：最新的版本包含之前所有版本的信息；日志中的记录顺序一致；所有的新记录都跟在旧版本记录的后面。日志的一致性意味着没有证书被插入日志，没有证书被修改，且日志没有分支。监视器和审计器定期通过一致性证明来验证日志是否被损坏，确认日志行为是否正常，而由于监视器通常有日志副本，因此可以自行进行一致性证明。

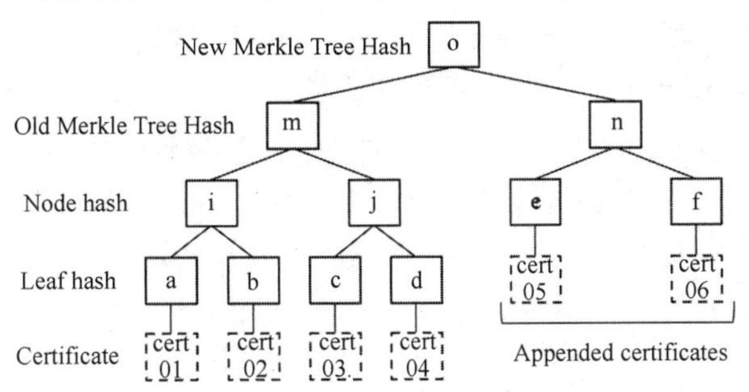

图 3.42 追加功能在 Merkle 树上的实现过程

在一致性证明过程中，已知的内容包括所有子树附加到原始 Merkle 树上后得到的新 MTH，以及附加子树前每棵 Merkle 树的原始 MTH。虽然子树附加到原始 Merkle 树上会使得整棵树的根哈希发生变化，但这些原始子树的根哈希可以被重建，进而表明不同服务器上日志记录的所有哈希值顺序及内容未被篡改。

两棵 Merkle 树(新 Merkle 树和旧 Merkle 树)的一致性证明由一组中间节点组成[151]，这组节点既能证明旧 MTH 是新 MTH 的子集，又能证明新 MTH 是旧 MTH 加上所有新附加证书对应的叶子节点的哈希。下面通过示例来理解一致性证明的基本流程，如图 3.43 所示，经过 2 次添加证书得到了 MTH 为 hash2 的 Merkle 树，其中，hash0 和 hash2 的一致性证明是 $\{n\}$，hash1 和 hash2 的一致性证明是 $\{k,l,m\}$。

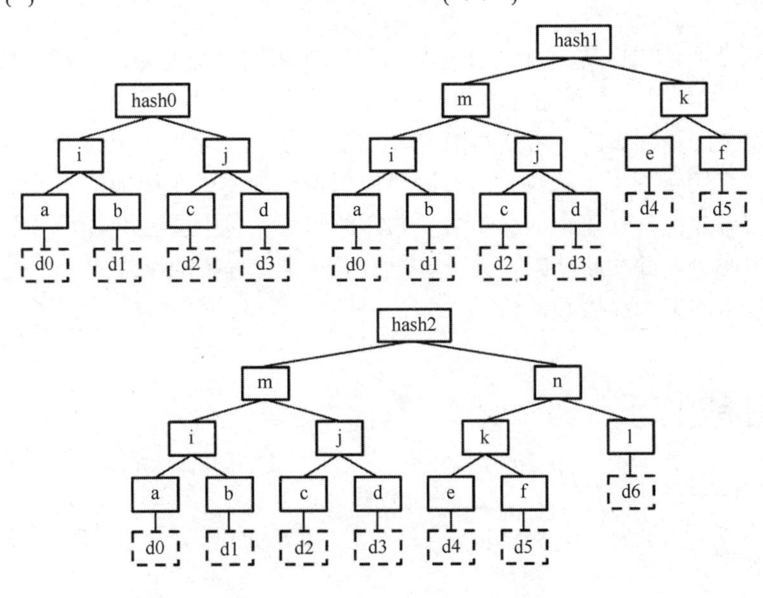

图 3.43 一致性证明的基本流程

- **Merkle 审计证明**

Merkle 审计证明可以验证日志中是否存在某个特定的证书，即该证书对应的叶子节点是否存在于 Merkle 树中。CT 要求所有 TLS 客户端拒绝未在日志中出现的证书，因此 Merkle 审计证明在 CT 系统中尤为重要。

证明所需的输入包括 MTH 和该叶子节点的审计路径，审计路径由从根节点到该叶子节点的路径上的所有节点的邻节点构成，即计算 MTH 所需的其他节点的最短列表。如果根据叶子节点的审计路径计算的 MTH 和真正的 MTH 一致，那么审计路径证明该叶子节点存在于 Merkle 树中。图 3.43 中各叶子节点的审计路径如表 3.8 所示。例如，要验证叶子节点 D 是否存在，只需计算 hash(hash(hash($D\|C$)$\|I$)$\|N$) 和真正的 MTH 值是否一致，若一致，则存在叶子节点 D，日志中存在对应的证书，否则不存在。任何人都可以请求日志的 MTH，也能验证某个证书是否存在于日志中。在 Merkle 审计证明过程中，审计器通过哈希值这一公开数据就可以验证证书存在，而不需要知道证书的具体内容。

表 3.8　叶子节点及其审计路径

叶子节点	审计路径		
a	*b*	*j*	*n*
b	*a*	*j*	*n*
c	*d*	*i*	*n*
d	*c*	*i*	*n*
e	*f*	*l*	*m*
f	*e*	*l*	*m*
g	*h*	*k*	*m*
h	*g*	*k*	*m*

3.7　本章小结

公钥基础设施（PKI）是一个用非对称密码原理和技术实现并提供安全服务的通用性安全基础设施。PKI 是一种遵循标准的、利用公钥加密技术为电子商务、电子政务的开展提供一整套安全的基础设施。用户利用 PKI 平台提供的安全服务进行安全通信。PKI 这种遵循标准的密钥管理平台能够为所有网络应用透明地提供采用加密和数字签名等密码服务需要的密码和证书管理。本章介绍了 PKI 的组成，包括实施 PKI 服务的实体、认证中心、注册中心等，并在此基础上进一步介绍了权限管理基础设施 PMI，此外还介绍了证书透明化技术的架构和核心机制。

选择题

1．数字证书将用户与其__________相联系。

A．私钥　　B．公钥　　C．护照　　D．驾照

2. 用户的____________不能出现在数字证书中。

A. 公钥　B. 私钥　C. 组织名　D. 人名

3. ____________可以签发数字证书。

A. CA　B. 政府　C. 小店主　D. 银行

4. ____________标准定义数字证书结构。

A. X.500　B. TCP/IP　C. ASN.1　D. X.509

5. RA____________签发数字证书。

A. 可以　B. 不必　C. 必须　D. 不能

6. CA 使用____________签名数字证书。

A. 用户的公钥　B. 用户的私钥　C. 自己的公钥　D. 自己的私钥

7. 要解决信任问题，需要使用____________。

A. 公钥　B. 自签名证书　C. 数字证书　D. 数字签名

8. CRL 是____________的。

A. 联机　B. 联机和脱机　C. 脱机　D. 未定义

9. OCSP 是____________的。

A. 联机　B. 联机和脱机　C. 脱机　D. 未定义

10. 权威最高的 CA 称为____________。

A. RCA　B. RA　C. SOA　D. ARA

11. 证书透明性的主要系统组成部分包括_________、_________、_________、_________。

12. 证书透明性支持的 SCT 传递方法包括_________、_________、_________。

13. 证书日志的主要特点是_________、_________、_________，采用_________数据结构可以实现。

思考题

1. 数字证书的典型内容是什么？
2. CA 与 RA 的作用是什么？
3. 简述交叉证书的作用。
4. 简述撤销证书的原因。
5. 列出创建数字证书的 4 个关键步骤。
6. CA 分层后面的思想是什么？
7. 描述保护数字证书的机制。
8. 为什么需要自签名证书？
9. CRL、OCSP、SCVP 的主要区别是什么？

10. 考虑如下情况：攻击者 *A* 创建了一个证书，放置一个真实的组织名（假设为银行 *B*）及攻击者自己的公钥。在不知道是攻击者正在发送的情形下，你得到了该证书，误认为该证书来自银行 *B*。请问如何防止该问题的产生？

11. 分析证书透明性可以解决哪些安全问题。

12. 简述证书透明性支持的三种 SCT 传递方法及每种方法对 Web 服务器的要求。
13. 如何在 Merkle 树上实现追加证书日志的功能？
14. 为什么 Merkle 树结构可以实现证书日志的不可篡改特点。
15. 简要描述 Merkle 一致性证明的过程。
16. Merkle 审计证明如何验证日志中是否存在特定证书？

第 4 章

网络加密与密钥管理

内容提要

网络加密是保护网中信息安全的重要手段，网络环境下的密钥管理是一项复杂而重要的技术。本章首先介绍网络加密的几种方式，然后介绍密钥管理的基本概念，深入探讨密钥管理的各种技术和方法，包括密钥生成、密钥分配的基本方法和模式、密钥分配和交换协议、密钥的存储与备份，以及密钥的泄露、撤销、过期与销毁等。通过本章的学习，读者可以掌握网络加密与密码管理的基础知识，学会如何在密钥从生成到销毁的整个生命周期内对其进行安全管理。

本章重点

- 网络加密的基本方式
- 密钥的种类
- 密钥的生成方法和选择好密钥的条件
- 密钥分配的基本方法和工具
- 密钥分配与交换协议的设计原理
- 密钥的保护、存储与备份
- 密钥的泄露、撤销、过期与销毁方法

4.1 网络加密的方式及实现

网络数据加密是解决通信网中信息安全的有效方法。虽然由于成本、技术和管理上的复杂性，网络数据加密技术目前还未在网中广泛应用，但从今后的发展来看，这是一个可取的途径。有关密码算法在密码学课程中已经全面介绍，这里主要讨论网络加密的方式。网络加密一般可以在通信的三个层次上实现，相应的加密方式有链路加密、节点加密和端到端加密。下面介绍这些加密方式。

4.1.1 链路加密

链路加密对网络中两个相邻节点之间传输的数据进行加密保护，如图 4.1 所示。在受保护数据所选定的路由上，任意一对节点和相应的调制解调器之间都安装相同的密码机，并配置相应的密钥，不同节点对之间的密码机和密钥不一定相同。

对两个网络节点之间的某个通信链路，链路加密可为网上传输的数据提供安全保证。对于链路加密（又称在线加密）来说，所有消息都在传输之前被加密。每个节点首先对收到的消息进行解密，然后使用下一个链路的密钥加密消息并传输加密后的消息。在到达目的地之前，一条消息可能要经过许多通信链路的传输。

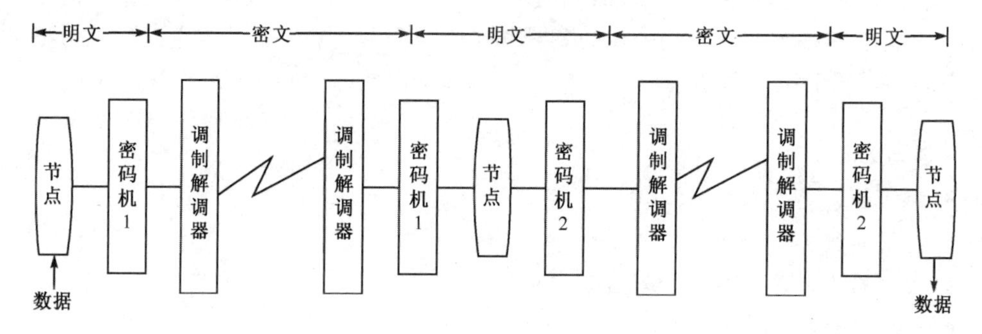

图 4.1 链路加密

在每个中间传输节点上，消息均在解密后重新加密。网络中传送的消息由报头（含目的地、作业号、报文源、起止指示符、报文类别、格式等业务数据）和报文（用户之间交换的数据）组成。在链路加密方式下，报文和报头可同时进行加密。因此，包括路由信息在内的链路上的所有数据均以密文形式出现。这样，链路加密就掩盖了被传输消息的源点与终点。由于填充技术的使用及填充字符在不需要传输数据的情况下就可以进行加密，使得消息的频率和长度特性得以掩盖，所以可以防止对通信业务进行分析。

尽管链路加密在计算机网络环境中的应用相当普遍，但它也存在一些问题。链路加密通常用在点对点的同步或异步线路上，它要求先对链路两端的加密设备进行同步，然后使用某种链模式对链路上传输的数据进行加密，这就给网络的性能和可管理性带来了副作用。

在线路/信号经常不通的海外或卫星网络中，链路上的加密设备需要频繁地进行同步，带来的后果是数据丢失或重传。另一方面，即使只有一小部分数据需要加密，也会使得所有传输数据被加密。

在一个网络节点上，链路加密仅在通信链路上提供安全性，消息以明文形式存在。因此，所有节点在物理上必须是安全的，否则会泄露明文内容。然而，要保证每个节点的安全性，需要较高的费用。

此外，在对称（单钥）加密算法中，用于解密消息的密钥与用于加密消息的密钥是相同的，该密钥必须被秘密保存，并定期更换。这样，在链路加密系统中，密钥分配就成了一个问题，因为每个节点必须存储与其相连接的所有链路的加密密钥，这就需要对密钥进行物理传送或建立专用网络设施。网络节点地理分布的广阔性使得这一过程变得复杂，同时增加了密钥分配的费用。

4.1.2 节点加密

尽管节点加密能给网络数据提供较高的安全性，但它在操作方式上与链路加密是类似的：两者均在通信链路上为传输的消息提供安全性；都在中间节点先对消息进行解密，然后进行加密。因为要对所有传输的数据进行加密，所以加密过程对用户是透明的。

然而，它与链路加密不同：节点加密不允许消息在网络节点以明文形式存在。它先把收到的消息进行解密，然后采用另一个不同的密钥进行加密。这一过程在节点上的一个安全模块中进行。

节点加密要求报头和路由信息以明文形式传输，以便中间节点能得到如何处理消息的信息。因此这种方法对于防止攻击者分析通信业务是脆弱的。

4.1.3 端到端加密

端到端加密如图 4.2 所示。端到端加密可对两个用户之间的数据连续地提供保护。它要求各对用户（而不是各对节点）采用相同的密码算法和密钥。对于传送通路上的各个中间节点，数据是保密的。

图 4.2 端到端加密

链路加密虽然能防止搭线窃听，但不能防止在消息交换过程中由于错误路由所造成的泄密，链路加密的弱点如图 4.3 所示。在链路加密方式下，密码功能由网络提供，故对用户来说是透明的。在端到端加密方式下，若加密功能由网络自动提供，则对用户来说也是透明的；若加密功能由用户自己选定，则对用户来说就不是透明的。采用端到端加密方式时，只在需要用加密保护数据的用户之间备有密码设备，因而可以大大减少整个网络中使用密码设备的数量。

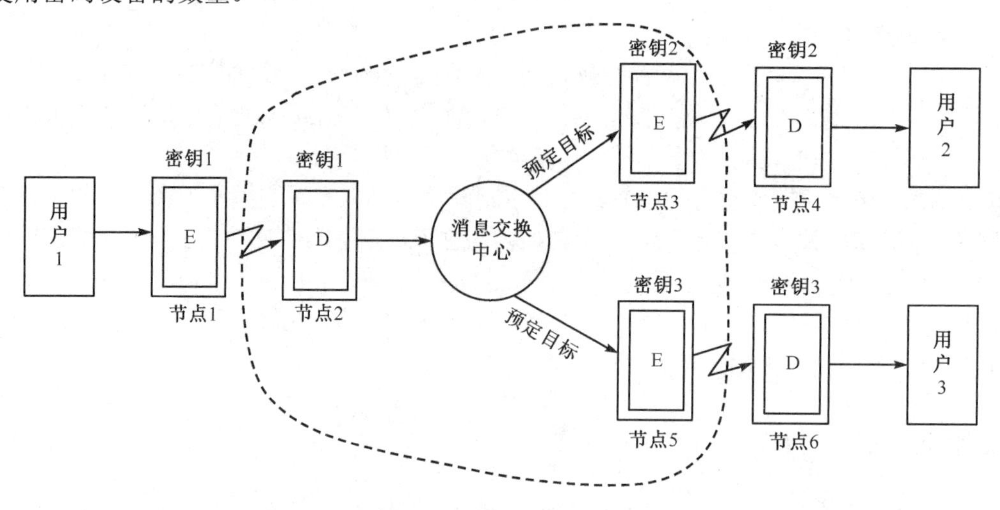

图 4.3　链路加密的弱点

端到端加密允许数据在从源点到终点的传输过程中始终以密文形式存在。采用端到端加密（又称脱线加密或包加密），传输的消息在到达终点之前不进行解密。由于消息在整个传输过程中均受到保护，所以即使有节点被损坏也不会泄露消息。

端到端加密系统的开销小一些，并且与链路加密和节点加密相比更可靠，更容易设计、实现和维护。端到端加密还避免了其他加密系统所固有的同步问题。因为每个数据包均是独立加密的，所以一个数据包发生的传输错误不会影响后续的数据包。此外，从用户对安全需求的直觉上讲，端到端加密更自然一些。单个用户可能会选用这种加密方法，以便不影响网络上的其他用户。此方法只需要源和目的节点是保密的即可。

端到端加密系统通常不允许对消息的目的地址进行加密，因为每条消息经过的节点都要根据此地址确定如何传输消息。由于这种加密方法不能掩盖被传输消息的源点与终点，因此对于防止攻击者分析通信业务是脆弱的。

4.1.4　混合加密

采用端到端加密方式只能对报文加密，报头则以明文形式传送，容易受到业务流量分析攻击。为了保护报头中的敏感信息，可用如图 4.4 所示的端到端和链路混合加密方式。在此方式下，报文将被加密两次，而报头只由链路方式进行加密。

在混传明文和密文的网络中，可在报头的某个特定位指示报文是否被加密，也可按线路协议由专用控制信息实现自动起止加密操作。

从成本、灵活性和安全性来看，端到端加密方式通常较有吸引力。对于某些远程处理机构，链路加密可能更合适。例如，当链路中的节点数很少时，链路加密操作对现有程序是透明的，无须操作员干预。目前大多数链路加密设备均以线路的数据传输速度进行工作，不会引起传输性能的显著下降。另外，有些远端设备的设计或管理方法不支持端到端加密方式。端到端加密的目的是对从数据的源节点到目的节点的整个通路上所传输的数据进行保护，而链路加密的目的是对全部通路或链路中有被潜伏截收危险的一段通路进行保护。网中选用的数据加密设备要与数据终端设备及数据电路端接设备的接口一致，并且要遵守国家和国际标准规定。

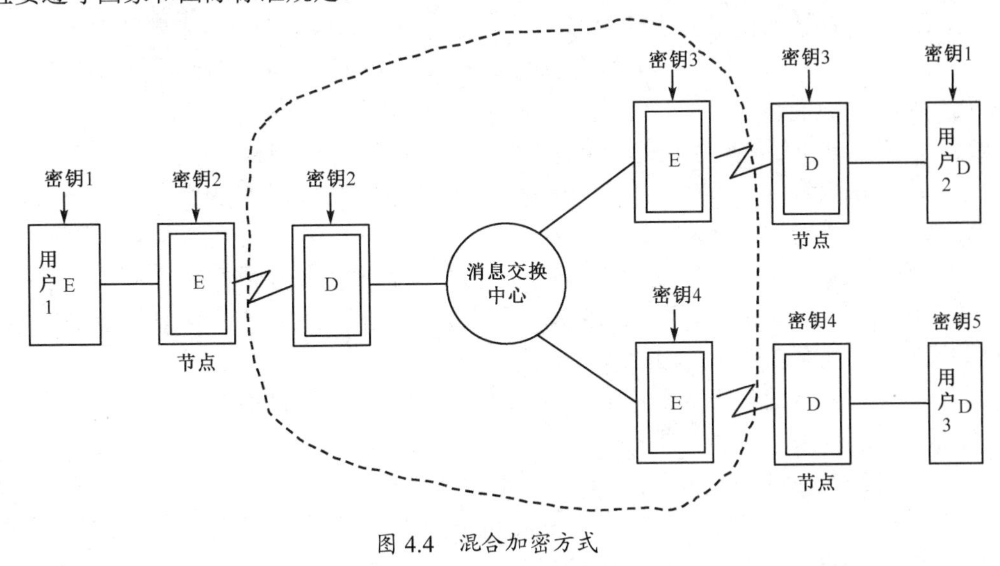

图 4.4　混合加密方式

当前，信息技术及其应用的发展领先于安全技术，因此应大力发展安全技术以适应信息技术发展的需要。安全技术及其带来的巨大效益还远远未被人们认识，但对这个问题的认识绝不能太滞后。信息的安全设计是一个较复杂的问题，应当统筹考虑，协调各种要求，并力求降低成本。

4.2　密钥管理基本概念

一个系统中各实体之间通过共享的一些公用数据来实现密码技术，这些数据可能包括公开的或秘密的密钥、初始化数据及一些附加的非秘密参数。系统用户首先要进行初始化工作。

密钥是加密算法中的可变部分。对于采用密码技术保护的现代信息系统，其安全性取决于对密钥的保护，而不是对算法或硬件本身的保护。密码体制可以公开，密码设备可能丢失，同一型号的密码机仍然可以继续使用。然而，一旦密钥丢失或出错，不但合法用户不能提取信息，而且可能使非法用户窃取信息。因此，生成密钥算法的强度、密钥长度及密钥的保密和安全管理对于保证数据系统的安全极为重要。

4.2.1　密钥管理

密钥管理处理密钥从产生到最终销毁的整个过程中的有关问题，包括系统的初始化及密钥的生成、存储、备份/恢复、装入、分配、保护、更新、控制、丢失、撤销和销毁等。设计安全的密码算法和协议并不容易，而管理密钥则更加困难。密钥是保密系统中最脆弱的环节，其中密钥分配和存储可能最棘手。过去都是通过手工作业来处理点到点通信中的问题的。随着通信技术的发展和多用户保密通信网的出现，在一个具有众多交换节点和服务器、工作站及大量用户的大型网络中，密钥管理工作极其复杂，这就要求密钥管理系统逐步实现自动化。

在大型通信网络中，数据将在多个终端和主机之间进行传递。端到端加密的目的是使无关用户不能读取他人的信息，但这需要大量的密钥，因此会使得密钥管理复杂化。同样，在主机系统中，许多用户向同一主机存取信息，也要求彼此之间在严格的控制下相互隔离。因此，密钥管理系统应当能够保证在多用户、多主机和多终端情况下的安全性与有效性。密钥管理不仅影响系统的安全性，而且涉及系统的可靠性、有效性和经济性。类似于信息系统的安全性，密钥管理也有物理、人事、规程和技术上的内容，本节主要从技术上讨论密钥管理的有关问题。

在分布式系统中，人们设计了用于自动分配密钥业务的几种方案，其中的有些方案已被成功使用，如 Kerberos 和 ANSI X.9.17 方案采用了 DES 技术，而 ISO-CCITT X.509 目录认证方案主要依赖于公钥技术。

密钥管理的目的是维持系统中各实体之间的密钥关系，以抗击各种可能的威胁，如下所示。

（1）秘密钥的泄露。

（2）秘密钥或公开钥的确证性（Authenticity）的丧失，确证性包括共享或有关一个密钥的实体身份的知识或可证实性。

（3）秘密钥或公开钥未经授权使用，如使用失效的密钥或违例使用密钥。

密钥管理与特定的安全策略有关，而安全策略又是根据系统环境中的安全威胁制定的。一般安全策略需要在如下方面做出规定：① 密钥管理在技术和行政方面要实现哪些要求和采用的方法，包括自动和人工方式；② 每个参与者的责任和义务；③ 为支持和审计、追踪与安全有关事件需做的记录的类型。

密钥管理要借助于加密、认证、签名、协议、公证等技术。密钥管理系统通常依靠可信第三方参与的公证系统。公证系统是通信网中实施安全保密的一个重要工具，它不仅可以协助实现密钥的分配和证实，而且可以作为证书机构、时戳代理、密钥托管代理和公证代理等；它不仅可以断定文件签署的时间，而且可保证文件本身的真实可靠性，使签名者不能否认他在特定时间对文件的签名。在发生纠纷时，它可以根据系统提供的信息进行仲裁。公证机构还可采用审计追踪技术，对密钥的注册、证书的制作、密钥更新、撤销进行记录审计等。

4.2.2 密钥的种类

密钥的种类多而繁杂，但在一般通信网的应用中有基本密钥、会话密钥、密钥加密密钥、主机主密钥，以及双钥体制下的公钥和私钥等。几种密钥间的关系如图 4.5 所示。

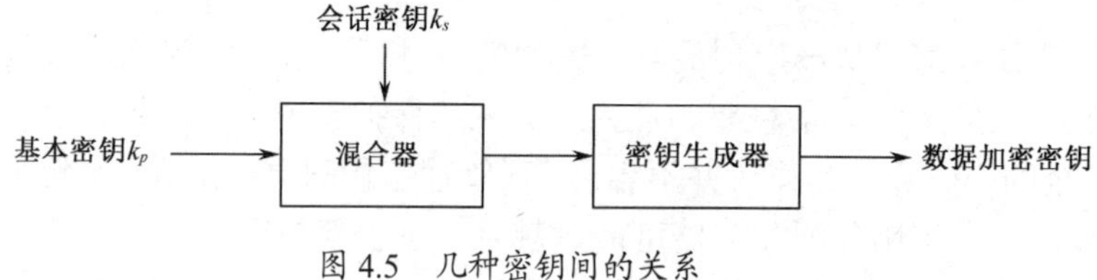

图 4.5 几种密钥间的关系

（1）基本密钥（Base Key）。基本密钥又称初始密钥（Primary Key），用 k_p 表示，它是由用户选定或由系统分配的、可在较长时间（相对于会话密钥）内由一对用户专用的秘密钥，故又称用户密钥（User Key）。基本密钥既要安全，又要便于更换，能与会话密钥一起启动和控制某种算法构建的密钥生成器，生成用于加密数据的密钥流。

（2）会话密钥（Session Key）。两个通信终端用户在一次通话或交换数据时所用的密钥，用 k_s 表示。当用来保护传输的数据时，称其为数据加密密钥（Data Encrypting Key），当用来保护文件时，称其为文件密钥（File Key）。会话密钥的作用是使我们可以不必频繁地更换基本密钥，这有利于密钥的安全和管理。这类密钥可由用户双方预先约定，也可由系统通过密钥建立协议动态地产生并赋给通信双方，它为通信双方专用，故又称专用密钥（Private Key）。由于会话密钥使用时间短暂且有利于安全，因此限制了密码分析者攻击时所能得到的同一密钥加密的密文量；在密钥不慎丢失时，泄露的数据量有限。会话密钥只在需要时通过协议建立，从而能够降低分配密钥的存储量。

（3）密钥加密密钥（Key Encrypting Key）。用来对传送的会话或文件密钥进行加密时采用的密钥，也称次主密钥（Submaster Key）、辅助（二级）密钥（Secondary Key）或密钥传送密钥（Key Transport Key），用 k_e 表示。通信网中的每个节点都分配有一个这样的密钥。为安全起见，各节点的密钥加密密钥应互不相同。每台主机都必须存储有关到其他各主机和本主机范围内各终端所用的密钥加密密钥，而各终端只需要一个与其主机交换会话密钥时所需的密钥加密密钥，称之为终端主密钥（Terminal Master Key）。在主机和一些密码设备中，存储各种密钥的装置应具有断电保护和防窜扰、防欺诈等控制功能。

（4）主机主密钥（Host Master Key）。它是对密钥加密密钥进行加密的密钥，存储在主机处理器中，用 k_m 表示。

除上述几种密钥外，在工作中还会碰到其他密钥。例如用户选择密钥（Custom Option Key），它用来保证同一类密码机的不同用户使用不同的密钥；又如族密钥（Family Key）和算法更换密钥（Algorithm Changing Key）等。这些密钥的某些作用可以归入上述几类之一。它们的作用主要是在不增大更换密钥工作量的条件下扩大可使用的密钥量。基本密钥一般通过面板开关或键盘选定，而用户选择密钥常要通过更改密钥生成算法来实现。例如，在非线性移位寄存器型密钥流生成器中，基本密钥和会话密钥用于确定寄存器的初态，而用户选择密钥决定寄存器反馈线抽头的连接。

（5）在双钥体制下，还有公开钥和秘密钥、签名密钥和证实密钥之分。

有关密钥管理的基本论述，请参阅相关的文献。

4.3 密钥生成

在现代数据系统中，加密需要大量分配给各主机、节点和用户的密钥。如何生成好的密钥是非常关键的。密钥可以用手工方式生成，也可以用自动生成器生成。所生成的密钥要经过质量检验，如伪随机特性的统计检验。用自动生成器生成密钥不仅可以减少人的烦琐劳动，而且可以消除人为差错和有意泄露，因而更加安全。自动生成器生成密钥算法的强度非常关键。

4.3.1 密钥选择对安全性的影响

1. 使密钥空间减小

例如 56bit 的 DES 在软件加密下，若只限用小写字母和数字，则可能的密钥数仅为 10^{12}。不同的密钥空间下可能的密钥数如表 4.1 所示。

表 4.1 不同的密钥空间下可能的密钥数

	4byte	5byte	6byte	7byte	8byte
小写字母（26 个）	4.6×10^{5}	1.2×10^{7}	3.1×10^{8}	8.0×10^{9}	2.1×10^{11}
小写字母+数字	1.7×10^{6}	6.0×10^{7}	2.2×10^{9}	7.8×10^{10}	2.8×10^{12}
62 个字符	1.5×10^{7}	9.2×10^{8}	5.7×10^{10}	3.5×10^{12}	2.2×10^{12}
95 个字符	8.1×10^{7}	7.7×10^{9}	7.4×10^{11}	7.0×10^{13}	6.6×10^{15}
128 个字符	2.7×10^{8}	3.4×10^{10}	4.4×10^{12}	5.6×10^{14}	7.2×10^{16}
256 个字符	4.3×10^{9}	1.1×10^{12}	2.8×10^{14}	7.2×10^{16}	1.8×10^{19}

2. 差的选择方式易受字典式攻击

攻击者首先从最容易的地方着手，如英文字母、名字、普通的扩展等，这称为字典攻击（Dictionary Attack），25%以上的口令可由此方式攻破，具体方法如下。

（1）本人姓名、首字母、账户名等个人信息。

（2）从各种数据库采用的字开始尝试。

（3）从各种数据库采用的字的置换开始尝试。

（4）从各种数据库采用的字的大写置换开始尝试，如 Michael、mIchael 等。

（5）从外国人用的外国文字开始尝试。

（6）尝试对等字。

这种攻击方法在攻击一个多用户的数据或文件系统时最有效，上千人的口令中总会有几个口令是较弱的。

4.3.2 好的密钥

好的密钥的要求如下。

（1）真正随机、等概率，如掷硬币、掷骰子等。

（2）避免使用特定算法的弱密钥。

（3）双钥系统的密钥难以产生，因为必须满足一定的数学关系。

（4）为便于记忆，密钥不能选得过长，而且不可能选择完全随机的数串，要选用易记而难猜中的密钥。

（5）采用密钥揉搓或哈希技术，将易记的长句子（10～15 个英文字的短语），经单向哈希函数变换成伪随机数串（64bit）。

4.3.3 不同等级的密钥生成的方式不同

（1）主机主密钥是控制生成其他加密密钥的密钥，一般会长期使用，其安全性至关重要，所以要保证其完全随机性、不可重复性和不可预测性。任何机器和算法生成的密钥都有周期性和被预测的危险，不适合作为主机主密钥。主机主密钥的数量少，可用投硬币、掷骰子、噪声生成器等方法产生。

（2）密钥加密密钥可用安全算法、二极管噪声生成器、伪随机数生成器等产生。例如，在主机主密钥控制下，由 X.9.17 安全算法生成。

（3）会话密钥、数据加密密钥（工作密钥）可在密钥加密密钥控制下通过安全算法生成。

4.4 密钥分配

密钥分配方案研究的是密码系统中密钥的分发和传送问题。从本质上讲，密钥分配是指使用一串数字或密钥对通信双方交换的秘密信息进行加密、解密、传送等操作，以实现保密通信或认证签名等。

4.4.1 基本方法

通信双方可通过三种基本方法实现秘密信息的共享：一是利用安全信道实现密钥传递；二是利用双钥体制建立安全信道传递；三是利用特定的物理现象（如量子技术）实现密钥传递。下面详细介绍这三种方法。

1．利用安全信道实现密钥传递

这种方法由通信双方直接面议或通过可靠信使递送密钥。传统的方法是通过邮递或信使护送密钥。密钥可用打印、穿孔纸带或电子形式记录。这种方法的安全性完全取决于信使的忠诚度和素质，所以必须精心挑选信使，即便如此，也很难完全消除信使被收买的可能性。这种方法成本很高，薪金不能太低，否则会危及安全。有人估计此项支出可达整个密码设备费用的 1/3。这种方法一般可保证密钥传递的及时性和安全性，偶尔会出现丢失、泄密等情况。为了降低费用，可采用分层方式传递密钥，信使只传送密钥加密密钥，而不传送大量的数据加密密钥。这既减少了信使的工作量（从而大大降低了费用），又克服了用一个密钥加密过多数据的问题。当然，这不能完全克服信使传送密钥的缺点。由于这种方法成本高，所以只适用于高安全级密钥的传递，如主密钥的传递。

还可以采用某种更隐蔽的方法传送密钥，如将密钥分拆成几部分分别递送，如图 4.6 所示。除非敌手可以截获密钥的所有部分，否则只截获部分密钥毫无用处。因此，一般情况下此法有效。这种方法只适用于传递少量密钥的情况，如主密钥、密钥加密密钥等，且接收方收到密钥后要妥善保存。

用主密钥加密会话密钥后，可通过公用网传送，或用公钥密钥分配体制实现。如果采用的加密系统足够安全，那么可将其视为一种安全信道。

2．利用双钥体制建立安全信道传递

RSA、Diffie-Hellman 等双钥体制运算量较大，不适合加密语音、图像等实时数据。但是，双钥体制却非常适合分配密钥。双钥体制使用两个密钥：一个是公钥，一个是私钥。公钥是公开的，通信一方可采用公钥对会话密钥加密，然后将密文传递给另一方。接收方

收到密文后，用其私钥解密即可获得会话密钥。当然，这里存在接收方假冒他人发布公钥的问题。为了确保接收方所发布的公钥的真实性，发送方可通过验证接收方的数字证书来获得可信的公钥。这需要设计专门的密码协议来实现密钥的分配与交换。

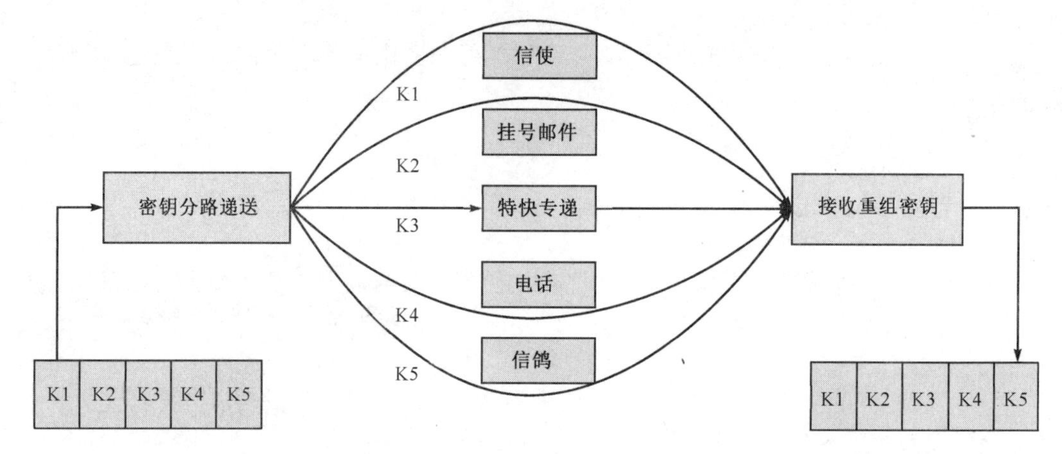

图 4.6　密钥分路递送

Newman 等于 1986 年提出的 SEEK（Secure Electronic Exchange of Keys）密钥分配体制系统采用 Diffie-Hellman 和 Hellman-Pohlig 密码体制实现。这一方法已被用于美国 Cylink 公司的密码产品。Gong 等提出了一种用 GF(p)上的线性序列构造公钥的分配方案。

还可通过可信密钥管理中心（KDC）进行密钥分配，如采用 PEM、PKI/CA 等技术分配密钥。

3. 利用量子技术实现密钥传递

量子信息将成为后摩尔时代的新技术，它是量子物理与信息科学相融合的新兴交叉学科。量子信息以量子态作为信息单元，信息从产生、传输、处理到检测均服从量子力学的规律。基于量子力学的特性，如叠加性、非局域性、纠缠性、不可克隆性等，量子信息可以实现经典信息无法做到的新信息功能，突破现有信息技术的物理极限。

量子信息以光子的量子态表征信息。如果约定光子偏振态的圆偏振代表“1”，线偏振代表“0”，那么量子比特与经典比特的区别如图 4.7 所示。

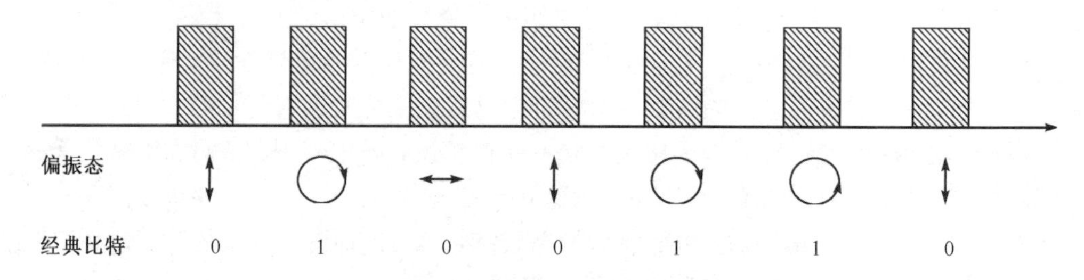

图 4.7　量子比特与经典比特的区别

基于量子密码的密钥分配方法是利用物理现象实现的。量子密码可以确保量子密钥分配的安全性，它与一次一密算法的不可破译性相结合，可提供不可窃听、不可破译的安全保密通信。密码学的信息理论研究指出，通信双方 A 到 B 可通过先期精选、信息协调、保密增强等密码技术来使得 A 和 B 共享一定的秘密信息，而窃听者对其却一无所知。

4.4.2 密钥分配的基本工具

认证技术和协议技术是分配密钥的基本工具。认证技术是安全分配密钥的保障，协议技术是实现认证和密钥分配必须遵循的流程。有关密钥分配的各种协议将在本章后面介绍。

4.4.3 密钥分配系统的基本模式

小型网可以采用每对用户共享一个密钥的方法，这在大型网中是不可实现的。有着 N 个用户的系统，要实现任意两个用户之间的保密通信，就要生成和分配 $N(N-1)/2$ 个密钥，才能保证网中任意两个用户之间的保密通信。随着系统规模的扩大，复杂性剧增。例如，当 $N=1000$ 时，就需要约 50 万个密钥进行分配、存储等。为了降低复杂度，人们常采用中心化密钥管理方式，将一个可信的联机服务器作为密钥分配或转递中心（KDC 或 KTC）来实现密钥分配。图 4.8 中给出了密钥分配的几种基本模式，其中 k 表示 X 和 Y 的共享密钥。

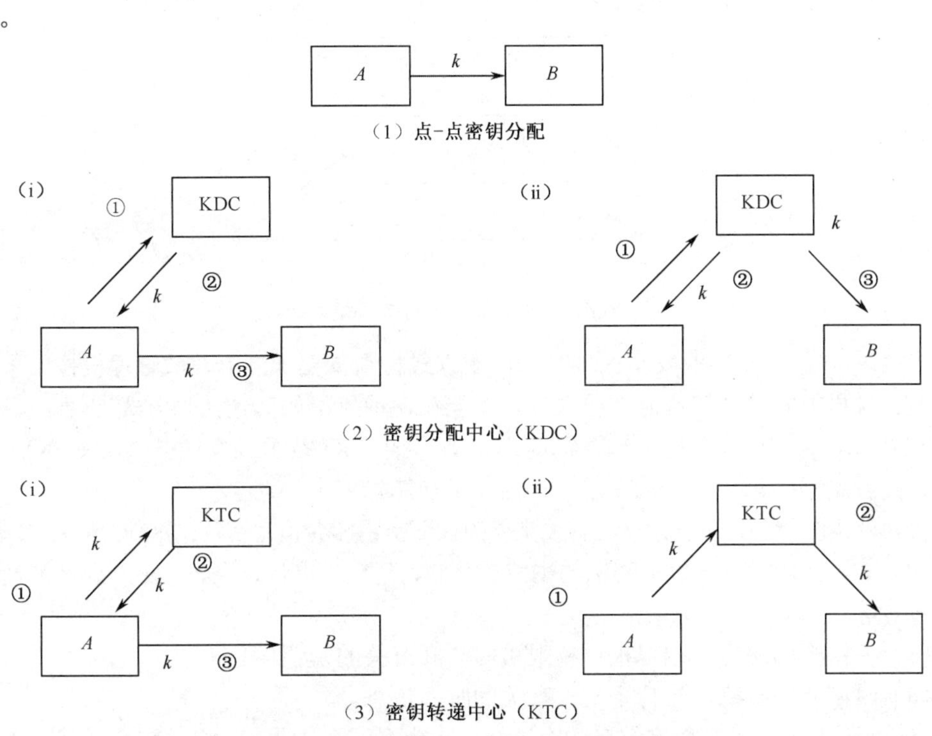

图 4.8　密钥分配的几种基本模式

（1）由 A 直接将密钥送给 B，利用 A 与 B 共享的基本密钥加密实现。

（2）A 向 KDC 请求发放与 B 通信用的密钥，KDC 生成 k 传给 A，并通过 A 传递给 B，或 KDC 直接传递给 B，利用 A 与 KDC 和 B 与 KDC 的共享密钥实现。

（3）A 将与 B 通信用的会话密钥 k 送给 KTC，KTC 通过 A 转递给 B，或 KTC 直接送给 B，利用 A 与 KTC 和 B 与 KTC 的共享密钥实现。

由于有 KDC 或 KTC 的参与，各用户只需保存一个与 KDC 或 KTC 共享且长期使用的密钥。但是，这种方式有一定的风险，即密钥分配中心的可信度问题。密钥分配中心一旦出现问题，整个系统的安全性将面临极大的安全威胁。

4.4.4 可信第三方

可信第三方（Trusted Third Parties，TTP）可按协调（In line）、联机（On line）和脱机（Off line）三种方式参与。在协调方式下，*T* 是中间人，为 *A* 与 *B* 之间的通信提供实时服务；在联机方式下，*T* 实时参与 *A* 和 *B* 每次协议的执行，但 *A* 和 *B* 之间的通信不必经过 *T*；在脱机方式下，*T* 不实时参与 *A* 和 *B* 的协议，而是预先向 *A* 和 *B* 提供双方执行协议所需的信息。可信第三方的工作模式如图 4.9 所示。

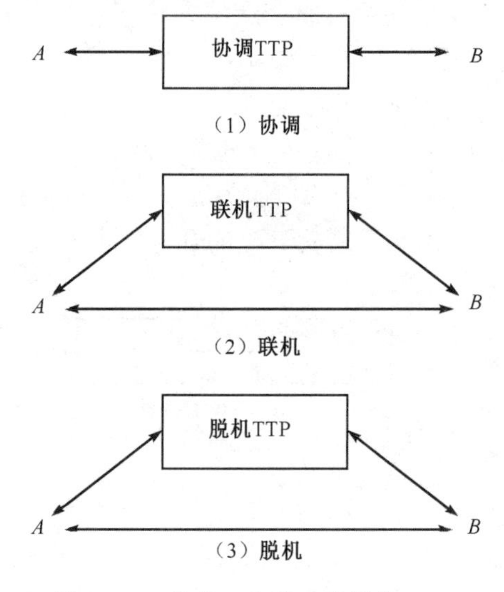

图 4.9　可信第三方的工作模式

当 *A* 和 *B* 属于不同的安全区域时，协调方式特别重要。证书发放管理机构常采用脱机方式。脱机方式对计算资源的要求较低，但在撤销上不如其他两种方式方便。

TTP 可以是一个公钥证书颁发机构（CA），利用 PKI 技术颁发证书。有关 PKI/CA 的内容请参看本书的第 3 章。TTP 还可提供如下功能。

（1）密钥服务器。负责建立各有关实体的认证密钥和会话密钥，用 KDC 和 KTC 表示。

（2）密钥管理设备。负责密钥的生成、存储、建档、审计、报表、更新、撤销及管理证书业务等。

（3）密钥查阅服务。用户根据权限访问与其有关的密钥信息。

（4）时戳代理。确定与特定文件有关的时间信息。

（5）仲裁代理。验证数字签名的合法性，支持不可否认业务、权益转让及某一陈述的可信性。

（6）托管代理。接受用户所托管的密钥，提供密钥恢复业务。

不同的系统可能需要不同可信度的 TTP，可信度一般分为三级：一级表示 TTP 知道每个用户的密钥；二级表示 TTP 不知道用户的密钥，但 TTP 可制作假证书而不会被发现；三级表示 TTP 不知道用户的密钥，TTP 所制作的假证书能被发现。

4.4.5 密钥交换协议

运行密钥建立协议可在两个或多个实体之间建立共享秘密，共享秘密可用于数据加密，通常用做建立一次通信时的会话密钥。下面主要讨论在两个实体之间建立共享秘密的密码协议。密码协议可以采用单钥、双钥技术实现，有时需要可信第三方（TTP）的参与。可以将密码协议扩展到建立多方共享密钥，如会议密钥建立，但随着参与方的增多，协议会变得很复杂。

在保密通信中，通常要对每次会话采用不同的密钥进行加密。因为这个密钥只用于加密某个特定的通信会话，所以被称为会话密钥。会话密钥只在通信的持续时间内有效，通信结束后，会话密钥会被清除。如何将这些会话密钥分发到会话者手中，是本节讨论的主要问题。

1. 采用单钥体制的密钥建立协议

密钥建立协议主要分为密钥传输协议和密钥协商协议，前者由一个实体将生成或收到的密钥安全地传送给另一个实体，后者由双方（或多方）共同提供信息建立共享密钥，任何一方都不单独起决定作用。其他协议，如密钥更新、密钥推导、密钥预分配、动态密钥建立协议等，都可在上述两种基本密钥建立协议的基础上演变得出。

可信服务器（或可信第三方、认证服务器、KDC、KTC、CA 等）可在初始化建立阶段和/或线实时通信时参与密钥分配。

这类协议假设网络用户 Alice 和 Bob 各自都与 KDC（在协议中扮演 Trent 的角色）共享一个密钥。这些密钥在协议开始之前必须已经分发到位。协议描述如下。

（1）Alice 呼叫 Trent，并请求得到与 Bob 通信的会话密钥。

（2）Trent 生成一个随机会话密钥，并做两次加密，一次采用 Alice 的密钥，另一次采用 Bob 的密钥，Trent 将两次加密的结果都发送给 Alice。

（3）Alice 采用共享密钥解密码属于她的密文，得到会话密钥。

（4）Alice 将属于 Bob 的密文发送给他。

（5）Bob 对收到的密文采用共享密钥解密，得到会话密钥。

（6）Alice 和 Bob 均采用该会话密钥进行安全通信。

该协议的安全性完全依赖于 Trent 的安全性。Trent 可能是一个可信的通信实体，也可能是一个可信的计算机程序。如果攻击者 Mallory 买通了 Trent，那么整个网络的机密就会泄露。该协议存在的另一个问题是，Trent 可能成为影响系统性能的瓶颈，因为每次进行密钥交换时，都需要 Trent 的参与。若 Trent 出现故障，则会影响整个系统的正常工作。

2. 采用双钥体制的密钥交换协议

在实际应用中，Bob 和 Alice 常采用双钥体制来建立某个会话密钥，此后采用此会话密钥对数据进行加密。在某些具体实现方案中，Bob 和 Alice 的公钥被可信的第三方签名后，存放在某个数据库中。这就使密钥交换协议变得更加简单。即使 Alice 从未听说过 Bob，她也能与其建立安全的通信联系。协议如下。

（1）Alice 从数据库中得到 Bob 的公钥。

（2）Alice 生成一个随机的会话密钥，采用 Bob 的公钥加密后，发送给 Bob。

（3）Bob 采用其私钥对 Alice 的消息进行解密，得到该随机的会话密钥。

（4）Bob 和 Alice 均采用同一个会话密钥对通信加密。

对于以上协议，如果 Alice 和 Bob 之间需要交换公钥信息，那么主动攻击者 Mallory

的攻击就显得更加危险。他不仅能够窃听 Alice 和 Bob 之间交换的消息，而且能够修改、删除消息，甚至生成全新的消息。当 Bob 与 Alice 会话时，Mallory 可以冒充 Bob；当 Alice 与 Bob 会话时，Mallory 可以冒充 Alice。这就是中间人攻击。Mallory 对协议的攻击如下。

（1）Alice 将其公钥发送给 Bob。Mallory 截获这一公钥，并将他自己的公钥发送给 Bob。

（2）Bob 将其公钥发送给 Alice。Mallory 截获这一公钥，并将他自己的公钥发送给 Alice。

（3）当 Alice 采用“Bob”的公钥对消息加密并发送给 Bob 时，Mallory 会将其截获。由于这条消息实际上采用 Mallory 的公钥加密，因此 Mallory 可以采用其私钥对密文解密，并采用 Bob 的公钥加密消息重新后发送给 Bob。

（4）当 Bob 采用“Alice”的公钥对消息加密并发送给 Alice 时，Mallory 会将其截获。由于这条消息实际上采用 Mallory 的公钥加密，因此 Mallory 可以采用其私钥对密文解密，并采用 Alice 的公钥加密消息重新后发送给 Alice。

即使 Alice 和 Bob 的公钥存放在数据库中，这一攻击仍然有效。Mallory 可以截获 Alice 的数据库查询指令，并用其公钥替换 Bob 的公钥。同样，他也可以截获 Bob 的数据库查询指令并用其公钥替代 Alice 的公钥。更为严重的是，Mallory 可以进入数据库，将 Alice 和 Bob 的公钥替换成他自己的公钥。此后，他只需等待 Alice 与 Bob 会话，截获并修改消息。

中间人攻击之所以有效，是因为 Alice 和 Bob 没有办法来验证他们正在与另一方会话。假设 Mallory 没有产生任何可以察觉的网络时延，那么 Alice 和 Bob 就不会知道有人正在他们之间阅读所有的秘密信息。下面介绍的联锁协议可以有效抵抗此类攻击。

3．联锁协议

联锁协议（Interlock Protocol）由 R. Rivest 和 A. Shamir 设计，其描述如下。

（1）Alice 将她的公钥发送给 Bob。

（2）Bob 将他的公钥发送给 Alice。

（3）Alice 用 Bob 的公钥加密消息，此后她将一半密文发送给 Bob。

（4）Bob 用 Alice 的公钥加密消息，此后他将一半密文发送给 Alice。

（5）Alice 将另一半密文发送给 Bob。

（6）Bob 将 Alice 的两部分密文组合在一起，并用其私钥解密，Bob 将他的另一半密文发送给 Alice。

（7）Alice 将 Bob 的两部分密文组合在一起，并采用其私钥解密。

这个协议最重要的一点是，当攻击者仅获得一半密文而没有获得另一半密文时，这些数据对攻击者来说毫无意义，因为攻击者无法解密。Mallory 可在第（1）步和第（2）步中用他的公钥来替代 Alice 和 Bob 的公钥。但是，当他在第（3）步截获 Alice 的一半消息时，他既不能对其解密，又不能用 Bob 的公钥重新加密。他必须生成一条全新的消息，并将其一半发送给 Bob。当他在第（4）步中截获 Bob 发给 Alice 的一半消息时，会遇到相同的问题，即他既不能对其解密，又不能用 Alice 的公钥重新加密。他必须生成一条全新的消息，并将其一半发送给 Alice。当 Mallory 在第（5）步和第（6）步截获真正的第二部分消息时，对他来说为时已晚，即他来不及对前面伪造的消息进行修改。Alice

和 Bob 会发现这种攻击，因为他们谈话的内容与伪造的消息有可能完全不同。

Mallory 也可以不采用这种攻击方法。如果他非常了解 Alice 和 Bob，那么他就可以假冒其中一人与另一人通话，而他们绝不会想到正在受骗。但这样做肯定要比充当中间人难。

4．采用数字签名的密钥交换

在会话密钥交换协议中采用数字签名技术可以有效地防止中间人攻击。Trent 是一个可信的实体，他对 Alice 和 Bob 的公钥进行数字签名。签名的公钥包含在一个数字证书中。当 Alice 和 Bob 收到此签名公钥时，他们每人均可通过验证 Trent 的签名来确定公钥的合法性，因为 Mallory 无法伪造 Trent 的签名。

这样一来，Mallory 的攻击就变得十分困难：他不能实施假冒攻击，因为他既不知道 Alice 的私钥，又不知道 Bob 的私钥；他也不能实施中间人攻击，因为他不能伪造 Trent 的签名。即使 Mallory 能够从 Trent 那里获得签名公钥，Alice 和 Bob 也能很容易地发现该公钥属于 Trent。Mallory 能做的只有窃听往来的加密报文，或者干扰通信线路，阻止 Alice 与 Bob 的会话。

该协议引入了 Trent 这一角色。然而，如果密钥分配中心（KDC）遭到攻击，那么 Mallory 就能对协议发起中间人攻击。他采用 Trent 的私钥对一些伪造的公钥签名。此后，他或者将数据库中 Alice 和 Bob 的真正公钥换掉，或者截获用户访问数据库的请求，并用伪造的公钥响应该请求。这样，他就可以成功地发起中间人攻击，并阅读他人的通信。随着网络技术的发展，这种攻击变得越来越容易。考虑到现有的 IP 欺骗、路由器攻击等，主动攻击并不意味着非要对加密的报文进行解密，也不只限于充当中间人，还存在许多更加复杂的攻击。

5．密钥和消息广播

在实际应用中，Alice 也可能将消息同时发送给几个人。在下面的例子中，Alice 将加密的消息同时发送给 Bob、Carol 和 Dave。

（1）Alice 生成一个随机数作为会话密钥，并用其对加密消息 M：$E_K(M)$。

（2）Alice 从数据库中得到 Bob、Carol 和 Dave 的公钥。

（3）Alice 分别采用 Bob、Carol 和 Dave 的公钥加密 K：$E_B(K), E_C(K), E_D(K)$。

（4）Alice 广播加密的消息和所有加密的密钥，将它传送给要接收它的人。

（5）只有 Bob、Carol 和 Dave 能采用各自的私钥解密，求出会话密钥 K。

（6）只有 Bob、Carol 和 Dave 能采用会话密钥 K 对消息解密，求出 M。

这一协议可以在存储转发网络上实现。中央服务器可将 Alice 的消息和各自的加密密钥一起转发给他们。服务器不必是安全的和可信的，因为它不能解密任何消息。

6．Diffie-Hellman 密钥交换协议

Diffie 和 Hellman 于 1976 年发表论文，首次提出了一个公钥算法，该算法随后被称为 Diffie-Hellman 密钥交换方案。目前，该算法已得到了广泛应用，许多商业产品中均集成了此算法。值得注意的是，Diffie-Hellman 公钥算法与 RSA 公钥算法不同，前者只能在两个用户之间安全地交换密钥，而不能加密消息。

Diffie-Hellman 算法的安全性仍然建立在计算离散对数难题的基础上。为便于理解该算法，下面简要介绍离散对数的定义。

首先，设 p 是一个素数，由它可以形成有限域 GF(p)。设 a 是 GF(p)上的一个本原根，它是一个整数，并且其指数运算可以生成 1 到 p–1 之间的所有整数。也就是说，若 a 是 GF(p)上的本原根，则有

$$a \bmod p, a^2 \bmod p, a^3 \bmod p, \cdots, a^{p-1} \bmod p$$

以上模运算得到的数值各不相同，但它们一定是集合 $\{1, 2, \cdots, p-1\}$ 的一个置换。

对任意整数和 GF(p)上的本原根 a，可以找到唯一的指数，使得

$$b \equiv a^i \bmod p, \qquad 0 \leqslant i \leqslant p-1$$

式中，指数 i 称为 b 的以 a 为底的模 p 的离散对数，记为 $d\log_{a,p}(b)$。有关离散对数的详细讨论，请参阅其他参考书。

Diffie-Hellman 算法的安全性建立在如下事实之上：在有限域上模指数运算非常容易，而计算离散对数却非常困难。特别是对大素数来说，求离散对数被认为是不可行的。

1）Diffie-Hellman 算法

Diffie-Hellman 算法如图 4.10 所示。图中，素数 p 和本原根 α 是两个公开的参数，即公钥。假定用户 A 和用户 B 希望交换密钥，那么用户 A 选择一个随机整数 $X_A < p$ 并计算 $Y_A = \alpha^{X_A} \bmod p$。同理，用户 B 也可独立地选择一个随机数 $X_B < p$ 并计算 $Y_B = \alpha^{X_B} \bmod p$。$A$ 和 B 保持其 X_A、X_B 是私有的，即各自的私钥，但 Y_A 和 Y_B 是可以公开的。根据模算术的运算规律，A 和 B 分别进行如下计算。

用户 A 计算

$$K = (Y_B)^{X_A} \bmod p = (\alpha^{X_B} \bmod p)^{X_A} \bmod p = (\alpha^{X_B})^{X_A} \bmod p = \alpha^{X_A X_B} \bmod p$$

用户 B 计算

$$K = (Y_A)^{X_B} \bmod p = (\alpha^{X_A} \bmod p)^{X_B} \bmod p = (\alpha^{X_A})^{X_B} \bmod p = \alpha^{X_A X_B} \bmod p$$

至此，A 和 B 就完成了密钥交换，得到了一个相同的密钥 K。A 和 B 将使用密钥 K 进行保密通信。

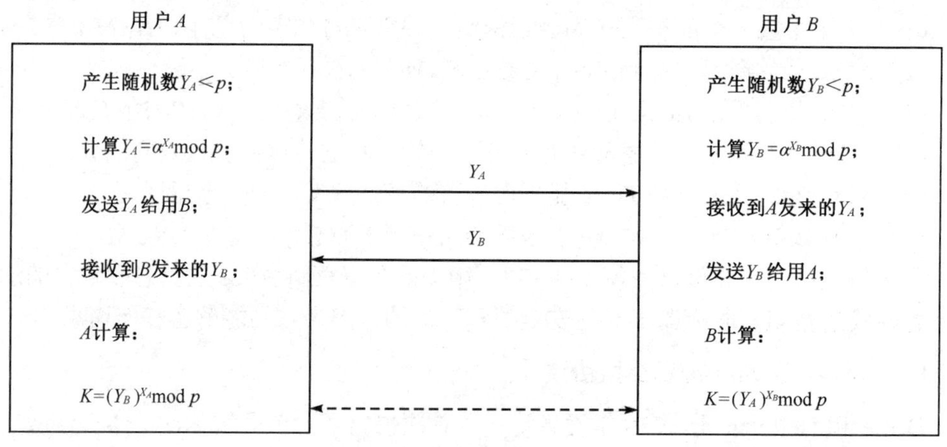

图 4.10　Diffie-Hellman 算法

2）举例说明

选择素数 $p = 353$，它的一个本原根为 $\alpha = 3$。A 和 B 分别选择密钥 $X_A = 97$ 和 $X_B = 233$，并计算相应的公钥。

A 计算：　　　　　　$Y_A = 3^{97} \bmod 353 = 40$

B 计算：　　　　　　$Y_B = 3^{233} \bmod 353 = 248$

A 和 B 交换公钥后，双方均可计算出共享密钥。

A 计算：　　　　　　$K = (Y_B)^{X_A} \bmod 353 = 248^{97} \bmod 353 = 160$

B 计算：　　　　　　$K = (Y_A)^{X_B} \bmod 353 = 40^{233} \bmod 353 = 160$

3）安全性分析

如图 4.10 所示的密钥交换协议不能抵抗中间人攻击。假定 Alice 和 Bob 希望交换密钥，而中间人 Eve 是攻击者，那么攻击过程如下。

（1）为了进行攻击，Eve 首先生成两个随机的私钥 X_{E_1} 和 X_{E_2}，然后计算相应的公钥 Y_{E_1} 和 Y_{E_2}。

（2）Alice 将 X_A 传递给 Bob。

（3）Eve 截获 Y_A，将 Y_{E_1} 传给 Bob，Eve 同时计算 $K_2 = (Y_A)^{X_{E2}} \bmod p$。

（4）Bob 收到 Y_{E_1}，然后计算 $K_1 = (Y_{E_1})^{X_B} \bmod p$。

（5）Bob 将 Y_B 传给 Alice。

（6）Eve 截获 Y_B，将 Y_{E_2} 传给 Alice，Eve 同时计算 $K_1 = (Y_B)^{X_{E1}} \bmod p$。

（7）Alice 收到 Y_{E_2}，然后计算 $K_2 = (Y_{E_2})^{X_A} \bmod p$。

此时，Bob 和 Alice 认为他们之间已建立了共享的密钥，但是，实际上 Alice 和 Eve 共享了密钥 K_2，而 Bob 和 Eve 共享了密钥 K_1。因此，Eve 可以窃听 Alice 和 Bob 之间的会话。

（1）Alice 发出一份已加密的消息 M：$E(K_2, M)$。

（2）Eve 截获该消息，并用密钥 K_2 解密，恢复明文消息 M。

（3）Eve 将 $E(K_1, M)$或 $E(K_1, M')$发给 Bob，其中 M'是任意的伪造消息。

对于第一种情况，Eve 只是简单地窃听消息，未主动地改变消息。第二种情况属于主动攻击，Eve 用伪造的消息替换了真实的消息。

从上面的分析可以看出，Diffie-Hellman 密钥交换协议不能抵抗中间人攻击，主要原因是没有对通信对方的身份进行认证。这些缺陷带来的安全问题可以采用数字签名技术和公钥证书来解决。

4.4.6　认证的密钥交换协议

这类协议将认证与密钥建立结合在一起，用于解决计算机网络中普遍存在的一个问题：Alice 和 Bob 是网络的两个用户，他们想通过网络进行安全通信。那么 Alice 和 Bob 如何做到在进行密钥交换的同时，确信自己正在与可信的一方而不是 Mallory 通信呢？单纯的密钥建立协议有时不足以保证在通信双方之间安全地建立密钥，与认证相结合才能可靠地确认双方的身份，实现安全密钥建立，使参与通信的双方（或多方）确信没有其他人可以共享该秘密。

密钥认证分为以下三种。

（1）隐式（Implicit）密钥认证。参与者确信可能与他共享一个密钥的参与者的身份时，第二个参与者无须采取任何行动。

（2）密钥确证（Key Confirmation）。一个参与者确信第二个可能未经识别的参与者确实具有某个特定的密钥。

（3）显式（Explicit）密钥认证。已经识别的参与者具有给定密钥。它具有隐式和密钥确证双重特征。

身份认证的中心问题是对第二个参与者的身份的识别，而不是对密钥值的识别；密钥确证则恰好相反，它对密钥值进行认证。密钥确证通常包含第二个参与者送来的消息，其中含有证据，稍后可证明密钥所有者的身份。事实上，密钥的所有者可以通过多种方式来证明，如生成密钥本身的一个单向哈希值、采用密钥控制的哈希函数，采用密钥对一个已知量进行加密等。这些技术可能会泄露一些有关密钥的信息，而用零知识证明技术可以证明密钥的所有者，但不会泄露有关密钥的任何信息。

认证的密钥交换协议可以分为如下几类：

（1）基于单钥体制的密钥交换协议，如大嘴青蛙协议、Yahalom 协议、Needham-Schroeder 协议、Otway-Rees 协议、Neuman-Stubblebine 协议、Kerberos 协议等。

（2）基于双钥体制的密钥交换协议，如 Diffie-Hellman 协议。

（3）基于混合体制的密钥交换协议，如 DASS 协议、Denning-Sacco 协议、Woo-Lam 协议、EKE 协议等。

下面重点讨论具有代表性的 Kerberos 协议和 EKE 协议。

1．Kerberos 协议

Kerberos 协议由 Needham-Schroeder 协议演变而来。在 Kerberos V.5 协议中，Alice 和 Bob 各自与 Trent 共享一个密钥，采用时戳技术保证消息的新鲜性；Alice 与 Bob 通信的会话密钥由 Alice 生成。

Kerberos 协议的简要描述如下。

（1）Alice 向 Trent 发送她的身份 A 和 Bob 的身份 B。

（2）Trent 生成一条消息，其中包含时戳、有效期 L、随机会话密钥和 Alice 的身份，并采用与 Bob 共享的密钥加密。此后，他采用与 Alice 共享的密钥加密时戳、有效期、会话密钥和 Bob 的身份。最后，将这两条加密的消息发送给 Alice：$E_A(T, L, K, B)$，$E_B(T, L, K, A)$。

（3）Alice 采用 K 对其身份和时戳加密，连同 Trent 收到的、属于 Bob 的那条消息一起发送给 Bob：$E_K(A, T)$，$E_B(T, L, K, A)$。

（4）Bob 用 K 解密消息，将时戳加 1，并用 K 对其加密后发送给 Alice：$E_K(T+1)$。

此协议运行的前提条件是假设每个用户必须具有一个与 Trent 同步的时钟。实际上，同步时钟是由系统中的安全时间服务器来保持的。设置一定的有效时间间隔，系统可以有效地检测重放攻击。

2．EKE 协议

加密密钥交换（Encrypted Key Exchange，EKE）协议由 S. Bellovin 和 M. Merritt 提出。协议既采用了单钥体制，又采用了双钥体制，目的是为计算机网络用户提供安全性和认证业务。这个协议的新颖之处是采用共享密钥对随机生成的公钥加密。运行这个协议，两个用户可以实现相互认证，并且共享一个会话密钥 K。

协议假设 Alice 和 Bob（他们可以是两个用户，也可以是一个用户和一个主机）共享一个口令 P。协议描述如下。

（1）Alice 生成一个随机的公钥/私钥对。她采用单钥算法和密钥 P 对公钥 K'加密，并向 Bob 发送以下消息：$A, E_P(K')$。

（2）Bob 采用 P 对收到的消息解密，得到 K'。此后，他生成一个随机会话密钥 K，并首先采用 K'对其加密，然后采用 P 加密，最后将结果发送给 Alice：$E_P(E_{K'}(K))$。

（3）Alice 对收到的消息解密，得到 K。此后，她生成一个随机数 R_A，用 K 加密后发送给 Bob：$E_K(R_A)$。

（4）Bob 对消息解密得到 R_A。他生成另一个随机数 R_B，采用 K 对这两个随机数加密，然后发送给 Alice：$E_K(R_A, R_B)$。

（5）Alice 对消息解密得到 R_A, R_B。若收自 Bob 的 R_A 与步骤（3）中发送的值相同，则 Alice 采用 K 对 R_B 加密，并发送给 Bob：$E_K(R_B)$。

（6）Bob 对消息解密得到 R_B。若收自 Alice 的 R_B 与步骤（4）中 Bob 发送的值相同，则协议完成。通信双方可以采用 K 作为会话密钥。

可以看出：该协议的前两步用于密钥交换，后四步用于对所交换的密钥值进行确认。

EKE 可以采用各种双钥算法实现，如 RSA、ElGamal、Diffie-Hellman 协议等。

综上所述，选用和设计何种类型的协议，要根据实际应用的要求及实现的机制而定，同时还要考虑多方面的因素，如下所示。

（1）认证的特性：是否为实体认证、密钥认证、密钥确认及其组合。

（2）认证的互易性（Reciprocity）。认证可能是单方的，也可能是相互的。

（3）密钥的新鲜性（Freshness）。保证所建立的密钥是新的。

（4）密钥的控制。有的协议由一方选定密钥值，有的协议则通过协商由双方提供的信息导出，不希望由单方来控制或预先定出密钥值。

（5）有效性。包括参与者之间交换消息的次数、传送的数据量、各方计算的复杂度、减少实时在线计算量的可能性等。

（6）第三方参与。包括是否有第三方参与，在有第三方参与时是联机还是脱机，以及对第三方的信赖程度。

（7）是否采用证书及所用证书的类型。

（8）不可否认性。可提供收据，证明收到了所交换的密钥。

4.4.7 密钥注入

（1）主机主密钥的注入。主密钥由可信的保密员在非常安全的条件下装入主机，一旦装入，就不能再读取。检验密钥是否已正确地注入设备时，需要有可靠的算法。例如，可选择一个随机数 R_N，并以主密钥 K_m 加密得到 $E_m(R_N)$，同时算出 K_m 的一个函数值 $\varphi(K_m)$（φ可以是哈希函数）。装入 K_m 后，若它对 R_N 加密的结果和 $\varphi(K_m)$值与记录的值相同，则表明 K_m 已正确装入主机。

输入环境要防电磁辐射、防窜扰、防人为出错，且要存入主机内不易丢失数据的存储器中。

（2）终端机主密钥的注入。在安全环境下，由可信赖的保密员装入终端。当终端机数量较多时，可用专用密钥注入工具（如密钥枪）实施密钥注入操作。密钥注入后就不能再读取。密钥注入后，要验证装入数据的正确性，可以通过与主机联机检验，也可脱机检验。

（3）会话密钥的获取。例如，主机与某终端通信，主机产生会话密钥 K_s，用相应终端的主密钥 K_t 对其进行加密，得到 $E_{K_t}(K_s)$，将其送给终端机。终端机用 K_t 进行解密，得到 K_s，送至工作密钥生成器，生成工作密钥，如图 4.11 所示。

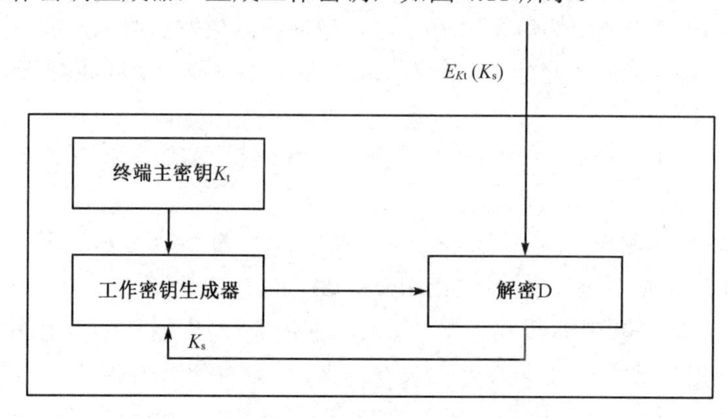

图 4.11　会话密钥生成

4.5　密钥的保护、存储与备份

4.5.1　密钥的保护

密钥的安全保密是密码系统安全的重要保证，保证密钥安全的基本原则除了在有安全保证的环境下进行密钥的生成、分配、装入及存储到保密柜内备用，密钥绝不能以明文形式出现。

（1）终端密钥的保护。可用二级通信密钥（终端主密钥）对会话密钥进行加密保护。终端主密钥存储在主密钥寄存器中，并由主机对各终端主密钥进行管理。主机和终端之间可用共享的终端主密钥保护会话密钥的安全。

（2）主机密钥的保护。主机在密钥管理上担负着更繁重的任务，因而是敌手攻击的主要目标。在任意给定的时间内，主机可有几个终端主密钥在工作，因而其密码装置需要为各应用程序共享。工作密钥存储器要由主机施以优先级别进行管理加密保护，称此为主密钥原则。这种方法将对大量密钥的保护问题化为只对单个密钥的保护问题。在有多台主机的网络系统中，为安全起见，各主机应选用不同的主密钥。有的主机采用多个主密钥对不同类型的密钥进行保护。例如，用主密钥 0 对会话密钥进行保护，用主密钥 1 对终端主密钥进行保护；在网络中传送会话密钥时，所用的加密密钥为主密钥 2。三个主密钥可存放在三个独立的存储器中，通过相应的密码操作进行调用，可视为工作密钥对其保护的密钥加密、解密。这三个主密钥也可由存储在密码器件中的种子密钥（Seed Key）按某种密码算法导出，以计算量来换取存储量的减少。这种方法不如前一种方法安全。除了采用密码方法，还必须和硬件、软件结合起来，以确保主机主密钥的安全。

（3）密钥分级保护管理法。图 4.12 和表 4.2 给出了密钥的分级保护结构，从中可以清楚地看出各类密钥的作用和相互关系。由此可见，大量数据可以通过少量动态产生的数据加密密钥（初级密钥）进行保护；数据加密密钥又可由更少的、相对不变（使用期较长）的密钥（二级）或主机主密钥 0 来保护；其他主机主密钥（1 和 2）用来保护三级密钥。这样，只有极少数密钥以明文形式存储在有严密物理保护的主机密码器件中，其他密钥则以加密后的密文形式存储在密码器之外的存储器中，因而大大简化了密钥管理，增强了密钥的安全性。

表 4.2　密钥的分级保护结构

密 钥 种 类	密 钥 名	用　途	保 护 对 象
密钥加密密钥	主机主密钥 0 = K_{m0} 主机主密钥 1 = K_{m1} 主机主密钥 2 = K_{m2}	对现用密钥或存储在主机内的密钥加密	初级密钥 二级密钥 二级密钥
	终端主密钥 K_t（或二级通信密钥） 文件主密钥 K_s（或二级文件密钥）	对主机外的密钥加密	初级通信密钥 初级文件密钥
数据加密密钥	会话（或初级）密钥 K_s 文件（或初级）密钥 K_f	对数据加密	传送的数据 存储的数据

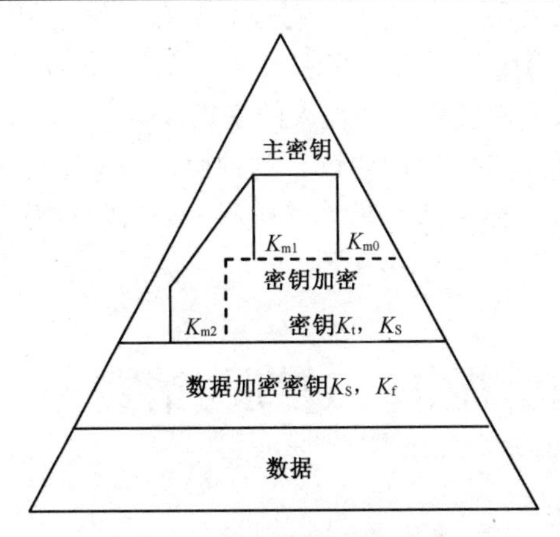

图 4.12　密钥的分级保护结构

为了保证密钥的安全，密码设备中都有防窜扰装置。当密封的关键密码器件被撬开后，其基本密钥和主密钥等会自动地从存储器件中清除或启动装置自动引爆。

对密钥丢失的处理也是安全管理中的一项重要工作。在密码管理中要有一套管理程序和控制方法，以便最大限度地降低密钥丢失率。事先产生的密钥加密密钥的副本，应存放在可靠的地方，作为备份。一旦密钥丢失，可派信使或通过系统传送新的密钥，以便迅速恢复正常业务。硬件和软件故障及人为操作上的错误都会造成密钥丢失或出错，采用报文认证程序可以检测系统是否采用了正确的密钥进行密码操作。

4.5.2　密钥的存储

存储密钥时必须保证密钥的保密性、认证性和完整性，防止泄露和被修改。下面介绍几种可行的方法。

（1）每个用户都有一个用户备用加密文件。由于只与一个人有关，由个人负责，因而是最简易的存储办法。例如，在有些系统中，密钥存储在个人的大脑中，而不存储在系统中；用户要记住它，并且要在每次需要时输入它，如在 IPS 中，用户可以直接输入 64bit 密钥。

（2）存储到 ROM 钥卡或磁卡中。用户将自己的密钥输入系统，或者将卡放入读卡机或计算机终端。若将密钥分成两半，一半存入终端，另一半存入 ROM 钥卡上，那么即使丢失 ROM 钥卡，也不会泄露密钥。终端丢失时同样不会丢失密钥。

（3）对于难以记忆的密钥，可以利用密钥加密密钥加密后存储。例如，RSA 的密钥可用 DES 加密后存入硬盘，用户需要有 DES 密钥才能运行解密程序将其恢复。

（4）若利用确定性算法来生成密钥（密码上安全的 PN 数生成器），则每次需要时，用易于记忆的口令启动密钥生成器对数据进行加密。但这一方法不适用于文件加密，原因是解密时还得用原来的密钥，因此必须存储该密钥。

4.5.3 密钥的备份

对密钥进行备份是非常必要的。例如，一家企业单位的密钥由某人主管，发生意外时如何才能恢复已加密的消息呢？因此，密钥必须要有备份，要交给安全人员放在安全的地方保管；要将各文件密钥用主密钥加密后封存。当然，必要条件是安全员是可信的，他不会逃跑、不会出卖他人的密钥或滥用他人的密钥。

更好的解决办法是采用共享密钥协议。这种协议将一个密钥分成几部分，有关的人员各保管一部分，但任何一部分都不起关键作用，只有将这些部分收集起来才能构成完整的密钥。

4.6 密钥的泄露、撤销、过期与销毁

4.6.1 泄露与撤销

密钥的安全是协议、算法和密码技术设备安全的基本条件。密钥一旦泄露，如丢失或被窃等，安全保密就无从谈起。唯一的补救办法是及时更换密钥。

若密钥由 KDC 管理，则用户要及时通知 KDC 撤销密钥；若无 KDC，则应及时告诉可能与其通信的人员，以后用此密钥通信的消息无效且可疑，本人概不负责。当然，声明要加上时戳。

当用户不知道密钥是否已泄露或泄露的确切时间时，问题就会变得更加复杂。用户可能要撤回合同以防他人用其密钥签署另一份合同来替换它，出现这种情况时会引起争执，需要诉诸法律或公证机构裁决。

个人专用密钥丢失要比秘密钥丢失更加严重，因为秘密钥要定期更换，而专用密钥使用期更长。丢失了专用密钥，他人就可用它在网上阅读函件、签署通信和合同等。而且在公用网上，专用密钥传播得极快。公钥数据库应在专用密钥丢失后，立即采取行动，以使损失最小。

4.6.2 密钥的有效期

密钥的有效期或保密期是指合法用户可以合法使用密钥的期限。

密钥使用期限必须适当限定。因为密钥使用期越长，泄露的机会就越大，一旦泄露，带来的损失也越大（涉及更多文件、信息、合同等）；由于使用期长，用同一密钥加密的内容就越多，因而更容易被分析破译。

不同的密钥有不同的有效期：① 短期密钥（Short Term Keys），如会话密钥，使用期较短，具体期限由数据的价值、给定周期内加密数据的量确定。例如，1Gbps 信道的密钥要比 9600bps 线路的密钥更换得频繁，会话密钥至少一天换一次。② 密钥加密密钥属于长期性密钥（Long Term Keys），不需要经常更换，因为用其加密的数据量很少，但它很重要，一旦丢失或泄露将影响极大。这种密钥一般一个月或一年更换一次。③ 用于加密数据文件或存储数据的密钥不能经常更换，因为文件可能在硬盘中存储数月或数年才会被再次访问，若每天更换新密钥，就需要将其调出解密，然后用新密钥加密，这不会带来太多好处，因为文件会多次以明文形式出现，于是会给攻击者更多的机会。文件加密密钥的主密钥应保管好。④ 公钥密码的秘密密钥，它的使用期限由具体应用确定。用于签名和身份验证的秘密密钥的期限可能是数年，但一般只用一两年。过期的密钥还要保留，以备证实时使用。

4.6.3 密钥销毁

不用的旧密钥必须销毁，否则可能造成损害。例如，他人可利用旧密钥来读取原来用它加密的文件，或者用它来分析密码体制。密钥必须安全地销毁，例如，可采用高质量碎纸机处理记录密钥的纸张，使攻击者不可能通过收集旧纸片来寻求有关的秘密信息。对于硬盘、EEPROM 中存储的数据，要进行多次重写。

潜在的问题是，存储在计算机中的密钥很容易被多次复制并存储到计算机硬盘中的不同位置。采用防窜改器件可自动销毁存储在其中的密钥。

4.7 本章小结

密钥管理是实现网络通信安全保密的关键环节。网络加密的方式可分为链路加密、节点加密、端到端加密和混合加密 4 种。密钥的种类可分为基本密钥、会话密钥、密钥加密密钥和主机主密钥。密钥生成算法的强度非常关键，好的密钥生成算法能够产生随机性非常好的密钥序列。好的密钥的选择也有许多条件，并且不同等级的密钥的生成方式不同。生成密钥后，需要将密钥安全地传送给通信方。密钥的分配既可以派遣信使传递，又可以采用技术手段自动分发。这些技术手段包括各种类型的密钥分配与交换协议，以及量子密钥分配技术。用户获得密钥后，要安全地保护、存储与备份。对于已泄露和过期的密钥，要及时撤销和销毁。通过本章的学习，希望读者提高密钥管理的安全意识，掌握密钥管理的各种技术和方法，并将这些方法和技术灵活运用到工作中去。

填空题与选择题

1. 网络加密方式有 4 种，分别是________、________、________、________。
2. 在通信网的数据加密中，密钥分为________、________、________、________。
3. 密钥分配的基本方法有________、________、________等。
4. 在网络中，可信第三方（TTP）的角色可由________、________、________、________等来承担（任意举出 4 个例子）。
5. 按照协议的功能分类，密码协议可以分为________、________、________。
6. Diffie-Hellman 密钥交换协议不能抵抗________攻击。
7. Kerberos 提供________。
   A．加密　　B．SSO
   C．远程登录　　D．本地登录
8. 在 Kerberos 中，允许用户访问不同应用程序或服务器的服务器称为________。
   A．AS　　B．TGT
   C．TGS　　D．文件服务器
9. 在 Kerberos 中，________与系统中的每个用户共享唯一一个口令。
   A．AS　　B．TGT
   C．TGS　　D．文件服务器

思考题

1. 分析比较 4 种网络加密方式的优缺点。
2. 分析比较硬件加密和软件加密的优缺点。
3. 密钥管理包含哪些内容？密钥管理需要借助哪些密码技术实现？
4. 密钥有哪些种类？各自的用途是什么？请简述它们之间的关系。
5. 密钥多长合适？密钥越长，系统的安全性是否越高？密钥长度是安全性的唯一要素吗？
6. 好的密钥应该具备哪些特性？
7. 密钥分配的基本模式有哪些？
8. 在实际系统中，如何生成和选择好的密钥？
9. 在实际工作中，有哪些密钥分配方法？有哪些自动分发密钥的方法？
10. 密钥分配协议有哪些种类？在密钥交换时为何需要进行身份认证？
11. 在密码系统中，如何进行密钥的保护、存储和备份？
12. 密钥如何撤销和销毁？

第 5 章

网络安全防护技术

内容提要

本章从由防火墙、入侵检测系统和虚拟专用网（VPN）技术三个方面入手对网络安全防护技术进行介绍。防火墙是由软件和硬件组成的系统，它处于安全的网络（通常是内部局域网）和不安全的网络之间，根据系统管理员设置的访问控制规则，对数据流进行过滤，是 Internet 安全的基本组成部分。入侵检测是指在不影响网络性能的情况下对网络进行检测，主动保护系统免受攻击的网络安全技术。VPN 是指将物理上分布于不同地点的网络通过公用网络连接构成的逻辑上的虚拟子网，它采用认证、访问控制、保密性、数据完整性等安全机制在公用网络上构建专用网，使得数据通过安全的"加密管道"在公用网络中传播。通过本章的学习，读者将掌握各类网络安全防护技术的基本工作原理，了解各类技术的安全性和优缺点，为未来的网络安全实践打下坚实的理论基础。

本章重点

- 防火墙原理与设计
- 防火墙的分类
- 入侵检测系统的概念
- 入侵检测系统的分类
- 入侵检测系统的关键技术
- VPN 技术概述
- VPN 技术的分类
- VPN 的原理与实践

5.1 防火墙原理与设计

防火墙是由软件和硬件组成的系统，它位于安全的网络（通常是内部局域网）和不安全的网络（通常是 Internet，但不局限于 Internet）之间，根据系统管理员设置的访问控制规则对数据流进行过滤。

由于防火墙是放在两个网络之间的网络安全设备，因此它必须满足如下要求。

- 所有进出网络的数据流都必须经过防火墙。
- 只允许经过授权的数据流通过防火墙。
- 防火墙自身对入侵是免疫的。

以上要求只是防火墙设计的基本目标。一般来说，防火墙由几部分构成。在图 5.1 中，过滤器用来阻止某些类型的数据传输。网关由一台或几台机器构成，用来提供中继服务，以补偿过滤器带来的影响。我们将网关所在的网络称为非军事区（Demilitarized Zone，DMZ）。通常，网关通过内部过滤器与其他内部主机进行开放的通信。在实际情况下，我们不是省略了过滤器，就是省略了网关，具体情况因防火墙的不同而异。一般来说，外部过滤器用来保护网关免受侵害，而内部过滤器用来防止网关被攻破而造成恶果。一个或两个网关都能保护内部网络免遭攻击。通常把暴露在外的网关主机称为堡垒主机。

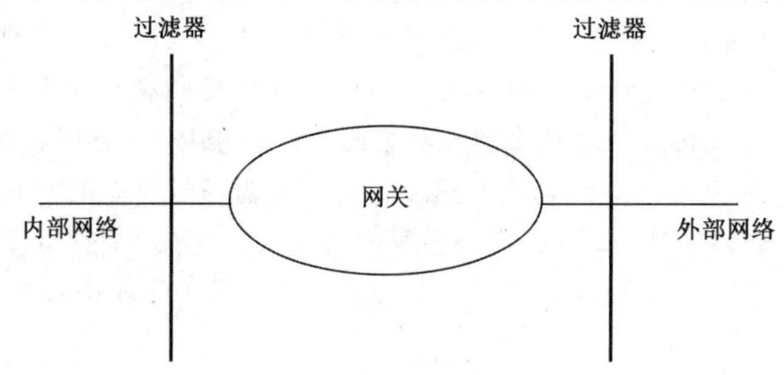

图 5.1 防火墙示意图

实质上，防火墙就是一种能够限制网络访问的设备或软件。它可以是一个硬件"盒"，也可以是一个"软件"。今天，许多设备中均含有简单的防火墙功能，如路由器、调制解调器、无线基站、IP 交换机等。

5.1.1 防火墙的类型和结构

防火墙从诞生至今，经历了好几代的发展。现在的防火墙已与最初的防火墙大不相同。第一代防火墙始于 1985 年前后，它几乎与路由器同时出现，由思科的 IOS 软件公司研制。这代防火墙被称为包过滤防火墙。1989—1990 年前后，AT&T 贝尔实验室的 Dave Presotto 和 Howard Trickey 率先提出了基于电路中继的第二代防火墙结构，这类防火墙被称为电路层网关防火墙。第三代防火墙结构是 20 世纪 80 年代末和 90 年代初由普渡大学的 Gene Spafford、AT&T 贝尔实验室的 Bill Cheswick 和 Marcus Ranum 分别研究与开发的。这代防火墙被称为应用层网关防火墙。大约在 1991 年，Bill Cheswick 和 Steve Bellovin 开始了对动态包过滤防火墙的研究。1992 年，在美国南加州大学信息科学学院工作的 Bob Braden 和 Annette DeSchon 开始研究用于 Visas 系统的动态包过滤防火墙，后来它演变为目前的状态检测防火墙。关于第五代防火墙，目前尚无统一的说法。一种观点认为，1996 年由 Global Internet Software Group 公司首席科学家 Scott Wiegel 开始启动的内核代理结构（Kernel Proxy Architecture）研究计划属于第五代防火墙；另一种观点认为，1998 年由 NAI 公司推出的自适应代理（Adaptive Proxy）技术给代理类型的防火墙赋予了全新的意义，可以称其为第五代防火墙。

根据防火墙在网络协议栈中的过滤层次不同，我们把防火墙分为三种：包过滤防火墙、电路层网关防火墙和应用层网关防火墙。每种防火墙的特性均由其所控制的协议层决定。防火墙所能提供的安全保护等级与其设计结构息息相关。一般来讲，大多数市面上销售的防火墙产品包含以下一种或多种防火墙结构。

- 静态包过滤。
- 动态包过滤。
- 电路层网关。
- 应用层网关。
- 状态检查包过滤。
- 切换代理。
- 空气隙（物理隔离）。

防火墙对开放系统互联（Open System Interconnection，OSI）模型中各层协议产生的信息流进行检查。图 5.2 中给出了 OSI 模型与防火墙类型的关系。一般来说，防火墙工作于 OSI 模型的层次越高，其检查数据包中的信息就越多，因此防火墙所消耗的处理器工作周期就越长；防火墙检查的数据包越靠近 OSI 模型的上层，该防火墙结构提供的安全保护等级就越高，因为在高层上能够获得更多的信息用于安全决策。

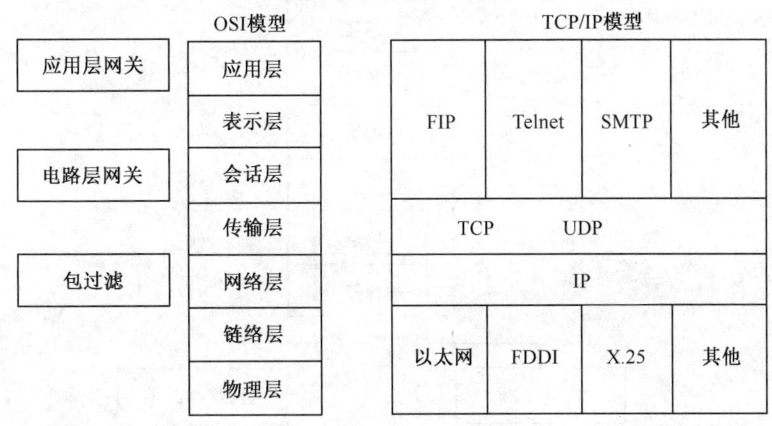

图 5.2　OSI 模型与防火墙类型的关系

5.1.2　静态包过滤防火墙

静态包过滤防火墙可以采用路由器上的过滤模块来实现，而且具有较高的安全性。由于可以直接使用路由器软件的过滤功能，无须购买专门的设备，因此可以减少投资。静态包过滤防火墙采用一组过滤规则对每个数据包进行检查，然后根据检查结果确定是转发还是丢弃该数据包。这种防火墙对从内部网络到外部网络和从外部网络到内部网络两个方向的数据包进行过滤，过滤规则基于 IP 与 TCP/UDP 头部中的几个字段。

静态包过滤防火墙的操作如图 5.3 所示。静态包过滤防火墙实现如下三个主要功能。

（1）接收每个到达的数据包。

（2）对数据包采用过滤规则，对数据包的 IP 头部和 TCP 头部中的特殊传输字段内容进行检查。若数据包的头部信息与一组规则匹配，则根据该规则确定是转发还是丢弃该数据包。

（3）若没有规则与数据包头部信息匹配，则对数据包施加默认规则。默认规则可以丢弃或接收所有数据包。默认丢弃数据包规则更严格，而默认接收数据包规则更开放。通常，防火墙首先默认丢弃所有数据包，然后逐个执行过滤规则，以加强对数据包的过滤。

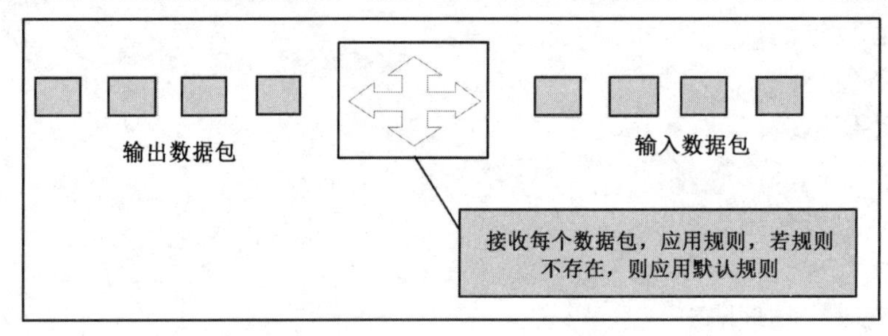

图 5.3 静态包过滤防火墙的操作

静态包过滤防火墙是最原始的防火墙，静态数据包过滤发生在网络层即 OSI 模型的第三层上，如图 5.4 所示。

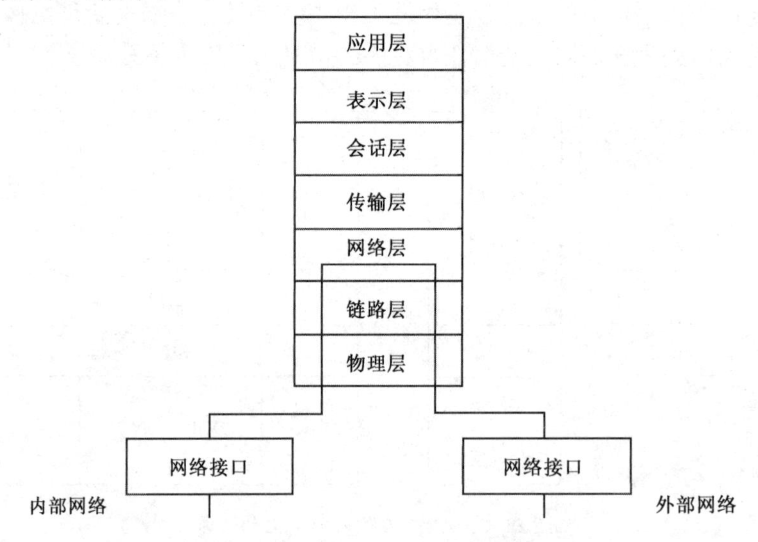

图 5.4 工作于网络层的静态包过滤

对于静态包过滤防火墙来说，是接收还是拒绝一个数据包，取决于对数据包中 IP 头部和协议头部等特定字段的检查与判定。这些特定字段包括：① 数据源地址；② 目的地址；③ 应用或协议；④ 源端口号；⑤ 目的端口号。静态包过滤防火墙 IP 数据包结构如

图 5.5 所示。

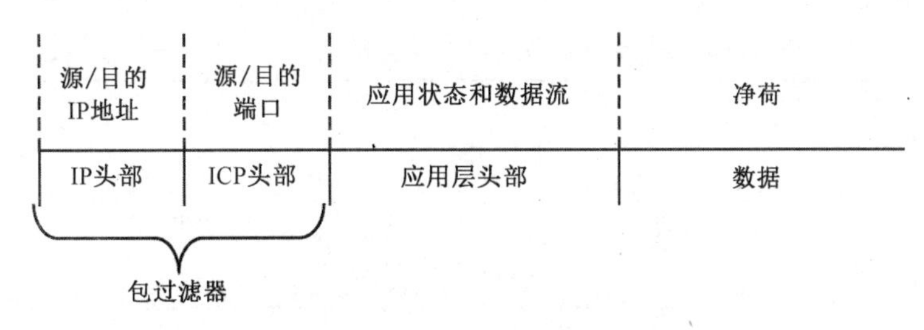

图 5.5 静态包过滤防火墙 IP 数据包结构

在每个包过滤器上，安全管理员要根据企业的安全策略定义一个表单，这个表单也被称为访问控制规则库。这个规则库包含许多规则，用来指示防火墙是拒绝还是接收数据包。在向前转发某个数据包之前，包过滤器防火墙将 IP 头部和 TCP 头部中的特定字段与规则库中的规则逐条进行比较。防火墙按照一定的次序扫描规则库，直到包过滤器发现一个特定字段满足包过滤规则的特定要求时，才对数据包做出“接收”或“丢弃”的判决。若包过滤器未发现一个规则与该数据包匹配，则对其施加一个默认规则。默认规则在防火墙的规则库中定义明确，一般情况下防火墙会将不满足规则的数据包丢弃。

定义包过滤器所用的默认规则时，有两种思路：① 容易使用；② 安全第一。“容易使用”的倡导者定义的默认规则是“允许一切”，即除非该数据流被一个更高级规则明确“拒绝”，否则该规则允许所有数据流通过。“安全第一”的倡导者定义的默认规则是“拒绝一切”，即除非该数据流得到某个更高级规则明确“允许”，否则该规则将拒绝任何数据包通过。

在静态包过滤规则库内，管理员可以定义一些规则决定哪些数据包可以被接收，哪些数据包将被拒绝。管理员可以针对 IP 头部信息定义一些规则，以拒绝或接收那些发往或来自某个特定 IP 地址或某个 IP 地址范围的数据包。管理员可以针对 TCP 头部信息定义一些规则，用来拒绝或接收那些发往或来自某个特定服务端口的数据包。

例如，管理员可以定义一些规则，允许或禁止某个 IP 地址或某个 IP 地址范围的用户使用 HTTP 服务浏览受保护的 Web 页面。同样，管理员也可定义一些规则，允许某个可信的 IP 或 IP 地址范围的用户使用 SMTP 服务访问受保护的邮件服务器上的文件。管理员还可定义一些规则，封堵某个 IP 地址或 IP 地址范围的用户访问某个受保护的 FTP 服务器。图 5.6 显示了一个静态包过滤防火墙规则表示例。这个过滤规则表决定是允许转发还是丢弃数据包。

根据该规则表，静态包过滤防火墙采取的过滤动作如下。

（1）拒绝来自 130.33.0.0 的数据包，这是一种保守策略。

（2）拒绝来自外部网络的 Telnet 服务（端口号为 23）的数据包。

（3）拒绝试图访问内部网络主机 193.77.21.9 的数据包。

（4）禁止 HTTP 服务（端口号为 80）的数据包输出，该规则表明公司不允许员工浏览 Internet。

包过滤器的工作原理非常简单，它根据数据包的源地址、目的地址或端口号确定是否丢弃数据包。也就是说，判决仅依赖于当前数据包的内容。根据所用路由器的类型，过滤可以发生在网络入口处，也可以发生在网络出口处，或者在入口和出口同时对数据包进行过滤。网络管理员可以事先准备好一个访问控制列表，其中明确规定哪些主机或服务是可以接受的，哪些主机或服务是不可以接受的。

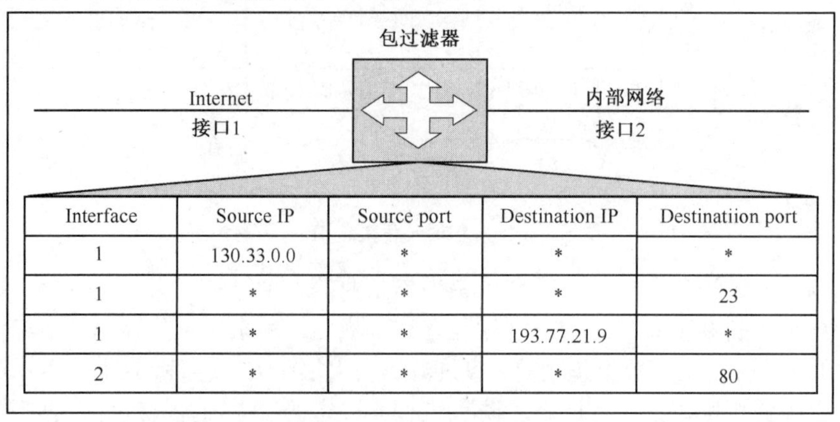

Interface	Source IP	Source port	Destination IP	Destinatiion port
1	130.33.0.0	*	*	*
1	*	*	*	23
1	*	*	193.77.21.9	*
2	*	*	*	80

图 5.6　静态包过滤防火墙规则表示例

包过滤防火墙的配置分为三步：第一，管理员必须明确企业网络的安全策略，即必须搞清楚什么是允许的、什么是禁止的；第二，必须用逻辑表达式清楚地表述数据包的类型；第三，必须用设备提供商支持的语法重写这些表达式。

根据静态包过滤的工作原理，我们可以构建一个静态包过滤防火墙。由于每个网站的安全策略都不一样，因此不可能为每个网站使用的包过滤器设置精确的过滤规则。本节只提供几个合理的规则配置样本。表 5.1 和表 5.2 中提供了两个配置样本，它们部分来自美国计算机应急响应中心（CERT）的建议书。

表 5.1　某大学的防火墙过滤规则设置

动　作	源	端　口	目　的	端　口	标　志	解　释
允许	secondary	*	our-dns	53	TCP	permit secondary nameserver access
阻止	*	*	*	53	TCP	no other DNS zone transfers
允许	*	*	*	53	UDP	permit UDP DNS queries
允许	ntp.outsid	123	ntp.inside	123	UDP	ntp time access
阻止	e	*	*	69	UDP	no access to our tftpd
阻止	*	*	*	87	TCP	the link service is often misused
阻止	*	*	*	111	TCP	no TCP RPC and ...
阻止	*	*	*	111	UDP	no UDP RPC and no ...
阻止	*	*	*	2049	UDP	NFS. This is hardly a guarantee
阻止	*	*	*	2049	TCP	TCP NFS is coming: exclude it
阻止	*	*	*	512	TCP	no incoming “r” commands...
阻止	*	*	*	513	TCP	...
阻止	*	*	*	514	TCP	...
阻止	*	*	*	515	TCP	no external lpr
阻止	*	*	*	540	TCP	uucpd
阻止	*	*	*	6000-6100	TCP	no incoming X
允许	*	*	adminnet	443	TCP	encrypted access to transcript mgr
阻止	*	*	adminnet	*	TCP	nothing else

续表

动　作	源	端　口	目　的	端　口	标　志	解　释
阻止	pclab-net	*	*	*	TCP	anon. students in pclab can't go outside
阻止	pclab-net	*	*	*	UDP	... not even with TFTP and the like!
允许	*	*	*		TCP	all other TCP is OK
阻止	*	*	*		UDP	suppress other UDP for now

表 5.2　某公司的防火墙过滤规则设置

动　作	源	端　口	目　的	端　口	标　志	解　释
允许	*	*	mailgate	25	TCP	inbound mail access
允许	*	*	mailgate	53	UDP	access to our DNS
允许	secondary	*	mailgate	53	TCP	secondary nameserver access
阻止	*	*	mailgate	23	TCP	block incoming telnet access
允许	ntp.outside	123	ntp.inside	123	UDP	external time source
允许	inside-net	*	*	*	TCP	outgoing TCP packets are OK
允许	*	*	inside-net	*	ACK	return ACK packets are OK
阻止	*	*	*	*	TCP	nothing else is OK
阻止	*	*	*	*	UDP	block other UDP, too

在表 5.1 中，假设大学有一个实验室 PC lab，如果允许该实验室的主机访问 Internet，那么可能会带来安全风险。因此，网络管理员在配置防火墙规则时，应禁止该实验室的主机访问 Internet。还有一条规则允许通过 HTTPS 服务来访问管理域中的计算机。该服务采用 443 端口，需要强认证和加密措施。

与校园网络不同，许多公司或家庭的网络希望禁止来自 Internet 的大多数访问，而允许发往 Internet 的大多数连接请求。在这类网络中，可以让一个网关接收进入内部网络的邮件，并为公司的内部主机提供域名解析服务。在表 5.2 中，采用了一条规则禁止 23 号端口上的 Telnet 服务。若公司的邮件服务器和 DNS 服务器交由 ISP 托管，则可以进一步简化这些规则。

因为防火墙对这些规则的检查是按顺序进行的，在把包过滤规则输入规则库时，管理员必须要特别小心。即使管理员已经按照一定的先后次序创建了规则，包过滤器也存在先天的缺陷：包过滤器仅检查数据的 IP 头部和 TCP 头部，而不能区分真实的 IP 地址和伪造的 IP 地址。若一个伪造的 IP 地址满足包过滤规则，且同时满足其他规则的要求，则该数据包将被允许通过。

假设管理员精心创建了一条规则，该规则指示数据包过滤器丢弃所有来自未知源地址的数据包。这条包过滤规则虽然会极大地增加黑客访问某些可信服务器的难度，但并不能彻底杜绝这类访问。黑客只需用某个已知可信客户机的源地址替代恶意数据包的实际源地址就可以达到目的。我们将这种形式的攻击称为 IP 地址欺骗（IP Address Spoofing）。用 IP 地址欺骗攻击来对付包过滤防火墙是非常有效的。

同样，我们注意到静态包过滤防火墙并没有对数据包做太多的检查。静态包过滤防火墙仅检查那些特定的协议头信息：① 源/目的 IP 地址；② 源/目的端口号（服务）。因此，黑客可将恶意的命令或数据隐藏在那些未经检查的头部信息中。更危险的是，由于静态包过滤防火墙不检查数据包的净荷部分，因此黑客有机会将恶意命令或数据隐藏到数据净荷中。这一攻击方法通常被称为隐信道攻击。

最后需说明的是，包过滤防火墙并没有状态感知的能力。管理员必须为某个会话的两端配置相应的规则来保护服务器。例如，要允许用户访问某个受保护的 Web 服务器，管理员就必须创建一条规则，该规则既允许来自远端客户机的请求进入内部网络，又允许来自 Web 服务器的响应发往 Internet。值得注意的是，人们在使用 FTP 和 E-mail 等服务时，需要静态包过滤防火墙能够动态地为这些服务分配端口，所以管理员必须为静态包过滤规则打开所有的端口。

静态包过滤防火墙具有如下优点。

（1）对网络性能的影响较小。由于包过滤防火墙只是简单地根据地址、协议和端口进行访问控制，因此对网络性能的影响较小。只有当访问控制规则较多时，才会感觉到性能的下降。

（2）成本较低。路由器通常集成了简单包过滤的功能，基本上不再需要单独的防火墙设备实现静态包过滤功能，因此简单包过滤的成本非常低。

静态包过滤防火墙具有如下缺点。

（1）安全性较低。由于包过滤防火墙仅工作于网络层，其自身的结构设计决定了它不能对数据包进行更高层的分析和过滤。因此，包过滤防火墙仅提供较低水平的安全性。

（2）缺少状态感知能力。一些需要动态分配端口的服务需要防火墙打开许多端口，这就增大了网络的安全风险，导致网络整体安全性不高。

（3）容易遭受 IP 欺骗攻击。由于简单的包过滤功能不对协议的细节进行分析，因此有可能遭受 IP 欺骗攻击。

（4）创建访问控制规则比较困难。包过滤防护墙缺少状态感知的能力，无法识别主动方与被动方在访问行为上的差别。要创建严密有效的访问控制规则，管理员就需要认真地分析和研究一个组织机构的安全策略，同时必须严格区分访问控制规则的先后次序，这对新手而言是一个比较困难的问题。

5.1.3 动态包过滤防火墙

动态包过滤器是普遍使用的一种防火墙技术，它既具有很高的安全性，又具有完全的透明性。动态包过滤器的设计目标是允许所有的客户端软件不加修改便可工作，并让网络管理员仍然对通过防火墙的数据流施加完全控制。静态包过滤防火墙的规则表是固定的，动态包过滤防火墙可以根据网络当前的状态检查数据包，即根据当前所交换的信息动态地调整过滤规则表。

典型的动态包过滤防火墙也和静态包过滤防火墙一样，都工作在网络层，即 OSI 模型的第三层。更先进的动态包过滤防火墙可在 OSI 的传输层（第四层）上工作。在传输层上，动态包过滤防火墙可以收集更多的状态信息，从而增加过滤的深度。工作于传输层的动态包过滤防火墙如图 5.7 所示。

通常，动态包过滤防火墙是接收还是丢弃一个数据包，取决于对数据包的 IP 头部和协议头部的检查。动态包过滤防火墙检查的数据包头部信息包括：① 数据源地址；② 目的地址；③ 应用或协议；④ 源端口号；⑤ 目的端口号。

动态包过滤防火墙在对数据包的过滤方面，呈现出与普通包过滤器防火墙非常相似的特征。若数据包满足规则，如数据包的端口号或 IP 地址是可接受的，则被允许通过。动态包过滤防火墙与普通包过滤防火墙的不同点如下：它首先对出站数据包的身份进行记录，然后若有相同连接的数据包进入防火墙，则直接允许这些数据包通过。

例如，动态包过滤防火墙的一条规则是，若从外部网络输入防火墙的 TCP 数据包是对从内部网络发出的 TCP 数据包的回应，则允许这些 TCP 数据包通过防火墙。由此可以看出，动态包过滤防火墙直接对“连接”进行处理，而不是只对数据包头部信息进行检查。因此，它可以用来处理 UDP 和 TCP 协议。即使 UDP 缺少 ACK 标志位，也可以对其进行过滤。

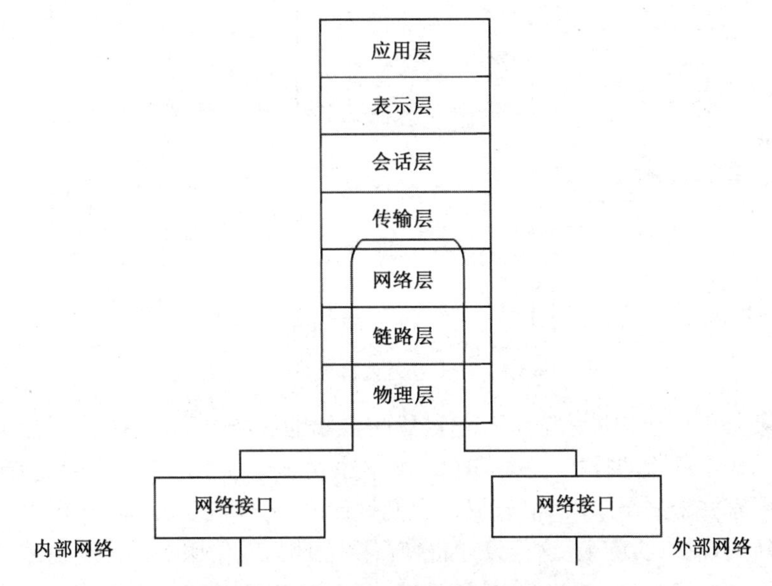

图 5.7　工作于传输层的动态包过滤防火墙

注意，动态包过滤防火墙需要对已建连接和规则表进行动态维护，因此它是动态的和有状态的。动态包过滤防火墙根据规则表对数据包进行过滤，图 5.8 显示了动态包过滤防火墙的工作原理。简而言之，典型的动态包过滤防火墙能够察觉新建连接与已建连接之间的差别。当动态包过滤防火墙发现入站数据包是已建连接的数据包时，就会允许该数据包直接通过而不做任何检查。由于避免了对进入防火墙的每个数据包都进行规则库的检查，并且在内核层实现了数据包与已建连接状态的比较，因此动态包过滤防火墙的性能与静态包过滤防火墙的性能相比，有较大的提高。

在现实中，动态包过滤防火墙主要存在如下两个方面的性能差异。

（1）是否支持对称多处理（Symmetrical Multi-Processing，SMP）技术。SMP 是指在一台计算机上汇集一组处理器（多个 CPU），各个 CPU 之间共享内存子系统及总线结构，是相对非对称多处理技术而言的、应用十分广泛的并行技术。在防火墙设计中采用此技术可以大大提高防火墙的性能。

（2）体现在连接建立的方式上。每家防火墙厂商在建立连接表（Connection Table）方面都有自己的专利技术。但是，除了上面讨论的区别，动态包过滤防火墙的基本操作本质上都是相同的。

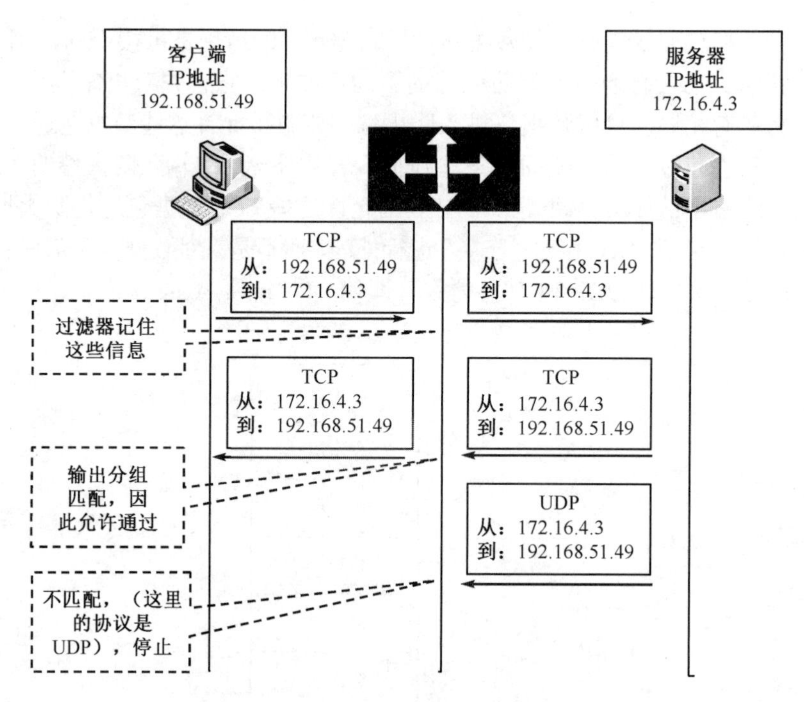

图 5.8　动态包过滤防火墙的工作原理

为突破基于单线程进程的动态包过滤防火墙的性能极限，有些厂家在防火墙建立连接时采取了非常危险的技术方案。RFC 草案建议防火墙在三步握手协议完成后才建立连接，有些厂家并未采用 RFC 的建议，它们设计的防火墙在收到第一个 SYN 数据包时就打开一个新的连接。实际上，这一设计将使得防火墙后面的服务器遭受伪装 IP 地址攻击。

黑客发动的匿名攻击有时更具危险性。与静态包过滤防火墙相似，假设管理员为防火墙创建了一条规则，指示包过滤器丢弃所有包含未知源地址的数据包。这条规则虽然使黑客的攻击变得非常困难，但是黑客仍然可以采用合法的 IP 地址访问防火墙后面的服务器。黑客可以将恶意数据包中的源地址替换成某个可信客户机的源地址。在此攻击方法中，黑客必须采用可信主机的 IP 地址，并通过三步握手建立连接。

若防火墙厂商未在连接建立过程中采用 RFC 草案的建议，即没有执行三步握手协议就打开一条连接，黑客就可以伪装成一台可信的主机，对防火墙或受防火墙保护的服务器发动单数据包攻击（Single-Packet Attack），此时黑客完全保持为匿名，而管理员并不清楚所用的防火墙产品具有此种缺陷。长期以来，各种单数据包攻击（如 LAND、Ping of Death 和 Tear Drop 等）一直困扰着管理员。一旦管理员知道了防火墙设计上存在缺陷，就不会对发生上述攻击感到吃惊。

总之，动态包过滤防火墙的优点如下。

（1）当动态包过滤防火墙设计采用 SMP 技术时，对网络性能的影响非常小。采用 SMP 的系统架构，防火墙可以由不同的处理器分担包过滤处理任务。即使在主干网络上使用动态包过滤防火墙，也可以满足主干网络对防火墙性能的需求。

（2）动态包过滤防火墙的安全性优于静态包过滤防火墙。由于具有状态感知能力，防火墙可以区分连接的发起方与接收方，也可以通过检查数据包的状态阻止一些攻击行为。与此同时，对于不确定端口的协议数据包，防火墙也可以通过分析来打开相应的端口。防火墙所具有的这些能力使其安全性有了很大的提升。

（3）动态包过滤防火墙的状态感知能力也使其性能得到了显著提高。由于防火墙在连接建立后保存了连接状态，当后续数据包通过防火墙时，不再需要烦琐的规则匹配过程，这就减少了访问控制规则数量增加对防火墙性能造成的影响，因此其性能要比静态包过滤防火墙好很多。

（4）若不考虑所用的操作系统的成本，则动态包过滤防火墙的成本也很低。

动态包过滤防火墙的缺点如下。

（1）仅工作于网络层，因而仅检查 IP 头部和 TCP 头部。

（2）由于不对数据包的净荷部分进行过滤，因此仍然具有较低的安全性。

（3）容易遭受伪装 IP 地址欺骗攻击。

（4）难以创建规则，管理员创建规则时必须考虑规则的先后次序。

（5）若动态包过滤防火墙连接在建立时未遵循 RFC 建议的三方握手协议，则会引入额外的风险。若防火墙在连接建立时仅使用两次握手，则很可能导致防火墙在出现 DoS/DDoS 攻击时因耗尽所有资源而停止响应。

5.1.4 电路层网关

电路层网关又称线路层网关，当两台主机首次建立 TCP 连接时，电路层网关在两台主机之间建立一道屏障。电路层网关采用客户端/服务器结构，网关充当服务器的角色，而内部网络中的主机充当客户机的角色。当客户机要连接到服务器时，首先要连接到中继主机；然后，中继主机连接到服务器。对服务器来说，客户机的名称和 IP 地址是不可见的。

当有来自 Internet 的请求进入时，电路层网关作为服务器接收外来请求，并转发请求；当有内部主机请求访问 Internet 时，电路层网关充当代理服务器，监视两主机建立连接时的握手信息，如 SYN、ACK 和序号等是否符合逻辑，判定会话请求是否合法。在有效会话连接建立后，电路层网关只复制、传递数据，而不过滤数据。电路层网关的工作过程如图 5.9 所示。在图 5.9 中，电路层网关只用来中继 TCP 连接。为了增强安全性，电路层网关可以采取强认证措施。

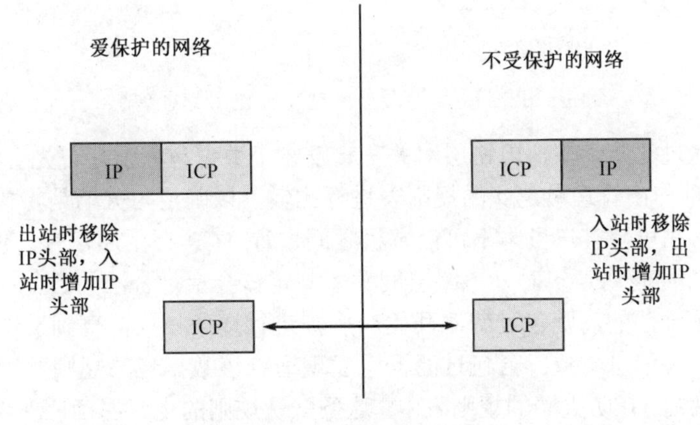

图 5.9 电路层网关的工作过程

在整个过程中，IP 数据包不会实现端到端的流动，因为中继主机工作于 IP 层，在 IP 层可能出现的所有碎片攻击、Firewalking 探测等问题都会在中继主机上终结。对于有问题的 IP 数据流，中继主机能很好地加以处理。而在中继主机的另一端，它能发送正常的 TCP/IP 数据包。

电路层网关工作于会话层，即 OSI 模型的第 5 层，如图 5.10 所示。在许多方面，电路层网关只是包过滤防火墙的一种扩展，它除了进行基本的包过滤检查，还要增加对连接建立过程中的握手信息及序号合法性的验证。

通常，判断是接收还是丢弃一个数据包，取决于对数据包的 IP 头部和 TCP 头部的检查，如图 5.11 所示。电路层网关检查的数据包括：① 源地址；② 目的地址；③ 应用或协议；④源端口号；⑤ 目的端口号；⑥ 握手信息及序号。

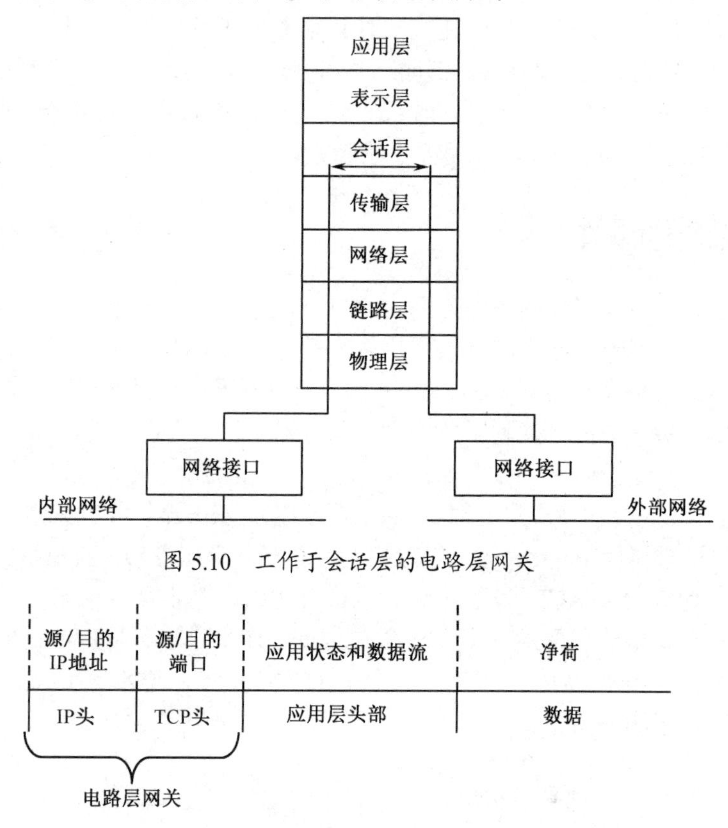

图 5.10 工作于会话层的电路层网关

图 5.11 电路层网关过滤的 IP 数据包信息

类似于包过滤防火墙，电路层网关在转发一个数据包之前，首先会将数据包的 IP 头部和 TCP 头部与由管理员定义的规则表进行比较，以确定防火墙是将数据包丢弃还是让数据包通过。在可信客户机与不可信主机之间进行 TCP 握手通信时，仅当 SYN 标志、ACK 标志及序号符合逻辑时，电路层网关才判定该会话是合法的。

若会话是合法的，则包过滤器开始对规则进行逐条扫描，直到发现其中一条规则与数据包中的有关信息一致。若包过滤器未发现适合该数据包的规则，则会对该数据包施加一条默认规则。在防火墙的规则表中，这条默认规则的定义明确，通常是指示防火墙把不满足规则的数据包丢弃。

事实上，电路层网关在其自身与远程主机之间建立一个新连接，而这一切对内部网络中的用户来说是完全透明的。内部网络用户不会意识到这些，他们一直认为自己正与远程主机直接建立连接。在图 5.12 中，电路层网关将输出数据包的源地址改为自己的 IP 地址。因此，外部网络中的主机不会知道内部主机的 IP 地址。图中的单向箭头只是为了说明这一概念，实际上箭头应是双向的。

电路层网关完全由包过滤防火墙演化而来，它与包过滤防火墙都工作于 OSI 模型的低层，因此对网络性能的影响较小。然而，电路层网关一旦建立一个连接，任何应用就都可以通过该连接运行，因为电路层网关仍然是在 OSI 模型的会话层和网络层上对数据包进行过滤的。换句话说，电路层网关不能检查可信网络与不可信网络之间中继的数据包内容，于是存在电路层网关可能放过有害的数据包，使其顺利到达防火墙后面的服务器的风险。

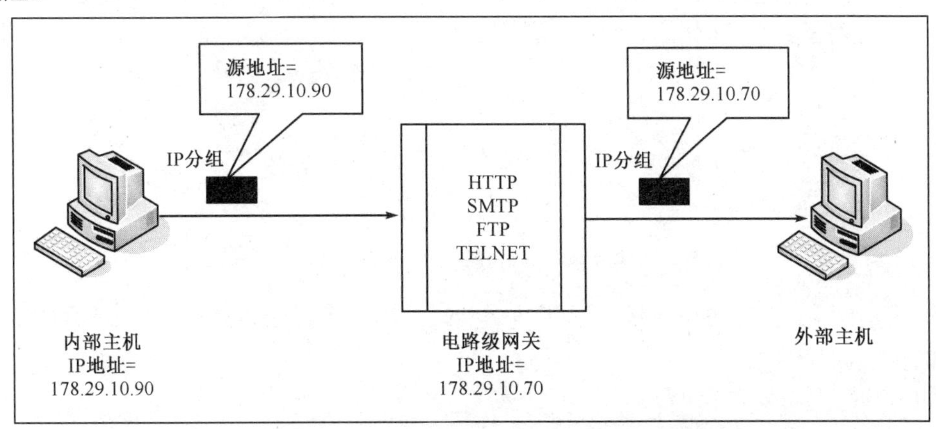

图 5.12　电路层网关的工作原理

总之，电路层网关具有如下优点。

（1）对网络性能有一定程度的影响。由于其工作层要比包过滤防火墙的高，因此性能要比包过滤防火墙的稍差，但与应用代理防火墙相比，性能要好很多。

（2）切断了外部网络到防火墙后的服务器的直接连接。外部网络客户机与内部网络服务器之间的通信需要通过电路层代理实现，同时电路层代理可以对 IP 层的数据错误进行校验。

（3）电路层网关的安全性要高于静态或动态包过滤防火墙的安全性。理论上，防火墙实现的层越高，过滤检查的项目就越多，安全性就越好。由于电路层网关可以提供认证功能，因此其安全性要优于包过滤防火墙。

电路层网关具有如下缺点。

（1）具有一些包过滤防火墙固有的缺陷。例如，电路层网关不能对数据净荷进行检测，因此无法抵御应用层的攻击等。

（2）仅提供一定程度的安全性。由于电路层网关在设计理论上存在局限性，因此工作层决定了它无法提供最高的安全性。只有在应用层网关上，安全性才能从理论上得到彻底保证。

（3）电路层网关防火墙存在的另外一个问题是，当增加新的内部程序或资源时，往往需要对许多电路层网关的代码进行修改（Socks 例外）。

5.1.5 应用层网关

应用层网关与包过滤防火墙不同：包过滤防火墙能对所有不同服务的数据流进行过滤，而应用层网关只能对特定服务的数据流进行过滤。包过滤器不需要了解数据流的细节，它只查看数据包的源地址和目的地址，或检查 UDP/TCP 的端口号和某些标志位。应用层网关必须为特定的应用服务编写特定的代理程序。这些程序被称为服务代理，在网关内部分别扮演客户机代理和服务器代理的角色。当各种类型的应用服务通过网关时，它们必须由客户机代理和服务器代理过滤。应用层网关的逻辑结构如图 5.13 所示。

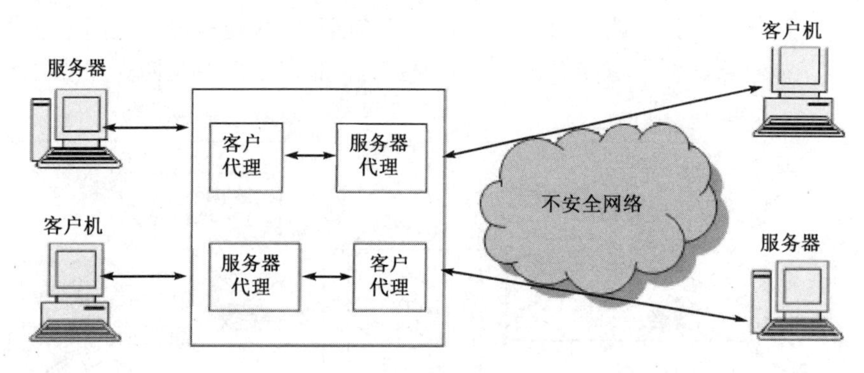

图 5.13　应用层网关的逻辑结构

应用层网关上运行的应用代理程序与电路层网关上运行的应用程序代理有如下两个重要的区别。

（1）代理是针对应用的。

（2）代理对整个数据包进行检查，因此能在 OSI 模型的应用层上对数据包进行过滤。应用层网关的工作层次如图 5.14 所示。

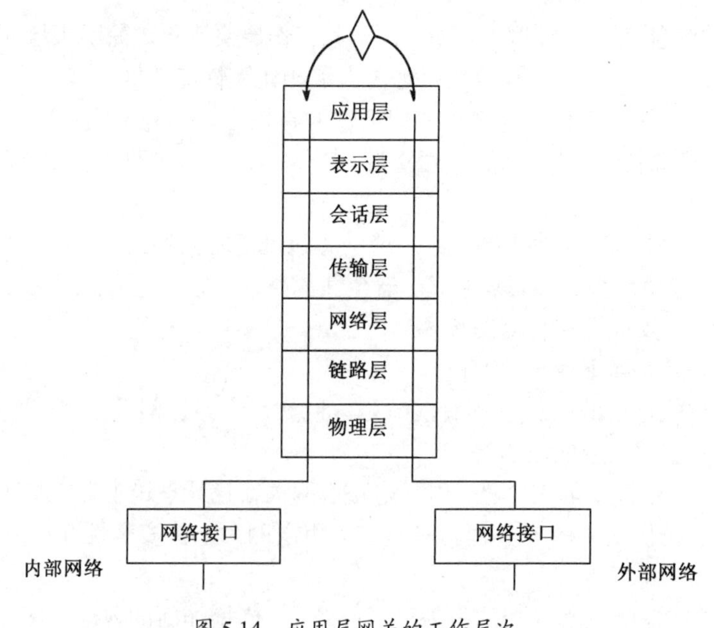

图 5.14　应用层网关的工作层次

与电路层网关不同，应用层网关必须针对每个特定的服务运行一个特定的代理，它只能对特定服务生成的数据包进行传递和过滤。例如，HTTP 代理只能复制、传递和过滤 HTTP 业务流。若一个网络使用了应用层网关防火墙，且网关上未运行某些应用服务的代理，则这些服务的数据包都不能进出网络。例如，若应用层网关防火墙上运行了 FTP 和 HTTP 代理，则只有这两种服务的数据包才能通过防火墙，而其他服务的数据包均被禁止。

当前，应用层网关防火墙采用的技术称为“强应用代理”。强应用代理技术提高了应用层网关的安全等级。强应用代理不对用户的整个数据包进行复制，而在防火墙内部创建一个全新的空数据包。强应用代理将那些可以接收的命令或数据，从防火墙外部的原始数据报中复制到防火墙内新创建的数据包中。然后，强应用代理将新数据包发送给防火墙后面受保护的服务器。通过采用此项技术，强应用代理能够降低各类隐信道攻击带来的风险。

与普通静态或动态包过滤防火墙相比，应用层网关防火墙在更高的层上过滤信息，并且能够自动地创建必要的包过滤规则，因此它们要比传统的包过滤防火墙更易配置。

包过滤防火墙无须对数据净荷进行检查，它只检查数据包的源地址和目的地址，也可能检查 UDP 或 TCP 的端口号或标志位。应用层网关不采用通用机制处理所有应用服务的数据包，而采用特定的代理程序处理特定应用服务的数据包。例如，针对电子邮件的应用代理程序能理解 RFC 822 头部信息和 MIME 编码格式的附件，也可能识别感染病毒的软件。这类过滤器通常采用存储转发方式工作。

应用层网关还有另外一个优点，即它容易记录和控制所有进出网络的数据流。这对于某些环境来说非常关键。它可以对电子邮件中的关键词进行过滤，也可以让特定的数据通过网关。它还能对网页的查询请求进行过滤，使其与公司的安全策略一致，以禁止员工在工作时间上网看新闻。它还能剔除危险的电子邮件附件。

应用层网关的主要缺点是，对于大多数应用服务来说，它需要编写专门的用户程序或不同的用户接口。在实践中，这意味着应用层网关只能支持一些非常重要的服务。对于一些专用的协议或应用，应用层网关将无法加以过滤。对于许多新出现的应用服务，应用层网关则无能为力，因为用户必须重新开发新的代理程序，而这需要时间。目前，它仅能对有限的几个常用应用服务进行过滤，如 HTTP、FTP、SMTP、POP3、Telnet 等。

当然，从安全的角度看，我们更偏向于采用应用层网关防火墙。它配置简单，也更安全。网关也可以支持其他的应用，如可以让它承担域名服务器或邮件服务器的任务。应用层网关防火墙隐藏了内部主机的 IP 地址或主机名，对于外部的网络用户来说，这些信息是不可见的。当数据包流出内部网络时，防火墙将消息头部中的专用 IP 地址和主机名去掉；当数据包从外部网络传入内部网络时，防火墙的域名服务器对数据包进行解析，再发往内部网络的用户。因此，对于外部网络来说，防火墙看起来既是源点又是终点。

总之，应用层网关的主要优点如下。

（1）在已有的安全模型中安全性较高。由于工作于应用层，因此应用层网关防火墙的安全性取决于厂商的设计方案。应用层网关防火墙完全可以对服务（如 HTTP、FTP 等）的命令字过滤，也可以实现内容过滤，甚至可以进行病毒过滤。

（2）具有强大的认证功能。由于应用层网关在应用层实现认证，因此可以实现的认证方式要比电路层网关的丰富。

（3）具有超强的日志功能。包过滤防火墙的日志仅能记录时间、地址、协议、端口，而应用层网关的日志要明确得多。例如，应用层网关可以记录用户通过 HTTP 访问了哪些网站页面、通过 FTP 上传或下载了什么文件、通过 SMTP 给谁发送了邮件，甚至邮件的主题、附件等信息都可以作为日志的内容。

（4）应用层网关防火墙的规则配置比较简单。由于应用代理必须针对不同的协议实现过滤，所以管理员在配置应用层网关时关注的重点就是应用服务，而不必像配置包过滤防火墙一样还要考虑规则顺序的问题。

应用层网关的主要缺点如下。

（1）灵活性很差，对每个应用都需要设置一个代理。由此导致的问题是，每当出现一新应用时，就必须编写新的代理程序。由于目前的网络应用呈多样化趋势，这显然是一个致命的缺陷。在实际工作中，应用层网关防火墙中集成了电路层网关或包过滤防火墙，以满足人们对灵活性的需求。

（2）配置烦琐，增大了管理员的工作量。由于各种应用代理的设置方法不同，因此对于不是很精通计算机网络的用户而言，难度可想而知。对于网络管理员来说，当网络规模达到一定程度时，其工作量很大。

（3）性能不高，有可能成为网络的瓶颈。目前，应用层网关的性能依然远远无法满足大型网络的需求，一旦超负荷，就有可能发生宕机，进而导致整个网络中断。

5.1.6 状态检测防火墙

状态检测技术是防火墙近几年才应用的新技术。传统的包过滤防火墙只是通过检测 IP 包头部的相关信息来决定数据流是通过还是拒绝，而状态检测技术采用一种基于连接的状态检测机制，将属于同一连接的所有包作为一个数据流的整体看待，构成连接状态表，通过规则表与状态表的共同配合，对表中的各个连接状态因素加以识别。这里动态连接状态表中的记录可以是以前的通信信息，也可以是其他相关应用的信息。因此，与传统包过滤防火墙的静态过滤规则表相比，它具有更好的灵活性和安全性。

先进的状态检测防火墙读取、分析和利用了全面的网络通信信息和状态。

（1）通信信息。通信信息即所有 7 层协议的当前信息。防火墙的检测模块位于操作系统的内核，在网络层之下，能在数据包到达网关操作系统之前对它们进行分析。防火墙先在低协议层上检查数据包是否满足企业的安全策略，对于满足的数据包，再从更高的协议层上进行分析。它验证数据的源地址、目的地址和端口号、协议类型、应用信息等多层标志，因此具有更全面的安全性。

（2）通信状态。通信状态即以前的通信信息。对于简单的包过滤防火墙，若要允许 FTP 通过，就必须做出让步而打开许多端口，这样就降低了安全性。状态检测防火墙在状态表中保存以前的通信信息，记录从受保护网络发出的数据包的状态信息，如 FTP 请求的服务器地址和端口、客户端地址和为满足此次 FTP 临时打开的端口，然后，防火墙根据该表的内容对返回受保护网络的数据包进行分析判断。这样，就只有响应受保护网络请求的数据包才被放行。这里，对于 UDP 或 RPC 等无连接协议，检测模块可创建虚会话信息来进行跟踪。

（3）应用状态。应用状态即其他相关应用的信息。状态检测模块能够理解并学习各种协议和应用，以支持各种最新的应用，它比代理服务器支持的协议和应用要多得多；此外，它能从应用程序中收集状态信息并存入状态表，以供其他应用或协议作为检测策略。例如，已经通过防火墙认证的用户可以通过防火墙访问其他授权的服务。

（4）操作信息。操作信息即在数据包中能够执行逻辑运算或数学运算的信息。状态监测技术采用强大的面向对象的方法，基于通信信息、通信状态、应用状态等多方面因素，利用灵活的表达式形式，结合安全规则、应用识别知识、状态关联信息及通信数据，构造更复杂的、更灵活的、满足用户特定安全要求的策略规则。

状态检查防火墙结合了动态包过滤、电路层网关和应用层网关等各项技术。由于状态检测防火墙可以在OSI模型的所有7层上进行过滤，所以理论上应具有很高的安全性，如图5.15所示。但是，现在的大多数状态检测防火墙只工作于网络层，而且只作为动态包过滤器对进出网络的数据进行过滤。因此，它对数据包的过滤基于对源地址、目的IP地址及端口号的检查。有些企业声称这是管理员在配置防火墙时出错了，许多管理员则抱怨称采用状态监测功能会造成防火墙超负荷运行，进而使其应用受到限制。

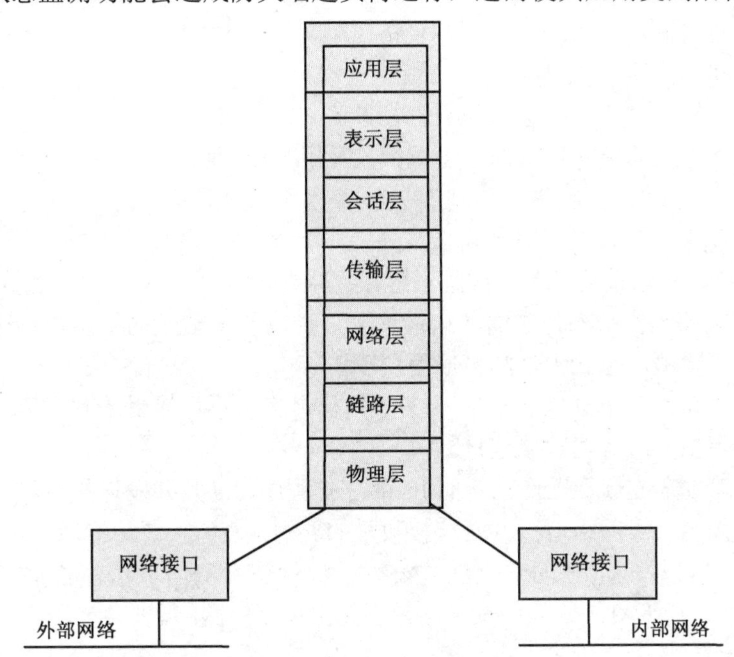

图5.15　状态检测防火墙在所有7层上进行过滤

尽管状态检测防火墙具有在全部7层上过滤数据包的能力，但是许多管理员在安装防火墙时仅让其运行在OSI的网络层上，作为动态包过滤防火墙使用。前面指出，状态检测防火墙可以作为电路层网关工作，以确定是否允许某个会话中的数据包通过防火墙。例如，状态检测防火墙可以验证输入数据包的SYN、ACK标志位和序号是否符合逻辑。然而，在许多实现方案中，状态检测防火墙仅被当作动态包过滤防火墙使用，并且允许采用单个SYN数据包建立新的连接，这是非常危险的。有的状态检测防火墙方案不能对内部主机发出的数据包的序号进行检测，这可能导致安全缺陷：一个内部主机可以非常容易地伪装成其他内部主机的IP地址，在防火墙上为进入内部网络的连接打开一扇门。

与应用层网关不同，状态检测防火墙并未打破用客户机/服务器模型来分析应用层数据。应用层网关创建了两个连接：一个连接在可信客户机和网关之间，另一个连接在网关和不可信主机之间。网关在这两个连接之间复制信息。这是应用代理和状态检测争论的核心。有些管理员坚持认为这一配置确保了高安全性，而有些管理员则认为这一配置降低了系统的性能。为了提供安全的连接，状态检测防火墙能够在 OSI 的应用层上截获和检查每个数据包。遗憾的是，单线程状态检测进程给防火墙性能带来很大的影响，所以管理员通常不采用这一配置。

状态检测防火墙依靠检测引擎中的算法来识别和处理应用层数据。这些算法将数据包与授权数据包的已知比特模式进行比较。有些厂商声称，理论上，它们的状态检测防火墙在过滤数据包时，要比特定应用代理更高效。然而，许多状态检测引擎是以单线程进程工作的，因此显著缩小了状态监测防火墙与应用层网关的差别。此外，由于受状态检测引擎中所用检测语言的限制，现在人们通常使用应用层网关来代替状态检测防火墙。

总之，状态检测防火墙具有以下优点。

（1）具备动态包过滤的所有优点，同时具有更高的安全性。因为增加了状态检测机制，所以能够抵御利用协议细节进行的攻击。

（2）未打破客户机/服务器模型。

（3）提供集成的动态（状态）包过滤功能。

（4）以动态包过滤模式运行时速度很快；采用 SMP 兼容的动态包过滤时，运行速度更快。

状态检测防火墙具有以下缺点。

（1）状态检测引擎采用的是单线程进程，会对防火墙的性能产生很大影响。许多用户将状态检测防火墙当作动态包过滤防火墙使用，过滤的层限于网络层与传输层，无法对应用层内容进行检测，也就无法防范应用层攻击。

（2）许多人认为，未打破客户机/服务器结构会产生不可接受的安全风险，因为黑客可以直接与受保护的服务器建立连接。

（3）若实现方案依赖于操作系统的 Inetd 守护程序，则其并发连接数量将受到严重限制，从而不能满足当今网络对高并发连接数量的要求。

（4）仅能提供较低水平的安全性。没有一种状态检测防火墙能提供高于通用标准 EAL2 的安全性，而 EAL2 等级的安全产品不能保护专用网络。

5.1.7 切换代理

切换代理（Cutoff Proxy）实际上是动态（状态）包过滤器和一个电路层代理的组合。在许多实现方案中，切换代理首先起电路层代理的作用，以验证 RFC 建议的三步握手，然后切换到动态包过滤的工作模式下。因此，切换代理首先工作于 OSI 的会话层，即第 5 层；当连接完成后，再切换到动态包过滤模式，即工作于 OSI 的第 3 层。切换代理的工作过程如图 5.16 所示。

有些厂商已将切换代理的过滤能力拓展到应用层，使其在切换到动态包过滤模式之前能够处理有限的认证信息。

前面讨论了切换代理的工作原理，下面分析切换代理的缺点。切换代理与传统的电路层代理不同：电路层代理能在连接持续期间打破客户机/服务器模式，而切换代理却不能。远程客户机与防火墙后面受保护的服务器之间仍然能够直接建立连接。切换代理可以在安全性和性能之间找到平衡。我们认为，不同类型的防火墙结构在Internet安全中有着不同的定位。若安全策略规定需要对一些基本的服务进行认证并检查三步握手，而且不需要打破客户机/服务器模式，则切换代理就是一个非常合适的选择。然而，管理员必须清醒地认识到，切换代理不等于电路层代理，因为在建立连接期间，它并未打破客户机/服务器模式。

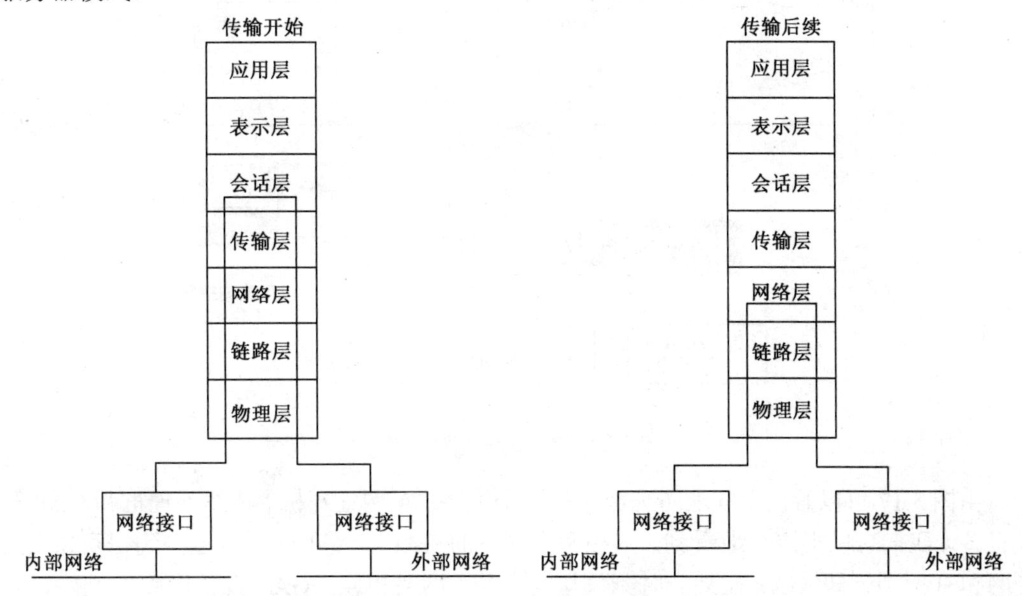

图 5.16　切换代理的工作过程

总之，切换代理具有以下优点。

（1）与传统的电路层网关相比，它对网络性能造成的影响较小。

（2）由于对三步握手进行了验证，所以降低了IP欺骗的风险。

切换代理具有以下缺点。

（1）它不是一个电路层网关。

（2）它仍然具有动态包过滤遗留的许多缺陷。

（3）由于不检查数据包的净荷部分，因此具有较低的安全性。

（4）难以创建规则（受先后次序的影响）。

（5）安全性不及传统的电路层网关。

5.1.8　气隙防火墙

气隙（Air Gap）防火墙俗称安全网闸，它是现有防火墙结构中的新成员。安全网闸技术是指模拟人工拷盘的工作模式，通过电子开关的快速切换实现两个不同网段的数据交换的物理隔离安全技术。在网络安全技术中，气隙防火墙主要指通过专用的硬件设备在物理不连通的情况下，实现两个独立网络之间的数据安全交换和资源共享。目前，有关气隙防火墙技术的争论仍在继续。其实，气隙防火墙的工作原理非常简单。首先，外部客户机与防火墙之间的连接数据被写入一个具有SCSI接口的高速硬盘，然后内部的连接从该 SCSI 硬盘中读取数据。由于防火墙切断了客户机到服务器的直接连接，且对硬盘数据的读/写操作都是独立进行的，因此人们相信气隙防火墙能够提供高安全性。气隙防火墙的结构如图 5.17 所示。

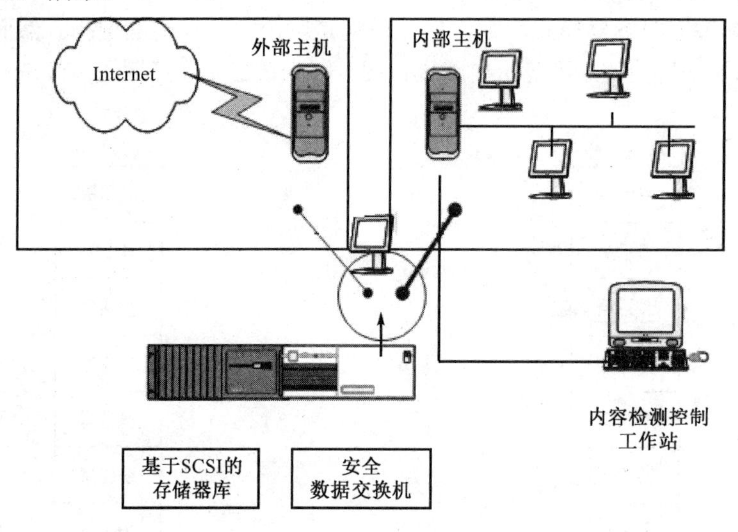

图 5.17　气隙防火墙的结构

由图 5.17 可以看出，气隙防火墙包括三个组件：A 网处理机、B 网处理机和 GAP 开关设备。我们可以很清楚地看到，连接两个网络的 GAP 设备不能同时连接到相互独立的 A 网和 B 网中，即 GAP 在某一时刻只与其中某个网络相连。GAP 设备连接 A 网时，它与 B 网断开，A 网处理机把数据放入 GAP；GAP 在接收完数据后自动切换到 B 网，同时，GAP 与 A 网断开；B 网处理机从 GAP 中取出数据，并根据合法数据的规则进行严格检查，判断这些数据是否合法，若为非法数据，则删除它们。同理，B 网也以同样的方式通过 GAP 将数据安全地交换到 A 网中。从 A 网处理机向 GAP 放入数据开始，到 B 网处理机从 GAP 中取出数据并检查结束，就完成了一次数据交换。GAP 就这样在 A 网处理机与 B 网处理机之间来回往复地进行实时数据交换。在通过 GAP 交换数据的同时，A 网和 B 网仍然是相互隔离的。

安全网闸如何保证网络的安全？第一，这两个网络一直是隔离的，在两个网络之间只能通过 GAP 来交换数据。当两个网络的处理机、GAP 三者中的任何一台设备出现问题时，都无法通过 GAP 进入另一个网络，因为它们之间没有物理连接；第二，GAP 只交换数据，不直接传输 TCP/IP 数据包，这样就避免了 TCP/IP 的漏洞；第三，任何一方接收到数据后，都要对数据进行严格的内容检测和病毒扫描，严格控制非法数据的交流。GAP 安全性的高低关键在于其对数据内容检测的强弱。若不做任何检测，虽然是隔离的两个网络，也能传输非法数据、病毒或木马，甚至利用应用协议漏洞通过 GAP 设备从一个网络直接进入另一个网络。此时，GAP 的作用将大打折扣。

气隙防火墙的工作原理与应用层网关的非常相似，区分空气隙技术与应用层网关技术非常困难。两者的主要差别是，空气隙技术分享的是一个公共的 SCSI 高速硬盘，而应用层网关技术分享的是一个公共的内存。另外，气隙防火墙由于采用了外部进程（SCSI 驱动），所以性能上受到了限制；而应用层网关防火墙在内核存储空间上运行内核硬化的安全操作系统，在安全性相同的情况下，性能大大提高。

总之，气隙防火墙具有以下优点。

（1）切断了与防火墙后面服务器的直接连接，消除了隐信道攻击的风险。

（2）采用强应用代理对协议头部长度进行检测，能够消除缓冲器溢出攻击。

（3）与应用层网关结合使用，气隙防火墙能提供很高的安全性。

气隙防火墙具有以下缺点。

（1）能在很大程度上降低网络的性能。

（2）只支持静态数据交换，不支持交互式访问。

（3）适用范围窄，必须根据具体应用开发专用的交换模块。

（4）系统配置复杂，安全性在很大程度上取决于网络管理员的技术水平。

（5）结构复杂，实施费用较高。

（6）可能造成其他安全产品不能正常工作，并带来瓶颈问题。

传统意义上的边界防火墙位于内部网络与外部网络之间，对内部网络与外部网络之间（通常是 Internet）交换的信息进行过滤。实际上，不同类型的防火墙——静态包过滤、动态包过滤和应用层网关等，都基于一个共同的假设，即防火墙内部的网络是可信网络，而防火墙外部的网络是不可信网络。这一假设是防火墙开发所遵循的指导思想。但是，近年来，随着各种网络技术的发展和各种新型攻击的不断出现，防火墙“防外不防内”的特点成为产生许多安全隐患的重要原因之一。为了对内部网络攻击加以控制，最近出现了分布式防火墙的新概念。不管采用哪种类型的防火墙，都不能彻底解决网络安全问题。只有综合运用各种网络安全技术并合理地加以实施，才能形成一个完整的网络安全解决方案，进而最大限度地消除网络存在的安全隐患，确保网络的安全性。

5.2 入侵检测系统

1980 年 4 月，James P. Anderson 为美国空军作了题为 *Computer Security Threat Monitoring and Surveillance*（计算机安全威胁监控与监视）的技术报告，首次详细阐述了入侵检测的概念，提出了一种对计算机系统风险和威胁进行分类的方法，并将威胁分为外部渗透、内部渗透和不法行为三种；还提出了利用审计跟踪数据监视入侵活动的思想。

入侵检测系统（Intrusion Detection System，IDS）不间断地从计算机网络或计算机系统中的若干关键点收集信息，集中或分布地分析信息，判断来自网络内部和外部的入侵企图，并实时发出报警。IDS 的主要作用如下。

- 通过检测和记录网络中的攻击事件，阻断攻击行为，防止入侵事件的发生。
- 检测其他未授权操作或安全违规行为。
- 统计分析黑客在攻击前的探测行为，预先向管理员发出警报。
- 报告计算机系统或网络中存在的安全威胁。
- 提供有关攻击的详细信息，帮助管理员诊断和修补网络中存在的安全弱点。
- 在大型复杂的计算机网络中部署入侵检测系统，提高网络安全管理的质量。

1. 入侵检测的概念

美国国家安全通信委员会（NSTAC）下属的入侵检测小组（IDSG）于 1997 年给出了“入侵检测”的定义：入侵检测是对企图入侵、正在进行的入侵或已经发生的入侵行为进行识别的过程。所有能够执行入侵检测任务和实现入侵检测功能的系统都可称为入侵检测系统，其中包括软件系统或软/硬件结合的系统。通用入侵检测系统模型如图 5.18 所示。

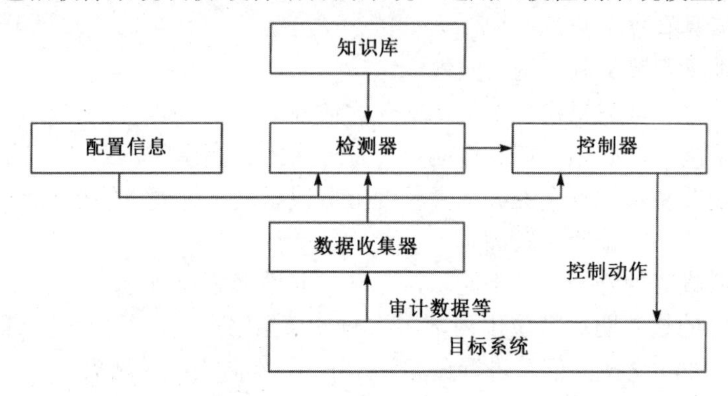

图 5.18　通用入侵检测系统模型

在图 5.18 中，通用入侵检测系统模型主要由 4 部分组成。

（1）数据收集器（又称探测器）。主要负责收集数据。探测器的输入数据流包括任何可能包含入侵行为线索的系统数据，如各种网络协议数据包、系统日志文件和系统调用记录等。探测器将这些数据收集起来，然后发送到检测器进行处理。

（2）检测器（又称分析器或检测引擎）。负责分析和检测入侵行为，并向控制器发出警报信号。

（3）知识库。为检测器和控制器提供必需的数据信息支持。这些信息包括用户历史活动档案或检测规则集合等。

（4）控制器。根据检测器发来的警报信号，人工或自动地对入侵行为做出响应。

此外，大多数入侵检测系统都包含一个用户接口组件，用于观察系统的运行状态和输出信号，并对系统的行为进行控制。

2. IDS 的任务

IDS 的第一项任务是收集信息。IDS 收集的信息内容包括用户（合法用户和非法用户）在网络、系统、数据库及应用系统中活动的状态和行为。为了准确地收集用户的信息活动，需要在信息系统中的若干关键点（包括不同网段、不同主机、不同数据库服务器、不同的应用服务器等）设置信息探测点。

IDS 可以利用的信息来源如下。

1）系统和网络的日志文件

日志文件中包含系统和网络上发生的异常活动的证据，通过查看日志文件，能够发现黑客的入侵行为。

2）目录和文件中的异常改变

信息系统中目录和文件中的异常改变（包括修改、创建和删除），特别是那些限制访问的重要文件和数据的改变，很可能就是一种入侵行为。黑客经常替换、修改和破坏他们获得了访问权限的系统上的文件，替换系统程序或修改系统日志文件，达到隐藏其活动痕迹的目的。

3）程序执行中的异常行为

信息系统上的程序一般包括操作系统、网络服务、用户启动程序和特定目的的应用。在系统上执行的每个程序都由一个或多个进程来实现。每个进程在具有不同权限的环境中执行，这种环境控制着进程可以访问的系统资源、程序和数据文件等。一个进程出现异常行为时，可能表明黑客正在入侵系统。

4）物理形式的入侵信息

物理形式的入侵包括两方面的内容：一是对网络硬件的非授权连接；二是对物理资源的非授权访问。黑客会想方设法突破网络的周边防卫，若他们能够在物理上访问内部网络，则能安装自己的设备和软件。于是，黑客就能知道网上存在的不安全（或非授权使用）设备，然后利用这些设备访问网络资源。

IDS 的第二项任务是分析信息。对收集的上述四类信息进行模式匹配、统计分析和完整性分析，得到实时检测所需的信息。

1）模式匹配

模式匹配技术即模式发现技术，是指将收集到的信息与已知的网络入侵模式的特征数据库进行比较，进而发现违背安全策略的行为。假设所有入侵行为和手段（及其变体）都能表示为一种模式或特征，那么所有已知的入侵方法都可采用匹配的方法来发现。模式匹配的关键是如何表示入侵模式，以便区分入侵行为与正常行为。模式匹配的优点是误报率小；局限性是只能发现已知攻击，对未知攻击无能为力。

2）统计分析

统计分析是入侵检测常用的异常发现方法。假定所有入侵行为都与正常行为不同，若能建立系统正常运行的行为轨迹，则可将所有与正常轨迹不同的系统状态视为可疑的入侵企图。统计分析方法首先创建系统对象（如用户、文件、目录和设备等）的统计属性（如访问次数、操作失败次数、访问地点、访问时间、访问延时等），然后将信息系统的实际行为与统计属性进行比较。当观察值在正常值范围之外时，则认为有入侵行为发生。统计分析模型常用的测量参数包括审计事件的数量、间隔时间、资源消耗情况等。

常用的 5 种入侵检测统计模型如下：① 操作模型。该模型假设可将测量结果与一些固定指标进行比较，以便发现异常，固定指标可以根据经验值或一段时间内的统计平均值获得。例如，短时间内多次失败的登录很可能是口令猜测攻击。② 方差。该模型计算参数的方差，设定其置信区间，当测量值超出置信区间时，表明可能有异常事件。③ 多元模型。该模型是操作模型的扩展，它通过同时分析多个参数实现检测。④ 马尔可夫过程模型。该模型将每种类型的事件定义为系统状态，用状态转移矩阵来表示状态的变化。当某个事件发生时，若状态矩阵转移的概率较小，则可能是异常事件。⑤ 时间序列分析。该模型将事件计数与资源耗用根据时间排成序列，若某个新事件在该时间发生的概率较低，则其可能是入侵。

统计分析方法的最大优点是可以“学习”用户的使用习惯，具有较高检出率与可用性；缺点是误报率较高，且无法适应用户正常行为的突然改变。

3）完整性分析

完整性分析检测某个文件或对象是否被更改。完整性分析常常采用消息哈希函数（如MD5 和 SHA），能识别微小的变化。该方法的优点是可以发现某个文件或对象的任何改变，缺点是当完整性分析未开启时，不能主动发现入侵行为。

IDS 的第三项任务是安全响应。IDS 在发现入侵行为后会及时做出响应，包括终止网络服务、记录事件日志、报警和阻断等。响应分为主动响应和被动响应两种。主动响应由用户驱动或系统本身自动执行，可对入侵行为采取终止网络连接、修正系统环境（如修改防火墙的安全策略）等；被动响应包括发出告警信息和通知等。

目前比较流行的响应方式包括记录日志、实时显示、E-mail 报警、声音报警、SNMP 报警、实时 TCP 阻断、防火墙联动、WinPop 显示、手机短信报警等。

5.2.1 入侵检测原理及主要方法

入侵检测作为其他经典手段的补充和加强，是任何安全系统都不可或缺的最后一道防线。攻击检测的方法分为两种：一种是被动、离线地发现计算机网络系统中的攻击者；另一种是实时、在线地发现计算机网络系统中的攻击者。对于信息系统安全强度而言，联机或在线攻击检测是比较理想的，能够在案发现场及时发现攻击行为，有利于及时采取对抗措施，使损失降低到最低限度，同时也为抓获攻击者提供有力的证据。IDS 通常使用两种基本的分析方法来分析事件、检测入侵行为，即异常检测（Anomaly Detection）和误用检测（Misuse Detection）。

1. 异常检测的基本原理

异常检测技术又称基于行为的入侵检测技术，用来识别主机或网络中的异常行为。它假设攻击与正常（合法）的活动有明显的差异。异常检测首先收集一段时间的操作活动的历史数据，然后建立代表主机、用户或网络连接的正常行为描述，最后收集事件数据并使用不同的方法来决定所检测到的事件活动是否偏离了正常行为模式，进而判断是否发生了入侵。异常检测模型的结构如图 5.19 所示。

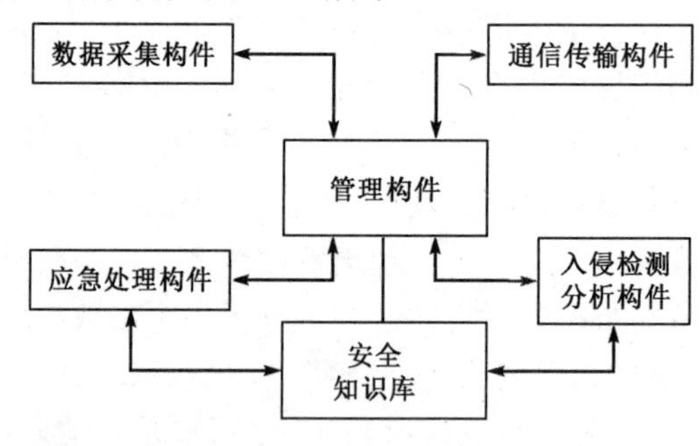

图 5.19 异常检测模型的结构

基于异常检测原理的入侵检测方法有以下几种。

（1）统计异常检测方法。

（2）特征选择异常检测方法。

（3）基于贝叶斯推理的异常检测方法。

（4）基于贝叶斯网络的异常检测方法。

（5）基于模式预测的异常检测方法。

其中，比较成熟的方法是统计异常检测方法和特征选择异常检测方法。目前已有根据这两种方法开发而成的软件产品面市，其他方法目前还停留在理论研究阶段。

2. 误用检测的基本原理

误用检测技术又称基于知识的检测技术。它假定所有入侵行为和手段（及其变体）都能够表示为一种模式或特征，并对已知的入侵行为和手段进行分析，提取检测特征，构建攻击模式或攻击签名，通过系统当前状态与攻击模式或攻击签名的匹配判断入侵行为。误用检测模型的结构如图 5.20 所示。

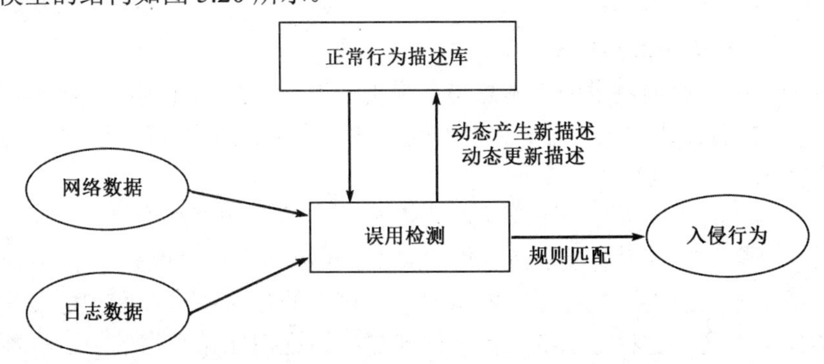

图 5.20　误用检测模型的结构

误用检测技术的优点是可以准确地检测已知的入侵行为，缺点是不能检测未知的入侵行为。误用检测的关键是如何表达入侵行为，即攻击模型的构建，把真正的入侵与正常行为区分开来。基于误用检测原理的入侵检测方法有以下几种。

（1）基于条件的概率误用检测方法。

（2）基于专家系统的误用检测方法。

（3）基于状态迁移分析的误用检测方法。

（4）基于键盘监控的误用检测方法。

（5）基于模型的误用检测方法。

3. 各种入侵检测技术

当前在网络安全实践中存在多种入侵检测技术，下面概述常见的入侵检测技术。

1）基于概率统计的检测技术

基于概率统计的检测技术是异常入侵检测中最常用的技术，它为用户历史行为建立模型。根据该模型，当 IDS 发现有可疑的用户行为发生时就保持跟踪，并监视和记录该用户的行为。这种方法的优点是应用了成熟的概率统计理论；缺点是由于用户行为非常复杂，因此要想准确地匹配一个用户的历史行为非常困难，易造成系统误报和漏报。

斯坦福研究所（SRI）研制开发的入侵检测专家系统（Intrusion Detection Expert System，IDES）是一个典型的实时监测系统。IDES 能根据用户的历史行为生成每个用户的历史行为记录库，并能自适应地学习被检测系统中每个用户的行为习惯。当某个用户改变其行为习惯时，这种异常就被检测出来。

在这种实现方法中，检测器首先根据用户对象的动作为每个用户建立一个用户特征表，通过比较当前特征和已存储的以前特征判断是否有异常行为。用户特征表需要根据审计记录情况不断加以更新。在SRI的IDES中给出了一个特征简表的结构{变量名，行为描述，例外情况，资源使用，时间周期，变量类型，阈值，主体，客体，特征值}，其中变量名、主体、客体唯一确定每个特例简表，特征值由系统根据审计数据周期产生。这个特征值是所有有悖于用户特征的异常程度值的函数。

这种方法的优点是能应用成熟的概率统计理论，不足之处如下。

（1）统计检测对于事件发生的次序不敏感，完全依靠统计理论，可能会漏掉那些利用彼此关联事件的入侵行为。

（2）定义判断入侵的阈值比较困难，阈值太高会使得误检率较高，阈值太低会使得漏检率较高。

2）基于神经网络的检测技术

基于神经网络的检测技术的基本思想是采用一系列信息单元训练神经单元，给定一个输入后，就可能预测出输出。它是对基于概率统计的检测技术的改进，主要克服了传统的统计分析技术的一些问题。

基于神经网络的模块用当前命令和过去的 W 个命令组成网络的输入，其中 W 是神经网络预测下一个命令时包含的过去命令集的大小。根据用户代表性命令序列训练网络后，该网络就形成了相应的用户特征表。网络对下一事件的预测错误率在一定程度上反映了用户行为的异常程度。这种方法的优点是能够更好地处理原始数据的随机特性，即不需要对这些数据做任何统计假设并且有较好的抗干扰能力；缺点是网络的拓扑结构及各元素的权值难以确定，命令窗口的 W 值也很难选取。窗口太大，网络效率降低；窗口太小，网络输出不理想。

目前，神经网络技术指出了对基于传统统计技术的攻击检测方法的改进方向，但尚不成熟，所以传统的统计方法仍然会继续发挥作用，仍然能为发现用户的异常行为提供具有参考价值的信息。

3）基于专家系统的检测技术

安全检测工作自动化的另外一个值得重视的研究方向是基于专家系统的攻击检测技术，即根据安全专家对可疑行为的分析经验来形成一套推理规则，然后在此基础上建立相应的专家系统。专家系统对涉及的攻击操作自动进行分析工作。

专家系统是指基于一套由专家经验事先定义的规则的推理系统。基于规则的专家系统或推理系统也有其局限性，因为作为这类系统的基础推理规则一般都是根据已知的安全漏洞进行安排和策划的，而针对系统的最危险的威胁则主要来自未知的安全漏洞。实现基于规则的专家系统是一个知识工程问题，而且其功能应能随着经验的积累而提升自学能力，进而进行规则的扩充和修正。当然，这样的能力需要在专家的指导和参与下才能实现，否则可能会导致较多的错误。一方面，推理机制使得系统面对一些新的行为现象时可能具备一定的应对能力（即有可能发现一些新的安全漏洞）；另一方面，攻击行为也可能不会触发任何一个规则，从而不被检测到。专家系统对历史数据的依赖性总体而言要比基于统计技术的审计系统少，因此系统的适应性较强，可以较灵活地适应广泛的安全策略和检测需求。然而，迄今为止，推理系统和谓词演算的可计算问题还未得到解决。

在具体实现过程中，专家系统主要面临的问题如下。

（1）全面性问题——很难从各种入侵检测手段中抽象出全面的规则化知识。

（2）效率问题——需要处理的数据量过大，而且在大型系统上很难获得实时、连续的审计数据。

4）基于模型推理的检测技术

攻击者在攻击一个系统时，往往采用一定的行为程序，如猜测口令的程序，这种行为程序构成了某种具有一定行为特征的模型，根据这种模型所代表的攻击意图的行为特征，可以实时地检测出恶意的攻击企图。采用基于模型的推理方法，人们能够为某些行为建立特定的模型，进而能够监视具有特定行为特征的某些活动。根据假设的攻击脚本，这种系统就能够检测出非法的用户行为。为了准确判断，一般要为不同的攻击者和不同的系统建立特定的攻击脚本。

当有证据表明某种特定的攻击发生时，系统应收集其他证据来证实或否定攻击的真实性，不能漏报攻击，对信息系统造成实际损害，要尽可能地避免错报。

当然，上述几种方法都不能彻底解决攻击检测问题，所以需要综合地利用各种手段强化计算机信息系统的安全程序，以增加攻击成功的难度，同时根据系统本身的特点选择适合的攻击检测手段。

5）入侵检测的新技术

Wenke Lee 在入侵检测中使用了数据挖掘技术。采用数据挖掘程序处理收集的审计数据，为各种入侵行为和正常操作建立精确的行为模式，这个过程是一个自动过程，不需要人工分析和编码入侵模式。将移动代理用于入侵检测，具有多方面的优点。移动代理技术适用于大规模信息收集和动态处理，在入侵检测系统中采用该技术，可以提高入侵检测系统的性能。

5.2.2 IDS 分类与关键技术

入侵检测系统执行的主要任务包括：监视、分析用户及系统活动；审计系统构造和弱点；识别、反映已知进攻的活动模式，向相关人员报警；统计分析异常行为模式；评估重要系统和数据文件的完整性；审计、跟踪管理操作系统，识别用户违反安全策略的行为。

1．IDS 的分类

1）按照数据来源分类

根据数据来源的不同，IDS 可以分为以下三种基本结构。

（1）基于网络的入侵检测系统（NIDS），数据来源于网络上的数据流。

NIDS 能够截获网络中的数据包，提取其特征并与知识库中已知的攻击签名相比较，从而达到检测目的。优点是侦测速度快、隐蔽性好、不易受到攻击、对主机资源消耗少；缺点是有些攻击由服务器的键盘发出，不经过网络，因而无法识别，漏报率较高。

（2）基于主机的入侵检测系统（HIDS），数据来源于主机系统，通常是系统日志和审计记录。

HIDS 通过对系统日志和审计记录的不断监控和分析来发现攻击后的误操作。优点是针对不同操作系统捕获应用层入侵，误报少；缺点是依赖于主机及其子系统，实时性差。

HIDS 通常安装在被保护的主机上，主要对主机的网络实时连接及系统审计日志进行分析和检查，在发现可疑行为和安全违规事件时，向管理员报警，以便采取措施。

（3）采用上述两种数据来源的分布式入侵检测系统（DIDS）。

这种系统能够同时分析主机系统审计日志和网络数据流，一般为分布式结构，由多个部件组成。DIDS 可从多台主机获取数据，也可从网络传输中取得数据，克服了单一的 HIDS、NIDS 的不足。

典型的 DIDS 采用控制台/探测器结构。NIDS 和 HIDS 作为探测器放置在网络的关键节点，并向中央控制台汇报情况。攻击日志定时传送到控制台，并保存到中央数据库中，新的攻击特征能及时发送到各个探测器上。每个探测器能够根据所在网络的实际需要配置不同的规则集。

2）按照入侵检测策略分类

根据入侵检测的策略，IDS 也可分为三类：误用检测、异常检测、完整性分析。

（1）误用检测。

误用检测将收集到的信息与已知的网络入侵和系统误用模式数据库进行比较，从而发现违背安全策略的问题。该方法的优点是只需要收集相关的数据集合，可显著减少系统负担，并且技术已相当成熟。该方法的缺点是需要不断地升级，以对付不断出现的黑客攻击手段，无法检测到从未出现过的黑客攻击手段。

（2）异常检测。

异常检测首先为系统对象（如用户、文件、目录和设备等）创建一个统计描述，统计正常使用时的一些测量属性（如访问次数、操作失败次数和延时等）。测量属性的平均值将被用来与网络、系统的行为进行比较，若观察值在正常范围之外，则认为有入侵发生。优点是可以检测到未知的入侵和更加复杂的入侵；缺点是误报率和漏报率高，且不适应用户正常行为的突然改变。

（3）完整性分析。

完整性分析主要关注某个文件或对象是否被更改，通常包括文件和目录的内容及属性，它在发现更改或特洛伊木马应用程序方面特别有效。优点是只要攻击导致了文件或其他对象的任何改变，它都能发现；缺点是一般以批处理方式实现，不易实时响应。

下面按照第一种分类方法分别讨论 NIDS、HIDS 和 DIDS。

2. NIDS 的设计原理与关键技术

随着计算机网络技术的发展，单独依靠主机审计入侵检测难以适应网络安全需要。在这种情况下，人们提出了基于网络的入侵检测系统架构，这种检测系统根据网络流量、网络数据包和协议来分析入侵检测。

基于网络的入侵检测系统（NIDS）使用原始网络包作为数据包。基于网络的 IDS 通常利用一个运行在随机模式下的网络适配器来实现监视并分析通过网络的所有通信业务。它的攻击辨别模块通常采用如下 4 种常用技术来识别攻击技术。

（1）模式、表达式或字节匹配。

（2）频率或穿越阈值。

（3）低级事件的相关性。

（4）统计学意义上的非常规现象检测。

一旦检测到攻击行为，IDS 的响应模块就提供多种选项，以通知、报警并对攻击采取相应的措施。

基于网络的入侵检测系统主要有以下优点。

（1）拥有成本低。基于网络的 IDS 可以部署在一个或多个关键访问点来检测所有经过的网络通信。因此，基于网络的 IDS 系统并不需要安装在各种各样的主机上，从而大大降低了管理的复杂性。

（2）攻击者转移证据困难。基于网络的 IDS 使用活动的网络通信进行实时攻击检测，因此攻击者无法转移证据，被检测系统捕获的数据不仅包括攻击方法，而且包括对识别和指控入侵者十分有用的信息。

（3）实时检测和响应。一旦发生恶意访问或攻击，基于网络的 IDS 检测即可随时发现，并能够很快地做出反应。若黑客使用 TCP 启动基于网络的拒绝服务（DoS），则 IDS 系统可以通过发送一个 TCP reset 来终止这个攻击，进而避免目标主机遭受破坏或崩溃。这种实时性使得系统可以根据预先定义的参数迅速采取相应的行动，从而将入侵活动对系统的破坏降到最低。

（4）能够检测未成功的攻击企图。一个置于防火墙外部的 NIDS 可以检测到旨在利用防火墙后的资源的攻击，尽管防火墙本身可能会拒绝这些攻击企图。基于主机的系统不能发现未能到达受防火墙保护的主机的攻击企图，而这些信息对于评估和改进安全策略是十分重要的。

（5）操作系统独立。基于网络的 IDS 并不依赖于主机的操作系统作为检测资源，而基于主机的系统需要特定的操作系统才能发挥作用。

NIDS 一般安装在需要保护的网段中，它实时监视网段中传输的各种数据包，并对这些数据包进行分析和检测。若发现入侵行为或可疑事件，入侵检测系统就会预先发出警报，并通过 TCP 阻断或防火墙联动等方式，以最快的速度阻止入侵事件的发生。基于网络的入侵检测系统自成体系，它的运行不会给原系统和网络增加负担。

1）设计原理。

基于网络的入侵检测产品放在比较重要的网段内，可连续监视网段中的各种数据包，对每个数据包或可疑数据包进行特征分析。若数据包与产品内置的某些规则吻合，入侵检测系统就发出警报甚至直接切断网络连接。NIDS 整体框架流程如图 5.21 所示。

在网络入侵检测系统中有很多开源软件，如 Snort、NFR、Shadow、Bro、Firestorm 等，其中 Snort 的社区（http://www.snort.org）非常活跃，其入侵特征更新速度与研发的进展超过了大部分商品化产品，可以通过分析 Snort 代码和结构来学习 NIDS 的设计。

2）关键技术

（1）IP 碎片重组技术。为了躲避入侵检测系统，攻击者往往会使用 Fragroute 碎片数据包转发工具，将攻击请求分成若干 IP 碎片包发送到目标主机；目标主机接收到碎片包后进行碎片重组，还原真正的请求。碎片攻击包括碎片覆盖、碎片重写、碎片超时和针对网络拓扑的碎片技术（如使用小的 TTL）等。IDS 需要在内存中缓存所有碎片，模拟目标主机对网络上传输的碎片包进行重组，还原真正的请求内容，然后进行入侵检测分析。

（2）TCP 流重组技术。对于入侵检测系统，最艰巨的任务是重组通过 TCP 连接交换的数据。TCP 提供了足够多的信息帮助目标系统判断数据的有效性和数据在连接中的位置。TCP 的重传机制可以确保数据准确到达，若在一定的时间内没有收到接收方的响应信息，则发送方会自动重传数据。但是，由于监视 TCP 会话的入侵检测系统是被动的监视系统，因此无法使用 TCP 重传机制。若在数据传输过程中出现顺序被打乱或报文丢失的情况，则会加大检测难度。更严重的是，重组 TCP 数据流需要进行序号跟踪，但是若在传输过程中丢失了很多报文，则可能使入侵检测系统无法进行序号跟踪。若没有恢复机制，则可能使入侵检测系统不能同步监视 TCP 连接。不过，即使入侵检测系统能够恢复序号跟踪，其同样能够被攻击。

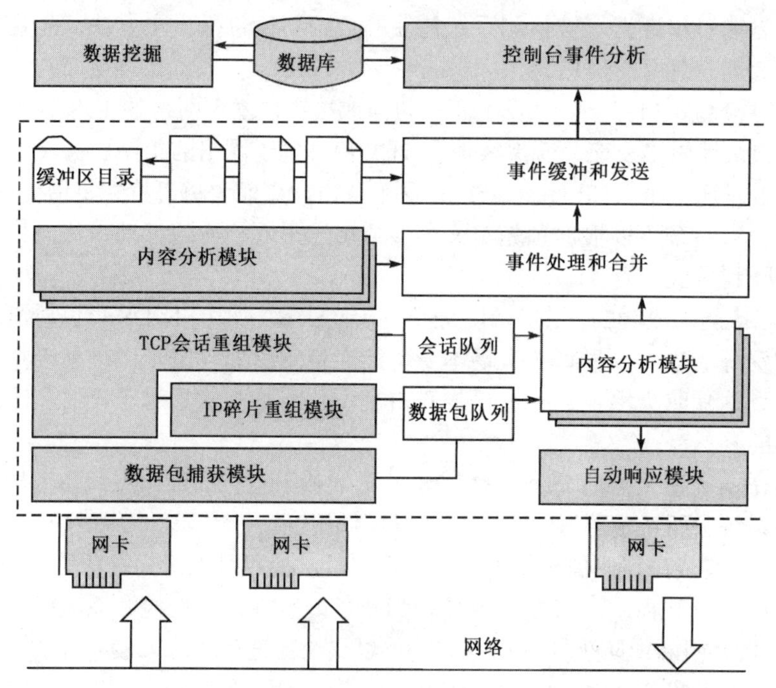

图 5.21　NIDS 整体框架流程

（3）TCP 状态检测技术。目前，攻击 NIDS 最有效的办法是利用 Coretez Giovanni 写的 Stick 程序。Stick 使用了非常巧妙的办法，可以在 2s 内模拟 450 次未经过三步握手的攻击，快速告警信息的产生会让 IDS 难以做出反应，产生无反应甚至死机现象。由于 Stick 发出多个有攻击特征（按照 Snort 的规则组包）的数据包，所以 IDS 在匹配这些数据包的信息时，会频繁发出警告，造成管理者无法分辨哪些警告是针对真正的攻击发出的，从而使 IDS 失去作用。通过对 TCP 状态进行检测，能够完全避免因单包匹配造成的误报。

（4）协议分析技术。协议分析技术是在传统模式匹配技术基础之上发展起来的一种新的入侵检测技术。协议分析的原理是根据现有协议模式，到固定位置取值，而不是逐个进行比较，然后根据取得的值判断其协议并实施下一步分析动作。它充分利用网络协议的高度有序性，并结合高速数据包捕捉、协议分析和命令解析，快速检测是否存在某个攻击特征，这种技术正逐渐进入成熟应用阶段。协议分析大大降低了计算量，即使在高负载的高速网络上，也能逐个分析所有的数据包。

（5）零复制技术。零复制的基本思想是在数据包从网络设备到用户程序空间传递的过程中，减少数据复制次数，减少系统调用，实现 CPU 的零参与，彻底消除 CPU 在这方面的负载。实现零复制用到的主要技术是 DMA 数据传输技术和内存区域映射技术。传统的网络数据报处理需要经过网络设备到操作系统内存空间、系统内存空间到用户应用程序空间两次复制，同时需要经历用户向系统发出的系统调用。零复制技术首先利用 DMA

技术将网络数据报直接传递到系统内核预先分配的地址空间中，避免了CPU的参与；同时，将系统内核中存储数据报的内存区域映射到检测程序的应用程序空间（另一种方式是在用户空间建立一个缓存，并将其映射到内核空间，类似于Linux系统下的Kiobuf技术），检测程序直接对这块内存进行访问，从而减少系统内核向用户空间的内存复制，同时减少系统调用的开销，实现“零复制”。

（6）蜜罐技术。从传统意义上讲，信息安全意味着单纯的防御。防火墙、入侵检测系统、加密等安全机制只是用来防御，以保护用户的资源免受黑客侵害。这种技术的问题是只具有单纯的防御特性，而主动权掌握在攻击者的手中。蜜罐（Honeypot）技术的出现将改变这一切。现代IDS采用了蜜罐技术的新思想。蜜罐是一个吸引潜在攻击者的陷阱，它的作用如下。

- 把潜在入侵者的注意力从关键系统移开。
- 收集入侵者的动作信息。
- 设法让攻击者停留一段时间，使管理员能够检测到它并采取相应的措施。

蜜罐技术的主要目的是收集和分析现有威胁的信息。将这种技术集成到IDS中，就可以发现新的黑客工具、确定攻击的模式、研究攻击者的动机。

设置蜜罐并不难，只要在外部Internet的一台计算机上运行未打补丁的Windows或Red Hat Linux。因为黑客可能会设陷阱来获取计算机的日志和审查功能，所以要在计算机和Internet连接之间放置一个网络监控系统，以便悄悄地记录进出计算机的所有流量。然后，只需坐下来等待攻击者自投罗网。

然而，设置蜜罐也有风险，因为大部分安全受到威胁的系统会被黑客用来攻击其他系统。这就是下游责任（Downstream Liability），由此引出了蜜罐这一主题。额外采用各种入侵检测和安全审计技术的蜜罐，可以采用合理的方式记录黑客的行为，同时尽量减小或排除对Internet上其他系统造成的风险。

近年来，由于黑客群体越来越多地使用加密技术，数据收集任务的难度大大增加。现在，蜜罐监控者接受了众多计算机安全专业人士的建议，转而采用SSH等密码协议，确保黑客无法监控自己的通信。蜜罐对付密码的计算就是修改目标计算机的操作系统，以便将所有输入的字符、传输的文件及其他信息都记录到另一个监控系统的日志中。因为攻击者可能会发现这类日志，蜜罐计划采用了一种隐蔽技术，如把输入的字符隐藏到NetBIOS广播数据包内。

3. HIDS的设计原理与关键技术

基于主机的入侵系统（HIDS）出现在20世纪80年代初期，其检测的目标主要是主机系统和本地用户。检测原理是根据主机的审计数据和系统日志发现可疑事件，检测系统可以运行在被检测的主机或单独的主机上。现在的HIDS仍使用验证记录，但自动化程度大大提高，并发展了可迅速做出响应的精密检测技术。通常，HIDS可以监测系统、事件和Windows NT下的安全记录及UNIX环境下的系统记录。文件发生变化时，IDS就将新的记录项与攻击标记相比较，看二者是否匹配，若匹配，系统就会向管理员报警并向其他的目标报告，以采取措施。

1）设计原理

越来越多的计算机病毒和黑客绕过外围安全设备向主机发起攻击。在检测针对主机的攻击方面，基于网络的入侵检测系统（NIDS）显得无能为力，而 HIDS 能够检测这种攻击。HIDS 软件可以安装在服务器上，也可以安装在 PC 和笔记本计算机中，是保护关键服务器的最后一道防线，是企业整体安全策略的关键部分。

HIDS 能够监测系统文件、进程和日志文件，寻找可疑活动。多数 HIDS 代理程序根据攻击特征来识别攻击。与防病毒软件功能类似，HIDS 代理程序能够分析不同形式的数据包和不同特征的攻击行为。HIDS 扫描操作系统和应用程序日志文件，查找恶意行为的痕迹；检测文件系统，查看敏感文件是否被非法访问或被篡改；检测进出主机的网络传输流，发现攻击。

黑客和病毒常用的一种攻击手段是利用关键系统存在的缓冲区溢出漏洞进行攻击。缓冲区溢出相当于打开了系统后门，为非法访问者提供了根级或管理员级的访问权限。攻击者通过操作系统的后门，将一个特洛伊木马程序复制到系统文件夹中，把这个特洛伊文件注册到操作系统或程序调用中，并在系统被重新引导时执行该特洛伊木马程序。每当系统启动时，这个恶意的特洛伊程序就会开始执行事先定义的各种恶意活动。

通过将代理程序安装在服务器上，HIDS 可以检测缓冲区溢出攻击。需要时，HIDS 可以在特洛伊程序被复制时、Windows 注册表被修改时或特洛伊程序被执行时阻止入侵。

一旦检测到入侵，HIDS 代理程序就可利用多种方式做出反应。它可以生成一个与其他事件相关联的事件报告；可以利用电子邮件、呼机或手机向管理人员发出警报；可以执行特定的程序或脚本，阻止攻击。越来越多的 HIDS 能够在可疑活动的传输过程中检测到它们，从而在攻击到达目标之前阻止它们。

在加强主机防御和降低主机安全风险方面，HIDS 具有独特的优势。它能弥补 NIDS、基于蜜罐的 IDS 及防火墙在保护主机方面的不足，应成为企业多层安全战略的组成部分。

2）关键技术

主机入侵检测系统通常在被重点检测的主机上运行一个代理程序。代理程序起检测引擎的作用，它根据主机行为特征库对受检测主机上的可疑行为进行采集、分析和判断，并把告警日志发送给控制端程序，由管理员集中管理。

（1）文件和注册表保护技术。在主机入侵检测系统中，无论采用什么操作系统，都会普遍使用各种钩子技术，以便对系统的各种事件、活动进行截获分析。入侵检测系统通过捕获操作文件系统和注册表的函数来检测对文件系统和注册表的非法操作。在有些系统中，可以复制钩子处理函数。这不仅可以对敏感文件或目录检测非法操作，还可以阻止对文件或目录进行的操作。

（2）网络安全防护技术。网络安全防护是大多数主机入侵检测系统的核心模块之一。该模块需要使用 NDIS 等技术分析数据包的有关源地址、协议类型、访问端口和传输方向（OUT/IN）等，并与事件库中的事件特征进行匹配，判断数据包是否能访问主机或是否作为入侵事件被报警。

（3）IIS 保护技术。作为一个 WWW 服务器软件，微软公司的 Internet 信息服务器（Internet Information Server，IIS）简单易学，管理方便，因此被广泛使用。大部分 HIDS 产品都增加了 IIS 保护模块。IIS 保护主要是针对“HTTP 请求”“缓冲区溢出”“关键字”和“物理目录”等完成对 IIS 服务器的加固功能。该模块能检测常见的针对微软 IIS 服务器的攻击，并能在一定程度上预防利用未知漏洞进行的攻击。

（4）文件完整性分析技术。基于主机的入侵检测系统的优点之一是可以根据结果进行判断。判据是关键系统文件是否在未经允许的情况下被修改，包括访问时间、文件大小和 MD5 密码校验值。HIDS 一般使用哈希函数进行文件完整性分析。有关哈希算法的详细介绍，请参考相关的密码学教材。

4. DIDS 设计原理与关键技术

在实际应用中，我们经常发现如下一些现象。

（1）系统的弱点或漏洞分散在网络的各台主机上，这些弱点有可能被入侵者用来攻击网络，而依靠唯一的主机或网络，IDS 是无法发现入侵行为的。

（2）入侵行为不再是单一的行为，而表现出协作入侵的特点，如分布式拒绝服务攻击（DDoS）。

（3）入侵检测所依靠的数据来源分散化，收集原始数据变得困难，如交换网络使得监听网络数据包受到限制。

（4）网络传输速度加快，网络的流量大，集中处理原始数据的方式往往造成检测瓶颈，从而导致漏检。

为了解决上述问题，DIDS 应运而生。DIDS 通常由数据采集构件、通信传输构件、入侵检测分析构件、应急处理构件和用户管理构件等组成，如图 5.22 所示。这些构件可以根据不同情况组合，如数据采集构件和通信传输构件组合后可产生新的构件，这些新的构件能够完成数据采集和传输的双重任务。所有构件组合起来就变成一个入侵检测系统。各构件的功能如下。

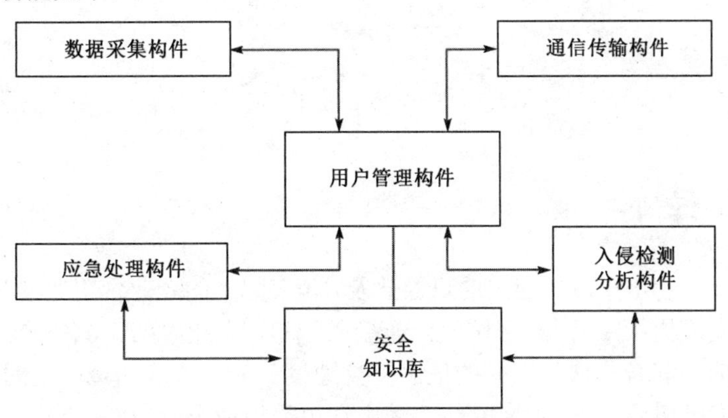

图 5.22　分布式入侵检测系统结构示意图

① 数据采集构件。收集检测使用的数据，可驻留在网络中的主机上，或者安装在网络的检测点上。数据采集构件需要通信传输构件的协作，将采集的信息送到入侵检测分析构件中进行处理。

② 通信传输构件。传递加工、处理原始数据的控制命令，一般需要和其他构件协作完成通信功能。

③ 入侵检测分析构件。依据检测的数据，采用检测算法，对数据进行误用分析和异常分析，产生检测结果、报警和应急信号。

④ 应急处理构件。按入侵检测的结果和主机、网络的实际情况做出决策判断，对入侵行为进行响应。

⑤ 用户管理构件。管理其他构件的配置，产生入侵总体报告，提供用户和其他构件的管理接口、图形化工具或可视化的界面，供用户查询和检测入侵系统的情况等。

采用分布式结构的 IDS 目前成为研究的热点，较早的系统有 DIDS 和 CSM。DIDS 是典型的分布式结构，其目标是既能检测网络入侵行为，又能检测主机入侵行为。

5.2.3 IDS 的典型部署

在网络中部署 IDS 时，可以使用多个 NIDS 和 HIDS，具体视网络的实际情况和自己的需求而定。图 5.23 是一个典型的 IDS 部署图。

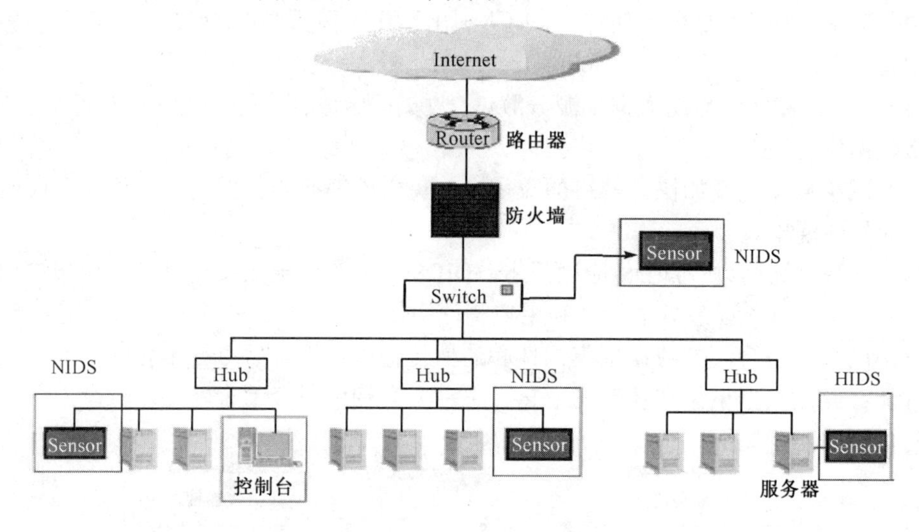

图 5.23　一个典型的 IDS 部署图

5.3 VPN 技术

随着电子商务和电子政务应用的日益普及，越来越多的企业希望通过 Internet 将位于世界各地的分支机构、供应商和合作伙伴连接在一起，以加强总部与各分支机构的联系，提高企业与供应商和合作伙伴之间的信息交换速度。为了实现局域网之间的互联，传统的企业组网方案是租用电信 DDN 专线或帧中继电路组成企业的专用网络，但这种方案成本太高，企业无法承受。在这种背景下，人们便想到是否可以使用 Internet 来构建企业自己的专用网络。这种需求导致了虚拟专用网（Virtual Private Network，VPN）概念的出现。采用 VPN 技术组网，企业可以采用相对便宜的月付费方式上网。然而，Internet 是一个共享的公共网络，它不能保证数据在两点之间传递时不被他人窃取。要想安全地将两个企业子网连接起来，或者确保移动办公人员能够安全地远程访问企业内部的秘密资源，就要保证 Internet 上传输数据的安全，并对远程访问的移动用户进行身份认证。

5.3.1 VPN 概述

所谓虚拟专用网，是指将物理上分布于不同地点的网络通过公用网络连接而构成逻辑上的虚拟子网。它采用认证、访问控制、机密性、数据完整性等安全机制在公用网络上构建专用网络，使得数据通过安全的“加密管道”在公用网络中传播。这里的公用网通常指 Internet。

VPN 技术实现了内部网信息在公用信息网中的传输，就如同在茫茫的广域网中为用户拉出一条专线。对于用户来讲，公用网络起到了“虚拟”的效果，虽然他们身处世界的不同地方，但感觉仿佛是在同一个局域网中工作。VPN 对每个使用者来说也是“专用”的。也就是说，VPN 根据使用者的身份和权限，直接将其接入 VPN，非法的用户不能接入 VPN 并使用其服务。

VPN 应具备以下几个特点。

（1）费用低。由于企业使用 Internet 进行数据传输，相对于租用专线来说，费用极为低廉，所以 VPN 的出现使企业通过 Internet 既安全又经济地传输机密信息成为可能。

（2）安全保障。虽然实现 VPN 的技术和方式很多，但所有的 VPN 均应保证通过公用网络平台所传输数据的专用性和安全性。在非面向连接的公用 IP 网络上建立一个逻辑的、点对点的连接，称为建立了一个隧道。经由隧道传输的数据采用加密技术进行加密，以保证数据仅被指定的发送者和接收者知道，从而保证数据的专用性和安全性。

（3）服务质量保证。VPN 应当能够为企业数据提供不同等级的服务质量保证。不同的用户和业务对服务质量（QoS）保证的要求差别较大。例如，对于移动办公用户来说，网络能提供广泛的连接和覆盖性是保证 VPN 服务质量的一个主要因素；而对于拥有众多分支机构的 VPN，则要求网络能提供良好的稳定性；其他一些应用（如视频等）则对网络提出了更明确的要求，如网络时延及误码率等。

（4）可扩充性和灵活性。VPN 必须能够支持通过内域网（Intranet）和外联网（Extranet）的任何类型的数据流、方便增加新的节点、支持多种类型的传输媒介，可以满足同时传输语音、图像和数据对高质量传输及带宽增加的需求。

（5）可管理性。从用户角度和运营商的角度来看，对 VPN 进行管理和维护应该非常方便。在 VPN 管理方面，VPN 要求企业将其网络管理功能从局域网无缝地延伸到公用网，甚至是客户和合作伙伴处。虽然可以将一些次要的网络管理任务交给服务提供商完成，企业自己仍需要完成许多网络管理任务。因此，VPN 管理系统必不可少。VPN 管理系统的主要功能包括安全管理、设备管理、配置管理、访问控制列表管理、QoS 管理等。

5.3.2 VPN 的分类

根据 VPN 组网方式、连接方式、访问方式、隧道协议和工作层（OSI 模型或 TCP/IP 模型）的不同，VPN 有多种分类方法。

按协议分类时，VPN 分为 PPTP VPN、L2TP VPN、MPLS VPN、IPsec VPN、GRE VPN、SSL VPN、Open VPN。

按协议工作在 OSI 七层模型的不同层上分类时，可以分为：第二层数据链路层的 PPTP VPN、L2TP VPN、MPLS VPN；第三层网络层的 IPsec、GRE；位于传输层与应用层之间的 SSL VPN。

根据访问方式的不同，VPN 可分为两种类型：一种是移动用户远程访问 VPN 连接；另一种是网关-网关 VPN 连接。这两种 VPN 在 Internet 中的应用最为广泛。

（1）移动用户远程访问 VPN。移动用户远程访问 VPN 连接，由远程访问的客户机提出连接请求，VPN 服务器提供对 VPN 服务器或整个网络资源的访问服务。在此连接中，链路上的第一个数据包总由远程访问客户机发出。在远程访问客户机首先向 VPN 服务器提供自己的身份后，VPN 服务器也向客户机提供自己的身份。远程访问 VPN 组成如图 5.24（a）所示。SSL VPN 是远程访问 VPN 的一个具体实现。

（2）网关-网关 VPN。网关-网关 VPN 连接由呼叫网关提出连接请求，另一端的 VPN 网关做出响应。在这种方式中，链路的两端分别是专用网络的两个不同部分，来自呼叫网关的数据包通常并不源自该网关本身，而来自其内部网络的子网主机。呼叫网关首先向应答网关提供自己的身份，作为双向认证的第二步，应答网关也应向呼叫网关提供自己的身份。网关-网关 VPN 的组成如图 5.24（b）所示。IPSec VPN 是网关-网关 VPN 的一个具体实现。

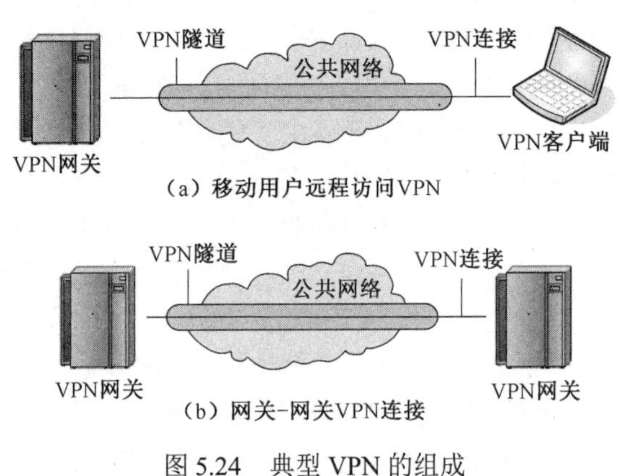

图 5.24　典型 VPN 的组成

5.3.3　隧道协议与 VPN

隧道通常是指为修建公路或铁路，挖通山麓而形成的通道。VPN 中的隧道概念是指通过一个公用网络（通常是 Internet）建立的一条穿过公用网络的、安全的逻辑隧道。在隧道中，数据包被重新封装发送。所谓封装，是指在原 IP 分组上添加新的头部，就好像将数据包装进信封一样。因此，我们也将封装操作称为 IP 封装化。总部和分公司之间交流信息时所传递的数据，经过 VPN 设备封装后通过 Internet 自动发往对方的 VPN 设备。这种在 VPN 设备之间建立的封装化数据的 IP 通信路径逻辑上被称为隧道。发端 VPN 在对 IP 数据包添加新头部并封装后，将封装后的数据包通过 Internet 发送给收端 VPN。收端 VPN 在接收到封装数据包后，将隧道头部删除，再发给目标主机。数据包在隧道中的封装及发送过程如图 5.25 所示。

隧道封装和加密方式多种多样。一般来说，只对数据加密的通信路径不能称为隧道。在一个数据包上添加一个头部才能被称为封装化。是否对封装的数据包加密取决于隧道协议。例如，IPSec 的 ESP 是加密封装化协议，而 L2TP 不对分组加密，保持原样进行封装。

现有的封装协议主要包括两类：一类是第 2 层的隧道协议，由于隧道协议对数据链路层的数据包进行封装（即 OSI 开放系统互联模型中第 2 层的数据包），所以称其为第 2 层隧道协议，这类协议包括 PPTP、L2TP、L2F 等，主要用于构建远程访问 VPN；另一类是第 3 层隧道协议，如 IPSec、GRE 等，它们把网络层的各种协议数据包直接封装到隧道协议中进行传输，由于被封装的是第 3 层的网络协议数据包，因此称其为第 3 层隧道协议，它主要用于构建 LAN-to-LAN 型 VPN。

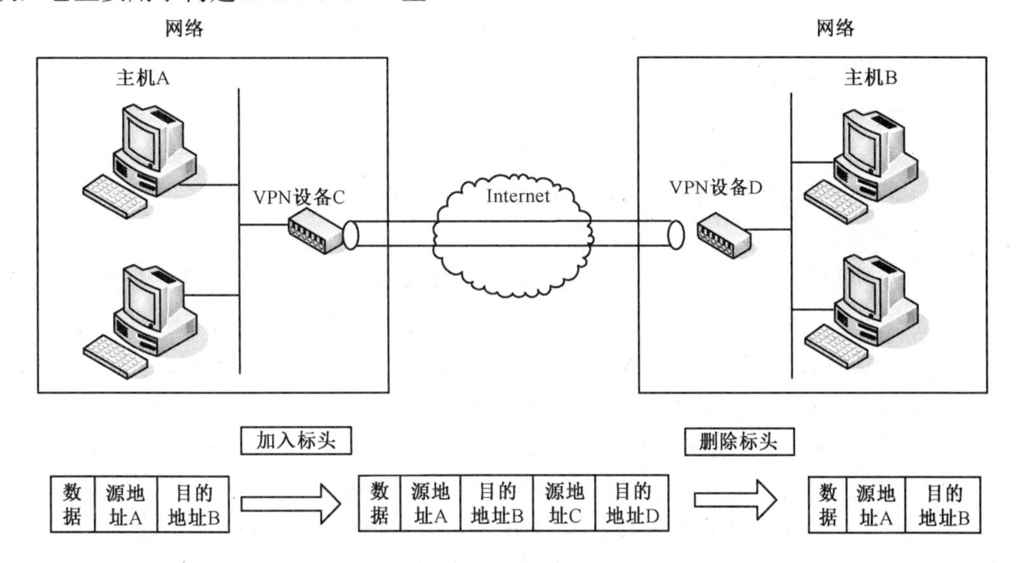

图 5.25　数据包在隧道中的封装及发送过程

1. 第 2 层隧道协议

第 2 层隧道协议主要有三个：第一个是由微软、Asend、3COM 等公司支持的点对点隧道协议（Point to Point Tunneling Protocol，PPTP）；第二个是由思科、Nortel 等公司支持的第 2 层转发（Layer 2 Forwarding，L2F）协议；第三个是由 IETF 起草，微软、思科、3COM 等公司共同制定的第 2 层隧道协议（Layer 2 Tunneling Protocol，L2TP），该协议结合了以上两个协议的优点。下面简要介绍这三个协议。

1）PPTP

PPTP 是一种新技术，它可让远程用户拨号连接到本地 ISP，通过 Internet 安全地远程访问公司的网络资源。PPTP 对 PPP 本身并未做任何修改，只是使用 PPP 拨号连接，然后获取这些 PPP 包，并把它们封装到 GRE 头部中。PPTP 使用 PPP 的 PAP 或 CHAP（MS-CHAP）进行认证，也支持微软公司的点到点加密技术（MPPE）。PPTP 支持的是一种 Client-LAN 型隧道的 VPN 实现。

PPTP 具有两种不同的工作模式，即被动模式和主动模式。被动模式的 PPTP 会话通过一个位于 ISP 处的前端处理器发起，在客户端不需要安装任何与 PPTP 有关的软件。在拨号连接到 ISP 的过程中，ISP 为用户提供所有的相应服务和帮助。被动模式的优点是降低了对客户的要求，缺点是限制了客户对 Internet 其他部分的访问。

在主动模式下，由客户建立一个与网络另一端的服务器直接连接的 PPTP 隧道，这种模式不需要 ISP 的参与，也不需要位于 ISP 处的前端处理器，ISP 只提供透明的传输通道。这种模式的优点是客户拥有对 PPTP 的绝对控制；缺点是对用户的要求较高，且需要在客户端安装支持 PPTP 的相应软件。

通过 PPTP，远程用户可以经由 Internet 访问企业的网络和应用，而不需要直接拨号到企业的网络。这样，就大大地降低了建立和维护专用远程线路的费用，同时也为企业提供了充分的安全保证。另外，PPTP 还在 IP 网络中支持 IP 协议。PPTP“隧道”将 IP、IPX、APPLE-TALK 等协议封装在 IP 包中，使用户能够运行基于特定网络协议的应用程序。同时，“隧道”采用现有的安全检测和认证策略，允许管理员和用户对数据进行加密，使数据更加安全。PPTP 还提供灵活的 IP 地址管理。若企业专用网络使用未经注册的 IP 地址，则 PNS 将把此地址和企业专用地址联系起来。

PPTP 是为中小企业提供的 VPN 解决方案，但此协议在实现上存在重大安全隐患。研究表明，其安全性甚至比 PPP 还要弱，因此不适用于对安全性需求很高的通信。若条件允许，用户最好选择完全能够替代 PPTP 的协议 L2TP。

2）L2F

L2F 协议由思科公司于 1998 年 5 月提交给 IETF，L2F 的详细描述见 RFC 2341。L2F 可以在多种介质（如 AMT、帧中继、IP 网）上建立多协议的安全虚拟专用网，它将链路层的协议（如 HDLC、PPP、ASYNC 等）封装起来传送。因此，网络的链路层完全独立于用户的链路层协议。L2F 远程用户能够通过任何拨号方式接入公共 IP 网络。首先，按常规方式拨号到 ISP 的接入服务器（NAS），建立 PPP 连接；然后，NAS 根据用户名等信息，发起第二次重连，呼叫用户网络的服务器。在这种模式下，隧道的建立和配置对用户是完全透明的。L2F 允许拨号接入服务器发送 PPP 帧，并通过 WAN 连接到 L2F 服务器。L2F 服务器解封数据包后，将远程用户接入公司自己的网络。

3）L2TP

L2TP 的前身是微软公司的点到点隧道协议（PPTP）和思科公司的第 2 层转发（L2F）协议。PPTP 是为中小企业提供的 VPN 解决方案，但此协议在安全性上存在重大隐患。L2F 协议是一种安全通信隧道协议，它的主要缺陷是未定义标准加密算法，因此是过时的隧道协议。IETF 的开放标准 L2TP 结合了 PPTP 和 L2F 协议的优点，特别适合组建远程接入方式的 VPN，因此已成为事实上的工业标准。

远程拨号的用户通过本地 PSTN、ISDN 或 PLMN 拨号，利用 ISP 提供的 VPDN 特服号，接入 ISP 在当地的接入服务器（NAS）。NAS 通过当地的 VPDN 管理系统（如认证系统）对用户身份进行认证，并获得用户对应的企业安全网关（CPE）的隧道属性（如企业网关的 IP 地址等）。NAS 根据获得的这些信息，采用适当的隧道协议封装上层协议，建立一个位于 NAS 和 LNS（本地网络服务器）之间的虚拟专用网。

第 2 层隧道协议具有简单易行的优点，但可扩展性不好。更重要的是，它们不提供内在的安全机制，不支持企业和企业外部客户及供应商之间会话的保密性需求。因此，当企业要将其内部网络与外部客户及供应商网络相连时，第 2 层隧道协议不支持构建企业外域网（Extranet）。Extranet 需要对隧道进行加密并需要相应的密钥管理机制。

2. 第 3 层隧道协议

第 3 层隧道协议主要包括 IPSec、GRE（Generic Routing Encapsulation）和多协议标记交换（Multi-protocol Label Switching，MPLS）技术。由这三种协议和技术构建的 VPN 分别称为 IPSec VPN、GRE VPN 和 MPLS VPN。

下面简要介绍这三种 VPN 协议和技术。

1）IPSec

IPSec 是专为 IP 设计提供安全服务的一种协议（其实是一种协议族）。IPSec 可以有效地保护 IP 数据报的安全，具体保护形式包括数据源验证、无连接数据的完整性验证、数据内容的保密性保护、抗重播保护等。

IPSec 主要由 AH（认证头）、ESP（封装安全净荷）、IKE（Internet 密钥交换）三个协议组成。IPSec 协议既能用于点对点连接型 VPN，又能用于远程访问型 VPN。

5.3.4 节中将深入探讨 IPSec VPN。

2）GRE

通用路由协议封装（GRE）是由思科和 NetSmiths 等公司于 1994 年提交给 IETF 的协议，标号为 RFC 1701 和 RFC 1702。目前多数厂商的网络设备均支持 GRE 隧道协议。

GRE 规定了如何用一种网络协议去封装另一种网络协议的方法。GRE 隧道由两端的源 IP 和目的 IP 定义，允许用户使用 IP 包封装 IP、IPX、AppleTalk 包，并支持全部路由协议（如 RIP2、OSPF 等）。通过 GRE，用户可以用公共 IP 网络连接 IPX 网络、AppleTalk 网络，还可以用保留地址进行网络互联，或者对公网隐藏企业网的 IP 地址。GRE 只提供数据包的封装，并未采用加密功能来防止网络侦听和攻击，因此在实际环境中经常结合 IPSec 使用，由 IPSec 提供用户数据的加密，从而给用户提供更好的安全性。GRE 的实施策略及网络结构与 IPSec 的非常相似，只要网络边缘的接入设备支持 GRE 协议即可。

3）MPLS

MPLS 属于第 3 层交换技术，它引入了基于标记的机制。它把选路和转发分开，用标签来规定一个分组通过网络的路径。MPLS 网络由核心部分的标签交换路由器（LSR）和边缘部分的标签边缘路由器（LER）组成。

MPLS 为每个 IP 包加上一个固定长度的标签，并根据标签值转发数据包。MPLS 实际上是一种隧道技术，因此使用它来建立 VPN 隧道十分容易。同时，MPLS 是一种完备的网络技术，可用来建立 VPN 成员之间简单而高效的 VPN。MPLS VPN 适用于对服务质量、服务等级划分及网络资源利用率、网络可靠性有较高要求的 VPN 业务。

CE 路由器用于将一个用户站点接入服务提供者网络的用户边缘路由器。CE 路由器不使用 MPLS，它可以只是一台 IP 路由器。CE 不必支持任何 VPN 的特定路由协议或信令。

PE 路由器是与用户 CE 路由器相连的服务提供者边缘路由器。PE 实际上是 MPLS 中的边缘标记交换路由器（LER），可以支持 BGP、一种或多种 IGP 路由协议及 MPLS 协议，能够执行 IP 包检查、协议转换等功能。

用户站点是这样的一组网络或子网：它们是用户网络的一部分，且通过一条或多条 PE/CE 链路接至 VPN。一组共享相同路由信息的站点构成 VPN。一个站点可以同时位于不同的几个 VPN 中。

从 MPLS VPN 网络的结构可以看到，与前几种 VPN 技术不同，MPLS VPN 网络中的主角虽然仍然是边缘路由器（此时是 MPLS 网络的边缘 LSR），但它需要公共 IP 网内部的所有相关路由都支持 MPLS，所以这种技术对网络有特殊的要求。

VPN 的类型有多种，本书主要讨论 IPSec VPN、PPTP VPN、SSL VPN 和 MPLS VPN。SSL VPN 也称传输层安全（Transport Layer Security，TLS）协议 VPN。之所以讨论这些 VPN，是因为它们的应用最为广泛。由于 PPTP VPN 和 MPLS VPN 的安全性相对较低，因此这里重点讨论 IPSec VPN 和 TLS VPN，而对 PPTP VPN 和 MPLS VPN 的原理只做简要探讨。

5.3.4 IPSec VPN

IPSec 在 IPv6 的制定过程中产生，用于提供 IP 层的安全性。由于所有支持 TCP/IP 协议的主机在通信时都要经过 IP 层的处理，所以提供了 IP 层的安全性就相当于为整个网络提供了安全通信的基础。鉴于 IPv4 的应用仍然非常广泛，所以后来在 IPSec 的制定过程中也增添了对 IPv4 的支持。

IPSec 标准最初由 IETF 于 1995 年制定，但由于存在一些未解决的问题，从 1997 年开始 IETF 又开展了新一轮 IPSec 标准的制定工作，到 1998 年 11 月，主要协议基本制定完成。由于这组新协议仍然存在一些问题， IETF 将来还会对其进行修订。

IPSec 涉及的一系列 RFC 标准文档如下。

- RFC 2401。IPSec 系统结构。
- RFC 2402。认证头部协议（AH）。
- RFC 2406。封装净荷安全协议（ESP）。
- RFC 2408。Internet 安全联盟和密钥管理协议（ISAKMP）。
- RFC 2409。Internet 密钥交换协议（IKE）。
- RFC 2764。基本框架文档。
- RFC 2631。Diffie-Hellman 密钥协商方案。
- SKEME。

在后面的讨论中，我们将重点放在 ESP 的保密性和完整性方面。

IPSec 协议由 AH 和 ESP 提供两种工作模式（注意，不要将它们和下文讨论的 ISAKMP 模式混淆），如图 5.26 所示。这两个协议可以组合使用，也可以单独使用 AH 或 ESP。IPSec 的功能和模式如表 5.3 所示。

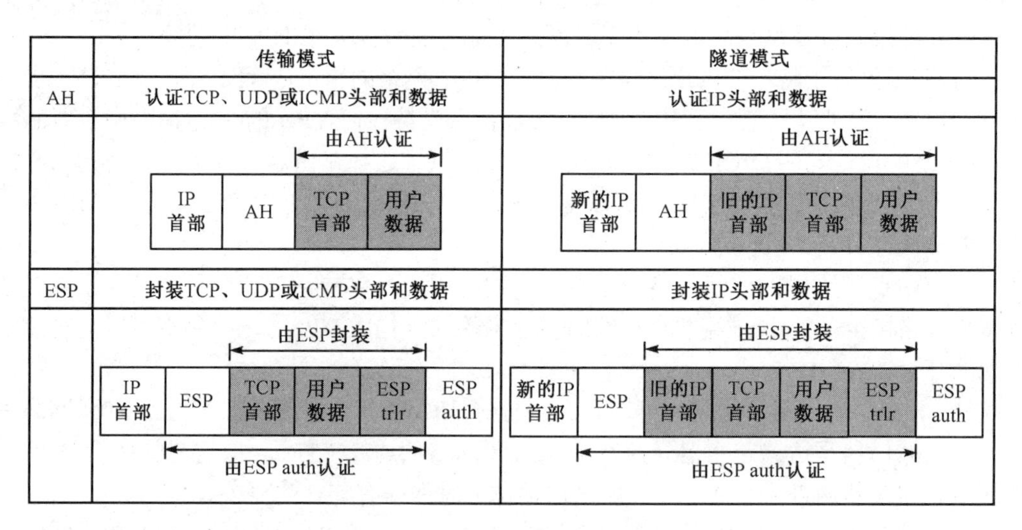

图 5.26 IPSec 协议的构成

AH、ESP 或 AH+ESP 既可在隧道模式下使用，又可在传输模式下使用。隧道模式在两个 IP 子网之间建立一个安全通道，允许每个子网中的所有主机用户访问对方子网中的所有服务和主机。传输模式在两台主机之间以端对端的方法提供安全通道，并在整个通信路径的建立和数据的传递过程中采用身份认证、数据保密性和数据完整性等安全保护措施。

表 5.3　IPSec 的功能和模式

功能/模式	认证头部（AH）	封装安全净荷（ESP）	ESP+AH
访问控制	是	是	是
认证	是	—	是
消息完整性	是	—	是
重放保护	是	是	是
保密性	—	是	是

IPSec 既可对 IP 数据包只进行加密或认证，又可同时实施加密和认证。但无论是进行加密还是进行认证，IPSec 都有两种工作模式，即传输模式和隧道模式。

采用传输模式时，IPSec 只对 IP 数据包的净荷进行加密或认证。此时，封装数据包继续使用原 IP 头部，只对 IP 头部的部分字段进行修改，而 IPSec 协议头部插入原 IP 头部和传输层头部之间。传输模式的 ESP 封装示意图和传输模式的 AH 封装示意图分别如图 5.27 和图 5.28 所示。

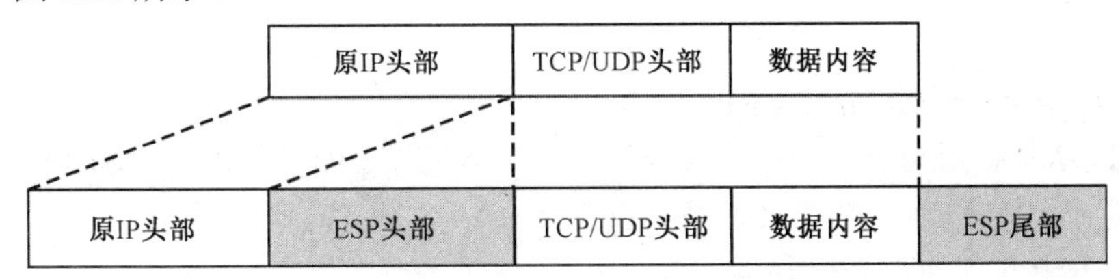

图 5.27　传输模式的 ESP 封装示意图

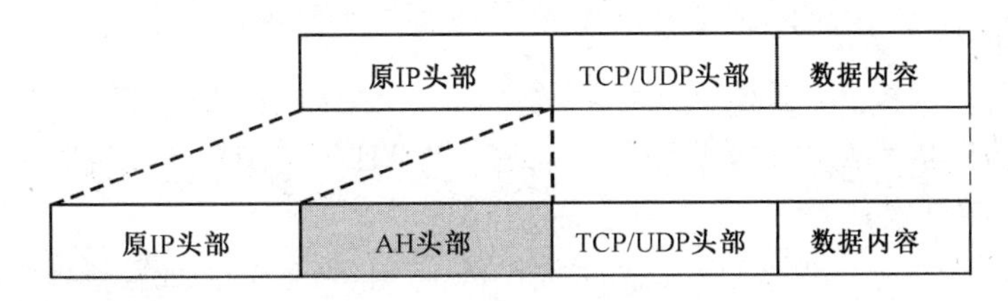

图 5.28　传输模式的 AH 封装示意图

采用隧道模式时，IPSec 对整个 IP 数据包进行加密或认证。此时，需要产生一个新的 IP 头部，IPSec 头部被放在新产生的 IP 头部和原 IP 数据包之间，组成一个新的 IP 头部。隧道模式的 ESP 封装示意图和隧道模式的 AH 封装示意图分别如图 5.29 和图 5.30 所示。

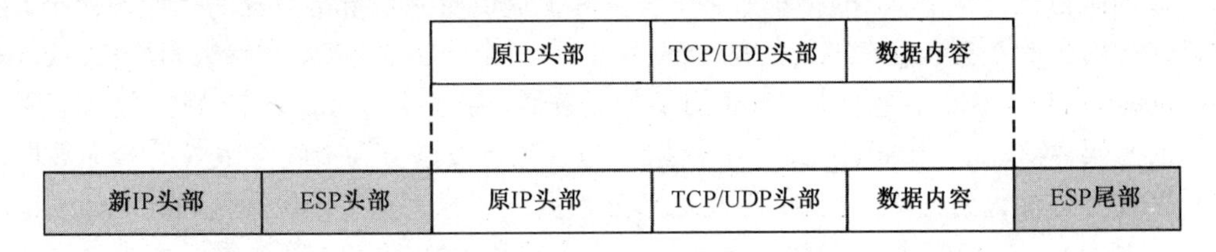

图 5.29　隧道模式的 ESP 封装示意图

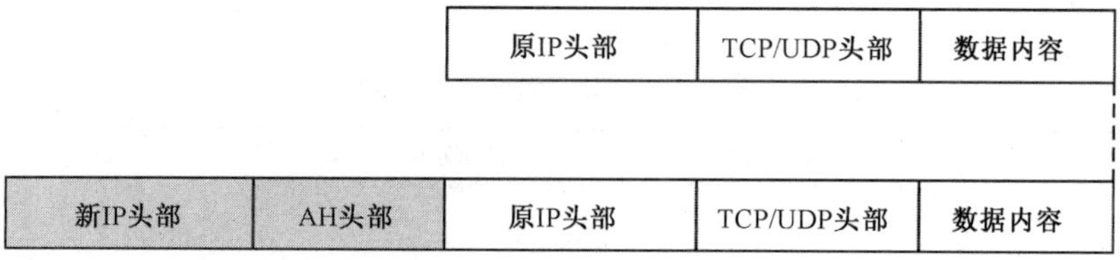

原IP头部	TCP/UDP头部	数据内容

新IP头部	AH头部	原IP头部	TCP/UDP头部	数据内容

图 5.30　隧道模式的 AH 封装示意图

前面提到 IPSec 的主要功能是加密和认证。要进行加密和认证，IPSec 还需要具有密钥管理和交换功能，以便为加密和认证提供所需的密钥并对密钥的使用进行管理。以上三方面的工作分别由 AH、ESP 和 IKE 三个协议实现。要介绍这三个协议，需要先引入一个非常重要的术语——安全关联（Security Association，SA）。所谓安全关联，是指安全服务及其载体之间的一个"连接"。AH 和 ESP 的实现都需要 SA 的支持，而 IKE 的主要功能就是建立和维护 SA。

要用 IPSec 建立一条安全的传输通路，通信双方就需要事先协商将要采用的安全策略，包括使用的加密算法、密钥、密钥的生存期等。当双方协商好使用的安全策略后，我们就说双方建立了一个 SA。给定了一个 SA，就确定了 IPSec 要执行的处理，如加密、认证等。

1）AH（Authentication Header）

RFC 2402 的作者设计了 AH 协议来防御中间人攻击。RFC 2402 对 AH 协议进行了极为详细的定义，RFC 2401 将 AH 服务定义如下。

- 非连接的数据完整性校验。
- 数据源点认证。
- 可选的抗重放服务。

AH 有两种实现模式：传输模式和隧道模式。当 AH 以传输模式实现时，主要提供对高层协议的保护，因为高层的数据不进行加密。当 AH 以隧道模式实现时，协议被应用于通过隧道的 IP 数据包。

AH 只涉及认证，不涉及加密。为了提供最基本的功能并保证互操作性，AH 必须提供对 HMAC SHA 和 HMAC MD5（HMAC 是由哈希函数 SHA 和 MD5 构造的消息认证码）的支持。

AH 的长度是可变的，但必须是 32bit 数据报长度的倍数。AH 字段被细分为几个子字段，其中包含了为 IP 数据包提供密码保护所需的数据，如图 5.31 所示。

数据源点认证是 IPsec 的强制服务，它实际上提供对源点身份数据的完整性保护。提供该保护所需的数据包含在 AH 的两个子字段中，一个子字段是"安全参数索引"（Security Parameters Index，SPI），包含长 32bit 的某个任意值，用于唯一标识该 IP 数据包认证服务所用的密码算法；另一个子段是"认证数据"，包含消息发送方为接收方生成的认证数据，用于接收方进行数据完整性验证，因此这部分数据也被称为完整性校验值（Integrity Check Value，ICV）。该 IP 数据包的接收方能够使用密钥和 SPI 标识的算法重新生成"认证数据"，然后将其与接收到的"认证数据"比较，从而完成 ICV 校验。

AH 还有一个"序号"子字段，用来抵御 IP 数据包重放攻击。AH 的其他子字段（包括"下一个头部""净荷长度"和"保留以后使用"）都没有安全方面的意义，因此这里不对它们进行讨论。

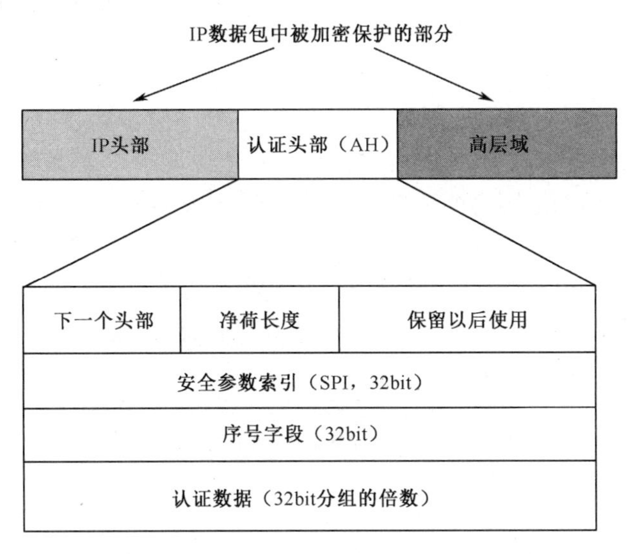

图 5.31 认证头部的结构及其在 IP 数据包中的位置

2）ESP（Encapsulating Security Payload）

ESP 协议主要用于对 IP 数据包进行加密，此外也对认证提供某种程度的支持。ESP 独立于具体的加密算法，几乎可以支持各种对称密钥加密算法，如 TripleDES 和 RC5 等。

ESP 的格式如图 5.32 所示。ESP 协议数据单元格式由三部分组成，除了头部、加密数据部分，在实施认证时还包含一个可选尾部。头部有两个字段：安全参数索引（SPI）和序号（Sequence Number）。使用 ESP 进行安全通信前，通信双方需要先协商好一组要采用的加密策略，包括所用的加密算法、密钥及密钥的有效期等。SPI 用来标识发送方在处理 IP 数据包时使用了哪组加密策略，当接收方看到这个标识后就知道如何处理收到的 IP 数据包。“序号”用来区分使用同一组加密策略的不同数据包。被加密的数据部分除了包含原 IP 数据包的净荷，还包含填充数据。填充数据是为了保证加密数据部分的长度满足分组加密算法的要求。这两部分数据在传输时都要进行加密。“下一个头部”（Next Header）用来标识净荷部分所用的协议，它可能是传输层协议（TCP 或 UDP），也可能是 IPSec 协议（ESP 或 AH）。

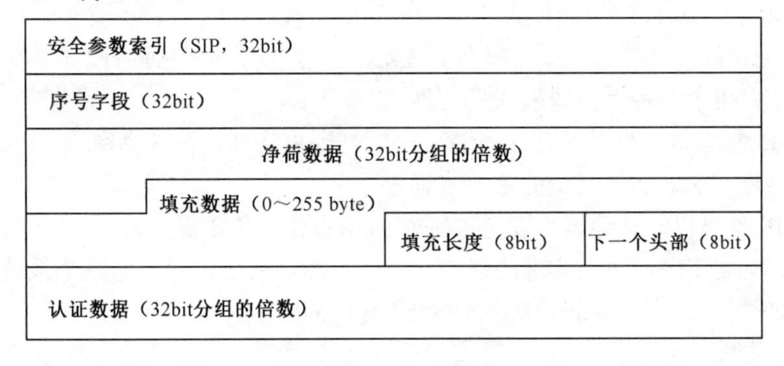

图 5.32 ESP 的格式

ESP 协议也有两种工作模式：传输模式和隧道模式。当 ESP 工作于传输模式时，封装包头部采用当前的 IP 头部。当 ESP 工作于隧道模式时，IPSec 将整个 IP 数据包进行加密作为 ESP 净荷，并在 ESP 头部前面加以网关地址为源地址的新 IP 头部，此时 IPSec 可以起 NAT 的作用。

3）IKE

Internet 密钥交换协议（Internet Key Exchange，IKE）用于动态地建立安全关联（Security Association，SA）。由 RFC 2409 描述的 IKE 属于一种混合型协议，它汲取了 ISAKMP、Oakley 密钥确定协议及 SKEME 的共享密钥更新技术的精华，是独一无二的密钥协商和动态密钥更新协议。此外，IKE 还定义了两种密钥交换方式。IKE 使用两个阶段的 ISAKMP：在第一阶段，通信各方彼此建立一个已通过身份验证和安全保护的通道，即建立 IKE 安全关联；在第二阶段，利用这个既定的安全关联为 IPSec 建立安全通道。IKE 图解如图 5.33 所示。

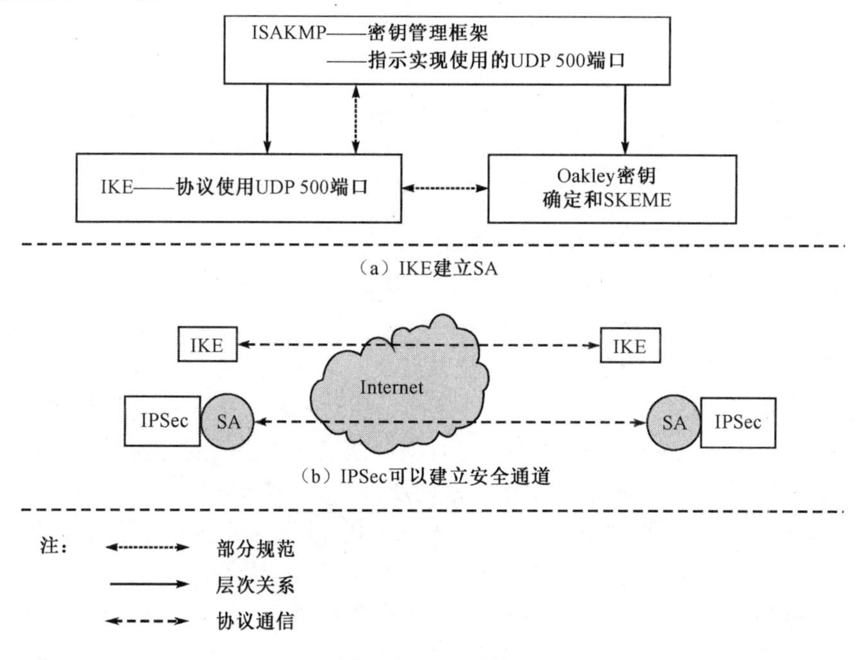

图 5.33　IKE 图解

IKE 定义了两个阶段：阶段 1 交换和阶段 2 交换。Oakley 定义了三种模式，分别对应 ISAKMP 的三个阶段：快速模式、主模式和野蛮模式。在阶段 1 交换，IKE 采用身份保护交换（“主模式”交换），以及根据 ISAKMP 文档制定的“野蛮模式”交换；在阶段 2 交换，IKE 采用了一种“快速模式”交换。

ISAKMP 通过 IKE 对以下几种密钥交换机制提供支持：预共享密钥（PSK）；公钥基础设施（PKI）；IPSec 实体身份的第三方证书。

总之，IKE 可以动态地建立安全关联和共享密钥。IKE 建立安全关联的过程极为复杂。一方面，它是 IPSec 协议实现的核心；另一方面，它很可能成为整个系统的瓶颈。进一步优化 IKE 程序和密码算法是实现 IPSec 的核心问题之一。

4）安全关联

IPsec 的中心概念之一是“安全关联”（SA）。本质上讲，IPsec 可视为 AH+ESP。当两个网络节点在 IPsec 保护下通信时，它们必须协商一个 SA（用于认证）或两个 SA（分别用于认证和加密），并协商这两个节点之间所共享的会话密钥，以便它们能够执行加密操作。要在两个安全网关之间建立安全双工通信，需要在每个方向建立一个 SA。在 IPsec 当前的实现方案中，SA 管理机制只定义了单一特性的 SA。这意味着当前的 SA 只能建立点到点的通信。未来，增强功能会支持点到点及一点到多点的通信。

每个 SA 的标识由三部分组成：安全性参数索引，即 SPI；IP 目的地址；安全协议标识，即 AH 或 ESP。

如前所述，SA 有两种模式，即传输模式和隧道模式。传输模式下的 SA 是两台主机之间的安全关联；隧道模式下的 SA 只适用于 IP 隧道。若在两个安全网关之间或一个安全网关和一台主机之间建立安全关联，则此 SA 必须使用隧道模式。

当然，也可将不同的 SA 组合起来使用，以提供多层次的安全性或封装能力。对 SA 进行组合时，称组合结果为一个 SA 束。此时，IPSec 在对传输数据进行处理时，也必须进行一系列的安全关联。

5.3.5 SSL/TLS VPN

SSL VPN 也称传输层安全协议（TLS）VPN。它最初由 Netscape 公司定义和开发，后来 IETF 将 SSL 重新更名为 TLS。就设计思想和目标而言，SSL v3 和 TLS v1 是相同的。在后面的讨论中，我们将用 TLS 代替 SSL。

近年来，TLS VPN 的使用越来越广泛。企业使用 TLS VPN 可以大大降低通信费用，并使网络的安全性得到明显提高。与 IPSec VPN 相比，TLS VPN 的最大优点是用户不需要安装和配置客户端软件，只需在客户端安装一个 IE 浏览器。相反，IPSec 需要在每台计算机上配置相应的安全策略。虽然 IPSec 的安全性很高，但需要技术人员花费很多精力去研究 IPSec 的配置。虽然有一些方法可以自动实现这一目标，但使用 IPSec VPN 通常会增加管理成本。

由于 TLS 协议允许使用数字签名和证书，因此 TLS 协议能提供强大的认证功能。在建立 TLS 连接的过程中，客户端和服务器之间要进行多次信息交互。TLS 协议的连接建立过程如图 5.34 所示。

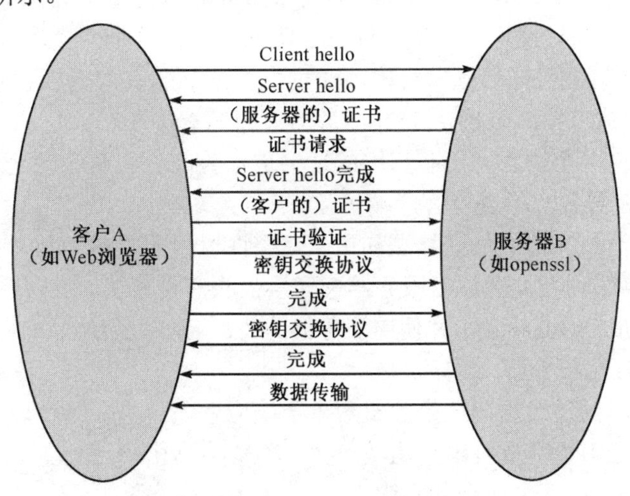

图 5.34 TLS 协议的连接建立过程

类似于许多客户机/服务器方式，客户端向服务器发送 Client hello 信息打开连接，服务器用 Server hello 回答。然后，服务器要求客户端提供它的数字证书。服务器完成对客户端证书的验证后，启动执行密钥交换协议。密钥交换协议的主要任务如下。

- 生成一个主密钥。
- 由主密钥生成两个会话密钥：A→B 的密钥和 B→A 的密钥。
- 由主密钥生成两个消息认证码密钥。

完整的 TLS 协议架构如图 5.35 所示。可以看出，TLS 记录协议属于第 3 层协议，而 TLS 握手协议、TLS 密钥交换协议和 TLS 报警协议均与 HTTP 和 FTP 一样，属于应用层协议。

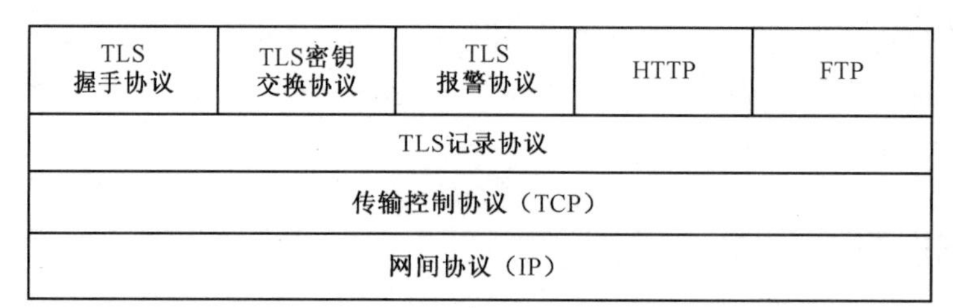

图 5.35　完整的 TLS 协议架构

一般来说，TLS VPN 的实现方式是在企业的防火墙后面放置一个 TLS 代理服务器。用户要安全地连接到公司网络，首先要在浏览器上输入一个 URL，该连接请求将被 TLS 代理服务器取得。当该用户通过身份验证后，TLS 代理服务器将提供远程用户与各种不同应用服务器之间的连接。TLS VPN 的实现主要依靠下面的三种协议。

1．握手协议

握手协议建立在可靠的传输协议之上，为高层协议提供数据封装、压缩和加密等基本功能的支持。这个协议用于协商客户机和服务器之间会话的加密参数。当一个 TLS 客户机和服务器第一次通信时，它们首先要在选择协议版本上达成一致，选择加密算法和认证方式，并使用公钥技术来生成共享密钥。具体协议流程如下。

① TLS 客户机连接至 TLS 服务器，并要求服务器验证客户机的身份。

② TLS 服务器通过发送它的数字证书证明其身份。这个交换还可包括整个证书链，证书链可以追溯到某个根证书颁发机构。通过检查证书的有效日期并验证数字证书中所包含的可信 CA 的数字签名来确认 TLS 服务器公钥的真实性。

③ 服务器发出一个请求，对客户端的证书进行验证。但由于缺乏 PKI 系统的支撑，当今的大多数 TLS 服务器不进行客户端认证。

④ 协商用于消息加密的加密算法和用于完整性检验的哈希函数，通常由客户端提供它所支持的所有算法列表，然后由服务器选择最强的密码算法。

⑤ 客户机生成一个随机数，并使用服务器的公钥（从服务器证书中获取）对它加密，并将密文发送给 TLS 服务器。

⑥ TLS 服务器通过发送另一个随机数做出响应。

⑦ 对以上两个随机数进行哈希函数运算，生成会话密钥。

其中，最后三步用来生成会话密钥。

2．TLS 记录协议

TLS 记录协议建立在 TCP/IP 之上，用于在实际数据传输开始前，通信双方进行身份认证、协商加密算法和交换加密密钥等。发送方将应用消息分割成可管理的数据块，然后与密钥一起进行哈希运算，生成一个消息认证码（Message Authentication Code，MAC），最后将组合结果进行加密并传输。接收方接收数据并解密，校验 MAC，并重组分段的消息，将整个消息提供给应用程序。

3．警告协议

警告协议用于提示何时 TLS 协议发生了错误，或者两台主机之间的会话何时终止。只有在 TLS 协议失效时告警协议才会被激活。

与其他类型的 VPN 相比，TLS VPN 有独特的优点，归纳起来主要有如下几点。

（1）无须安装客户端软件。只需要标准的 Web 浏览器连接 Internet，即可通过网页访问企业总部的网络资源。

（2）适用于大多数设备。浏览器可以访问任何设备，如可上网的 PDA 和移动电话等设备。Web 已成为标准的信息交换平台，越来越多的企业开始将 ERP、CRM、SCM 移植到 Web 上。TLS VPN 的作用是为 Web 应用保驾护航。

（3）适用于大多数操作系统，如 Windows、Macintosh、UNIX 和 Linux 等具有标准浏览器的系统。

（4）支持网络驱动器访问。

（5）TLS 不需要对远程设备或网络做任何改变。

（6）较强的资源控制能力。基于 Web 的代理访问，可对远程访问用户实施细粒度的资源访问控制。

（7）费用低且具有良好的安全性。

（8）可以绕过防火墙和代理服务器进行访问，而 IPSec VPN 很难做到这一点。

（9）TLS 加密已内嵌在浏览器中，无须增加额外的软件。

TLS VPN 有以下不足。

（1）TLS VPN 的认证方式比较单一，只能采用证书，而且一般是单向认证。支持其他认证方式往往要进行长时间的二次开发。而 IPSec VPN 的认证方式更加灵活，支持口令、RADIUS、令牌等认证方式。

（2）TLS VPN 应用的局限性很大，只适用于数据库–应用服务器–Web 服务器–浏览器这种模式。

（3）TLS 协议只对通信双方所用的应用通道进行加密，而不对整个通道进行加密。

（4）TLS 不能对应用层的消息进行数字签名。

（5）LAN-to-LAN 的连接缺少理想的 TLS 解决方案。

（6）TLS VPN 的加密级别通常不如 IPSec VPN 的高。

（7）TLS 能保护由 HTTP 创建的 TCP 通道的安全，但不能保护 UDP 通道的安全。

（8）TLS VPN 是应用层加密，性能较差。

（9）TLS VPN 只能进行认证和加密，不能实施访问控制。隧道建立后，管理员对用户不能进行任何限制。

（10）TLS VPN 需要 CA 支持，企业必须外购或自己部署一个小型的 CA 系统。对于一家企业来说，证书管理也是一件相当复杂的工作。

目前，远程客户主要采用 TLS VPN 来访问内部网络中的一些基于 Web 的应用。在客户与 TLS VPN 的通信中，人们通常采用 TLS 代理技术来提高 VPN 服务器的通信性能和安全身份验证能力。在为企业高级用户（Power User）提供远程访问及为企业提供 LAN-to-LAN 隧道连接方面，IPSec 具有无可比拟的优势。虽然 TLS VPN 有很多优点，但它并不能取代 IPSec VPN，因为这两种技术分别应用在不同的领域。TLS VPN 考虑得更多的是用户远程接入 Web 应用的安全性，而 IPSec VPN 主要提供 LAN-to-LAN 的隧道安全连接，它保护的是点对点之间的通信。当然，它也可提供对 Web 应用的远程访问。

TLS VPN 与 IPSec VPN 的性能比较如表 5.4 所示。

表 5.4　TLS VPN 与 IPSec VPN 的性能比较

选　　项	TLS VPN	IPSec VPN
身份验证	单向身份验证 双向身份验证 数字证书	双向身份验证 数字证书
加密	强加密 基于 Web 浏览器	强加密 依靠执行
全程安全性	端到端安全 从客户到资源端全程加密	网络边缘到客户端 仅对从客户到 VPN 网关之间的通道加密
可访问性	适用于任何时间、任何地点的访问	只适用于已定义的受控用户的访问
费用	低（无须任何附加客户端软件）	高（需要管理客户端软件）
安装	即插即用安装 无须任何附加的客户端软、硬件安装	通常需要长时间的配置 需要客户端软件或硬件
用户的易用性	对用户非常友好，使用非常熟悉的 Web 浏览器 无须终端用户的培训	对没有相应技术的用户比较困难 需要培训
支持的应用	基于 Web 的应用 文件共享 E-mail	所有基于 IP 协议的服务
用户	客户、合作伙伴用户、远程用户、供应商等	更适合在企业内部使用
可伸缩性	容易配置和扩展	在服务器端容易实现自由伸缩，在客户端比较困难
穿越防火墙	可以	不可以

除了以上讨论的各种类型的 VPN，还有许多其他类型的 VPN，如 L2TP-VPN、PPTP-VPN、MLPS-VPN 等，其中 IPSec VPN 是最安全的协议，其安全性优于其他类型的 VPN。IPSec 与 L2TP 和 MPLS 并不相互排斥，可以结合使用。基于 L2TP 或 MPLS 构建 VPN 时，若需要“绝对”的安全保障，则可与 IPSec 结合使用。

最后要强调的是，安全问题是一个系统问题，它不仅取决于 VPN 的这些隧道协议自身的安全，而且取决于网络中所用的其他技术和设备的安全性及物理安全措施。

5.4 本章小结

本章主要介绍了防火墙、入侵检测系统和 VPN 技术。通过学习本章的内容，读者可以掌握各类防火墙的基本工作原理，根据不同的网络环境和安全需求选择不同类型的防火墙；掌握入侵检测的基本原理和主要方法，了解异常检测和误用检测的基本原理，理解不同类型的入侵检测技术适用场景；掌握 VPN 的基本概念和分类，了解构建 VPN 的各种隧道协议，掌握 IPSec VPN、TLS VPN、PPTP VPN、MPLS VPN 的概念、工作原理和优缺点。

填空题和选择题

1．防火墙应位于_________。

A．公司网络内部　　B．公司网络外部

C．公司网络与外部网络之间　　D．都不对

2．应用网关的安全性_________包过滤防火墙。

A．不如　　B．超过　　C．等于　　D．都不对

3．静态包过滤防火墙工作于 OSI 模型的________层，它对数据包的某些特定字段进行检查，这些特定字段包括_______、______、_______、_______、______。

4．动态包过滤防火墙工作于 OSI 模型的______层，它对数据包的某些特定字段进行检查，这些特定字段包括_______、_______、_______、_______、_______。

5．电路层网关工作于 OSI 模型的________层，它检查数据包中的数据，分别为_______、_______、_______、_______、_______、_______。

6．切换代理在连接建立阶段工作于 OSI 模型的_________层，连接建立完成后，再切换到_________模式，即工作于 OSI 模型的_________层。

7．根据数据的来源不同，IDS 可分为________、_________、________3 种类型。

8．通用的 IDS 模型主要由_______、_______、_______、_______4 部分组成。

9．入侵检测一般分为 3 个步骤，分别为__________、__________、__________。

10．吸引潜在攻击者的陷阱称为_________。

11．在_______情况下，IP 头才需要加密。

A．信道模式　　B．传输模式

C．信道模式和传输模式　　D．无模式

12．根据访问方式的不同，VPN 可以分为_______和_______两种类型。

13．VPN 的关键技术包括_______、_______、_______、_______、_______等。

14．IPSec 的主要功能是实现加密、认证和密钥交换，这 3 个功能分别由_______、_______、_______3 个协议来实现。

15．IPSec 在 OSI 参考模型的_______层提供安全性。

A．应用　　B．传输　　C．网络　　D．数据链路

16．ISAKMP/Oakley 与________相关。

A．SSL　　B．SET　　C．SHTTP　　D．IPSec

17．IPSec 中的加密是由________完成的。

A．AH　　B．TCP/IP　　C．IKE　　D．ESP

思考题

1. 防火墙一般有几个接口？什么是防火墙的非军事区？它的作用是什么？
2. 为什么防火墙要具有 NAT 功能？在 NAT 中为什么要记录端口号？
3. 简述静态包过滤防火墙的工作原理并分析其优缺点。动态包过滤防火墙与静态包过滤防火墙的主要区别是什么？
4. 电路层网关与包过滤防火墙有何不同？简述电路层网关的优缺点。
5. 应用层网关与电路层网关有何不同？简述应用层网关的优缺点。
6. 状态检测防火墙与应用层网关有何不同？简述状态检测防火墙的优缺点。
7. IDS 有哪些主要功能？
8. 什么是异常检测？基于异常检测原理的入侵检测方法有哪些？
9. 试分析基于异常与基于误用这两种检测技术的优缺点。
10. 简述 NIDS 的主要优点。简要说明 NIDS 采用了哪些关键技术。

第6章

身份认证

内容提要

身份认证是实现网络安全接入、资源访问及其他网络安全应用的关键技术。本章首先介绍身份证明系统的组成和分类，以及实现身份证明的基本途径；然后深入讨论目前实现身份证明的常用方法，包括基于口令的身份认证系统、基于个人生物特征的身份认证技术和一次性口令认证技术；最后介绍智能卡技术及其应用。通过本章的学习，读者可以了解并掌握身份认证的常用技术和方法，为网络安全实践打下基础。

本章重点

- 身份证明系统的组成和要求
- 身份证明的基本分类
- 基于口令的身份认证系统的原理
- 基于个人生物特征的身份认证技术
- 一次性口令认证技术

6.1 身份证明

在充满竞争的现实社会中，身份欺诈时有发生。为了防止身份欺诈，常常需要个人身份认证。通信和数据系统的安全性也取决于能否正确验证用户或终端的个人身份。例如，银行的自动柜员机（ATM）可将现金发给经它正确识别的账号持卡人，从而提高银行的工作效率和服务质量。计算机的访问和使用、安全区的出入，也都以精确的身份认证为基础。

传统的身份证明一般是通过检验“物”的有效性来确认该物持有者的身份的。“物”可以是徽章、工作证、信用卡、驾驶证、身份证、护照等，卡上含有个人照片（易于换成指纹、视网膜图案、牙齿的 X 光照片等），并有权威机构签章。过去这类靠人工进行的识别工作现在已逐步由机器代替。在信息化社会中，随着信息业务的扩大，要求验证的对象集合也迅速加大，因而大大增加了身份验证的复杂性和实现的困难性。例如，银行自动转账系统中可能有上百万个用户，若用个人识别号（PIN），至少需要 6 位十进制数。如果使用用户的个人签字来代替 PIN，那么就要能区分数以百万计的人的签字。

目前，一些采用电子方式实现个人身份证明的方法均存在安全风险。例如，从银行的 ATM 取款时需要插入信用卡并输入 PIN；电话购货需要证实信用卡的号码；用电话公司发行的电话卡支付长途电话费需要验证 4 位十进制的 PIN；网站登录时需要输入用户的名字和口令等。但是，现实社会中的攻击者常常会使这类简单的身份验证方法失效。

如何实现安全、准确、高效和低成本的数字化认证，是目前网络安全实践中的一个热点。本章讨论几种常用的身份认证技术，如口令认证系统、基于个人生物特征的身份证明及一次性口令身份认证系统等。

6.1.1 身份欺诈

下面给出一些例子，说明几种可能的身份欺诈的方式。

1. 象棋大师问题

A 不懂象棋，但可同时挑战 Kasparov 和 Karpov，在同一时间和地点（不在同一个房间）进行对弈，以白子棋对前者、以黑子棋对后者，而两位大师彼此不交流，如图 6.1 所示。Karpov 持白子先下一步，*A* 记下这一步并下出同样一招棋来对付 Kasparov，而后看 Kasparov 如何下黑子棋，*A* 记下第二步并下出同样一招棋来对付 Karpov，以此类推。在这场博弈中，*A* 是中间人，他实施的就是一种中间人欺诈攻击。

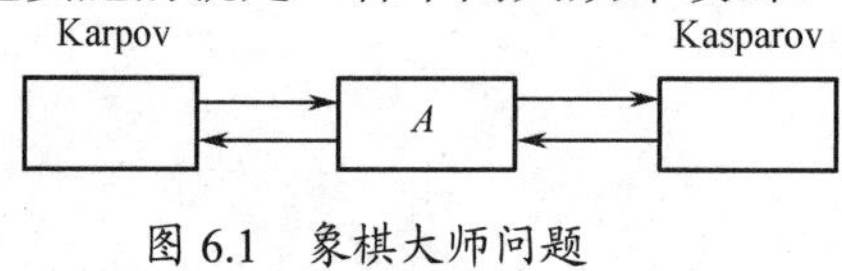

图 6.1　象棋大师问题

2. Mafia 欺诈

A 在 Mafia 集团成员 *B* 开的饭馆吃饭，Mafia 集团的另一个成员 *C* 到 *D* 的珠宝店购买珠宝，*B* 和 *C* 之间通过秘密无线电联络，*A* 和 *D* 不知道其中有诈。*A* 向 *B* 证明 *A* 的身

份并付账，B 通知 C 开始欺骗：A 向 B 证明身份，B 经无线电通知 C，C 以同样的协议向 D 证明身份。当 D 询问 C 时，C 经 B 向 A 问同一个问题，B 再将 A 的回答告诉 C，C 向 D 回答，如图 6.2 所示。实际上，B 和 C 起到中间人作用，完成 A 向 D 的身份证明，达到了 C 向 D 购买珠宝但把账记到 A 的目的。这是中间人 B 和 C 合伙进行的欺诈。

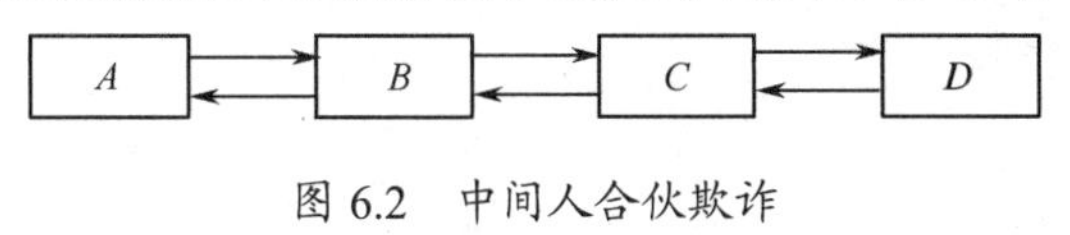

图 6.2　中间人合伙欺诈

3. 恐怖分子欺诈

假定 C 是一名恐怖分子，A 要帮助 C 进入某国，D 是该国移民局的官员，A 和 C 之间用秘密无线电联络，如图 6.3 所示。A 协助 C 得到 D 的入境签证。

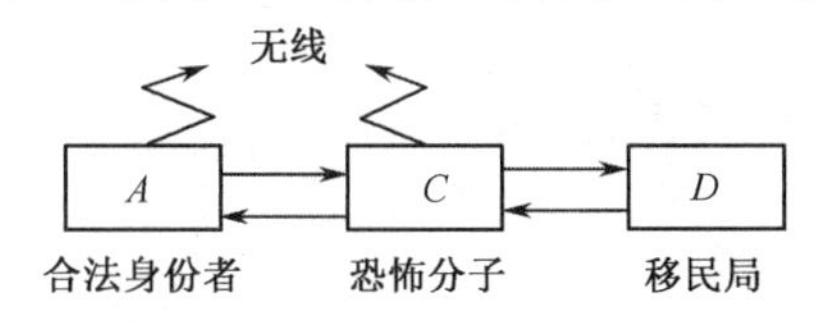

图 6.3　另一种中间人合伙欺诈

这类欺诈攻击可以采用防电磁辐射和精确时戳等技术来应对。

4. 多身份欺诈

A 首先建立几个身份并向外公布，其中的一个身份他从未用过，但他以这一身份作案，并只用一次，除目击者外无人知道犯罪人的个人身份。由于 A 不再使用该身份，警方无法跟踪。采用身份证颁发机构确保每人只有一个身份证，就可应对这类欺诈。

6.1.2 身份证明系统的组成和要求

身份证明系统一般由三方组成：一方是出示证件的人，称为示证者 P（Prover），又称申请者（Claimant），他提出某种入门或入网请求；另一方是验证者 V（Verifier），他检验示证者出示证件的正确性和合法性，决定是否满足其要求；第三方是攻击者，他可以窃听并伪装示证者骗取验证者的信任。认证系统必要时也会有第四方，即可信者，他的作用是参与调解纠纷。我们称此类技术为身份证明技术，又称身份识别（Identification）、实体认证（Entity authentication）、身份验证（Identity Verification）等。实体认证与消息认证的差别是，消息认证本身不要求实时性，而实体认证一般都具有实时性。此外，实体认证通常证实实体本身，而消息认证除了证实消息的合法性和完整性，还要知道消息的含义。

对身份证明系统的要求如下。

（1）验证者正确识别合法示证者的概率极大化。

（2）不具有可传递性，验证者 B 不能重用示证者 A 提供给他的信息来伪装示证者 A 去骗取其他人的验证而获取信任。

（3）攻击者伪装示证者欺骗验证者成功的概率要小到可以忽略，特别是要能抗击已知密文攻击能防止重放攻击，即防止攻击者在截获示证者和验证者多次通信后伪装示证者以欺骗验证者。

（4）计算有效性（实现身份证明所需的计算量要小）。

（5）通信有效性（实现身份证明所需通信次数和数据量要小）。

（6）秘密参数能安全地存储。

（7）交互识别（在有些应用中，要求双方能互相进行身份认证）。

（8）第三方的实时参与，如在线公钥检索服务。

（9）第三方的可信性。

（10）可证明安全性。

其中，（7）～（10）是对某些身份证明系统所提出的要求。

身份识别与数字签名密切相关。数字签名是实现身份识别的一个途径，但在身份识别中消息的语义基本上是固定的，身份验证者根据规定对当前时刻申请者提出的申请或接受或拒绝。身份识别一般不是“终生”的，数字签名则应长期有效。

6.1.3 身份证明的基本分类

身份证明可分为以下两大类。

（1）身份验证（Identity Verification），它回答的问题是“你是否是你所声称的你？”即只对个人身份进行肯定或否定。一般方法是：在个人信息输入后，系统将经公式和算法运算得到的结果与从卡上（或库中）存储的信息经公式和算法运算得到的结果进行比较，根据比较结果得出结论。

（2）身份识别（Identity Recognition），它回答问题是“我是否知道你是谁？”一般方法是：在个人信息输入后，系统将其加以处理后提取出模板信息，并试图在存储数据库中搜索出一个与之匹配的模板，而后给出结论。例如，确定一名犯罪嫌疑人是否有前科的指纹检验系统就是一个身份识别系统。

显然，身份识别要比身份验证难得多。读者可以通过一些实例仔细体会身份验证系统和身份识别系统之间的差异。

6.1.4 实现身份证明的基本途径

身份证明可以依靠下述三种基本途径之一或其组合实现，如图 6.4 所示。

（1）所知（Knowledge）。个人所知道的或所掌握的知识，如密码、口令等。

（2）所有（Possesses）。个人所具有的东西，如身份证、护照、信用卡、钥匙等。

（3）个人特征（Characteristics）。如指纹、笔迹、声纹、手型、脸形、血型、视网膜、虹膜、DNA 及个人一些动作方面的特征等。

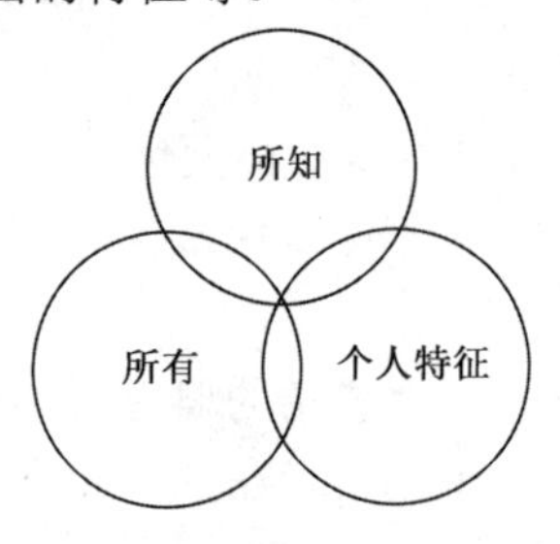

图 6.4　身份证明的基本途径

根据安全水平、系统通过率、用户可接受性、成本等因素，可以选择适当的组合设计实现自动化身份证明系统。

身份证明系统以合法用户遭拒绝的概率［即拒绝率（False Rejection Rate，FRR）或虚报率（I 型错误率）］和非法用户伪造身份成功的概率［即漏报率（False Acceptance Rate，FAR）（II 型错误率）］作为服务质量评价指标。为保证系统有良好的服务质量，要求 I 型错误率要足够小；为保证系统的安全性，要求 II 型错误率也要足够小。这两个指标常常是相悖的，应根据不同的用途适当折中，如为了安全（降低 FAR）牺牲一些服务质量（增大 FRR）。设计时除了考虑安全性，还要考虑经济性和可用性。

6.2 口令认证系统

6.2.1 概述

口令是一种根据已知事物验证身份的方法，也是一种被广泛使用的身份验证方法。在现实世界中，采用口令的例子不胜枚举，如中国古代调兵用的虎符、阿里巴巴打开魔洞的“芝麻”密语、军事上采用的各种口令及现代通信网的访问控制协议。大型应用系统的口令通常采用一个长为 5～8 个字符的字符串。口令的选择原则如下：① 易记；② 难以被他人猜中或发现；③ 能抵御蛮力破解分析。在实际系统中，我们需要考虑和规定口令的选择方法、使用期限、字符长度、分配和管理及在计算机系统内的存储保护等。根据系统对安全水平的要求，用户可选择不同的口令方案。

在非保密的一般联机系统中，多个用户可以共用一个口令，这种方案当然容易导致口令泄露。对安全性要求较高时，每个用户需要分别配专用的口令，这样系统才能知道哪个用户在联机。用户可能有意将口令泄露给他人，也可能在操作过程中无意地泄露口令。为了安全，用户最好将口令记住，不要写在纸上。用户较少时，每个用户可以有不同的口令，因而识别口令后就能实现个人身份验证；用户较多时，如银行系统，不可能使每个用户都得到各不相同的口令，此时一个口令可能代表多个用户，系统识别口令后还要根据其他附加信息来验证用户的身份。系统在分发口令时，采用随机方式为用户选取口令，使用户难以发现口令之间的联系。系统中心列表存储口令和个人身份等其他有关信息，以备进行身份验证。

当系统对安全性需求较高时，可采用随时间变化的口令。每次接入系统时，用户都用一个新口令，这样可以防止对手利用截获的口令进行诈骗。这就要求用户要很好地保护其备用口令，系统中心也要安全地存放各用户的口令表。SWIFT 网就采用了这种一次性口令。该系统将口令表划分为两部分，每部分仅含半个口令，分两次发送给用户，以减少口令泄露的风险。

防止泄露是系统设计和运行的关键问题。一般来说，口令及其响应在传送过程中均要加密，而且常常要附上业务流水号和时戳等，以抗击重放攻击。

为了避免被系统操作员或程序员利用，个人身份和口令都不能以明文形式存放在系统中心，而要用软件进行加密处理。贝尔实验室的 UNIX 系统对口令就采用加密方式，以用户个人口令的前 8 个字符作为 DES 体制的密钥，对一个常数进行加密，经过 25 次迭代后，将所得的64bit字段变换成11个字符串，存储在系统的字符表中。随着微处理芯片计算速度的日益提高，为了对付蛮力破解攻击，该系统还将DES算法中的E置换部分由固定选取方式改为随机选取方式。因此，使用标准的DES器件不能破译该系统。

贝尔实验室曾对口令的搜索时间进行了分析和研究。假定入侵者有机会闯入系统并试验口令序列。若口令由4个小写字母组成，则入侵者在PDP11/70上穷举所有可能的口令要用10分钟；若口令是从95个可能的打印字符中选取的4个字符，则穷举搜索要用28小时；若口令由从62个字符中选出的5个字符组成时，则穷举搜索需要318小时。这表明采用长度为4个字符的字符串作为口令是不安全的。

在口令的选择方法上，贝尔实验室也做过一些试验。结果表明，让用户自由选择自己的口令，虽然易记，但往往带有个人特点，易被他人猜出。而完全随机选择的字符串太难记忆，难以被用户接受。较好的办法是以可拼读的字节为基础构造口令。例如，若限定字符串的长度为8个字符，则在随机选取时有2.1×10^{11}种组合；若限定可拼读时，则可能的选取个数只为随机选取时的2.7%，但仍有5.54×10^{9}种之多。普通英语大词典中的字数不超过2.5×10^{5}个。

更好的办法是采用通行短语（Pass Phrases）代替口令，通过密钥碾压（Key Crunching）技术，如哈希函数，将易于记忆的足够长的短语变换为较短的随机性密钥。

口令分发系统的安全性也不容忽视。人们通常采用邮寄方式将口令分发给用户。在安全性要求更高时，须派遣可靠的信使传递口令。银行系统通常采用夹层信封，由计算机将口令打印在中间纸层上，外面看不到，只能在拆封后才能读出。若用户收到的信封已被拆阅，则可向银行声明拒用此口令。此外，银行还会单独寄出一个带有磁条的塑料卡片，上面记录着用户的个人信息。用户得到两者后，才开始用它与ATM交易。

口令可由用户个人选择，也可由系统管理员选定或由系统自动生成。有人认为，用户专用口令不应让系统管理员知道，并提出了一种实现方法。用户的账号与他选定的口令组合后，在银行职员看不到的地方输入系统，通过单向加密函数加密后存入银行系统。访问系统时，将账号和口令通过单向函数变换后送入银行系统，通过与存储的值相比较进行验证。若用户忘了自己的口令，则可再选一个并重新办理登记手续。

在使用口令时，还应注意防止他人骗取口令。例如，采用某种技巧可使ATM显示“请输入您的口令”。当你输入口令后，他人可采用窃听的办法将其记录下来，然后实施欺骗。在国外，有些大学生常用这类恶作剧来骗得“机时”。

为了安全，系统常常限定尝试输入口令的次数。例如，在ATM终端上，一般允许重复送卡和输入3次PIN，超过3次，ATM自动将卡没收，或者将该卡在银行的注册表中暂时注销，直到授权用户和系统中心联系确认，此卡才恢复使用。

图6.5所示为一种单向函数检验口令框图。有时系统需要双向认证，即不仅系统要检验用户的口令，用户也要检验系统的口令。在这种情况下，如何确保一方在另一方给出口令前不会受到对方的欺骗是一个关键问题。图6.6显示了一种双方互换口令的安全验证方法：甲、乙分别以P、Q为口令。为了验证，他们彼此都知道对方的口令，并通过单向函数f进行响应。例如，若甲要联系乙，甲先选择一个随机数x_1送给乙，乙用Q和x_1计算$y_1=f(Q,x_1)$后送给甲，甲将收到的y_1与自己计算的$f(Q,x_1)$进行比较，若相同，则验证了乙的身份；同样，乙也可选择随机数x_2送给甲，甲将计算的$y_2=f(P,x_2)$回送给乙，乙将

收到的 y_2 与自己计算的值进行比较，若相同，就验证了甲的身份。

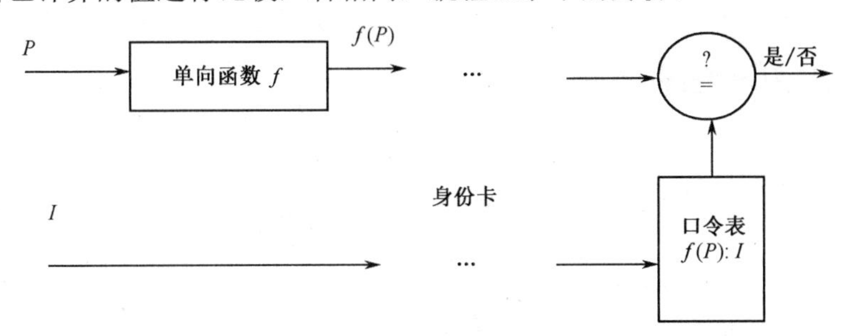

图 6.5　一种单向函数检验口令框图

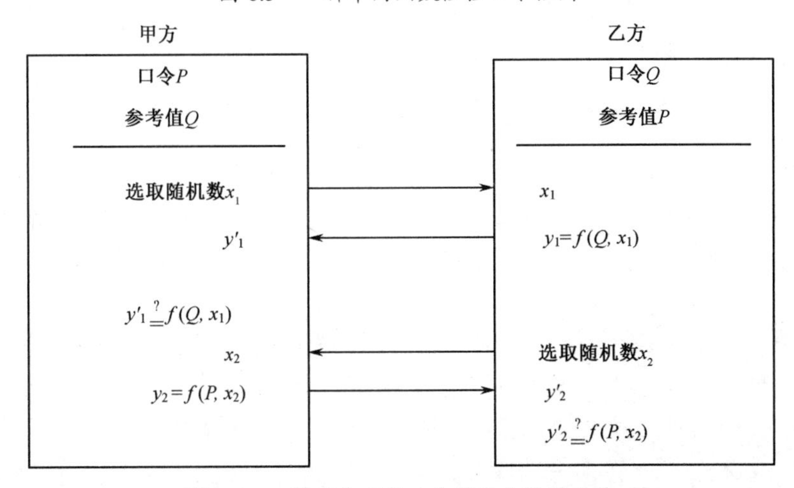

图 6.6　一种双方互换口令的安全验证方法

为了解决因口令短而造成的安全性低的问题，常在口令后填充随机数，如在 16bit（4 位十进制数）口令后附加 40bit 随机数 R_1，构成 56bit 数字序列进行运算，形成

$$y_1 = f(Q, R_1, x_1) \tag{6.1}$$

这会使安全性大为提高。

上述方法仍未解决谁先向对方提供口令和随机数的难题。

可变口令也可由单向函数实现。这种方法只要求交换一对口令而不是口令表。令 f 为某个单向函数，x 为变量。定义

$$f^n(x) = f(f^{n-1}(x)) \tag{6.2}$$

甲选取随机变量 x，计算

$$y_0 = f^n(x) \tag{6.3}$$

并送给乙。甲将 $y_1=f^{(n-1)}(x)$作为第一次通信用的口令。乙收到 y_1 后计算 $f(y_1)$，并检验与 y_0 是否相同，若相同，则将 y_1 存入备用。甲第二次通信时发 $y_2 = f^{(n-2)}(x)$。乙收到 y_2 后，计算 $f(y_2)$，并检验是否与 y_1 相同，以此类推。若中间数据丢失或出错，甲可向乙提供最近的取值，以便重新同步，而后乙可按上述方法进行验证。

更安全但较费时的身份验证方法是询问法。业务受理者可利用他知道而他人不知道的一些信息向申请用户进行提问。他可提问一系列互不相关的问题，如你原来的中学校长是谁？祖母多大年龄？某作品的作者是谁？等等。回答不必都完全正确，只要足以证实用户身份即可。应选择一些易于记忆的事务并让验证者预先记住。这只适用于安全性

高又允许耗时的情况。

6.2.2 口令的控制措施

（1）系统消息（System Message）。一般系统在联机和脱机时都显示一些礼貌性用语，这些用语会成为识别该系统的线索，因此要抑制这类消息的显示，口令当然更不能显示。

（2）限制试探次数。不成功传送口令一般限制为3～6次，超过限定试探次数，系统将该用户ID锁定，直到重新认证授权后再开启。

（3）口令有效期。限定口令的使用期限。

（4）双口令系统。首先输入联机口令，在接触敏感信息时还要输入一个不同的口令。

（5）最小长度。限制口令至少为6～8byte，防止猜测成功的概率过大。

（6）封锁用户系统。可以封锁长期未联机用户或口令超过使用期限的用户的ID号，直到用户重新被授权。

（7）根口令保护。根口令是系统管理员访问系统时所用的口令，由于系统管理员被授予的权力远大于一般用户，因此管理员口令自然成为攻击者的攻击目标，故管理员口令在选择和使用中要倍加保护。管理员口令通常必须采用十六进制字符串，不能通过网络传送，并且要经常更换。

（8）系统生成口令。有些系统不允许用户自己选定口令，而由系统生成和分配。系统如何生成易记忆又难以被猜中的口令是要解决的一个关键问题。如果口令难以记忆，那么用户要将其写下来，这反而会增加口令泄露的风险；若系统的口令生成算法被窃，则更加危险，因为这将危及整个系统的安全。

6.2.3 口令的检验

1. 反应法

利用一个程序（Cracker）将被检验口令与易于猜中的口令表中的一批成员逐个比较，若都不相符，则通过。

ComNet的反应口令检验（Reactive Password Checking）程序大约可以猜出近1/2的口令。Raleigh等设计的口令验证系统CRACK利用网络服务器分析口令。美国普渡大学研制出了OPUS口令分析选择软件。

这类反应检验法的缺点是：① 检验一个口令太费时间，攻击者可能要用几小时甚至几天来攻击一个口令；② 现用口令都有一定的可猜性，若直到采用反应检验后用户才更换口令，则很不安全。

2. 支持法

用户先自行选择一个口令。当用户第一次使用该口令时，系统利用一个程序检验其安全性。如果口令易于猜中，那么拒绝登录，并让用户重新选一个口令。程序通过准则要在可猜中性与安全性之间折中：若检验算法太严格，则会造成用户所选的口令屡遭拒绝，进而导致用户抱怨；若检验算法太宽松，则易猜中的口令也能通过检验，进而影响系统的安全性。

6.2.4 口令的安全存储

1. 一般方法

（1）用户的口令多以加密形式存储，入侵者要得到口令，必须知道加密算法和密钥。算法可能是公开的，但密钥只有管理员知道。

（2）许多系统可以存储口令的单向哈希值，入侵者即使得到此哈希值，也难以推算出口令的明文。

2. UNIX 系统中的口令存储

口令为 8 个字符，采用 7bit ASCII 码，即 56bit 串，加上 12bit 填充（一般为用户输入口令的时间信息）。第一次输入 64bit 的全“0”数据进行加密，第二次以第一次加密的结果作为输入数据，迭代 25 次，将最后一次输出变换成 11 个字符（每个字符是 A～Z, a～z, 0～9, 0, 1 共 64 个字符之一）作为口令的密文，如图 6.7 所示。

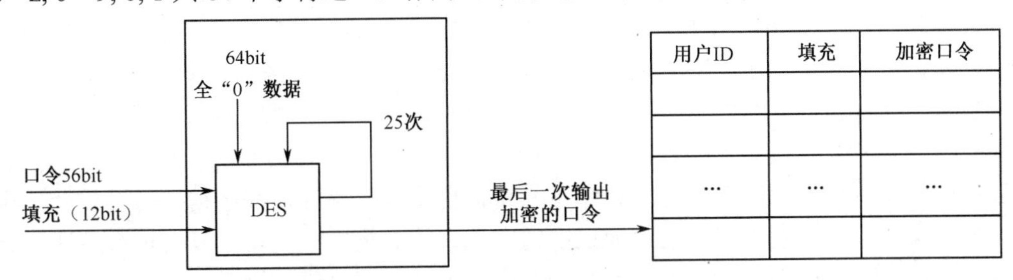

图 6.7　UNIX 系统中的口令存储

检验时，用户发送 ID 和口令。UNIX 系统由 ID 检索出相应的填充值（12bit），并与口令一起送入加密装置算出相应的密文，与从存储器中检索出的密文进行比较，若一致，则通过检验。

3. 用智能卡令牌生成一次性口令

这种口令本质上由一个随机数生成器生成，可由安全服务器用软件生成，一般用于第三方认证。智能卡认证系统如图 6.8 所示。

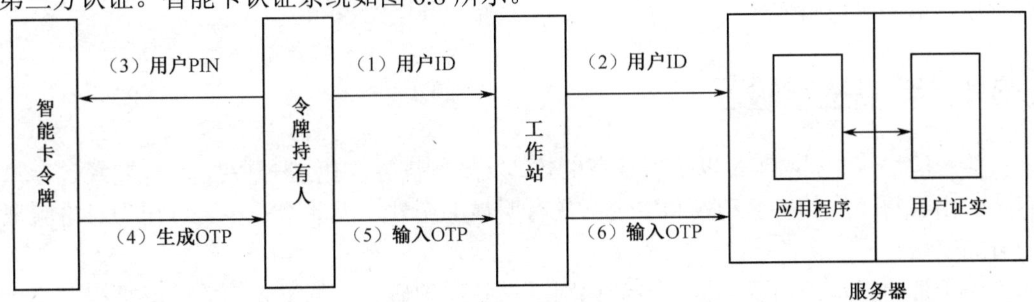

图 6.8　智能卡认证系统

利用令牌生成一次性口令的优点如下：① 即使口令被攻击者截获也难以使用；② 用户需要输入 PIN（只有持卡人知道）。因此，即使令牌被偷也难以用其进行违法活动。

例如，可以使用美国 Secure Dynamics 公司的 Secure ID 卡和 RSA 公司的 SecurID 令牌生成这类一次性口令。后面将深入探讨一次性口令技术。

6.3 个人特征的身份证明技术

在对安全性要求较高的系统中，由口令和持证等方案提供的安全性不满足要求，因为口令可能被泄露、证件可能丢失或被伪造。更高级的身份验证方案是根据被授权用户的个人生物特征来进行认证，这是一种可信度高且难以伪造的身份验证方法。这种方法早已用于刑事案件的侦破中。自 1870 年起，法国人就采用 Bertillon 体制对人的前臂、手指长度、身高、足长等进行测试，它根据人体测量学进行身份验证。这种方法比指纹方法还精确，自使用以来还未发现过两个人的数值完全相同的情况。伦敦市警察厅已于 1900 年采用了这一体制。

生物统计学方法正在成为实现个人身份认证最简单的安全方法。它利用个人的生物特征来实现身份认证。一个人的生物特征包括很多方面，有静态的，也有动态的，如容貌、肤色、发长、身材、姿势、手印、指纹、脚印、唇印、颅相、口音、脚步声、体味、视网膜、血型、遗传因子、笔迹、习惯性签字、打字韵律及在外界刺激下的反应等。当然，采用的认证方式还要被验证者接受。有些检验项目，如唇印、足印等虽然认证率很高，但因难以被人们接受而无法广泛使用。有些生物特征可由人工认证，有些则须借助仪器。当然，并非所有场合都能采用生物特征识别的方式。这类物理认证还可以与报警装置配合使用，作为一种诱陷模式在重要入口进行接入控制，使敌手的风险加大。由于个人特征具有因人而异和随身携带的特点，所以不会丢失且难以伪造，非常适用于个人身份认证。

有些个人特征会随时间变化。验证设备必须有一定的容差。容差太小可能导致系统不能正确认出合法用户，造成虚警概率过大；容差太大可能使敌手成为漏网之鱼。在实际系统设计中，要在这两者之间进行最佳折中。有些个人特征具有终生不变的特点，如 DNA、视网膜、虹膜、指纹等。

目前，这类产品由于成本较高而尚未得到广泛使用，但在一些重要部门如银行、政府、医疗、商业、军事、保密、机场等中，已逐步得到应用。下面介绍几种研究较多且具有实用价值的身份验证体制。

6.3.1 手书签字验证

传统的协议、契约等都以手书签字生效。发生争执时，由法庭判决，一般要经过专家鉴定。由于每个人的签名动作和字迹都具有明显的个性，因此手书签名可作为身份验证的可靠依据。

由于形势发展的需要，机器自动识别手书签字的研究得到了人们的广泛重视，成为模式识别领域的重要研究课题之一。机器识别的任务有如下两个：一是签字的文字含义；二是手书的字迹风格。后者对于身份验证尤为重要。识别可从已有手迹和签字的动力学过程的个人动作特征出发来实现。前者为静态识别，后者为动态识别。静态验证根据字迹的比例、倾角、整个签字布局及字母形态等实现；动态验证根据实时签字过程进行证实，因此要测量和分析书写时的节奏、笔顺、轻重、断点次数、拐点、斜率、速度、加速度等个人特征。英国物理实验室研制的 VERISIGN 系统采用称为 CHIT 的书写垫记录签字时笔尖的运动状况，并进行分析得出结论。IBM 公司研究了一种加速度动态识别方法，但分辨率不高,但在增加测量书写笔压变化的装置后,性能得到了改进。I 型错误率为 1.7%，II 型错误率为 0.4%，目前已在实用之中。Cadix 公司为电子贸易设计了笔迹识别系统。笔迹识别软件 Penop 可用于识别委托指示、验证公司审计员身份及税收文件的签字等，并已集成到 Netscape 公司的 Navigation 和 Adobe 公司的 Acrobat Exchange 软件中。Penop 已成为软件安全工具的新成员，它将对 Internet 的安全发挥重要作用。

可能的伪造签字类型有两种：一种是不知真迹时按得到的信息（如银行支票上印的名字）随手签字；另一种是已知真迹时的模仿签字。前者比较容易识别，而后者的识别相对困难。

签字系统作为接入控制设备的组成部分时，应先让用户书写几个签名进行分析，提取适当的参数存档备用。对于个别签字一致性极差的人要特殊对待，如采用容错值较大的准则处理其签字。

6.3.2 指纹验证

指纹验证早就用于契约签证和侦察破案中。由于没有两个人（包括孪生儿）的指纹完全相同，相同的可能性不到10^{-10}，而且指纹形状不随时间而变化、提取指纹作为永久记录存档又极为方便，因此指纹识别成了进行身份验证的准确且可靠的手段。每根手指的纹路可分为两大类：环状和涡状。每类又根据其分叉等细节分成 50～200 个不同的图样。通常由专家来进行指纹识别。近年来，许多国家都在研究计算机自动识别指纹图样。将指纹验证作为接入控制手段会大大提高计算机系统的安全性和可靠性。然而，由于指纹验证常与犯罪联系在一起，人们从心理上不愿意接受指纹验证。目前，由于机器识别指纹的成本已经大大降低，高端笔记本计算机已开始使用指纹识别进行身份认证。

1984 年，美国纽约州 North White Plain 的 Fingermatrix 公司宣称研制出了一种指纹阅读机（Ridge Reader）和个人接触验证（Personal Touch Verification，PTV）系统，可用于计算机网络，参考文件库存储在主机中。该系统的特点如下：① 阅读机的体积约为 $0.028m^3$，内置有光扫描器；② 新用户注册需要 3～5 分钟；③ 从一个人的两根手指记录图样需要 2 分钟，存储量为 500～800byte；④ 每次访问不超过 5 秒；⑤ 能自动恢复破损的指纹；⑥ I 型错误率小于 0.1%；⑦ II 型错误率小于 0.001%；⑧ 可选择俘获和存储入侵者的指纹。每套设备的成本为 6000 美元。Identix 公司的产品 Identix System 已在 40 多个国家使用，包括美国五角大楼物理入口的进出控制系统。

美国 FBI 已成功将小波理论应用于压缩和识别指纹图样。小波理论可将一个 10Mbits 的指纹图样压缩为 500kbits，大大减少了数百万指纹档案的存储空间和检索时间。

全世界有几十家公司经营和开发新的自动指纹身份识别系统（AFIS），一些国家已经或正在考虑将自动指纹身份识别作为身份证或社保卡的有机组成部分，以有效地防止欺诈、假冒及一人申请多个护照等现象。执法部门、金融机构、证券交易、福利金发放、驾驶证、安全入口控制等将广泛采用 AFIS。

6.3.3 语音验证

每个人的语音都有其特点，而人对于语音的识别能力是很强的，即使是在强干扰下也能分辨出某个熟人的语音。在军事和商业通信中，常常根据对方的语音实现个人身份验证。长期以来，人们一直在研究如何用机器自动识别语音。语音识别技术有着广泛的应用，应用之一是个人身份验证。例如，分析每个人所讲的一个短语，得到全部特征参数并存储起来，如果每个人的参数都不完全相同，那么就可实现身份验证。存储的语音特征称为语声纹（Voice-print）。美国德州仪器公司曾设计了一种 16 个字集的系统；美国 AT&T 公司为拨号电话系统研制了一种语音口令系统（Voice Password System，VPS），并为 ATM 系统研制了智能卡系统。这些系统均以语音分析技术为基础。

德国汉堡的飞利浦公司和西柏林的海因希里·赫兹研究所合作研制了 AUROS 自动说话人识别系统，该系统利用语音参数实现实用环境下的身份识别，I 型错误率为 1.6%，II 型错误率为 0.8%。在最佳状态下，I 型错误率为 0.87%，II 型错误率为 0.94%，明显优于其他方法。美国普渡大学、Threshold Technology 公司等都在研究这类验证系统。目前，可以分辨数百人的语声纹识别系统的成本已降至 1000 美元以下。

电话和计算机被盗用的问题相当严重，语声纹识别技术可以防止黑客进入语音函件和电话服务系统。

6.3.4 视网膜图样验证

人的视网膜血管图样（即视网膜脉络）具有良好的个人特征。采用视网膜血管图样的身份识别系统已在研制中。基本方法是利用光学和电子仪器将视网膜血管图样记录下来，一个视网膜血管的图样可压缩到小于 35byte，然后根据对图样中节点和分支的检测结果进行分类识别。被识别的人必须充分合作，允许采样。研究表明，识别验证的效果相当好。如果注册人数少于 200 万，那么其 I 型和 II 型识别的错误率都为 0，所需时间为秒级，在安全性要求很高的场合可以发挥作用。由于这种系统的成本较高，因此目前仅在军事系统和银行系统中采用。

6.3.5 虹膜图样验证

虹膜是巩膜的延长部分，是眼球角膜和晶体之间的环形薄膜，其图样具有个人特征，可以提供比指纹更细致的信息。虹膜图样可在 35～40cm 的距离范围内采集，比采集视网膜图样更方便，易为人们接受。存储一个虹膜图样需要 256 bytes，所需的计算时间为 100ms。I 型和 II 型错误率都为 1/133000。可用于安全入口、接入控制、信用卡、POS、ATM、护照等的身份认证。美国 IriScan 公司已研发出此种产品。

6.3.6 脸形验证

Harmon 等设计了一种用照片识别人脸轮廓的验证系统。对 100 个“好”对象的识别结果的正确率达到 100%。然而，对“差”对象的识别要困难得多，它要求更细致的实验。对于不加选择的对象集合的身份验证几乎可以达到完全正确。这一研究还扩展到对人耳形状的识别，而且耳形识别的结果令人鼓舞，可作为司法部门的有力辅助工具。目前有十几家公司从事脸形自动验证新产品的研制和生产。这些产品利用图像识别、神经网络和红外扫描探测人脸的“热点”，采样、处理并提取图样信息。目前已开发出能存入5000个脸形、每秒可识别20人的系统。未来的产品可存入100万个脸形，但识别检索所需的时间将增加到2分钟。微软公司正在开发符合Cyber Watch技术规范Ture Face系统，它将用于银行等部门的身份识别系统中。Visionics公司的面部识别产品FaceIt ARGUS已用于网络环境中，其软件开发工具（SDK）可以集成到信息系统的软件系统中，作为金融、接入控制、电话会议、安全监视、护照管理、社会福利发放等系统的应用软件。

6.3.7 身份证明系统设计

选择和设计实用身份证明系统并非易事。Mitre公司为美国空军电子系统部评价了基地设施安全系统规划，并分析、比较了语音、手书签字和指纹3种身份验证系统的性能。分析表明，选择评价这类系统的复杂性需要从很多方面进行研究。美国NBS的自动身份验证技术的评价指南提出了下述12个需要考虑的问题。

（1）抗欺诈能力。

（2）伪造的容易程度。

（3）对设陷的敏感性。

（4）完成识别的时间。

（5）方便用户。

（6）识别设备及运营的成本。

（7）设备使用的接口数量。

（8）更新所需的时间和工作量。

（9）支持验证过程所需的计算机系统的处理工作。

（10）可靠性和可维护性。

（11）防护器材的费用。

（12）分配和后勤支援费用。

总之，设计身份认证系统主要考虑三个因素：① 安全设备的系统强度；② 用户的可接受性；③ 系统的成本。

6.4 一次性口令认证

目前，随着人们生活中的信息化水平的提高，网上支付、网上划账等网上金融交易行为随着电子商务的展开越来越普及，大量重要数据存储在网络数据库中，并通过网络共享为人们的生活提供了方便，但也带来了巨大的信息安全隐患和金融风险。黑客攻击的主要技术有以下几种：缓冲区溢出技术、木马技术、计算机病毒（主要是宏病毒和网络蠕虫）、分布式拒绝服务攻击技术、穷举攻击、Sniffer报文截获等。在大部分黑客技术文献和攻击日志中，我们发现了一个很重要的相似的特征：几乎没有多少攻击行为是针对协议和密码学算法的，最常见的攻击方式是窃取系统口令文件和窃听网络连接，以获取用户 ID 和口令。大部分攻击的主要目的是设法得到用户 ID 和用户密码，只要获得用户 ID 和密码，所有敏感数据就将暴露无遗。因此，我们必须改进基于口令的登录和验证方法，以抵御口令窃取和搭线窃听攻击。

一次性口令认证就是在这一背景下出现的，它的主要设计思路是在登录过程中加入不确定因素，通过某种运算（通常是单向函数，如 MD5 和 SHA）使每次登录时用户所用的密码都不相同，进而增强整个身份认证过程的安全性。

根据不确定因素的不同，一次性口令系统可分为不同的类型。下面详细介绍现用的一次性口令方案。

6.4.1 挑战/响应机制

在挑战/响应机制中，不确定因素来自认证服务器，用户要求登录时，服务器生成一个随机数（挑战信息）并发送给用户；用户用某个单向函数将这个随机数进行哈希处理后，转换成一个密码，并发送给服务器。服务器用同样的方法验算即可验证用户身份的合法性。

挑战/响应机制的认证流程如图 6.9 所示。

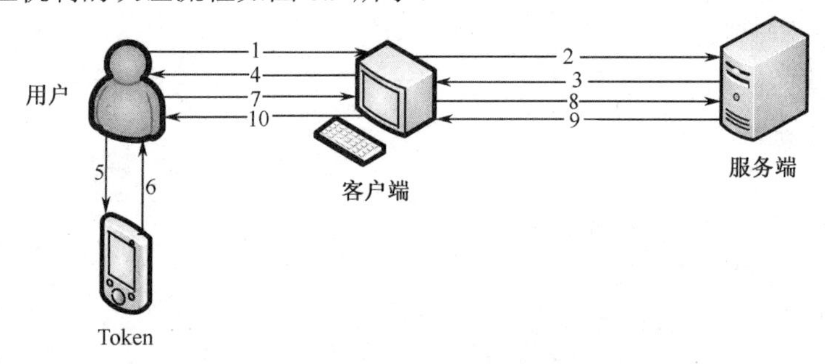

图 6.9 挑战/响应机制的认证流程

（1）用户在客户机上发起认证请求。

（2）客户机将认证请求发往服务器。

（3）服务器向客户机返回一个挑战值。

（4）用户得到挑战值。

（5）用户把挑战值输入一次性口令生成设备（令牌）。

（6）令牌经过某一算法得出一个一次性口令，并返回给用户。

（7）用户将这个一次性口令输入客户机。

（8）客户机把一次性口令传送到服务器。

（9）服务器得到一次性口令后，与服务器的计算结果进行匹配，并返回认证结果。

（10）客户机根据认证结果进行后续操作。

挑战/响应机制可以保证很高的安全性，但存在一些缺陷：用户需多次手工输入数据，易造成较多的输入失误，使用起来十分不便；在整个认证过程中，客户机和服务器的信息交互次数较多；挑战值每次都由服务器随机生成，导致服务器的开销过大。

6.4.2 口令序列机制

口令序列（S/key）机制是挑战/响应机制的一种实现，其原理如下。

在口令重置前，允许用户登录 n 次，主机需要计算出 $F_n(x)$，并保存该值，其中 F 为一个单向函数。用户第一次登录时，需提供 $F_{n\text{-}1}(x)$。系统计算 $F_n(F_{n-1}(x))$，并验证是否等于 $F_n(x)$。如果通过，那么重新存储 $F_{n-1}(x)$。下次登录时，验证 $F_{n-2}(x)$，以此类推。为方便用户使用，主机算出 $F_{n-1}(x)$～$F_1(x)$，编成短语并打印到纸条上。用户只需按顺序使用这些口令登录即可。需要注意的是，纸条一定要保管好，不可遗失。由于 n 是有限的，因此用户用完这些口令后，需要重新生成新的口令序列。

这种机制的缺点之一是，它只支持服务器对用户的单向认证，无法防范假冒的服务器欺骗合法用户；缺点之二是，迭代值递减为 0 或用户的口令泄露后，必须重新初始化 S/key 系统。

6.4.3 时间同步机制

基于时间同步机制的令牌把当前时间作为不确定因素来生成一次性口令。

用户注册时，服务器分发给用户一个密钥（内置于令牌中），同时服务器也在数据库中保存这个密钥。对于每个用户来说，密钥是唯一的。当用户需要身份认证时，令牌提取当前时间，和密钥一起作为哈希算法的输入，得出一个口令。由于时间一直在变化，因此口令不会重复。用户将口令传给服务器后，服务器运行同样的算法，提取数据库中用户对应的密钥和当前时间，算出口令，与用户传过来的口令匹配，再将匹配结果回传给用户。图 6.10 所示为基于时间同步机制的一次性口令认证过程。

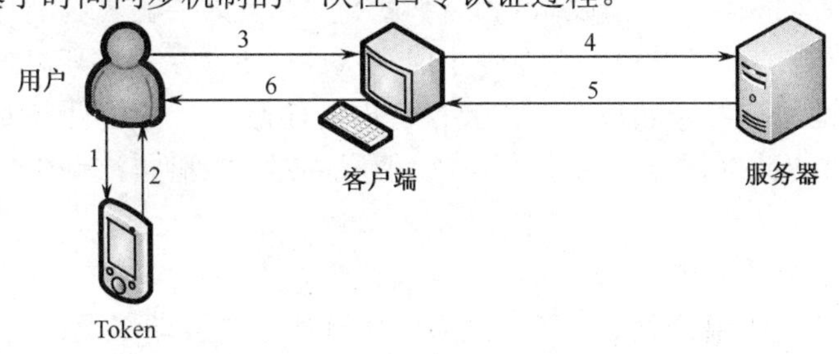

图 6.10　基于时间同步机制的一次性口令认证过程

（1）用户登录，启动令牌。

（2）令牌显示当前时间对应的一次性口令。

（3）用户把令牌生成的口令输入客户机。

（4）客户机把口令传到服务器，服务器进行认证。

（5）服务器把认证结果回传给客户机。

（6）客户机显示认证结果。

时间同步机制的优点如下：用户使用简单、方便，不需要像挑战/响应机制那样频繁地输入数据；一次认证的通信量小，通信效率高；服务器的计算量不是很大。

然而，时间同步机制要求用户的手持令牌和服务器的时钟偏差不能太大，所以对设备的时钟精度要求较高，且设计成本较高。为此，需要在服务器设置一个窗口。例如，如果令牌的时间单位是 1 分钟，即令牌上的密码 1 分钟改变 1 次，考虑到令牌时钟和服务器时钟的偏差，那么服务器在进行认证时，要把时间窗口设置得略大一些。服务器算出该用户对应的前 1 分钟、当前分钟、后 1 分钟的 3 个口令，只要用户传过来的口令是这 3 个口令中的任意一个，服务器就会通过认证。

6.4.4 事件同步机制

事件同步机制又称计数器同步机制。基于事件同步的令牌将不断变化的计数器值作为不确定因素来生成一次性口令。下面从两个方面介绍事件同步机制。

1. 事件同步机制的认证过程

用户注册时，服务器生成一个密钥 Key（Key 是唯一的）和一个已初始化的计数器（下文中用 Counter 代表计数器的值），并一起注入用户手持的令牌，同时服务器将 Key 和 Counter 保存到数据库中。当用户需要进行身份认证时，用户触发令牌上的按钮，令牌中的 Counter 加 1，和预先注入的 Key 一起作为一个哈希函数的输入，生成一个口令；用户把这个口令发送给服务器，服务器根据用户名在数据库中找到相应的 Key 和 Counter，用同样的哈希函数进行运算，将生成的结果与用户发来的口令相匹配，然后返回认证结果。若认证成功，则服务器的 Counter 值加 1，否则 Counter 不变。

2. 事件同步机制的重同步方法

事件同步机制的一个明显不足是用户和服务器很容易失步（即不同步）。例如，用户不小心或故意按了令牌上的按钮，但不进行认证，令牌的 Counter 将加 1。由于服务器上的 Counter 还是原来的值，因此服务器和令牌就会失步。为了解决这个问题，服务器设置了一个窗口值 ewindow，当用户使用令牌生成一次性口令登录服务器时，服务器就在此窗口范围内逐一匹配用户发来的口令，只要窗口内的任何一个值匹配成功，服务器就返回认证成功信息，并更改数据库中的计数器值，使服务器和令牌再次同步。令牌的重同步过程如图 6.11 所示。

显然，出于安全性考虑，ewindow 不能设置得太大。若生成的一次性口令是 6 位十进制数，则该值的范围最好是 5～10。然而，还有如下的极端情况：用户把令牌当成了玩具，不停地去触发事件，使令牌的 Counter 远远超前于服务器的 Counter，导致 ewindow 失去作用。这时，要依靠另外一个窗口值 rwindow 来重同步。rwindow 和 ewindow 一样，也规定了窗口范围，不过这个窗口要比 ewindow 的窗口大得多（对 6 位十进制口令来说，这个窗口的值为 50～100）。若用户令牌上的计数器超过 ewindow 的范围，但未超出 rwindow 的范围，则服务器会启用 rwindow 机制：用户只需连续输入 rwindow 范围内的两个一次性口令，验证也会成功；然而，如果用户不停地把玩令牌，使令牌的 Counter 超过 rwindow 的范围，那么就别无他法，只能带上相关证件去注册中心办理重同步业务。

事件同步机制类似于时间同步机制，用户操作简单；一次认证过程通信量小；可以防止小数攻击；服务器计算量稍大；系统实现比较简单，对设备的时钟精度没有要求。

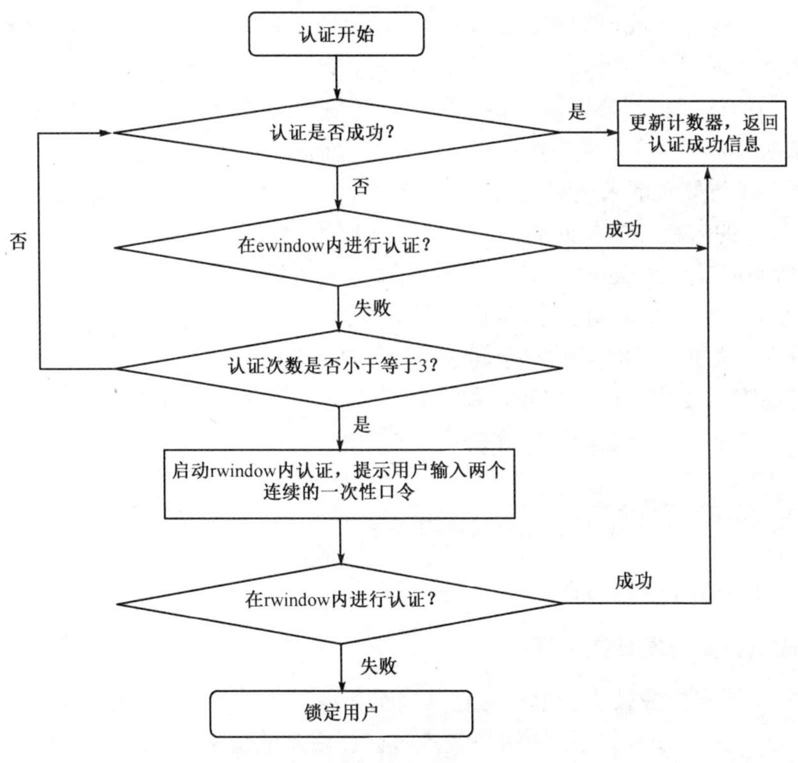

图 6.11　令牌的重同步过程

6.4.5　一次性口令实现机制的比较

前面介绍了几种当前比较流行的一次性口令实现机制，下面比较它们在认证过程中的通信量、系统实现复杂度、机制安全性和服务器计算量，如表 6.1 所示。

表 6.1　一次性口令实现机制的比较

机　制	通 信 量	系统实现复杂度	机制安全性	服务器计算量
挑战/响应	较大	较简单	较差	较大
S/key	较大	较简单	较差	较大
时间同步	较小	较复杂	较好	较小
事件同步	较小	较简单	较好	适中

从表 6.1 中可以看出，时间同步和事件同步的优势比较明显，目前市场上很多公司的产品采用的基本上都是基于时间同步和事件同步的方案。

6.5　基于证书的认证

6.5.1　简介

近年来，人们越来越多地使用基于数字证书的认证机制。FIPS-196 标准详细说明了基于证书的认证操作。我们知道，在 PKI 中，服务器和客户机要验证对方的数字证书才可以进行相互认证。

基于证书的认证机制要比基于口令的认证机制更加安全，因为这种认证是靠“用户拥有某种东西”而不是靠“用户知道什么”来实现认证的。登录时，用户要通过网络向服务器发送证书（与登录请求一起发送）。服务器中有证书的副本，可用于验证证书是否有效。但是，认证的过程并非如此简单，因为存在冒用他人证书进行登录的问题。例如，在 Alice 不知情的情况下，Bob 把 Alice 的证书（其实是一个计算机文件）复制到其存储介质（如 U 盘）上，然后以 Alice 的身份登录服务器。

可以看出，这里存在的主要安全问题是滥用他人的证书。在实际应用中，如何防止证书的滥用问题呢？要解决这个问题，就要把基于证书的认证变成双因子认证，即要在基于证书的认证基础上，加上基于口令的认证。

6.5.2 基于证书认证的工作原理

基于证书的认证过程分为以下几个步骤。

1. 生成、存储与发布数字证书

CA 为每个用户生成数字证书，并将其发给相应的用户。此外，服务器数据库中以二进制格式存储了证书的副本，以便用户登录时验证用户的证书。用户证书的生成、存储与发布过程如图 6.12 所示。

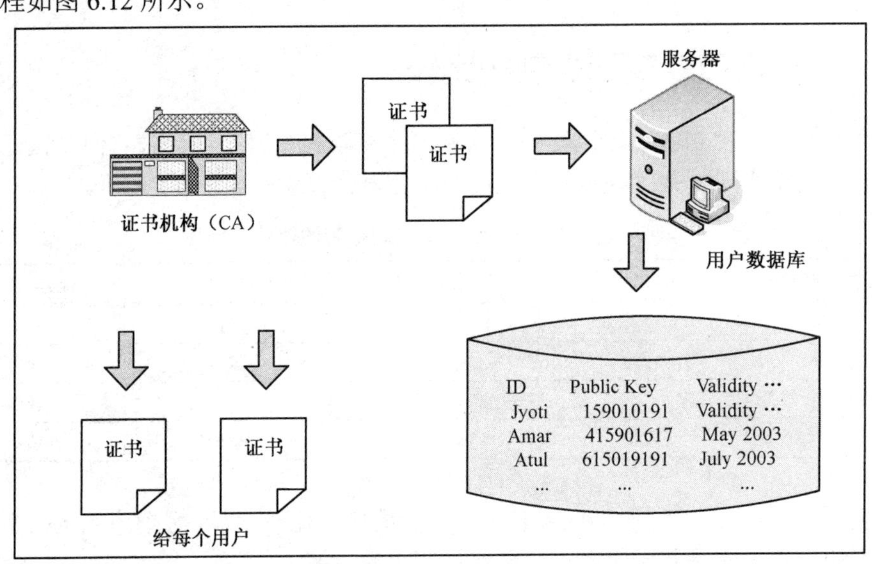

图 6.12 数字证书的生成、存储与发布过程

2. 生成、存储与发布数字证书

在登录服务器时，用户发送用户名和数字证书至服务器，如图 6.13 所示。

3. 服务器随机生成挑战值

服务器收到用户的用户登录请求后，首先验证证书，检查用户名是否有效。如果用户名无效，那么向用户返回出错信息；如果用户名有效，那么服务器生成一个随机挑战值，并将其返回给用户。随机挑战值可以以明文方式传送到用户计算机，如图 6.14 所示。

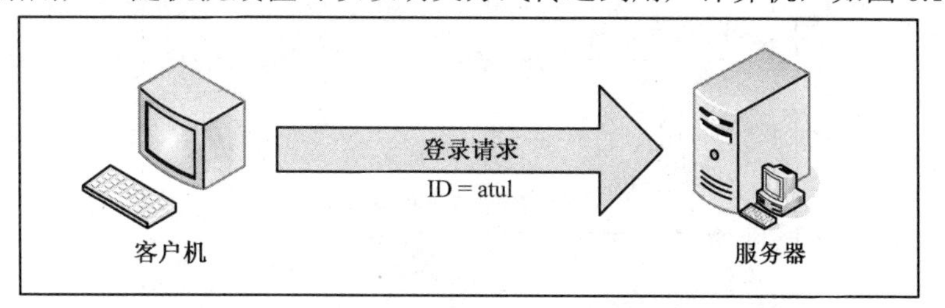

图 6.13　登录请求

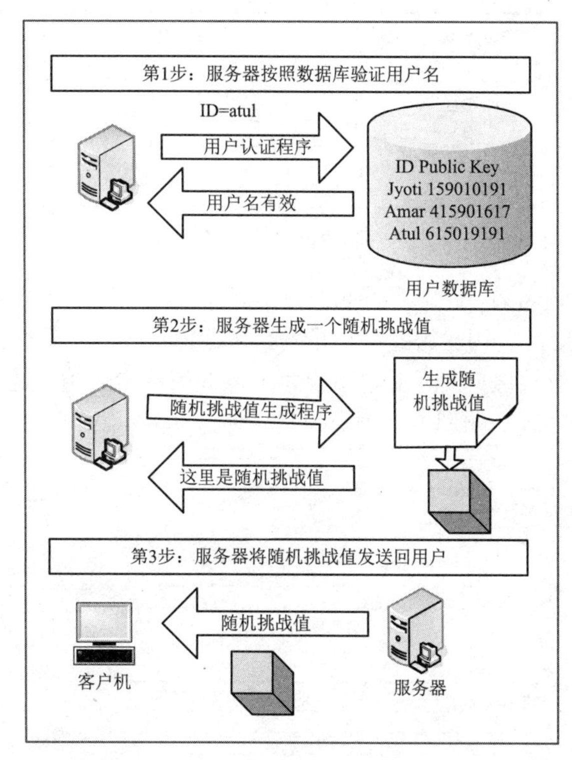

图 6.14　服务器生成随机挑战值并发给用户

4．用户对随机挑战值签名

用户收到来自服务器的挑战值后，用其私钥对挑战值签名。因此，用户要访问存储介质中的私钥文件。但是，私钥文件不是任何人都可以访问的。实际上，我们可以用口令来限制对私钥文件的访问，从而保护私钥。因此，只有当用户输入正确的口令时，才能打开私钥文件，如图 6.15 所示。

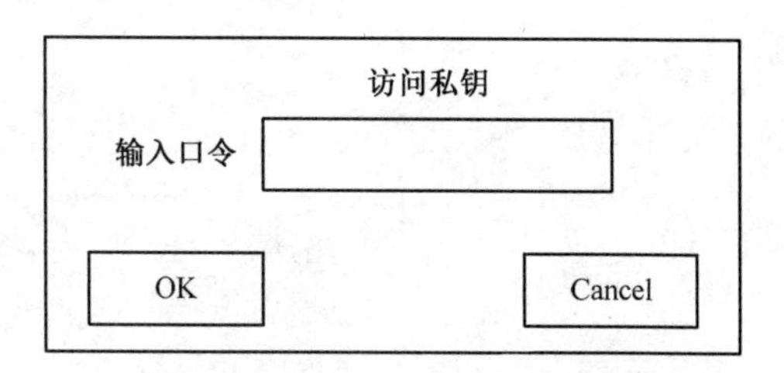

图 6.15　输入正确的口令打开私钥文件

用户输入正确的口令后，应用程序打开用户的私钥文件，并用此私钥对挑战值进行签名。实际上，正确的做法是在签名运算之前对挑战值进行哈希运算，获得固定长度的哈希值，再对哈希值进行签名；然后，用户计算机将此签名发送给服务器。用户计算签名过程如图 6.16 所示，为简单起见，图中省略了哈希运算的步骤。

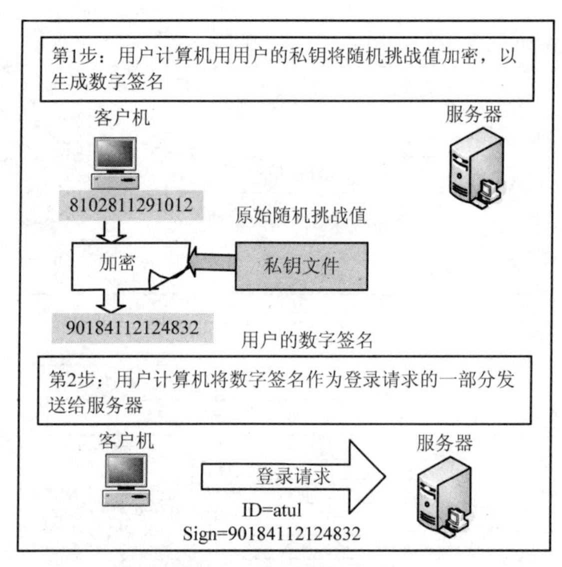

图 6.16　用户计算签名过程

服务器收到用户签名后，立即对签名进行验证。为此，服务器首先从用户数据库中取得用户的公钥；然后用此公钥验证签名，并恢复挑战值；最后，服务器比较恢复的挑战值与原先发送给用户的挑战值（实际上是比较两个挑战值的哈希值）是否相同。服务器比较两个挑战值的哈希值的过程如图 6.17 所示。

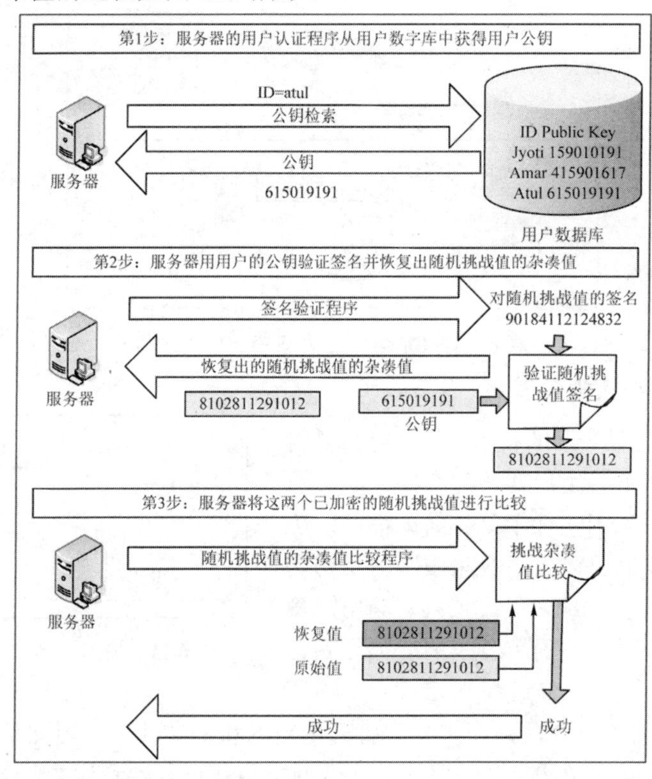

图 6.17　服务器比较两个挑战值的哈希值

5．服务器向用户返回相应的消息

最后，根据上述验证是否通过，服务器向用户返回相应的消息，以通知用户操作是否成功，如图 6.18 所示。

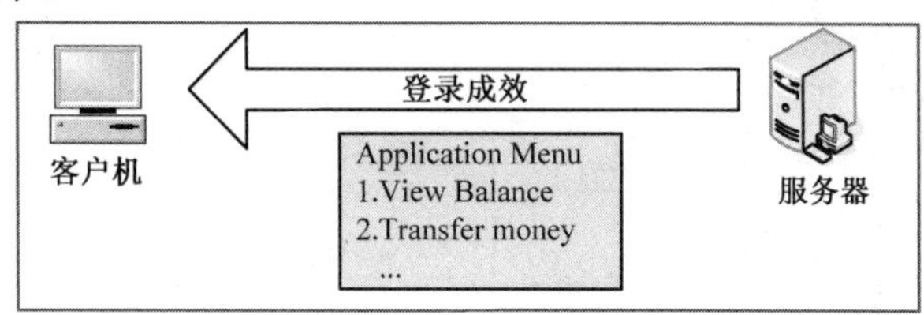

图 6.18　服务器向用户返回认证结果

6.6　智能卡技术及其应用

令牌为个人持有物，可用来进行用户的身份认证。用户也可以持磁卡和智能卡进行身份认证。我们将这些卡称为身份卡，简称 ID 卡。早期的磁卡是一种嵌有磁条的塑料卡，磁条上有 2～3 个磁道，记录有关个人信息，用于机器读入识别。发达国家在 20 世纪 60 年代就开始在各类 ATM 上推广使用信用卡。国际标准化组织曾对卡和磁条的尺寸、布局提出建议。卡的作用类似于钥匙，用来开启电子设备，这种卡通常与个人识别号（PIN）一起使用。当然，最好将 PIN 记在心里而不要写出，但对某些有多种卡的用户来说，要记住所有卡的 PIN 也不容易。

这类卡易于制造，且磁条上记录的数据易于被转录，因此应设法防止卡被复制。人们发明了许多“安全特征”来改进智能卡的安全性，如采用水印花纹或在磁条上添加不可擦掉的记录，用以区分真伪，使敌手难以仿制。也可采用夹层卡，这种卡将高矫顽磁性层和低矫顽磁性层黏在一起，使低矫顽磁性层靠近记录磁头。记录时使用强力磁头，使上下两层都录有信号；读出时，先生成一个消磁场，洗掉表面低矫顽磁性层上的记录，但对高矫顽磁性层上记录的记号无影响。这种方案可以防止用普通磁带伪造塑料卡，还可以防止用一般磁头在偷来的卡上记录伪造数据。但这种卡的安全性不高，因为得到高强磁头和高矫顽磁带并不太难。信用卡缺少有效的防伪和防盗等安全保护措施，全世界的发卡公司和金融系统每年都会因安全事件而造成巨大的损失。因此，人们开始研究和使用更先进、更安全和更可靠的 IC 卡。

IC 卡又称有源卡（Active Card）或智能卡（Smart Card）。它将微处理器芯片嵌入塑料卡上代替无源存储磁条。IC 卡的存储信息量远大于磁条的 250byte，且有处理功能。IC 卡上的处理器有 4kbyte 的程序和小容量 EPROM，有的甚至有液晶显示和对话功能。智能卡的工作原理框图如图 6.19 所示。

智能卡的安全性与无源卡相比有了很大提高，因为敌手难以改变或读出卡中存储的数据。在智能卡上有一个存储用户永久性信息的 ROM，在断电情况下信息不会消失。每次使用卡进行的交易和支出总额都会被记录，因而可以确保不会超支。卡上的中央处理器对输入、输出数据进行处理。卡中存储器的某些部分信息只被发卡公司掌握和控制。通过中央处理器，智能卡本身可以检验用卡人提供的任何密码，将它与存储在秘密区的正确密码进行比较，并将结果输出到卡的秘密区，秘密区还存储有持卡人的收支账目，以及由公司选定的一组字母或数字编号，用以确定其合法性。存储器的公开区存储有持卡人姓名、住址、电话号码和账号，任何读卡机都可读出这些数据，但不能改变它。系统的中央处理机也不会改变公开区中的任何信息。人们正在研究如何将更强的密码算法嵌入智能卡系统，以便进行认证、签字、哈希、加/解密运算，进而增强系统的安全性。

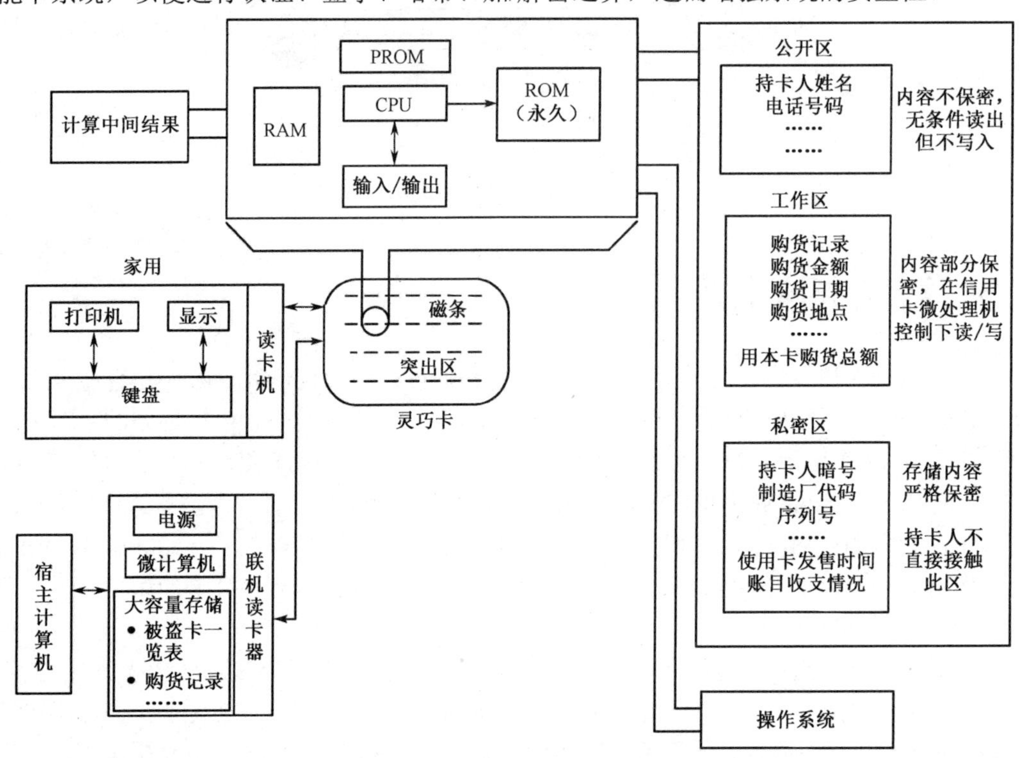

图 6.19　智能卡的工作原理框图

智能卡发行时都要经过个人化或初始化阶段，具体内容因卡的种类不同和应用模式不同而异。发卡机构根据系统设计要求将应用信息（如发行代码等）和持卡人的个人信息写入卡中，使智能卡成为持卡人的专有物，并采用特定的应用模式。一般 IC 卡的个人化有以下几方面的内容：① 软/硬件逻辑的格式化；② 写入系统应用信息和个人有关信息；③ 在卡上印制持卡人名称、发行机构的名称、持卡人的照片等。

现在，IC 卡已经广泛地应用于电子货币、电子商务、劳动保险、医疗卫生等对安全性要求更高的系统中。除了银行系统，在付费电视系统中也有应用。付费广播电视系统每 20 秒改变一次加密电视节目信号的密钥，用这类智能卡可以同步地更换解密密钥，以正常收看加密频道的节目。随着智能卡的存储容量和处理功能的进一步加强，它将成为身份认证的一种工具，可以进一步扩大其应用范围，如制作电子护照、二代身份证、公交一卡通、校园一卡通、电话/电视计费卡、个人履历记录、电子门禁系统等。在不久的将来，个人签字、指纹、视网膜图样等信息可能会存入智能卡，成为身份验证的更有效的手段。未来的智能卡包含的个人信息将越来越多，人们将智能卡作为高度个人化的持证来实施身份认证。

智能卡的安全涉及许多方面，如芯片的安全技术、卡片的安全制造技术、软件的安全技术及安全密码算法和安全可靠协议的设计。智能卡管理系统的安全设计也是其重要组成部分，对智能卡的管理包括制造、发行、使用、回收、丢失或损坏后的安全保障及补发等。此外，智能卡的防复制、防伪造等也是实际工作中要解决的重要课题。

目前，全球生产制造IC卡的公司很多。据统计，国内生产IC卡的公司有200多家，国外的主要厂商有23家，销量最大的是荷兰的恩智浦（NXP）公司、德国的英飞凌公司、瑞士的LEGIC公司等。2008年2月，荷兰政府发布警告，指出目前广泛应用的恩智浦公司生产的Mifare RFID产品被破解。德国学者Henryk Plotz和弗吉尼亚大学在读博士Karsten Nohl宣称破解了Mifare Classic的加密算法。在第24届黑客大会，两人介绍了Mifare Classic的加密机制，首次公开宣布了针对Crypto-1的破解分析方法，展示了破解Mifare Classic的手段。Nohl在一篇针对Crypto-1加密算法进行分析的文章中声称，利用普通的计算机在几分钟内就能够破解Mifare Classic的密钥，同时还表示他们将继续致力于这个领域的深入研究。由于我国的很多信息系统均采用了恩智浦公司的Mifare卡，因此该卡的破解也对我国很多采用Mifare卡的系统构成了严重的安全威胁，此事件已经引起我国各相关部门的高度重视。

6.7 本章小结

目前使用得最多的身份认证是基于口令的身份认证。由于用户通常选择一些易记的口令，且口令容易泄露，使得基于口令的认证系统的安全性不高，所以现在多采用基于生物特征的身份证明技术、一次性口令身份认证技术和基于智能卡的身份认证技术。基于生物特征的身份证明技术有手书签名验证、指纹验证、语音验证、视网膜验证、虹膜验证和脸形验证等；一次性口令身份认证技术包括采用挑战/响应机制、口令序列和动态口令令牌等；采用智能卡的身份认证技术也得到了广泛应用。但是，无论采用什么身份认证技术，都需要严格论证和小心实施，因此处理不好会带来很大的安全风险。本章首先介绍了身份证明系统的组成和分类及实现身份证明的基本途径；然后深入讨论了目前实现身份证明的常用方法，包括基于口令的身份认证系统、基于个人生物特征的身份认证技术和一次性口令认证技术；最后阐述了智能卡技术及其应用。

选择题

1．确定用户身份的技术称为________。

A．认证　　B．授权

C．保密　　D．访问控制

2．________是最常用的认证机制。

A．智能卡　　B．PIN

C．生物特征识别　　D．口令

3．________是认证令牌随机性的基础。

A．口令　　B．种子

C．用户名　　C．哈希函数

4. 基于口令的认证是________认证。

A. 单因子　　B. 双因子

C. 三因子　　D. 四因子

5. 基于时间的令牌中的可变因子是________。

A. 种子　　B. 随机挑战值

C. 当前的时间　　D. 计数器值

6. 基于事件的令牌中的可变因子是________。

A. 种子　　B. 随机挑战值

C. 当前的时间　　D. 计数器值

7. 生物认证基于________。

A. 人的特性　　B. 口令

C. 智能卡　　D. PIN

8. 在________认证中，只有一方认证另一方。

A. 单向　　B. 双向

C. 基于时戳的　　D. 基于身份的

思考题

1. 在实际应用中，人们对身份认证系统的要求有哪些？
2. 身份证明系统分为哪两类？它们之间有什么区别？
3. 什么是口令认证？简述这种方式的优缺点。
4. 什么是一次性口令？实现一次性口令有哪几种方案？简述它们的工作原理。
5. 如何解决基于时间机制令牌的失步问题？
6. 如何解决基于事件机制令牌的失步问题？
7. 动态口令令牌有哪两种类型？它们的工作原理有何不同？
8. 基于生物特征的身份识别有哪几种？与其他身份认证相比，它们有哪些优缺点？
9. 制表详细比较各种一次性口令认证方案的优缺点。

第 7 章

无线数据网络安全

内容提要

随着无线网络在各领域的广泛应用和不断发展，人们越来越关注无线网络的安全问题。无线信道的开放性和不稳定性使得无线网络面临着较大的安全风险，移动终端在硬件资源上的不同程度的限制也决定了某些密码技术无法用于无线环境。不同类型和用途的无线网络对安全性和相关实现技术也有着不同的要求。本章首先介绍无线网络的类型和面临的安全威胁，然后讨论无线数据网络及移动 IP 网络的安全性。通过本章的学习，读者将明确各类无线网络的安全需求、面临的安全威胁，掌握现有的无线网络安全技术与安全机制，为无线网络安全架构设计与安全性分析奠定基础。

本章重点

- 无线数据网络面临的安全威胁
- GSM、CDMA 和 3G 网络中的安全技术
- 802.1x 国际标准及 WAPI 标准的相关内容
- AAA 协议及移动 IP 的安全注册流程

7.1 无线数据网络面临的安全威胁

1. 窃听

无线网络易遭受匿名黑客的攻击，攻击者可以截获无线电信号并解析出数据。用于无线窃听的设备与用于无线网络接入的设备相同，这些设备经过很小的改动就可被设置成截获特定无线信道或频率的数据的设备。这种攻击行为几乎不可能被检测到。使用天线，攻击者可以在距离目标很远的地方进行攻击。窃听主要用于收集目标网络的信息，包括谁在使用网络、能访问什么信息及网络设备的性能等。很多常用协议通过明文传送用户名和密码等敏感信息，这使得攻击者可以通过截获数据来获得对网络资源的访问。即使通信被加密，攻击者仍然可以收集加密信息用于以后的分析。很多加密算法（如微软公司的 NTLM）很容易被破解。如果攻击者可以连接到无线网络，那么他还可以使用 ARP 欺骗进行主动窃听。ARP 欺骗实际上是一种作用在数据链路层的中间人攻击，攻击者通过给目标主机发送欺骗 ARP 数据包来旁路通信。当攻击者收到目标主机的数据后，再将它转发给真正的目标主机。这样，攻击者就可窃听无线网络或有线网络中主机间的通信数据。

2. 通信阻断

有意或无意干扰源可以阻断通信。对整个网络进行 DoS 攻击可以造成通信阻断，使得包括客户机和基站在内的整个区域的通信线路堵塞，造成设备之间不能正常通信。针对无线网络的 DoS 攻击很难预防。此外，大部分无线网络通信都采用公共频段，很容易受到来自其他设备的干扰。攻击者可以采用客户机阻断和基站阻断方式来阻断通信。攻击者可能通过客户机阻断占用或假冒被阻断的客户机，也可能只对客户机发动 DoS 攻击；攻击者可能通过基站阻断假冒被阻断的基站。如前所述，很多设备（如无绳电话、无线集群设备）都采用公共频段进行通信，它们都可对无线网络形成干扰。所以在部署无线网络前，电信运营商一定要进行站点调查，以验证现有设备不会对无线网络形成干扰。

3. 数据的注入和篡改

黑客通过向已有连接注入数据来截获连接或发送恶意数据和命令。攻击者能够通过向基站插入数据或命令来篡改控制信息，造成用户连接中断。数据注入可被用做 DoS 攻击。攻击者可以向网络接入点发送大量连接请求包，使接入点用户连接数超标，以此造成接入点拒绝合法用户的访问。如果上层协议不提供实时数据完整性检测，那么在连接中注入数据也是可能的。

4. 中间人攻击

中间人攻击与数据注入攻击类似，不同的是它能采取多种形式，主要是为了破坏会话的保密性和完整性。中间人攻击要比大多数攻击复杂，攻击者需要对网络有深入的了解。攻击者通常伪装成网络资源，当受害者开始建立连接时，攻击者会截取连接，并与目的端建立连接。这时，攻击者就可注入数据、修改通信数据或进行窃听攻击。

5．客户机伪装

通过对客户机进行研究，攻击者可以模仿或克隆客户机的身份信息，试图获得对网络或服务的访问。攻击者也可通过窃取的访问设备来访问网络。保证所有设备的物理安全非常困难。当攻击者通过窃取的设备发起攻击时，通过第 2 层访问控制手段（如蜂窝网采用的通过电子序列码或 WLAN 网络采用的 MAC 地址验证等）来限制对资源的访问将失去作用。

6．接入点伪装

高超的攻击者可以伪装成接入点。客户机可能在未察觉的情况下连接到该接入点，并泄露机密认证信息。这种攻击方式可与上面描述的接入点通信阻断攻击方式结合起来使用。

7．匿名攻击

攻击者可以隐藏在无线网络覆盖的任何角落，并保持匿名状态，这使得定位和犯罪调查变得异常困难。一种常见的匿名攻击称为沿街扫描（War Driving），是指攻击者在特定的区域扫描并寻找开放的无线网络，它通过拨打不同的电话号码来查找调制解调器或其他网络入口。注意，许多攻击者发动匿名攻击不是为了攻击无线网络本身，而是为了找到接入 Internet 并攻击其他机器的跳板。因此，随着匿名接入者的增多，针对 Internet 网络的攻击也会增加。

8．客户机对客户机的攻击

在无线网络上，一个客户机可以对另一客户机进行攻击。没有部署个人防火墙或进行加固的客户机如果受到攻击，那么很可能会泄露用户名和密码等机密信息。攻击者可以利用这些信息获得对其他网络资源的访问权限。在对等模式下，攻击者可以通过发送伪造路由协议报文生成通路循环来实施拒绝服务攻击，或者发送伪造路由协议报文生成黑洞（吸收和扔掉数据报文）来实现各种形式的攻击。

9．隐匿无线信道

网络的部署者在设计和评估网络时，需要考虑隐匿无线信道的问题。由于硬件无线接入点的价格逐渐降低，以及可以通过在装有无线网卡的机器上安装软件来实现无线接入点的功能，隐匿无线信道的问题日趋严重。网络管理员应该及时检查网络上存在的一些设置有问题或非法部署的无线网络设备。这些设备可以在有线网络上制造黑客入侵的后门，使攻击者可以在距离网络很远的地点实施攻击。

10．服务区标志符的安全问题

服务区标志符（SSID）是无线接入点用来标识本地无线子网的标志符。如果一个客户机不知道服务区标志符，那么接入点会拒绝该客户机对本地子网的访问。当客户机连接到接入点时，服务区标志符的作用就相当于一个简单的口令，起一定的安全防护作用。如果接入点被设置成对 SSID 进行广播，那么所有的客户机都可收到它并用它访问无线网络。此外，很多接入点都采用出厂时默认设置的 SSID 值，黑客很容易通过 Internet 查到这些默认值。黑客获取这些 SSID 值后，就可对网络实施攻击。因此，SSID 不能作为保障安全的主要手段。

11. 漫游造成的问题

无线网络与有线网络的主要区别是无线终端的移动性。在 CDMA、GSM 和无线以太网中，漫游机制是相似的。很多 TCP/IP 服务都要求客户机和服务器的 IP 地址保持不变，但当用户在网络中移动时，不可避免地会离开一个子网而进入另一个子网，这就要求无线网络提供漫游机制。移动 IP 的基本原理是地点注册和报文转发，一个与地点无关的地址用于保持 TCP/IP 连接，另一个随地点变化的临时地址用于访问本地网络资源。在移动 IP 系统中，当一个移动节点漫游到一个网络时，就会获得一个与地点有关的临时地址，并在外地代理注册；外地代理会与所属地代理联系，通知所属地代理有关移动节点的接入情况。所属地代理将所有发往移动节点的数据包转发到外地代理上。这种机制会带来一些问题：首先，攻击者可以通过对注册过程的重放来获得发送到移动节点的数据；其次，攻击者也可以模拟移动节点来非法获取网络资源。

7.2 无线数据网络的安全性

7.2.1 有线等效保密协议

IEEE 802.11b 标准定义了一个加密协议——有线等效保密协议（Wired Equivalent Privacy，WEP），用来对无线局域网中的数据流提供安全保护。该协议采用 RC4 流加密算法，能提供的功能主要包括：

（1）访问控制——防止没有 WEP 密钥的非法用户访问网络。

（2）保护隐私——通过加密手段保护无线局域网上传输的数据。

1. WEP 加密过程

WEP 加密过程如图 7.1 所示。从图中可以看出，在对明文数据的处理上采用了两种运算：一是对明文进行的流加密运算（即异或运算）；二是为防止数据被非法篡改而进行的数据完整性检查向量（ICV）运算。

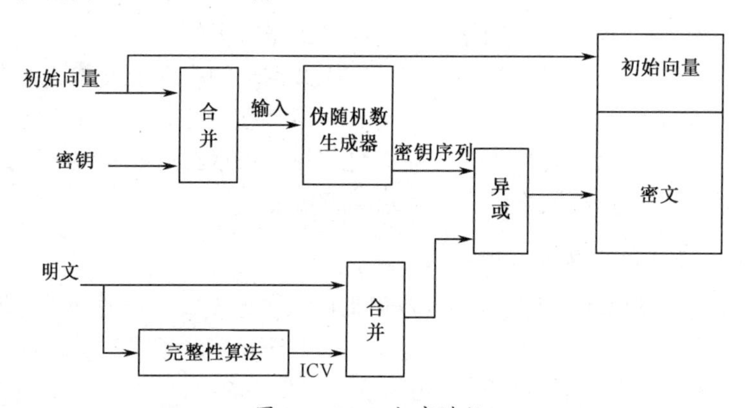

图 7.1 WEP 加密过程

（1）40bit 的加密密钥与 24bit 的初始向量（IV）合并形成 64bit 的密钥。

（2）生成的 64bit 密钥输入伪随机数生成器（PRNG）。

（3）伪随机数生成器（RC4）输出一个伪随机密钥序列。

（4）生成的序列与数据进行异或运算，形成密文。

为了保证数据不被非法篡改，对明文应用一个完整性算法（CRC-32 函数），生成 32bit 的 ICV。明文与 32bit 的 ICV 合并后被加密，密文与 IV 一起被传输到目的地。

2. WEP 解密过程

WEP 解密过程如图 7.2 所示。为了对数据流进行解密，WEP 进行如下操作。

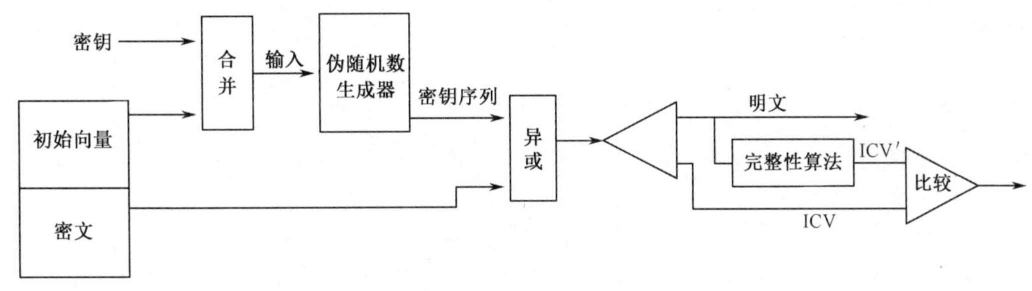

图 7.2 WEP 解密过程

（1）收到的 IV 被用来生成密钥序列。

（2）加密数据与密钥序列一起生成解密数据和 ICV。

（3）解密数据通过数据完整性算法生成 ICV。

（4）比较生成的 ICV 与收到的 ICV，不一致时将错误信息报告给发送方。

3. WEP 认证方法

IEEE 802.11b 标准定义了两种认证方式：开放系统认证和共享密钥认证。

（1）开放系统认证。开放系统认证是 IEEE 802.11 协议采用的默认认证方式。开放系统认证对请求认证的任何人提供认证。整个认证过程通过明文传输完成，即使某个客户机无法提供正确的 WEP 密钥，也能与接入点建立联系。

（2）共享密钥认证。共享密钥认证采用标准的挑战/响应机制，以共享密钥来对客户机进行认证。该认证方式允许移动客户机使用一个共享密钥来加密数据。WEP 允许管理员定义共享密钥。没有此共享密钥的用户将被拒绝访问。用于加密和解密的密钥也被用于提供认证服务，但这会带来安全隐患。与开放系统认证相比，共享密钥认证方式能够提供更好的认证服务。客户机采用这种认证方式时，客户机必须支持 WEP。

4. WEP 密钥管理

共享密钥存储在每个设备的管理信息数据库中。虽然 IEEE 802.11 标准未指出如何将密钥分发到各个设备，但提到了两种解决方案。

（1）各个设备与接入点共享一组共 4 个默认密钥。

（2）每个设备与其他设备建立密钥对关系。

第一种方案提供了 4 个密钥。客户机获得这些默认密钥后，就可与整个子系统的所有设备进行通信。客户机或接入点可以采用这四个密钥中的任何一个来实施加密和解密运算。这种方案的缺点是，如果默认密钥被广泛分发，那么它们就可能泄露。

在第二种方案中，每个客户机都要与其他的所有设备建立一个密钥对映射表，每个不同的 MAC 地址都有一个不同的密钥，且知道此密钥的设备较少，因此这种方案更安全。虽然这种方案降低了受攻击的概率，但是随着设备数量的增加，密钥的人工分发会变得很困难。

7.2.2 802.1x 协议介绍

802.1x 协议最早作为有线以太网络的标准提出，同样适用于无线局域网，为认证和密钥分发提供了一个整体框架。802.1x 协议利用很多拨号网络的安全机制，为每个用户和每个网络会话提供独一无二的加密密钥，同时支持 128bit 的密钥长度。它还包含一个密钥管理协议，能够提供密钥自动生成功能。密钥也可在设定的时段后自动改变。802.1x 还支持 RADIUS 和 Kerberos 服务，通过与上层认证协议一起使用，可提供认证和密钥生成功能。

在 802.1x 网络中有如下三个角色。

（1）认证者。在 802.11 网络中，通常为接入点。它确保认证的进行，同时将数据路由至网络中正确的接收者。

（2）认证请求端。在 802.11 网络中，通常为客户机设备，它提出认证请求。

（3）认证服务器（AS）。可信的第三方，为客户机提供实际的认证服务，通常为 Radius 认证服务器。

802.1x 的操作可通过受控端口和非受控端口的概念来说明。受控端口和非受控端口是同一物理端口的逻辑划分。一个数据帧能否通过接入点路由到受控端口或非受控端口，取决于客户机的认证状态。如图 7.3 所示，在客户机通过认证服务器认证前，接入点只允许客户机与认证服务器通信，只有在被认证服务器认证后，客户机才能与网络上的其他设备通信。

实际的认证数据交互过程由上层的认证协议实现，认证的协议和数据的转发由 802.1x 协议控制。注意，认证是客户机与服务器的双向认证。在完成认证的同时，会生成物理介质访问控制层（MAC）的加密密钥。802.1x 使用该密钥在接入点和客户机之间进行加密。在 802.1x 网络中会生成两种密钥：一种是会话密钥（也称双方使用的密钥）；另一种是群密钥（也称群内使用密钥）。群密钥由所有接到同一接入点的客户机共享，主要用于多播。会话密钥随客户机和接入点的连接变化而变化，于是在客户机与接入点之间形成专用信道。

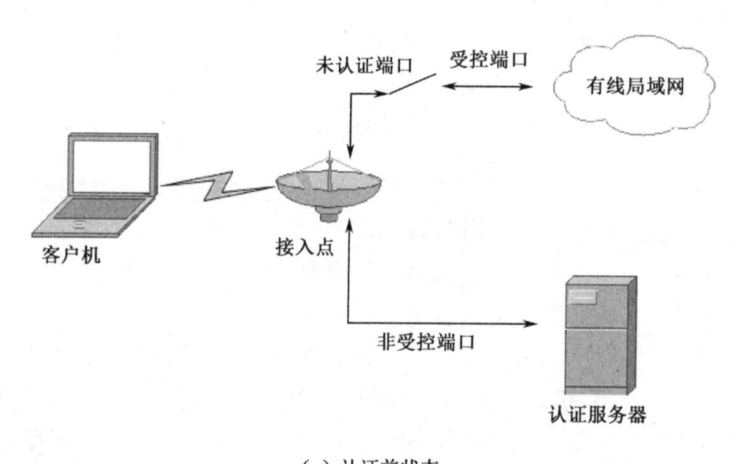

（a）认证前状态

图 7.3 认证前状态与认证后状态

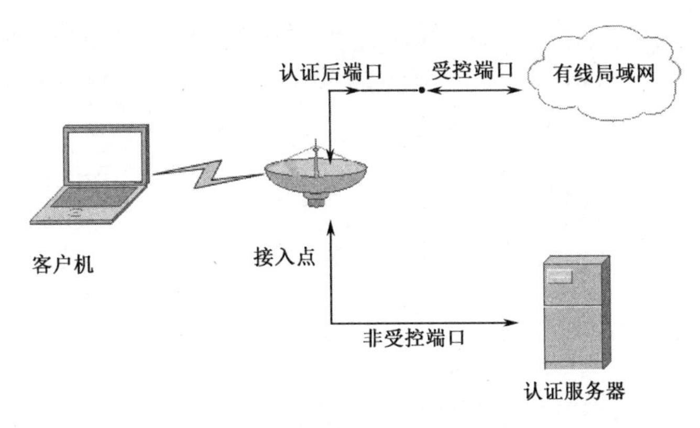

（b）认证后状态

图 7.3 认证前状态与认证后状态（续）

7.2.3 802.11i 标准介绍

802.11i 标准针对 WEP 的诸多缺陷加以改进，增强了无线局域网中的数据加密和认证性能。802.11i 规定使用 802.1x 的认证和密钥管理方式。在数据加密方面，802.11i 定义了临时密钥完整性协议（TKIP）、密文分组链接模式——消息认证码协议（CCMP）两种加密模式。其中，TKIP 是 WEP 机制的加强版，它采用 RC4 作为核心加密算法，可从 WEP 平滑升级，而 CCMP 采用 AES 分组加密算法和 MAC 消息认证协议，使无线局域网的安全性大幅提高，但由于与现有无线网络不兼容，升级费用很高。

1. TKIP 加密模式

与 WEP 相比，TKIP 在如下 4 个方面得到了加强。

（1）使用 Michael 消息认证码抵御消息伪造攻击。

（2）使用扩展的 48bit 初始化向量（IV）和 IV 顺序规则抵御消息重放攻击。

（3）对各数据包采用不同密钥加密来弥补密钥的脆弱性。

（4）使用密钥更新机制，提供新鲜的加密和认证密钥，以预防针对密钥重用的攻击。

TKIP 加密报文格式如图 7.4 所示。

初始向量 4byte	扩展向量 4byte	数据	消息完整性代码 8byte	数据完整性验证码4byte

图 7.4 TKIP 加密报文格式

TKIP 采用 48bit 的扩展初始向量，称为 TKIP 序列计数器（TSC）。使用 48bit 的 TSC 延长了临时密钥的使用寿命，在同一会话中不必重新生成临时密钥。由于每发送一个数据报，TSC 就更新一次临时密钥，因此可以连续使用 2^{48} 次而不会产生密钥重用的问题，在稳定而高速的连接中，这相当于要过 100 年才会生成重复密钥。

TSC 由 WEP 初始化向量的前 2 字节和扩展向量的 4 字节构建而成。TKIP 将 WEP 加密数据报的长度扩展了 12 字节，分别是来自扩展向量的 4 字节和来自消息完整性代码 MIC 的 8 字节。

TKIP 的封装过程如图 7.5 所示。封装过程采用临时密钥和消息认证码密钥，这些密钥由 802.1x 中生成的会话密钥生成。临时密钥、传输方地址和 TSC 被用于第一阶段的密钥混淆过程，生成每个数据报所用的加密密钥。密钥的长度为 128bit，被分成一个 104bit 的 RC4 加密密钥和一个 24bit 的初始向量。

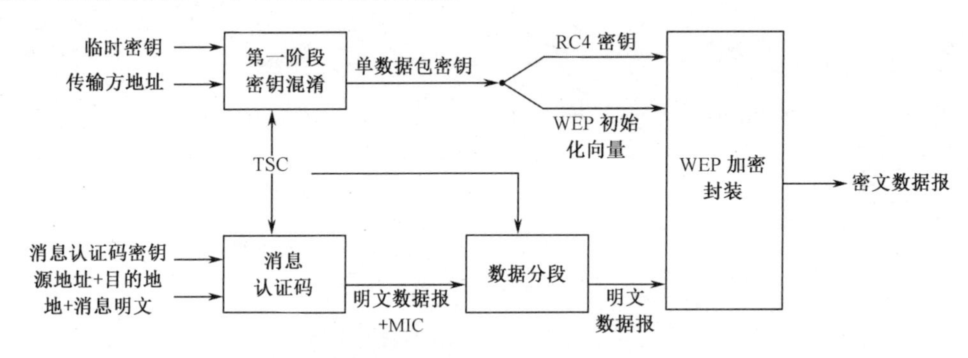

图 7.5　TKIP 的封装过程

消息认证码使用数据报的明文以及源、目的 MAC 地址生成，因此数据报的信息随着源和目的 MAC 地址的改变而改变，可以防止数据报的伪造。

消息认证码使用称为 Michael 的单向哈希函数生成，而不采用 WEP 生成数据完整性检查向量（ICV）时所用的 CRC-32 函数，这使得黑客截取和篡改数据报的难度加大。需要时，数据报可以分段，在每个分段数据报输入 WEP 加密引擎前，TSC 都会加 1。

解密过程和加密过程类似。从收到的数据报中提取 TSC 后，接收方会对其进行检查，确保它比先前收到的数据报的 TSC 大，以防止重放攻击。收到并解密数据报生成消息完整性代码（MIC）后，接收方将其与收到的 MIC 进行比较，确保数据报未被篡改。

2．CCMP 加密模式

CCMP 提供比 TKIP 更强的加密模式，即 802.11i 规定强制采用的加密模式。它采用 128bit 的分组加密算法 AES。AES 可以采用多种模式，而 802.11i 采用计数器模式和密文分组链接-消息认证码模式。计数器模式保证数据的私密性，而密文分组链接-消息认证码模式保证数据的完整性和认证性。

图 7.6 所示为 AES 加密数据报格式。该数据报比原始数据报延长了 16 字节，除了没有 WEP 的完整性检查向量（ICV），它的格式与 TKIP 的数据报格式相同。

图 7.6　AES 加密数据报格式

与 TKIP 相同，CCMP 也采用 48bit 的初始化向量，称为数据报数（PN）。数据报数和其他信息一起用于初始化 AES 加密算法，并用于消息验证码的计算和数据的加密。

图 7.7 显示了 CCMP 封装过程。在消息验证码的计算和数据报的加密中，AES 采用相同的临时加密密钥。与 TKIP 一样，临时密钥也由 802.1x 交换生成的主密钥生成。

MIC 的计算与数据报的加密同步进行。在 MIC 的计算中使用了初始化向量（IV），该向量由一个标志值、PN 和数据帧头部的某些部分组成。IV 在注入一个 AES 分组后的输出与数据帧头部的某些部分异或后，再注入另一个 AES 分组，这个过程重复下去，直至生成一个 128bit 的 CBC-MAC 值。该值的前 64bit 被取出并附加到密文数据报后面。

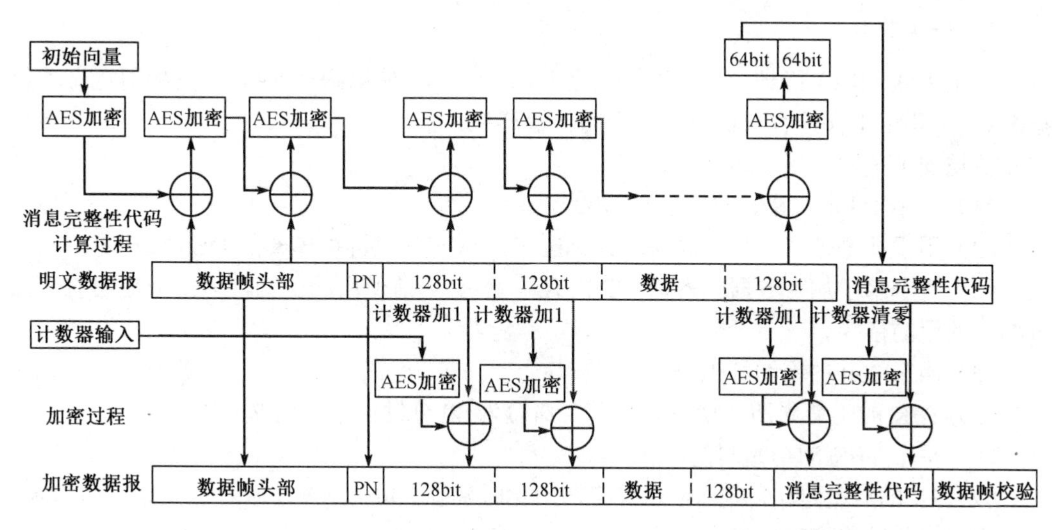

图 7.7　CCMP 封装过程

计数器输入也由 PN、一个标志值、数据帧头部的某些部分和一个初始化为 1 的计数器组成。计数器输入被注入一个 AES 分组加密盒，加密盒的输出与 128bit 的明文异或，计数器加 1 后，这个过程继续进行，直到整个数据帧被加密。最后计数器被置为 0，输入一个 AES 分组加密盒，加密盒的输出与 MIC 异或后，添加到加密数据报的后面。最后，将全部加密数据报进行传输。

CCMP 的解密过程基本上是上述过程的逆过程。最后一步是把计算得到的 MIC 值与收到的 MIC 值进行对比，以证明数据未被篡改。

3．上层认证协议

802.11i 标准并未规定上层采用的认证协议，因为这些协议作用在三层以上，不在 802.11 规定的范围内。上层认证协议主要用于企业网络，提供客户机和服务器的相互认证功能，并生成会话密钥用于数据加密。上层认证协议与 802.1x 配合使用，802.1x 主要确保上层认证协议的使用及正确地转发消息，而上层认证协议则提供实际的认证功能。很多企业采用 Radius 服务器提供认证功能。最流行的认证协议包括具有传输层安全的可扩展认证协议（EAP-TLS）、受保护的可扩展认证协议（PEAP）、具有传输层隧道安全的可扩展认证协议（EAP-TTLS）和轻量可扩展认证协议（LEAP）。

802.11i 的各个组成部分应作为整体来部署，任何部分独立使用时都存在安全缺陷。

7.2.4　802.16 标准的安全性

IEEE 802.16 标准又称 WiMAX（Worldwide Interoperability for Microwave Access），是一种为企业和家庭用户提供“最后一千米接入”的宽带无线连接方案。802.16 不仅是无线城域网的标准，同时也是继 TD-SCDMA、WCDMA 和 CDMA2000 后的第 4 个 3G 标准。

IEEE 802.16 标准中定义了安全子层，通过对客户机与基站之间的无线信道进行加密，为客户机在访问无线城域网时提供数据的保密性。同时，通过增加客户机与基站之间的认证，安全子层也能防止非法用户访问 ISP 提供的服务。安全子层包括 5 个部分。

1. 安全关联

安全关联（SA）维护一个连接的安全状态。802.16 使用两种 SA，但只特别定义了数据 SA，主要用于保护客户机与基站间的传输连接。

数据安全关联包括下述内容。

（1）一个 16bit 的 SA 标识符（SAID）。

（2）用于加密数据的加密算法，该标准采用密文分组链接模式的 DES 算法。

（3）两个用于加密数据的密钥（TEK），一个是当前使用的密钥，另一个是当前密钥过期后使用的密钥。

（4）两个 2bit 的密钥标识符。

（5）TEK 的生命周期，默认为半天，最短为 30 分钟，最长为 7 天。

（6）每个 TEK 的初始向量。

（7）SA 的类型定义，主 SA 在链路初始化时建立，静态 SA 在基站上设定，动态 SA 在生成动态传输连接时生成。

为保证传输连接的安全性，客户机使用 create_connection 请求创建一个初始 SA 数据。为支持多播，标准允许多个连接 ID 共享同一个 SA。连接网络时，IEEE 802.16 会给辅助管理信道自动创建一个 SA，因此一个客户机通常有两个或三个 SA，一个用于辅助管理信道，另一个（或两个分别）用于上联和下联传输连接。每个多播组共享一个 SA。

虽然 IEEE 802.16 标准中未明确指出 SA 的具体格式，但它应包括以下内容。

（1）一个用于验证客户机的 X.509 证书。

（2）一个 160bit 的授权密钥（AK），客户机使用此密钥表明已被授权使用该连接。

（3）一个 4bit 的授权密钥标志符。

（4）一个 AK 生命周期值，范围从 1 天到 70 天，默认值为 7 天。

（5）一个用于密钥分配的密钥加密密钥 KEK（一个 112bit 的 3DES 密钥），KEK = Truncate-128(SHA1(((AK|0^{44})$\oplus$$53^{64}$))，其中 Truncate-128($X$)表示取 X 的前 128bit，$a|b$ 表示将 a 字符串和 b 字符串合并，$\oplus$表示异或，a^n 表示数字 a 重复 n 次，SHA1 是标准哈希算法。

（6）一个基站向客户机认证密钥分发信息的下联 HMAC（基于哈希函数的消息认证码）密钥，密钥由公式 HMAC key = SHA1((AK|0^{44})$\oplus$$3A^{64}$)生成。

（7）一个客户机向基站认证密钥分发信息的上联 HMAC（基于哈希函数的消息认证码）密钥，密钥由公式 HMAC key = SHA1((AK|0^{44})$\oplus$$5C^{64}$)生成。

（8）一个已授权数据 SA 列表。

授权 SA 由特定客户机和特定基站共享。标准中建议将 AK 作为基站和客户机的共享密钥，基站使用授权 SA 来配置客户机的数据 SA。

2. X.509 证书

X.509 证书用于证明通信双方的身份。标准中定义 X.509 证书应包括下述内容。

（1）X.509 证书格式第 3 版。

（2）证书序号。

（3）证书颁发者采用的签名算法——公钥签名标准 1，即 RSA 公钥算法加 SHA1 哈希。

（4）证书颁发者。

（5）证书有效期。

（6）证书所有者的公钥，包括公钥的适用范围，仅用于 RSA 加密。

（7）签名算法，与证书颁发者采用的签名算法雷同。

（8）证书颁发者的签名，采用 ASN.1 的 DER 编码标准生成的签名。

标准中未定义 X.509 证书的扩展内容和基站证书，但定义了两种证书类型：制造商证书和客户机证书。制造商证书用于标识 802.16 设备的制造者，它可以是自签名证书或由第三方颁发的证书。客户机证书标识特定的客户机，并将其 MAC 地址包含在证书所有者字段内。

客户机证书通常由制造商产生。基站使用制造商的公钥来验证客户机证书，从而验证设备身份的真实性。这种设计要求客户机必须妥善保管自己的私钥，以防泄露。

3．PKM 授权协议

PKM 授权协议将授权令牌分发给被授权的客户机。授权协议涉及客户机与基站的三步交互过程。

（1）客户机发送制造商证书到基站。

（2）客户机向基站发送客户机证书、客户机支持的加密、认证算法和 SA 标识符。

（3）基站返回使用客户机公钥和 RSA 加密算法加密的授权密钥（AK）、密钥生命周期、序号和 SA 标识符列表。

授权密钥的正确使用意味着客户机已被授权访问无线城域网，标准中规定 AK 只在客户机与基站间共享，不能泄露给第三方。

4．保密性和密钥管理

PKM 协议在基站与客户机之间进行两到三步信息交换来建立 SA。第一步是可选项，由基站提出重新生成密钥的请求。具体交换过程如下。

（1）基站发送序号、SA 标识符及使用 HMAC 算法和下联密钥生成的序号与 SA 标识符的哈希值。

（2）客户机发送序号、SA 标识符及使用 HMAC 算法和上联密钥生成的序号与 SA 标识符的哈希值。

（3）基站发送序号、SA 标识符、当前正在使用的数据加密密钥、即将采用的新数据加密密钥，以及使用 HMAC 算法和下联密钥对上述字段生成的哈希值。

5．数据加密

IEEE 802.16 数据加密封装如图 7.8 所示，DES-CBC 加密只对封装数据进行加密，对帧头部和 CRC 则不做处理。数据帧头部包括一个两位的字段，用于标识所用的数据加密密钥，而不包含 CBC 加密模式所用的初始化向量。为了计算该初始化向量，IEEE 802.16 标准将最新数据帧中的物理层同步字段与 SA 初始化向量进行异或运算生成该向量。由于 SA 初始化向量是恒定不变和公开的，而物理层同步字段又是重复和可预测的，因此数据加密采用的初始化向量也是可预测的。

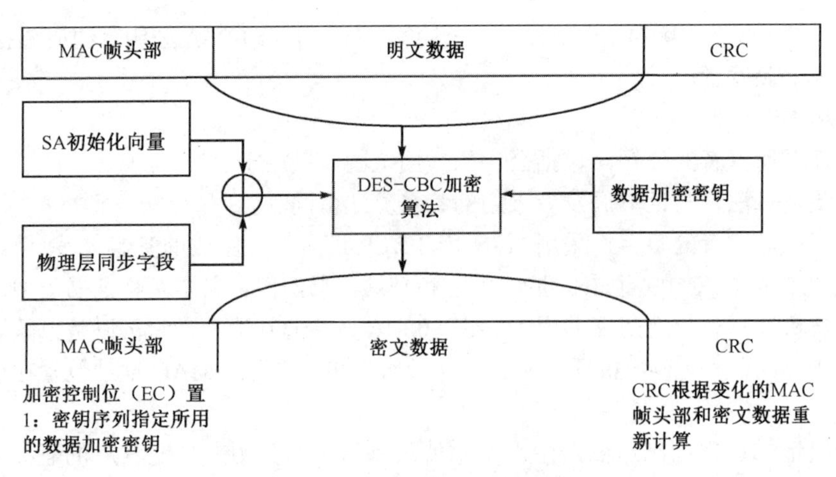

图 7.8　802.16 数据加密封装

7.2.5　WAPI 的安全性

WAPI（WLAN Authentication and Privacy Infrastructure）是我国自主研发、拥有自主知识产权的无线局域网安全技术标准，由 ISO/IEC 授权的 IEEE Registration Authority 审查并获得认可。WAPI 与现行的 802.11b 传输协议比较相近，区别是所用的安全加密技术不同：WAPI 采用名为"无线局域网认证与保密基础架构（WAPI）"的安全协议，而 802.11b 则采用 WEP。

WAPI 安全机制由 WAI 和 WPI 两部分组成，WAI 和 WPI 分别实现用户身份认证和传输数据加密功能。整个系统由接入点（AP）、站/点（STA）和认证服务单元（ASU）组成。

（1）接入点。任何一个具备站点功能、可通过无线媒介为关联站点提供访问服务能力的实体。

（2）站/点。无线移动终端设备，其接口符合无线媒介的 MAC 和 PHY 接口标准。

（3）认证服务单元。基本功能是实现对 STA 用户证书的管理和 STA 用户身份的认证等。ASU 作为可信的和权威的第三方，保证公钥体系中证书的合法性。

1. WAPI 认证

WAPI 认证原理如图 7.9 所示。STA 与 AP 上都安装由 ASU 发放的公钥证书，作为自己的数字身份凭证。AP 提供 STA 访问 LAN 的受控端口和非受控端口的服务。STA 首先通过 AP 提供的非受控端口连接到 ASU 发送认证信息，只有通过认证的 STA 才能使用 AP 提供的数据端口（即受控端口）访问网络。

WAPI 认证过程如下。

（1）认证激活。当 STA 关联或重新关联到 AP 时，由 AP 发送认证激活来启动整个认证过程。

（2）接入认证请求。STA 向 AP 发出认证请求，即将 STA 证书与 STA 当前的系统时间发给 AP，其中系统时间称为接入认证请求时间。

（3）证书认证请求。AP 收到 STA 接入认证请求后，首先记录接入认证请求时间，然后向 ASU 发出证书认证请求，即将 STA 证书、接入认证请求时间、AP 证书及 AP 私钥对它们的签名构成证书认证请求发送给 ASU。

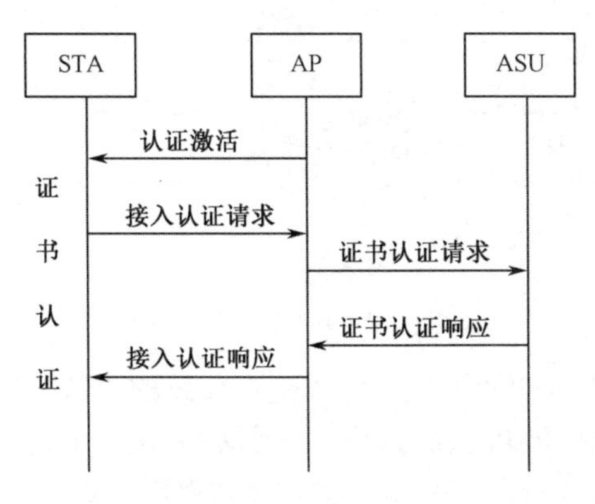

图 7.9 WAPI 认证原理

（4）证书认证响应。ASU 收到 AP 的证书认证请求后，验证 AP 的签名和 AP 证书的有效性，若不正确，则认证过程失败；若正确，则进一步验证 STA 证书。验证完毕后，ASU 将 STA 证书认证结果（包括 STA 证书和认证结果）、AP 证书认证结果（包括 AP 证书、认证结果、接入认证请求时间）和 ASU 对它们的签名构成证书认证响应报文发回给 AP。

（5）接入认证响应。AP 对 ASU 返回的证书认证响应进行签名验证，得到 STA 证书的认证结果，根据此结果对 STA 进行接入控制。AP 将收到的证书认证结果回送至 STA。STA 验证 ASU 的签名后，得到 AP 证书的认证结果，根据认证结果决定是否接入该 AP。

至此，STA 与 AP 之间便完成了证书认证过程。若认证成功，则 AP 允许 STA 接入；若认证失败，则解除关联。

2. WAPI 密钥协商与数据加密

STA 与 AP 认证成功后进行密钥协商的过程如下。

（1）密钥协商请求。AP 产生一串随机数据，利用 STA 的公钥加密后，向 STA 发出密钥协商请求。该请求包含请求方所有的备选会话算法信息。

（2）密钥协商响应。STA 收到 AP 发送来的密钥协商请求后，首先进行会话算法协商：若 STA 不支持 AP 的所有备选会话算法，则向 AP 响应会话算法失败；否则，STA 在 AP 提供的会话算法中选择一种自己支持的算法。STA 利用本地私钥解密协商数据，得到 AP 生成的随机数，然后生成一个新的随机数，STA 利用 AP 的公钥加密该随机数后，再发送给 AP。

密钥协商成功后，STA 与 AP 将自己与对方生成的随机数据进行“模 2 加”运算，生成会话密钥，利用协商的会话算法对数据进行加密/解密。为了进一步提高通信的保密性，通信一段时间和交换一定数量的数据后，STA 与 AP 之间将重新进行会话密钥协商。

7.2.6 WAP 的安全性

1. WAP 网络架构

无线应用协议（Wireless Application Protocol，WAP）网络架构由三部分组成：WAP 设备、WAP 网关和 Web 服务器，如图 7.10 所示。

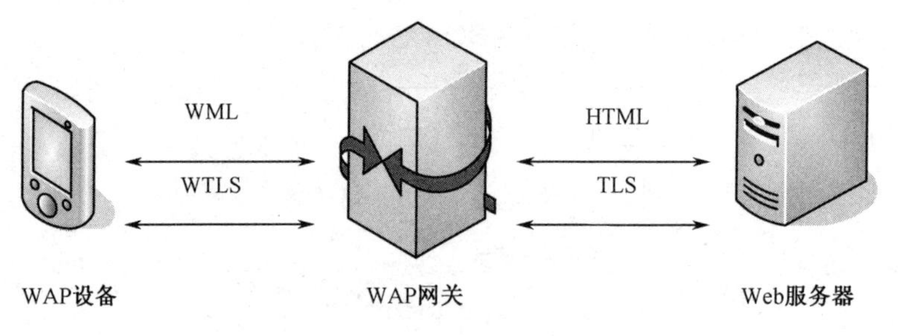

图 7.10 WAP 网络架构

最早的 WAP 设备是多功能手机，除了提供传统的语音功能，这种设备还包括一个 WAP 浏览器。后来，PDA 和 Pocket PC 也提供 WAP 浏览器功能。这些设备要么用无线调制解调器，要么用无线电话的红外端口连接无线网络。WAP 浏览器负责从 WAP 网关请求页面并将返回数据显示在设备上。它能解释 WML 的数据，也可以执行用 WMLScript 编写的程序。但是，由于设备性能的局限性，WMLScript 程序通常在 WAP 网关上执行，然后将结果返回到 WAP 设备。

所有来自 WAP 设备的请求和数据都必须通过 WAP 网关转发到 Internet。WAP 网关的作用如下：① 协议转换，将无线数据协议（WDP）和无线传输层安全（WTLS）协议转换为有线网络协议，如 TCP 或 TLS；② 内容转换，将 HTML 网页转换成 WML 兼容格式；③ 性能优化，压缩数据，减少与 WAP 设备的交互次数。

WAP 网关收到 WAP 设备的请求后，将它转换成 HTTP 格式并从 Web 服务器上获得页面。

2. WAP 安全架构

协议 WAP 的安全架构建立在无线传输层安全（WTLS）协议之上。

WTLS 协议是 WAP 采用的安全协议。它作用于传输层协议，为 WAP 的高层协议提供安全传输服务接口。该接口保留下面的传输层，并提供管理安全连接的机制。WTLS 的主要目的是给 WAP 应用提供保密性、数据完整性和认证服务。

WTLS 协议支持一系列算法。目前，保密性由分组加密算法（如 DES-CBC、IDEA 和 RC5-CBC）实现；通信双方的认证通过 RSA 或 Diffie-Hellman 密钥交换算法实现；数据完整性由 SHA-1 或 MD5 算法实现。

WTLS 协议提供如下三类安全服务。

（1）第一类：匿名认证。客户机登录服务器，客户机和服务器无法确认彼此的身份。

（2）第二类：服务器认证。客户机能确认服务器的身份，服务器不确认客户机的身份。

（3）第三类：双向认证。客户机和服务器彼此确认身份。

WTLS 协议是基于 TLS 协议开发的，但针对无线网络环境对 TLS 做了一些改变。首先，针对低延迟、低带宽的网络，WTLS 对 TLS 进行了优化。由于移动设备的处理能力和内存有限，WTLS 的算法族中采用了高效和快速的算法。其次，根据法律规定，必须遵守加密算法出口和使用限制，所以在算法的选择上留有余地。虽然第三类服务提供了使用无线公钥基础设施（WPKI）的可能，但也带来了全新的问题，如用户的公钥/私钥对应该如何管理等。虽然密钥可以存储在 SIM 卡内，但网络运营商需要对已发放的 SIM 卡进行升级，这无疑会带来巨大的工作量。针对这个问题，WAP 论坛开发了无线身份识别模块（WIM），它可以是虚拟的，即将身份信息存储到SIM卡中未用的存储空间内或存储在单独的卡上。目前，WAP的应用大多采用第一类或第二类认证。第二类认证的认证过程如下。

（1）WAP设备向WAP网关发送请求。

（2）网关将自己的证书（包含网关的公钥）发回WAP设备。

（3）WAP设备取出证书和公钥，生成一个随机数，并用网关的公钥进行加密。

（4）WAP网关收到密文并用私钥解密。

该过程虽然简单，但它通过最少的交互在用户和网关之间建立了加密隧道。遗憾的是，WTLS协议只对从WAP设备到WAP网关的数据进行加密，从WAP网关到Web服务器之间的数据则采用SSL协议加密。由于数据必须由WTLS格式转换成SSL格式，所以在一段时间内WAP网关上的数据以明文形式存在，这会带来安全问题。

WAP还提供了使用WMLScript编写的WAP设备数字签名程序SignText，该程序提供防抵赖服务。

3. 基于WAP网关的端到端安全

WAP采用WTLS建立两个WAP端点——WAP设备和WAP网关之间端到端的安全连接。当WAP网关将请求转发给Web服务器时，系统使用SSL协议来保障安全性。这就意味着数据将在WAP网关上解密和加密。在提供WTLS到SSL转换的同时，WAP网关还需要对网页上的小程序和脚本进行编译，因为大部分WAP设备都没有配备编译器。值得注意的是，在从WTLS转换到SSL的过程中，数据在WAP网关上是以明文形式存在的，因此如果WAP网关未得到妥善保护，那么数据的安全就会受到威胁。

为了弥补这一缺陷，WAP提出了两点改进：第一，采用客户机应用代理将认证和授权信息传输给无线网络的服务器；第二，将数据在应用层加密，这样就能保证数据在整个传输过程中是加密的。

但是，WAP网关最安全的应用方式还是把WAP网关设置在服务提供商的网络上，这样，客户机和服务提供商之间的连接就是可信的，因为解密过程是在服务提供商自己的网络上而不是在网络运营商的网络上进行的。

4. WTLS记录协议

WTLS记录协议从高层协议上获取原始数据，并对数据进行有选择的加密和压缩。记录协议负责保证数据的完整性和认证性。收到的数据经过解密、验证和解压传输到上层协议。记录协议通过一个三步握手机制建立安全通信：首先，握手协议开始建立一个连接；其次，改变加密细节协议就通信双方采用的加密算法细节达成一致；最后，报警协议报告错误信息。这三个协议的工作内容如下。

（1）握手协议。所有的安全参数都在握手过程中确定，包括协议版本号、加密算法及采用认证和公钥技术生成的共享密钥等信息。

（2）改变加密细节协议。改变加密算法细节的请求可由服务器或客户机发起，收到请求后，发送者由写状态转为挂起状态，接收者也由读状态转为挂起状态。

（3）告警协议。有三种告警信息——警告、紧急和致命错误。告警信息可以采用加密和压缩方式传输，也可以采用明文方式传输。

7.3 移动 IP 的安全性

移动 IP 技术是为了实现 TCP/IP 网络用户全方位、跨安全域移动或漫游而采用的通信技术。采用移动 IP 技术，移动用户可以在基于 TCP/IP 协议的网络中随意跨域移动和漫游，不用修改计算机原来的 IP 地址就可继续享有原始网络中所有服务权限。

移动 IP 网络中的节点有三类：移动节点（Mobile Node，MN）、所属地代理（Home Agent，HA）和外地代理（Foreign Agent，FA）。移动 IP 网络架构示意图如图 7.11 所示。MN 是从所属地网络移动到外地网络的便携式终端。在 MN 移动到外地网络后，依然使用所属地网络的 IP 地址进行通信。HA 是所属地网络中的代理服务器，它保存 MN 的位置信息。当 MN 移动到外地网络时，HA 将发往 MN 的数据包转发给 MN，并解析 MN 发回的数据包，转发给相应的通信节点。FA 是外地网络中的代理服务器，它将 HA 送来的数据包转发给 MN，并作为外地网络中移动终端的默认路由器。

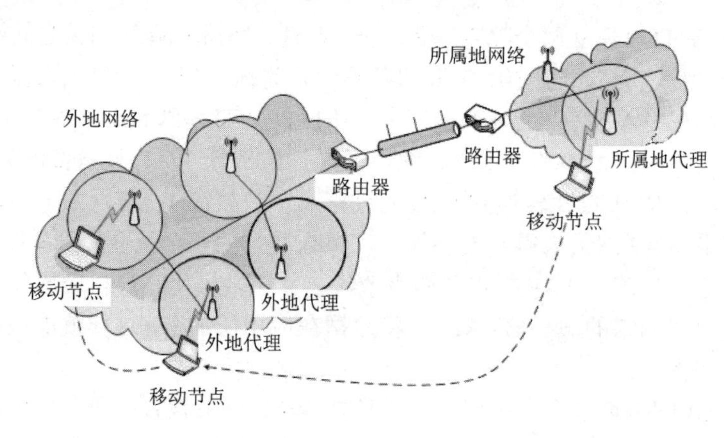

图 7.10 移动 IP 网络架构示意图

移动 IP 分为两类：基于 IPv4 的移动 IPv4 及基于 IPv6 的移动 IPv6。移动 IP 的安全问题主要集中在两个方面：① 移动节点注册开始前各个实体间会话密钥的分发，以及彼此之间安全关联的建立；② 移动节点注册过程中轻量保密与认证协议的设计与应用。组合使用移动 IP 技术与 AAA（Authentication, Authorization, Accounting）技术，可以解决移动 IP 的认证、授权及计费问题，为实现移动 IP 技术的大规模商业化应用奠定安全基础。

7.3.1 AAA 的概念及 AAA 协议

早期的 AAA 是为解决电话接入用户的身份认证、授权和计费提出的。随着 Internet 的发展，IETF 工作组对原 AAA 协议进行了改进，提出了 RADIUS、DIAMETER 等新的 AAA 协议。下面对 AAA 的基本概念及其主流协议进行介绍。

1. AAA 的基本概念

认证（Authentication）是网络运营商在允许用户使用网络资源前对用户身份进行验证的过程。授权（Authorization）定义用户通过认证后可以享受的服务。计费（Accounting）记录用户使用资源的详细信息，这些原始信息可用于生成计费账单或进行审计。图 7.11 中显示了典型的 AAA 应用架构。远程用户通过电话线与网络接入服务器（NAS）连接，向 NAS 提出接入请求。NAS 接收这个请求，然后把用户的有关信息封装到 NAS 消息包中，发送给 AAA 服务器，由 AAA 服务器对这个请求进行认证，并返回相应的允许信息或拒绝信息。

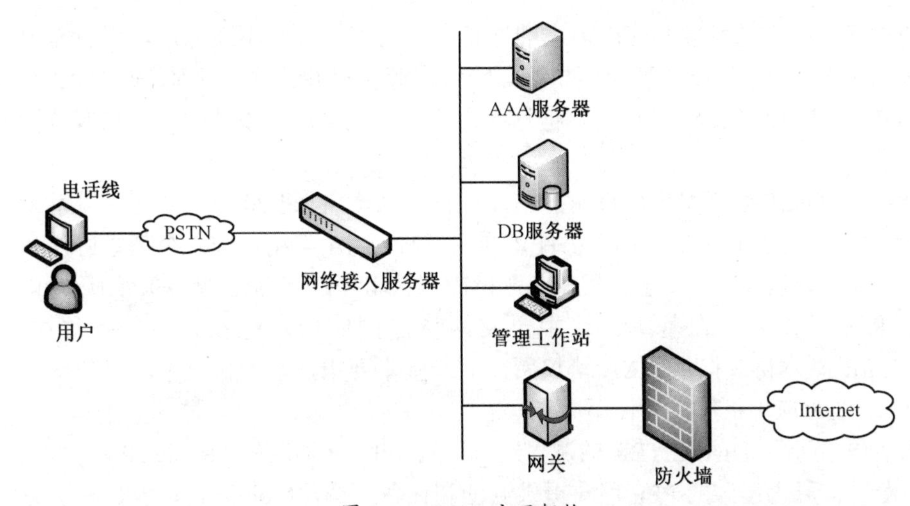

图 7.11　AAA 应用架构

AAA 这种分布式结构由服务器完成认证、授权和计费工作，大大减轻了网关的压力，能够处理大量的用户请求，支持多种计费功能，可以对用户进行有效的控制，因而具有较强的生命力，在接入网中有着广泛的应用。

2. RADIUS 协议

RADIUS（Remote Access Dial-in User Service）是为了在 NAS 和 RADIUS 服务器之间传递认证、授权和配置信息设计的。NAS 通过调制解调器池或其他接口与外界相连。用户通过这些接口进入网络分享信息和资源。

RADIUS 对通过这些接口进入网络的用户进行身份识别、授权和计费功能。这个协议基于客户机/服务器模式，NAS 作为 RADIUS 的客户机运行，它负责将用户的信息传递给指定的 RADIUS 服务器，并将服务器的应答返回给用户，并为客户返回所有为用户提供服务必需的配置信息。它还可为其他 RADIUS 服务器或其他认证服务器提供代理，在 RADIUS 服务器和 NAS 之间共享一对密钥，它们之间的通信受这对密钥保护，同时提供一定的完整性保护；对于一些敏感信息（如用户口令），还提供保密性保护。

RADIUS 服务器支持多种认证用户的方法，用户提供用户名和原始密码后，RADIUS 服务器支持点对点的 PAP 认证（PPP PAP）、点对点的 CHAP 认证（PPP CHAP）及 UNIX 登录操作（UNIX Login）和其他认证。

RADIUS 的基本特征如下。

（1）采用客户机/服务器架构。通常情况下，NAS 作为 RADIUS 客户机和 RADIUS 服务器进行通信。RADIUS 服务器还起代理服务器的作用，可把一个认证或计费请求转发给另一个 RADIUS 服务器。

（2）采用属性方式增加功能。RADIUS 消息中使用属性来携带 AAA 信息。常见的属性有用户名、用户口令、封装协议、端口号、应用类型等。RADIUS 通过增加属性的方式来增强 RADIUS 的功能，这种方式使得 RADIUS 可以方便地扩充已有的系统，因此增强了系统的可扩展性。

3. DIAMETER 协议

随着网络技术的发展和应用需求的增长，新的网络服务不断涌现，用户需要一种安全的方式接入网络，网络也要对用户访问网络资源授权并计费。目前，这种 AAA 服务是由 RADIUS 或 TACACS+提供的，但这些协议是为拨号用户设计的，无法有效地为新的业务提供 AAA 服务。

针对 RADIUS 的不足，IETF 的 AAA 工作组从 20 世纪 90 年代末开始着手设计下一代 AAA 协议 DIAMETER。DIAMETER 定义一种 AAA 架构，由一个基本协议和一组扩展协议组成（如强安全性安全扩展、Mobile IP 扩展和 PPP 漫游扩展等)。通用功能（如传输控制和流量控制）在基本协议中定义，特定的应用功能在相应的扩展中说明。DIAMETER 基本协议提供 AAA 协议所需的最基本要求，基本协议不能单独使用，必须与 DIAMETER 应用扩展组合使用。

图 7.12 显示了 DIAMETER 的逻辑结构。Mobile IP 扩展为 Mobile IP 用户提供 AAA 服务，漫游扩展为漫游的 PPP 用户提供认证和计费支持，Mobile IP、PPP 漫游等应用的扩展协议建立在基本协议之上。

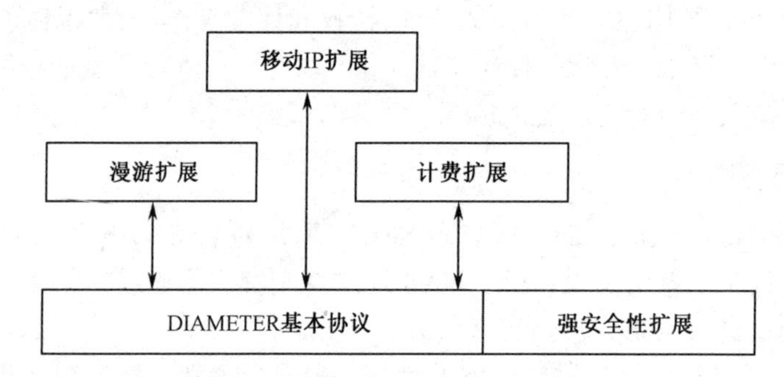

图 7.12 DIAMETER 的逻辑结构

4. RADIUS 与 DIAMETER 的比较

RADIUS 协议是在 20 世纪 90 年代初设计的。随着 Internet 的飞速发展，路由器和 NAS 的数量增多，复杂性提高，各种新的网络服务不断出现，使得 RADIUS 越来越不适应现有的网络，主要表现如下。

1）可携带的属性数据的长度太短

在 RADIUS 中，包头部的长度字段仅为 1 字节，大大限制了一个 RADIUS 消息包的长度。随着网络的复杂化和服务的多样化，用户的认证信息越来越多，这意味着 AAA 协议信息包中需要携带更多的信息。

2）同时等待认证的用户数量最多为 255 个

一个用户提出请求后，在得到回复之前有一段等待时间，在这段时间内，用户处于等待状态，RADIUS 通过给用户分配一个 ID 来识别同一时刻不同的等待用户，但用来标识 ID 的字段只有 8bit，限制了同时等待回复的用户数为 255 个，这在某些大型网络中是远远不能满足要求的。

3）无法控制到服务器的流量

RADIUS 是使用 UDP 进行数据传输的，而 UDP 没有流量控制，RADIUS 对此也没有进行扩展，随着用户数量的增加，服务器的负担越来越重，没有流量控制机制会造成大量的认证、计费请求涌向服务器，导致服务器瘫痪，影响网络的稳定性和可靠性。

4）无重传过程和错误恢复支持

RADIUS 的客户机在一段时间内没有收到回复时，可以重发原请求。但是，服务器没有重发机制。如果服务器的回复丢失，即使客户机的请求正确到达，也必须重新发送请求。

5）客户机/服务器模式的协议

RADIUS 采用客户机/服务器模式，缺点是服务器只能被动地回答客户机的请求，而不能主动发起一个认证过程，因此大大限制了客户机和服务器的通信能力。

6）安全性差

RADIUS 只加密用户的口令部分，无法防止重放攻击；另外，RADIUS 支持代理功能，即允许一个 RADIUS 服务器把一个请求转发给另一个 RADIUS 服务器。但是，在这种情况下，RADIUS 只支持点到点的安全性，即中间的每个代理 RADIUS 服务器都有能力对用户的认证、计费信息进行修改，这也是很大的安全隐患。

DIAMETER 协议是 IETF 为解决 RADIUS 的不足设计的，它在 RADIUS 的基础上增加了新功能，更能满足网络接入和应用的需求，主要表现如下。

（1）轻量且易于实现。DIAMETER 基本协议的目标是为各种应用扩展协议提供安全、可靠、快速的传输平台，因此必须是轻量的和易于实现的。

（2）大属性数据空间。在 DIAMETER 中，数据对象封装在 AVP（Attribute Value Pair）中，AVP 用来传输用户的认证信息和授权信息、交换用以计费的资源使用信息、中继代理和重定向 DIAMETER 消息包等。随着网络的复杂化，DIAMETER 消息包携带的信息越来越多，因此属性空间一定要大到足以满足未来大型复杂网络的需要。

（3）支持大量用户的同步请求。随着网络规模的扩大，AAA 服务器要求同时处理大量用户的请求，这要求 NAS 端保存大量等待认证结果的用户的接入信息，RADIUS 的 255 个同步请求显然是不够的，DIAMETER 中定义了同时支持 2^{32} 个用户的接入请求。

（4）可靠的传输机制和错误恢复机制。DIAMETER 要求能够控制重传策略，在 NAS 切换到一个备用 DIAMETER 服务器时，这更加重要。DIAMETER 还支持窗口机制，这要求每个会话方动态地调整自己的接收窗口，以免发送超出对方处理能力的请求。

虽然 DIAMETER 和 RADIUS 之间有着很大的不同，但作为一个完善的认证协议，RADIUS 仍然有很多值得 DIAMETER 借鉴的内容；作为仍然处于草案阶段的协议，DIAMETER 还有很多需要改进的方面。

7.3.2 移动 IP 与 AAA 组合

1. 移动 IP 下的 AAA 模型

具有移动 IP 的 AAA 服务器如图 7.13 所示。AAAF 和 AAAH 完成认证功能，FA 和 HA 完成授权和计费功能。当移动节点 MN 漫游到外地域时，需要在外地域中进行注册。在初始注册过程中，MN 需要访问 AAAH，AAAH 对移动节点的证书进行验证；认证成功后，FA 得到授权继续处理移动节点的注册过程。初始的 AAA 事务不需要 HA 参与，但移动 IP 要求 HA 和 FA 处理随后的每个注册过程，如图 7.13 中的虚线所示。要使得 HA 和 FA 能够处理以后的注册过程，就要在初始注册过程中，于通信各实体之间执行一系列协议。在初始注册过程完成后，AAAF 和 AAAH 不再参与交互，随后的注册过程只需要按图 7.13 中的虚线路径进行。

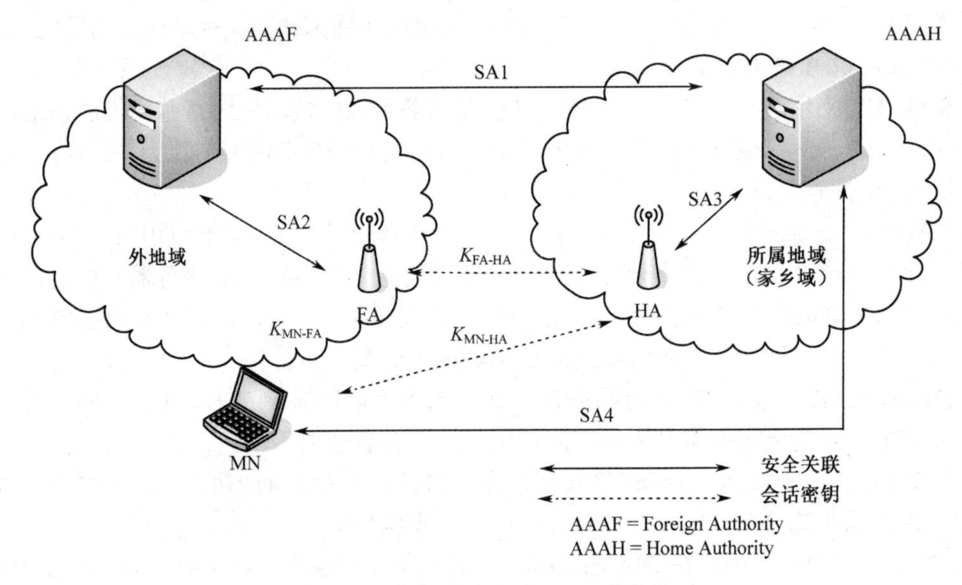

图 7.13 具有移动 IP 的 AAA 服务器

任何由 FA 通过 AAAF 送往 AAAH 的移动 IP 数据对 AAA 服务器来说都是不透明的。AAA 服务器所需的授权数据必须由 FA 传送，并由 MN 提供。FA 是在移动 IP 注册协议和 AAA 之间的一个转换代理。对不同域中两个节点之间交换的数据，需要采用对称或非对称密码算法来保证安全。

为了保证随后的注册过程的安全性，AAA 服务器必须在初始移动 IP 注册过程中分发密钥。分发的密钥能够提供必要的安全功能。

2. AAA 下的移动 IP 注册

为了保证注册过程中交互的信令消息的安全，AAA 方案要求通信实体之间预先建立 4 个安全关联，如图 7.13 所示，具体如下。

- AAAF 与 AAAH 共享的安全关联（SA1）。
- AAAF 与 FA 共享的安全关联（SA2）。
- AAAH 与 HA 共享的安全关联（SA3）。
- AAAH 与 MN 共享的安全关联（SA4）。

认证及注册后，AAA 过程结束。MN、FA 和 HA 之间开始执行移动 IP 操作，AAAF 和 AAAH 不再参与。为了确保认证后在 FA、HA、MN 之间传递的移动 IP 消息的安全性，AAAH 要在认证过程中为它们分发 3 个会话密钥，以便在两两之间建立安全关联。三个共享的会话密钥如下。

- MN 与 HA 共享的密钥（$K_{MN\text{-}HA}$）。
- MN 与 FA 共享的密钥（$K_{MN\text{-}FA}$）。
- FA 与 HA 共享的密钥（$K_{FA\text{-}HA}$）。

移动 IP 的认证注册过程如图 7.14 所示，具体步骤如下。

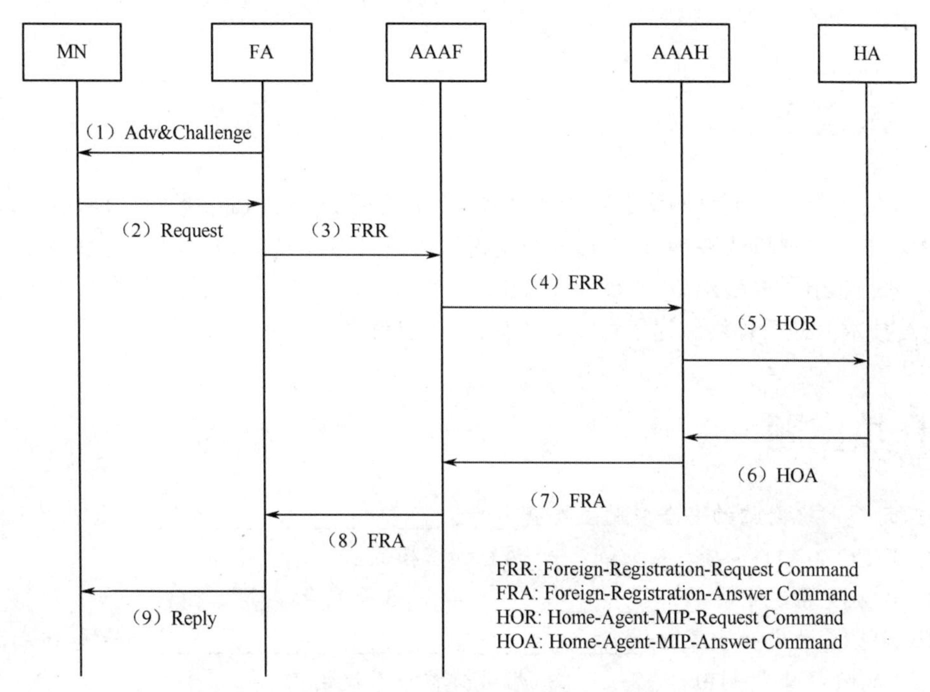

图 7.14　移动 IP 的认证注册过程

（1）MN 进入外地域，开始监听 FA 的路由广播消息，并根据消息中的地址前缀，结合接口标识，生成转交地址 COA。

（2）MN 将包含身份标识 NAI（user@realm）、注册请求及密码等认证数据的请求消息发送给 FA。

（3）FA 根据消息中的随机数或时戳，判断消息是否新鲜。如果新鲜，那么 FA 将提取的 NAI、密码、所属地等信息，重新封装成 AAA 请求消息 FRR，并将 FRR 发送给 AAAF。

（4）AAAF 收到 FRR 消息后，首先利用与 FA 共享的安全关联 SA2 验证消息是否来自真正的 FA，如果验证成功，那么将该消息转发给 AAAH 服务器进行 MN 身份认证。

（5）AAAH 利用 SA1 验证收到的 FRR 消息是否来自合法的 AAAF。验证成功后，根据 NAI 和用户认证数据验证用户身份是否合法。如果是合法用户，那么 AAAH 提取注册请求消息并嵌入 HOR 消息，发给 HA 进行绑定更新，并根据要求分发 MN 的会话密钥。

（6）HA 对 MN 绑定更新成功后，生成注册应答消息，将其封装到 HOA 消息中，返回给 AAAH。

（7）AAAH 把注册应答和用户认证授权信息封装成 FRA 消息，转发给 AAAF。

（8）FRA 消息中包含认证结果。如果对 MN 的身份认证成功，那么 AAAF 将 MN 相关信息（如会话密钥等）添加到缓存中，同时将 FRA 转发给 FA。

（9）FA 将嵌入 FRA 消息的注册应答消息发送给 MN。认证成功后，FA 允许 MN 享受网络服务。

认证注册过程主要完成以下任务：① 认证 MN 的身份，并根据认证结果对 MN 授权；② 保护注册消息的安全，并按注册请求消息中的内容更新 MN 绑定列表；③ 为 FA、HA、MN 之间分发会话密钥。

7.4 本章小结

本章首先介绍了无线网络面临的各种威胁（如窃听、通信阻断、数据的注入和篡改、中间人攻击、客户机伪装等），然后介绍了无线数据网络及移动 IP 中的安全问题与安全方案；再后介绍了 RADIUS 和 DIAMETER 两个 AAA 协议，以及组合应用移动 IP 技术和 AAA 技术，最后详细叙述了移动 IP 的认证注册过程。

填空题

1. 无线网络面临的安全威胁主要有____、____、_____、____和____（写出 5 种）。
2. IEEE 802.11i 中有_____和_____两种加密模式。
3. 802.1x 系统中有_______、______、______3 个角色。
4. 802.16 的安全子层由______、______、______、______、______5 部分组成。
5. WAPI 安全机制由_____、_____组成，整个系统由_____、_____和_____组成。
6. 移动 IP 的安全问题主要集中于_______和_______两个方面。组合使用移动 IP 技术与 AAA 技术主要解决的问题是________、________和________。

思考题

1. 简要描述 WEP 的加密/解密过程。
2. 802.11i 中两种加密模式的区别是什么？
3. 802.1x 系统中各部分的作用是什么？
4. 在 802.16 的安全子层中，每部分的作用是什么？
5. 在 WAPI 安全机制中，每部分的作用是什么？简述具体过程。
6. 移动 IP 的网络架构是什么样的？
7. 简要描述移动 IP 与 AAA 组合的注册过程。

第 8 章

无线移动网络安全

内容提要

随着 5G 无线移动通信网络技术的蓬勃发展，大量基于 5G 网络技术的物联网应用开始逐步落地。与此同时，人们越来越关注无线移动网络中的安全问题。本章首先介绍无线移动网络安全的发展历史，然后讨论 5G 无线通信网络结构及其涉及的安全威胁。在此基础上，结合 5G 网络的实际应用场景详细介绍 5G 网络安全需求、5G 网络安全架构和 5G 网络安全关键技术，并结合实际发布的安全规范分析、讨论未来 5G 网络安全标准的发展。通过本章的学习，读者将明确 5G 移动通信网络的架构、安全需求、面临的安全威胁，掌握现有 5G 网络的安全技术与机制，为无线移动网络安全架构设计与安全性分析奠定基础。

本章重点

- 无线移动网络面临的安全威胁
- GSM、CDMA 和 3G 网络中的安全技术
- 5G 移动通信网络特性
- 5G 网络安全架构
- 5G 网络安全技术

8.1 移动通信网络安全演进

8.1.1 GSM 的安全性

1. GSM 网络架构

GSM 网络架构由 8 部分组成，如图 8.1 所示。各部分的功能如下。

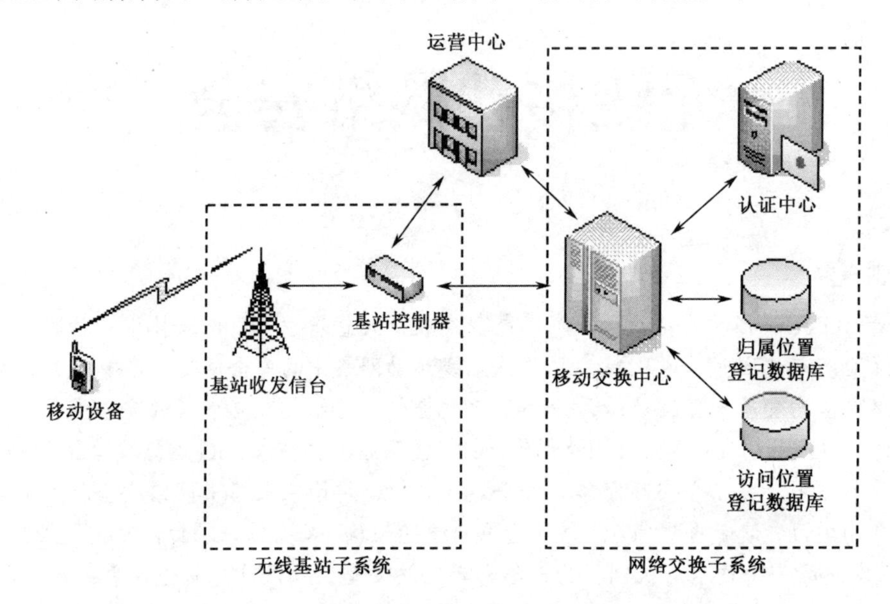

图 8.1 GSM 网络架构

（1）带有用户身份模块（Subscriber Identity Module，SIM）卡的移动设备。SIM 卡是带有 32～64KB EEPROM 存储空间的微处理智能卡。SIM 卡上存储了各种机密信息，包括持卡人的身份信息及加密和认证算法等。

（2）基站收发信台（BTS）。基站收发信台负责移动设备与无线网络之间的连接。每个蜂窝站点都有一个基站收发信台。

（3）基站控制器（BSC）。基站控制器管理多个基站收发信台。它的主要功能是频率分配和管理，同时在用户从一个蜂窝站点移入另一个蜂窝站点时处理交接工作。基站收发信台和基站控制器组成基站子系统（BSS）。

（4）移动交换中心（MSC）。移动交换中心管理多个基站控制器，同时提供到有线电信网络的连接。MSC 管理移动用户与有线网络的通信，同时负责不同 BSC 之间的交接工作。

（5）认证中心（AuC）。认证中心对 SIM 卡进行认证。

（6）归属位置登记数据库（HLR）。HLR 是在归属网络上用来存储和跟踪接入者信息的数据库，它保存用户登记信息和移动设备信息，如国际移动用户身份证明（IMSI）和移动用户 ISDN（MSISDN）等。根据用户的数量，一家 GSM 运营商可能有多个不同的 HLR。

（7）访问位置登记数据库（VLR）。VLR 是用于跟踪漫游到归属位置外的用户信息的数据库，VLR 也保存漫游用户的 IMSI 和 MSISDN 信息。当用户漫游时，VLR 会跟踪该用户并把电话转接到该用户的手机。

（8）运营中心（OMC）。OMC 负责整个 GSM 网络的管理和性能维护。OMC 与 BSS 和 MSC 通信，通常通过 X.25 网络连接。

2. GSM 的安全性

GSM 的安全基于对称密钥的加密体系。GSM 主要使用如下三种加密算法。

- A3。一种用于移动设备到 GSM 网络认证的算法。
- A5/1 或 A5/2。用于认证成功后加密语音和数据的分组加密算法。A5/1 主要用于西欧地区，A5/2 主要用于世界的其他一些地区。
- A8。一种用于生成对称密钥的密钥生成算法。

A3 和 A8 通常被称为 COMP128。

GSM 采用的加密算法由 GSM 成员国开发，但未经第三方检查或分析。由于 GSM 采取了一种机密的检查机制，算法本身的强度引起了多方的质疑。最早的安全架构创建于 20 世纪 90 年代，那时 64bit 密钥长度已经足够。但是，随着计算能力的提高，64bit 密钥已经越来越无法抵御强力攻击。

GSM 安全架构中的第一步是认证。认证即确认一个用户及其移动设备是经过授权而访问 GSM 网络的。因为 SIM 卡和移动网络具有相同的加密算法和对称密钥，二者之间可以据此建立信任关系。在安全的移动设备中，这些信息存储在 SIM 卡中。

SIM 卡中的信息由运营商定制，包括加密算法、密钥、协议等，然后通过零售商分发给用户。新购买的 SIM 卡中包括如下信息：① 移动用户身份标识（IMSI），相当于一串电子注册码；② 单个用户认证密钥（K_i），其长度为 128bit；③ A3 和 A8 算法；④ 用户 PIN 码；⑤ PIN 解锁码（PUK），只在用户忘记 PIN 码时才需使用。根据运营商提供的服务内容，用户还可在 SIM 卡中存储电话号码和短消息。

3. GSM 认证过程

由于 IMSI 是独一无二的，攻击者能够用它非法克隆 SIM 卡，所以应尽量减少 IMSI 在电波中传播的次数。IMSI 仅在初次接入或 VLR 中的数据丢失时使用。在认证时，采用临时用户身份标识（TMSI）代替 IMSI。

当手机用户拨打电话时，GSM 网络的 VLR 会认证用户的身份。VLR 会立刻与 HLR 建立联系，HLR 从 AuC 获取用户信息。这些信息会转发到 VLR 上，GSM 认证与加密过程如图 8.2 所示，然后开始下面的过程。

（1）基站生成一个 128bit 随机数或挑战值（RAND），并把它发给手机。

（2）手机使用 A3 算法和密钥 K_i 加密 RAND，生成一个 32bit 签名回应（SRES）。

（3）VLR 计算 SRES 值，因为 VLR 知晓 K_i、RAND 和 A3。

（4）手机将 SRES 传输到基站，基站将其转发给 VLR。

（5）VLR 将收到的 SRES 值与算出的 SRES 值对比。

（6）若 SRES 值相符，则认证成功，用户可以使用网络。

（7）若 SRES 值不符，则连接中止，错误信息报告到手机上。

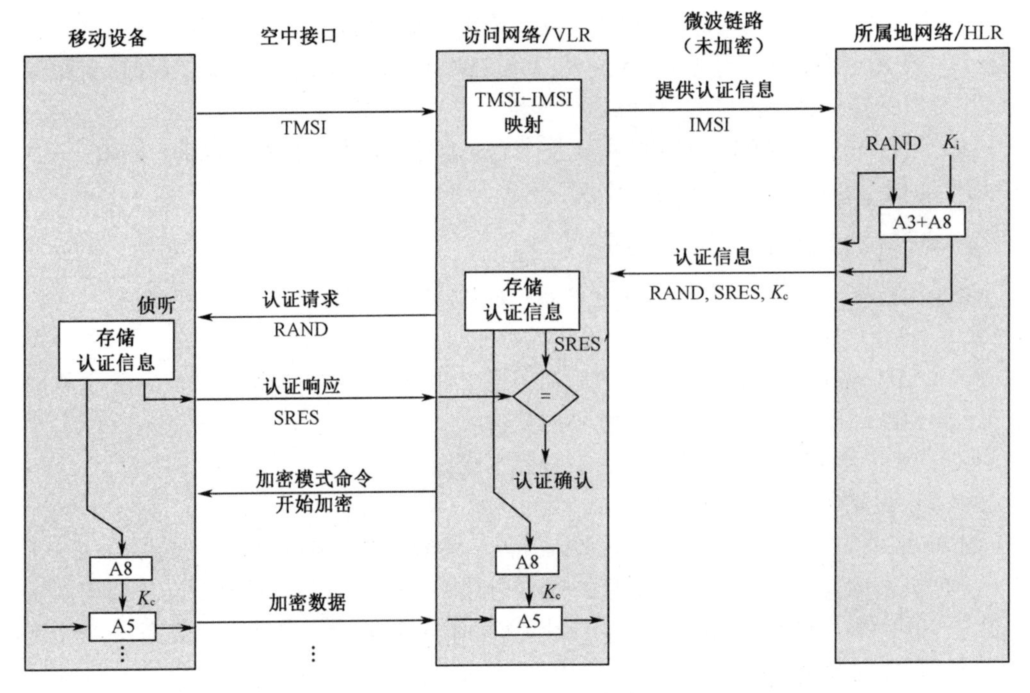

图 8.2　GSM 认证与加密过程

上述的简单过程具有如下优点。

（1）K_i 始终保持在本地。认证密钥是整个认证过程中最重要的元素，确保认证密钥的安全尤为关键。在上面的认证模型当中，K_i 始终不通过空中传播，这样就不会被中途截取。K_i 只保存在 SIM 卡、AuC、HLR 和 VLR 数据库中，SIM 卡也是防篡改的，网络管理员可以通过限制对这些数据库的访问使 K_i 被暴露的威胁最小化。

（2）防强力攻击。一个 128bit 随机数意味着 3.4×10^{38} 种可能的组合。即使黑客知道 A3 算法，猜出有效 RAND/SRES 的可能性也非常小。

4．GSM 的保密性

成功认证后，GSM 网络和手机会完成加密信道的建立过程。首先，需要生成一个加密密钥，然后用该加密密钥对整个通信过程加密。加密连接建立的具体过程如下。

（1）SIM 卡结合 RAND 和 K_i，通过 A8 算法生成一个 64bit 会话密钥 K_c。

（2）GSM 网络也采用相同的 RAND 和 K_i 算出相同的会话密钥 K_c。

（3）通信双方采用 K_c 与 A5 算法，加密手机与 GSM 网络之间的通信数据。

会话密钥也可以重复使用，以便提高网络的性能并减小因加密产生的延迟。最后的步骤中包含用户的身份信息，这是实时记账必需的。从上面的过程可以看出，用户认证通过 K_i 和 IMSI 两个值实现。因此，必须确保这两个值不被泄露。

5．GSM 的安全缺陷

在 GSM 网络中，主叫用户和被叫用户通信时，信号所经由的链路如图 8.3 所示。从图中可以看出，除无线链路被加密外，基站到移动交换中心的微波连接和骨干网传输线路并未加密。归纳起来，GSM 的安全缺陷如下。

（1）GSM 标准只考虑了移动设备与基站之间的安全问题，而基站和基站之间没有设置任何加密措施，K_c和SRES在网络中以明文传输，给黑客窃听带来了便利。

（2）K_i的长度是48bit，用户截取RAND和SRES后很容易破译K_i，而K_i一般固定不变，使得SIM卡的复制成为可能。

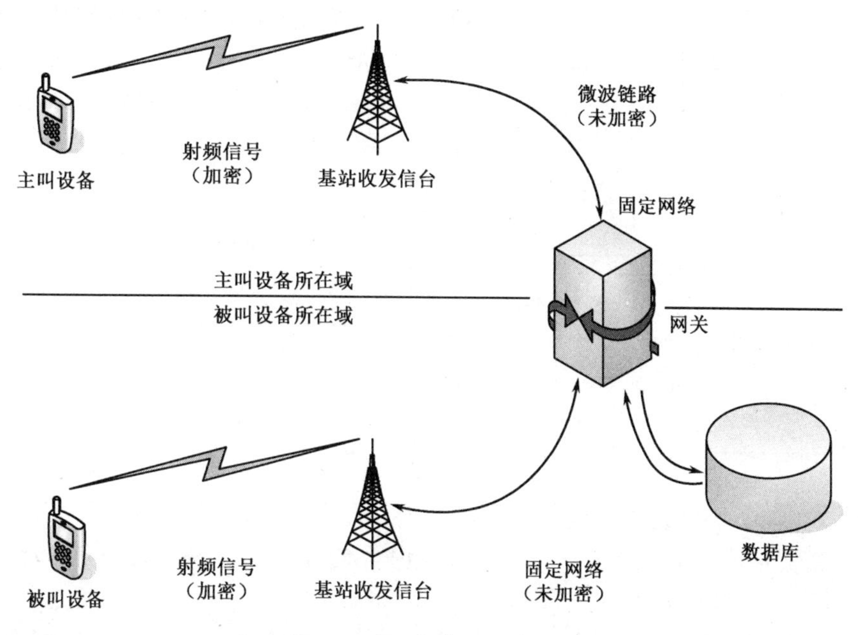

图8.3　未经加密的内部链路

（3）单向身份认证，即网络认证用户，但用户不认证网络，无法防止伪造基站和HLR的攻击。

（4）缺乏数据完整性认证。

（5）当用户从一个蜂窝小区进入另一个蜂窝小区时，存在跨区切换，因此有可能泄露用户的秘密信息。

（6）用户无法选择安全级别。

8.1.2　CDMA的安全性

CDMA网络的安全性同样也建立在对称密钥体系架构上。除了CDMA用防篡改的UIM（User Identity Module）卡代替了GSM的SIM卡，其保密与认证架构大致与GSM的相同。

CDMA手机使用64bit对称密钥（称为A-Key）进行认证。手机出售时，这个密钥被程序输入手机的UIM卡，同时也由运营商保存。手机内的软件算出一个校验值，以确保A-Key被正确地输入UIM卡。

1. CDMA认证

使用手机打电话时，CDMA网络的VLR对用户进行认证。CDMA网络使用一种称为蜂窝认证和语音加密（CAVE）的算法，如图8.4所示，

为了使A-Key被截取的风险最小化，CDMA手机采用一种基于A-Key的动态生成数进行认证。该数被称为共享密钥（SSD），由三个数值计算得出：① 用户的A-Key；② 手

机的电子序号（ESN）；③ 一个随机数 RAND。这三个数值通过 CAVE 算法生成两个 64bit 哈希值 SSD_A 和 SSD_B。SSD_A 用于认证，而 SSD_B 用于加密。SSD_A 等同于 GSM 的 SRES，SSD_B 等同于 GSM 的 K_c。

当移动用户漫游时，SSD_A 和 SSD_B 以明文方式从用户的归属网络传输到当前的访问网络中。这会造成安全威胁，因为黑客可以通过截获 SSD 值来克隆手机。为了预防这种攻击，手机和网络使用了一个同步的通话计数器。每当手机和网络建立新通话，计数器就更新，这样就能检测到计数器没有更新的克隆 SSD。

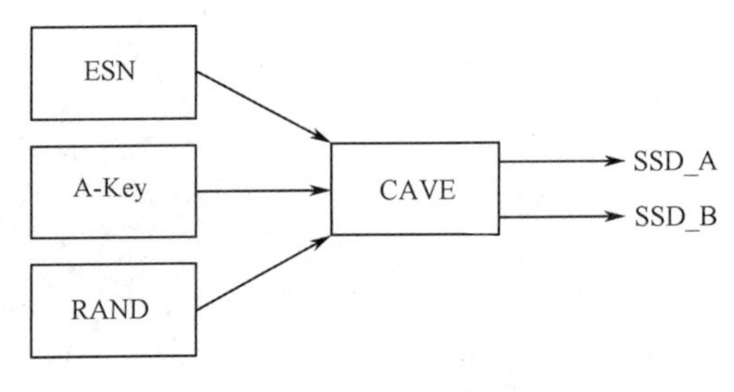

图 8.4　CAVE 算法

CDMA 的认证同样建立在挑战/响应机制上。认证可以由本地 MSC 或 AuC 完成。如果 MSC 不能完成 CAVE 的计算，那么认证就由 AuC 实现。下面是 CDMA 的认证步骤。

（1）移动手机拨打电话。

（2）MSC 从归属网络位置寄存器（HLR）获取用户信息。

（3）MSC 生成一个 24bit 随机数作为挑战值（RANDU）。

（4）RANDU 被传输到手机上。

（5）手机收到 RANDU，与 SSD_A、ESN 和 MIN 一起使用 CAVE 算法生成哈希值，得到 18bit 的 AUTHU。

（6）同时，MSC 通过 SSD_A、ESN 和 MIN、CAVE 算出自己的 AUTHU。

（7）手机将 AUTHU 传输到 MSC。

（8）MSC 将自己算出的 AUTHU 与收到的 AUTHU 比较，若 AUTHU 匹配，则通话继续进行，否则通话中止。

2. CDMA 的保密性

CDMA 采用与 GSM 类似的语音加密机制。在进行认证的同时，CDMA 手机还完成以下工作。

（1）移动手机收到 RAND，将它与 SSD_B、ESN 和 MIN 一起使用 CAVE 算法生成哈希值，得到 18bit 语音隐私掩码（Voice Privacy Mask，VPMASK）。

（2）同时，MSC 通过 SSD_B、ESN、MIN 和 CAVE 算出自己的 VPMASK。

（3）使用 VPMASK 加密手机和 CDMA 网络之间的语音与数据。

一个类似的过程也被用于生成 64bit 数据加密密钥，它称为信令消息加密密钥（Signaling Message Encryption Key，SMEKEY）。

虽然 CDMA 标准允许语音通信加密，但是 CDMA 运营商并不总是提供这种服务，因为 CDMA 采用的扩频技术和随机编码技术本身就比 GSM 采用的 TDMA 技术更难破解。

类似于 GSM，CDMA 采用的加密算法也是保密的，因此针对 CAVE 算法的攻击很少，但这并不是说 CAVE 算法本身是安全的，理论上它可能存在漏洞。所幸的是，CDMA 也开始逐渐采用公钥密码体制，因此大大提高了系统的安全性，同时也使得 CDMA 运营商能够提供更多的移动商务服务。

8.1.3 3G 系统的安全性

1．用户身份保密

为了达到用户身份保密的要求，3G 系统使用两种机制来识别用户身份：一种是临时用户身份标识（TMSI）；另一种是加密的永久用户身份标识（IMSI）。3G 系统要求用户不能长期使用同一身份。此外，3G 系统还对接入链路上可能泄露用户身份的信令信息及用户数据进行加密传送。为了与第二代系统兼容，3G 系统也允许使用非加密的 IMSI。

TMSI 具有本地特征，只在用户登记的位置区域和路由区域内有效。在这些区域之外，为了避免混淆，附加一个位置区域标识 LAI 或路由区域标识 RAI。TMSI 与 IMSI 之间的关系被保存在用户注册的访问位置寄存器 VLR/SGSN 中。TMSI 的分配在系统初始化后进行，如图 8.5 所示。

VLR 生成新的身份 TMSI，并在数据库中存储 TMSI 和 IMSI 的关系。TMSI 应是不可预测的。然后 VLR 发送 TMSI 和新位置区域身份 LAI 给用户。一旦收到，用户就存储 TMSI 并自动删除与此前分配的 TMSI 的关系。用户发送确认信息至 VLR；一旦收到确认，VLR 就从数据库中删除旧的临时身份 TMSI 和 IMSI 的关系。

当用户首次在服务网络注册时，或者当服务网不能从 TMSI 重新获得 IMSI 时，系统将采用永久身份机制，如图 8.6 所示。该机制由访问网络的 VLR 发起，请求用户发送它的永久身份，用户的响应中包含明文形式的 IMSI。

图 8.5 TMSI 的分配

图 8.6 永久身份机制

2．认证与密钥协商

3G 系统沿用了 GSM 的认证方法，并对其做了改进。WCDMA 系统使用五参数的认证向量 AV = RAND||XRES||CK||IK||AUTN 进行双向认证。3G 系统认证执行 AKA 认证密钥协商协议，认证过程如图 8.7 所示，具体步骤如下。

（1）MS→VLR：IMSI，HLR。

（2）VLR→HLR：IMSI。

（3）HLR→VLR：AV = RAND||XRES||CK||IK||AUTN。

（4）VLR→MS：RAND||AUTN。

（5）MS→VLR：RES。

VLR 收到移动用户 MS 的注册请求后，向 HLR 发送该用户的 IMSI，请求对该用户进行认证。HLR 收到 VLR 的认证请求后，生成序号 SQN 和随机数 RAND，计算认证向量 AV 并发送给 VLR。VLR 收到认证向量后，将 RAND 及 AUTN 发送给 MS，请求用户生成认证数据。MS 收到认证请求后，计算 XMAC，并与 AUTN 中的 MAC 进行比较，若不同，则向 VLR 发送拒绝认证消息，并放弃该过程。同时，MS 验证收到的 SQN 是否在有效范围内，若不在有效范围内，则 MS 向 VLR 发送“同步失败”消息，并放弃该过程。上述两项验证通过后，MS 计算认证响应 RES、加密密钥 CK 和完整性密钥 IK，并将 RES 发送给 VLR。VLR 收到来自 MS 的 RES 后，将 RES 与认证向量 AV 中的 XRES 进行比较，若相同，则认证成功，否则认证失败。该认证过程达到了如下安全目标：① 实现了用户与网络之间的相互认证；② 建立了用户与网络之间的会话密钥；③ 保持了密钥的新鲜性。

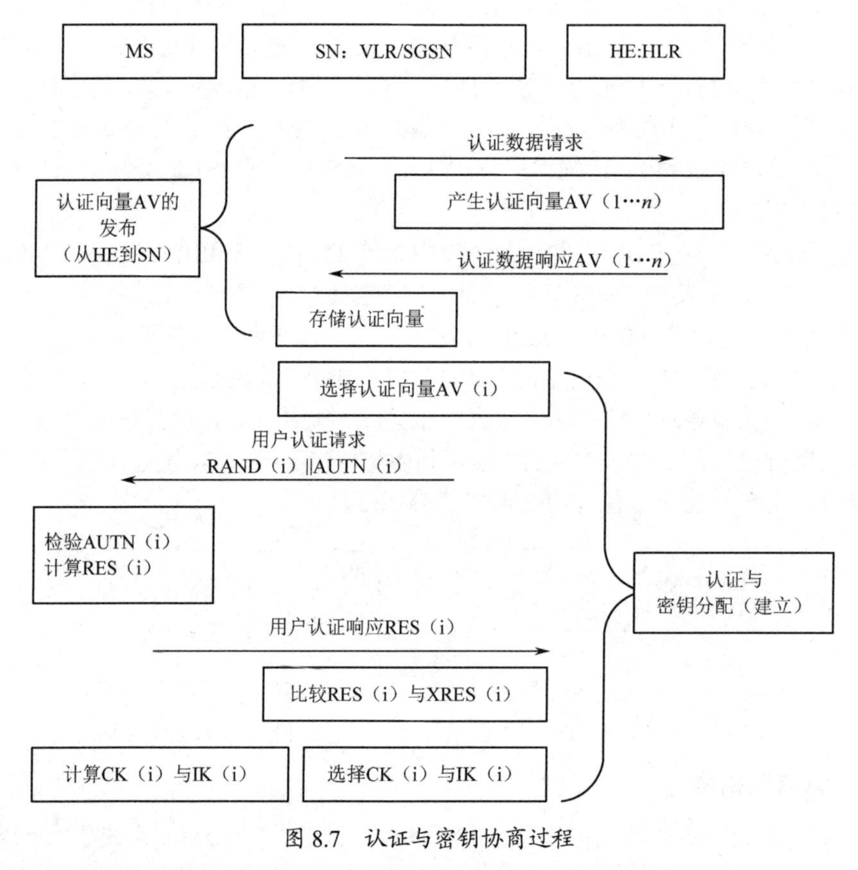

图 8.7　认证与密钥协商过程

3. 接入链路数据保护

在移动用户 MS 与网络之间建立安全通信模式后，采用两种安全机制来保护发送的所有消息：① 数据完整性机制；② 数据加密机制。

数据完整性保护如图 8.8 所示。f_9 是完整性保护算法；I_k 是完整性密钥，长度为 128bit；COUNT-I 是完整性序号，长度为 32bit；FRESH 是网络方生成的随机数，长度为 32bit，用于防止重放攻击；MESSAGE 是发送的消息；DIRECTION 是方向位，长度为 1bit；MAC-I 是用于消息完整性保护的消息认证码。接收方计算 XMAC-I 并与收到的 MAC-I 比较，以此验证消息的完整性。

数据加密/解密如图 8.9 所示，其中 f_8 是加密算法；C_k 是加密密钥，长度为 128bit；COUNT-C 是加密序号，长度为 32bit；BEARER 是净荷标识，长度为 5bit；DIRECTION 是方向位，长度为 1bit；LENGTH 是所需的密钥流长度，长度为 16bit。

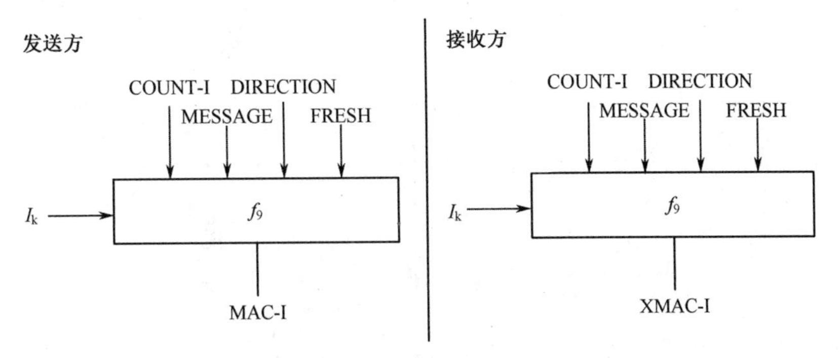

图 8.8　数据完整性保护

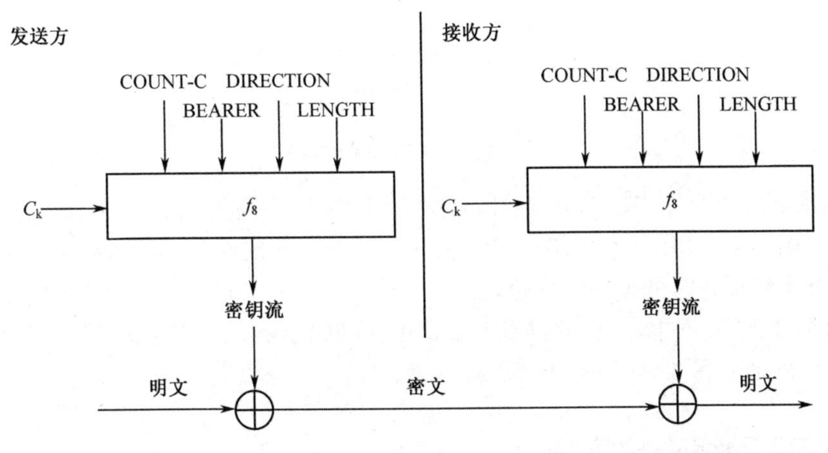

图 8.9　数据加密/解密

8.2　5G 网络安全研究现状

8.2.1　5G 网络概述

5G 网络是第五代移动通信网络，其传输速率理论上最高可达 20Gb/s（约合下载速率 2.5GB/s），下载一部高清电影只需 3.6s。5G 网络具有高带宽、高可靠低时延、海量连接等特点，其可扩展性能够满足从移动宽带数据服务到海量物联网连接等极端需求的变化，同时灵活的接入机制支持从室外到室内不同场景下的动态拓扑结构。如图 8.10 所示，5G 网络在终端传输速率、容纳数量、服务可靠性与部署时间等多个方面取得了关键性能突破。与 4G 移动通信网络相比，5G 网络的频谱效率提升了 3 倍，移动性提升了 1 倍，可保障用户在时速达 500km 的高铁上的宽带数据连接。此外，5G 网络将无线接口延时降到了 4G 的 10%，连接时间只需 1ms 的同时可将连接密度提升 10 倍，能够支持每平方千米 100 万个传感器的实时连接与交互，为泛在物联网设备的蓬勃发展奠定了基础。

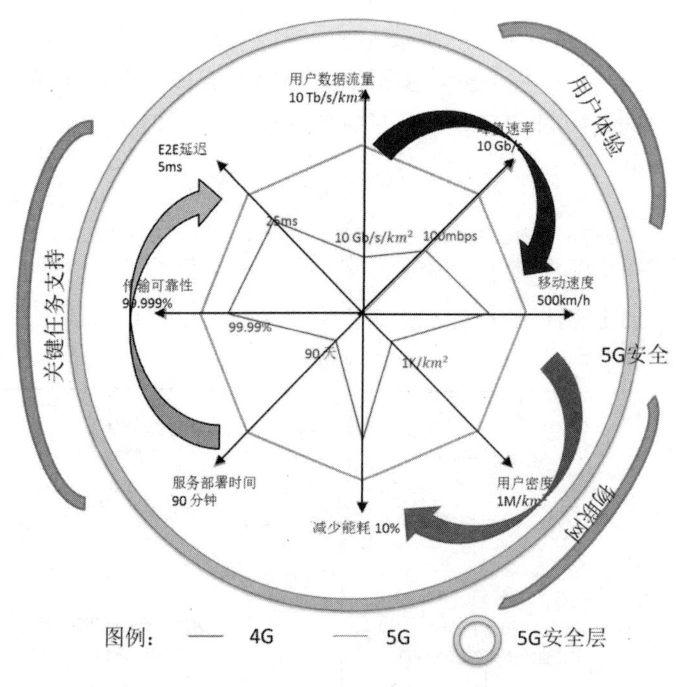

图 8.10　5G 网络关键性能

目前国际上对争夺 5G 发展先机的竞争十分激烈，中国、日本、欧盟和美国先后在 2016 年、2017 年、2018 年和 2019 年进行了 5G 的实地技术实验并启动了商用方案。我国在 5G 技术领域暂时处于领先地位，已于 2018 年 12 月完成 5G 移动通信网络的三大运营商频谱划分工作。其中，中国移动获得 2.6GHz/4.9GHz 频段，中国电信获得 3.4～3.5GHz 频段，中国联通获得 3.5～3.6GHz 频段。

8.2.2　5G 网络安全需求

在万物互联时代，5G 网络需要具有增强移动带宽（eMBB）、高可靠低时延连接（uRLLC）以及支持海量设备接入（mMTC）等不同于传统无线移动网络的技术特征，以满足前所未有的连接场景需求。这些技术特征与 5G 网络面临的新业务场景、新技术特征、新商业模式、异构接入设备及增强隐私保护等五大全新应用挑战相结合，促生了新的网络安全问题。

（1）增强移动带宽。增强移动带宽为用户提供更高体验速率和更大带宽的接入能力，支持解析度更高、体验更鲜活的多媒体内容，同时要求接入设备与整体系统具有更高效的安全处理性能，支持外部网络进行二次认证，并在逻辑层提供保障网络切片安全的能力。

（2）高可靠低时延连接。高可靠低时延连接提供低时延高可靠的信息交互能力，支持互联实体间进行高度实时、高度精密和高度安全的业务协作，同时对设备与网关、网关与云/边缘服务器间的数据通信服务提供低时延的关键数据保护算法和高效的安全计算架构。

（3）海量设备接入能力。支持海量设备接入的能力为物联网的建设提供了更高连接密度时优化的信令控制能力，支持大规模、低成本、低能耗物联网设备的高效接入和管理。为进一步保证物联网系统的可靠运行，对5G通信网络提出了轻量化安全协议、群组认证机制及抗DDoS攻击等安全需求。

基于以上安全需求分析，以“为垂直行业提供端到端的安全保护、为网络基础设施提供安全保障”为目的，5G网络对安全能力的要求可被抽象如下几个方面：

1. 支持多应用场景网络接入的统一认证框架

5G网络多应用在无定形的室外场景下，具有相对复杂的拓扑结构。因此，5G移动通信网络由宏蜂窝和微蜂窝联合协同构建，逻辑控制面与用户数据面在通信层面上分离组网，其中逻辑控制面在宏蜂窝，用户数据面在微蜂窝。同时，为了保障用户下载速率，最大限度地利用已有通信网络设备，5G通信将上下行解耦，蜂窝边界采用5G下行与4G上行相结合的异构组合通信模式。然而，传统4G安全机制缺乏涉及密集异构组网情景下的安全防护机制，为4G、5G协同工作系统带来了极大的安全隐患，来自不同网络系统、不同接入技术、不同类型的站点并行/同时接入，如DDoS攻击可使5G降维到4G/3G，从而更容易实施攻击。因此，需要采用跨越底层异构、多层无线接入网的统一认证框架，以便实现不同应用场景下灵活高效的双向认证接入。

2. 支持SDN/NFV/网络切片安全的虚拟化安全

虚拟化是5G核心网的关键技术之一，主要包括解耦控制面与数据面的SDN、解耦软件与硬件的NFV以及解耦网络功能与应用场景的网络切片技术。这些虚拟化技术为实现复杂多态的5G服务提供了可行性，但同时引入了新的安全问题。

（1）SDN安全威胁。SDN由于集中性管理的特点，导致攻击对象高度集中，使得攻击难度下降。如图8.11所示，SDN控制器的引入使得恶意攻击者可以进行流表篡改、渗透和安全策略绕行等攻击，降低了整个5G核心网系统的可靠性。

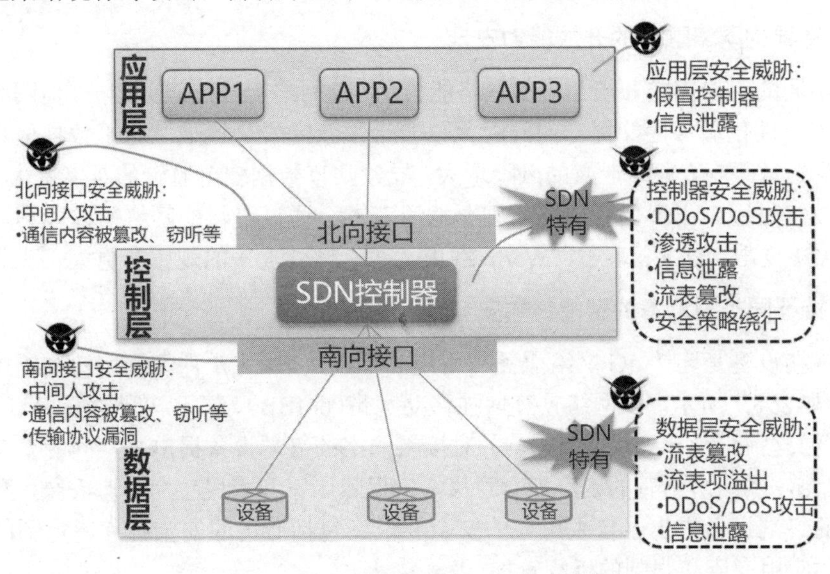

图8.11　SDN架构及其安全威胁示意图

（2）NFV安全威胁。NFV的引入使得传统的网络安全防护边界遭到破坏，导致现有边界防护措施失效。例如，虚拟功能间的通信可能被窃听造成敏感数据泄露，遭遇中间人攻击，NFV 组网可能引入非授权的虚拟实体等，降低整个 5G 核心网系统的数据保密性。

（3）网络切片安全威胁。网络切片可能带来切片间的信息泄露、干扰、攻击和非授权访问等问题，攻击者也可使用第三方 API 对切片发起 DDoS 攻击。例如，在不同的网络切片进行通信时，切片间的接口容易受到攻击，降低整个 5G 核心网系统的可用性。

虚拟化设计思路引入了通用硬件，将网络功能运行在虚拟环境中，造成用户对其本身设备控制的能力减弱，所以需要对资源进行多层次安全隔离措施：在一个安全域中，需再次按业务细分与隔离，确保每个子域之间只有授权的访问；在一个主机内，需进一步考虑对 VM、CPU、存储等的安全隔离，以保障 5G 网络安全可用。

3. 支持不同类型物联网应用的多业务场景安全

基于 5G 网络的车联网和工业互联网等增强型移动宽带和物联网应用针对各自的实际场景，对 5G 网络的安全性提出了更为个性化的要求。以车联网为例，车联网中广泛存在的汽车和汽车之间（V2V）的通信要求空口时延低于 1ms，而传统的认证和加密流程等协议未考虑低时延通信需求。目前设计方案多拟用车与车之间不经过网络而直接进行通信解决，此时就需要车与车之间独立进行相互认证，如何保障此类特殊场景下的多样性专有服务安全是保障 5G 网络安全的重要组成部分。

4. 支持 uRLLC 与资源智能调度的 5G 云化安全

在 5G 网络中，移动边缘计算设备（MEC）打破了集中式监管的安全模式，监管难度加大，系统更容易被攻击且攻击后果更为严重。首先，被部署在边缘的移动边缘计算设备更容易暴露给外部攻击者，如安装在室外的智能监控摄像头等设备；此类设备若被攻击，则极易将风险延展至网络基础设施。其次，数据被分布存储在网络边缘，造成数据控制能力减弱，更容易遭受非授权访问、敏感数据泄露等威胁。

5. 支持异构网络融合的开放能力安全

针对不同的用户需求开放相应的网络能力是 5G 网络的核心服务之一，但网络能力的开放在带来个性化服务性能提升的同时，也会带来新的安全挑战。由于数据信息从封闭平台共享到开放平台，数据泄露的风险增大，导致共享数据安全监管的难度增大。同时，若在开放授权过程中出现信任问题，则恶意第三方会通过获得的网络操控能力对网络发起攻击，API 攻击、DDoS 攻击、Worm 蠕虫、恶意软件攻击的规模会更大、更频繁。

6. 支持不同类型设备的智能终端安全

智能终端设备是连接 5G 网络服务与用户的唯一接口，也是保障网络安全不可或缺的组成部分。如表 8.1 所示，5G 网络具有增强移动宽带（eMBB）、高可靠低时延通信（uRLLC）、大规模机器类型通信（mMTC）等特点，对接入网络的终端设备提出了不同的安全需求。此外，由于 5G 网络所具有的国家安全意义，为保障国家和人民生命财产安全，我国也对接入网络的终端设备提出了自主可控的安全要求，包括专用的安全芯片、定制的操作系统、特定的应用商店和强制的远程管控。

表 8.1　5G 网络特性对终端安全的不同要求

	对终端安全的要求
eMBB	可信的执行环境；操作系统的安全增强；高速的加解密处理；用户隐私信息的保护
mMTC	轻量级安全算法和协议；设备身份的安全保护；抗物理攻击；低功耗、低成本实现
uRLLC	高安全、高可靠的安全机制；支持超低延迟的安全硬件；无网络时的相互认证；外围接口的安全保障

8.3　5G 网络安全关键技术

8.3.1　5G 网络安全架构

移动通信网络安全架构包括一些安全特性组，用以应对特定的威胁并满足特定的安全目标。对比 3GPP 先后发布的针对 4G 与 5G 移动通信网络标准，由于 5G 独立组网的特性，其安全架构中增加了“基于服务架构域（SBA）的安全”部分。

如图 8.12 所示，5G 网络主要关注如下 6 个域的安全。

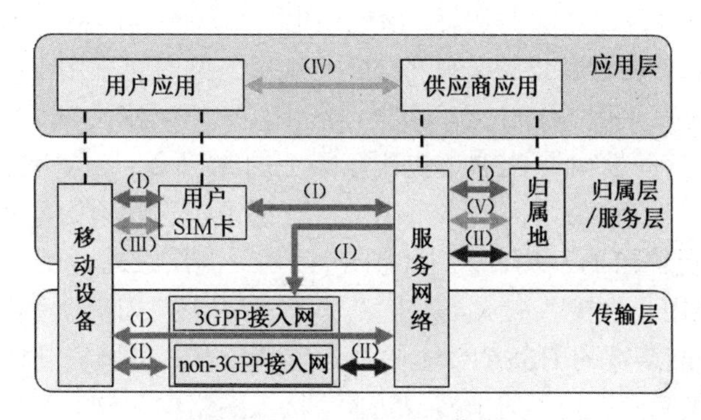

图 8.12　5G 网络安全架构

（1）接入域安全（I）。防止无线接口端的攻击，确保用户不论是通过 3GPP 接入网还是通过非 3GPP 接入网，都可以安全地连接到服务网络。

（2）网络域安全（II）。确保网络节点安全地交换控制面信令数据和用户面隐私数据。

（3）用户域安全（III）。确保用户可以安全地接入移动终端设备。

（4）应用域安全（IV）。确保用户域地应用和服务商域地应用可以安全地交换数据。

（5）基于服务架构域的安全（V）。确保服务网络中基于 SBA 的网络功能可以安全地与其他网络域中的实体进行数据交换。基于 SBA 的网络功能包括但不限于网络功能的注册、发现和授权。SBA 是 5G 核心网的控制平面为了利用虚拟化所采用的服务化架构，即每个控制平面网络功能都将其能力公开为某个“服务”。系统流程被描述为一系列网络服务调用，其中所有控制平面与网络功能之间的交互都被抽象化（如请求-响应和订阅-通知）。

（6）可见性与可调性的安全（VI）。确保用户可以被准确地通知到一个安全特性是否可用（未在图 8.12 中标注）。

8.3.2 5G 网络安全技术

1. 统一身份认证

为适应 5G 网络多场景应用的实际需求，3GPP 提出了基于可扩展身份认证协议的统一身份认证框架，如图 8.13 所示。

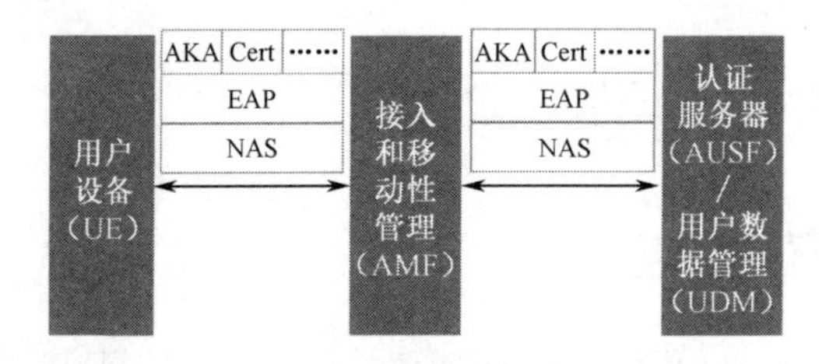

图 8.13 3GPP 基于可扩展身份认证的 5G 统一认证框架

该框架支持 UICC 和非 UICC 的网络凭证（Credentials），对于 3GPP 接入和非 3GPP 接入均采用相同的认证实体（AMF/AUSF/UDM），支持二次认证，支持 UE、SMF、UPF 和第三方 AAA 认证服务器之间的运行。该框架也可根据不同的应用场景切换适用认证和密钥协商方案。例如，在设备连接未知的 5G 无线接入网时可采用 EAP-AKA′，在设备连接非 3GPP 接入网时可采用 5G AKA，在企业应用场景下可采用 EAP-TLS 等。

为了结合 EAP 认证框架，3GPP 还提出了相应的 5G 网络架构下的密钥层次与生成方案。如图 8.14 所示，5G 移动通信网络采用单向分层密钥管理架构，为保障安全性，底层密钥不能用于获取更高层的密钥。其中种子密钥是最高层级的，用于生成直接子层密钥 K_{ausf}，种子密钥不能用于直接获取 K_{gNB}，且无法跨网络层生成密钥。种子密钥由 UICC（设备端的 SIM 卡）和网络端的 HSS/UDM 中的管理者配置，可以安全地保护其免受任何其他实体（包括网络供应商在内）的未授权访问。接入网络仅从核心网络获取临时密钥，而不能用于派生种子密钥。

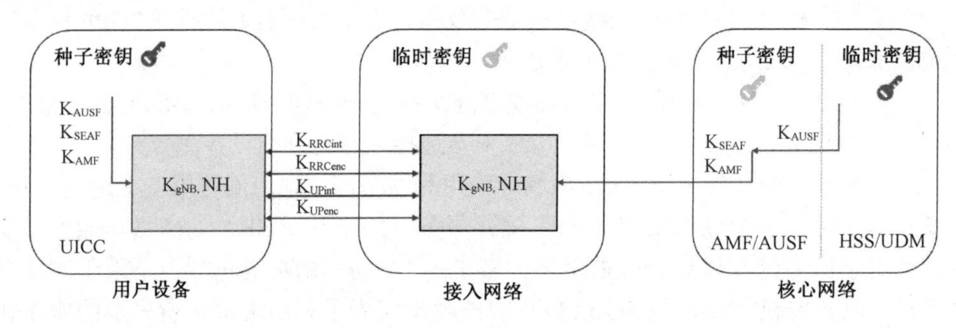

图 8.14 5G 网络架构的密钥层次

2. 按需安全管理

5G 核心网采用虚拟网平台通过网络切片技术在逻辑层面上划分网络资源，对各种不同需求的业务场景与应用提供差异化服务。由于不同的切片资源逻辑上相互独立，因此需要采用不同的安全策略，做到切片与切片间安全隔离、设备与切片间安全接入、切片内部安全通信。

（1）切片与切片间安全隔离。在 5G 网络中，虚拟化技术将网络物理资源划分为多个逻辑上相互独立的网络切片，然而这些切片在物理上仍然具有极强的相关性，因此阻止切片之间的数据泄露、防止切片间的命令干扰是使用网络切片的前提。目前，各大5G生产厂商多采用构建虚拟安全子切片的方式对切片进行安全隔离。虚拟安全子切片是根据不同安全级别设置和构建的可信虚拟资源集合，基于虚拟安全子切片构建的虚拟网络安全切片是同一业务安全域内的虚拟安全子切片的集合，并且是自治的网络系统。构建虚拟安全子切片可以有效地保证网络切片内信息的保密性、完整性和可用性，实现网络切片的安全隔离与共享控制。

（2）设备与切片间安全接入。为保障在多种不同的接入情况下设备都可连接到正确的网络切片，获得相应的服务资源，3GPP TR33.899提出了基于EAP-AKA′的解决方案。该方案分为网络接入与切片介入两个阶段，在网络接入阶段提供服务的通用控制网络功能实体（CCNF）对设备进行认证，若认证通过则进入切片介入阶段。在切片介入阶段，CCNF根据不同切片的安全策略派生出相应的专用密钥，并以此密钥对设备进行二次切片认证，确保设备在请求正确的切片且设备具有接入相应切片的合法权限。

（3）切片内部安全通信。切片内部安全通信主要解决逻辑上同属于一个切片的接入网和核心网之间的安全通信问题，难点在于协商无线接入网与5G核心网之间的安全通信参数。为解决此问题，目前工作均计划采用基于用户身份标志的动态密钥建立安全通道。用户身份具有唯一性，可确保信令的安全，同时当用户设备移动导致基站切换时，也可即时撤销原有的安全通道而重新动态协商新的可用通道。

3. 安全性增强

与4G移动通信网络相比，5G网络在用户平面增加了完整性保护，以防止DNS欺骗导致的用户数据被篡改。同时，5G网络使用通用集成电路卡对存储在其中的公钥进行加密，保护国际移动用户识别码，使5G无线接入网无法获得用户设备的永久标识，保护用户设备不被冒用和窃听。

8.4 5G安全标准研究进展

目前国内外对5G安全标准的制定仍处于初级阶段，不同的组织机构关注的问题多集中在5G网络安全架构、无线接入网安全、网络切片安全、认证机制及用户数据隐私方面。我国也已于2013年成立中国IMT-2020（5G）推进组全面开展5G相关的研究工作，工作组在支持国际标准的前提下，将我国5G网络安全分为5个等级，分级关注安全、隐私和韧性3个方面，每个级别的需求分为基础安全、隐私保护、韧性能力、产品生命周期安全、技术自主可控5个方向。

以3GPP发布的5G安全架构与流程规范（TS 33.501 R15）为例，该标准对5G网络中的接入认证和密钥生成流程进行了详细的定义和介绍，提出了扩展认证协议-认证与密钥协商（EAP-AKA′）认证流程、5G认证与密钥协商协议（AKA）认证流程、5G系统中的层级密钥生成、网络节点5G密钥分配及密钥派生方案、用户设备5G的密钥分发和密钥导出方案以及非可信非3GPP接入认证等多个标准流程框架。在R15确保网络安全接入的基础上，3GPP于2019年发布TS 33.501 R16规范，以便优化安全策略，更好地使5G

赋能垂直行业，对现有安全标准进行一些增补。

（1）在沿用 LTE 时代车联网（V2X）安全解决方案的基础上，提出了 eV2X 标准并对其中 ID 的可链接性和可追溯性攻击进行二次防御做出要求。

（2）规范接入和回传一体化（IAB）架构，新规范中的 IAB 节点将支持基于 5G 的 NAS 信令和基于 IAB donor 的 RRC 信令的加密、完整性保护和重播保护及相互认证。

（3）规范超可靠低时延情景下的双向连接（DC）方法，UDM 和/或 SMF 网络应确保使用相同的用户平面安全策略设置，管理网络应确保第一个和冗余 PDU 会话具有相同的用户平面安全激活状态。

（4）规范 SNPN 的密钥导出流程，明确在选择 EAP 认证方式而非 EAP-AKA′认证方式时，用户设备和接入网络将在身份认证中采用 EAP 方法凭证。

（5）规范应用中的认证和密钥协商（AKMA）网络模型及密钥分级，引入通用 AKMA 过程、确定隐性种子和显性应用密钥有效期，重复使用 AUSF 密钥以生成 AKMA 密钥。

8.5 本章小结

本章首先回顾了移动通信网络安全的历史和演进，概述了 5G 移动通信网络的架构、特性及应用场景；接着介绍了 5G 网络的安全需求和 5G 网络的安全架构；然后详细介绍了统一身份认证、按需安全管理及安全性增强等 5G 网络安全关键技术；最后讨论了 5G 网络安全标准研究进展。

填空题

1. GSM 网络由____、____、_____、____、____、____、___和____8 部分构成。
2. 3G 网络中接入链路数据保护方式有________和________。
3. 5G 网络的安全域分为____、_____、_____、____、____和____6 个不同部分。
4. 5G 接入网络仅从_______获取_______，而不能用于派生_______。
5. SDN 管理集中性导致_______，使攻击难度下降；NFV 使传统的网络安全防遭到破坏，使_____失效；网络切片可能带来切片间的_____、_____、____和非授权访问等安全问题。
6. 5G 通过网络切片技术逻辑划分网络资源，为不同业务场景提供_______，不同切片资源_______相互独立，采用不同的安全措施，实现各切片安全隔离。
7. 5G 网络安全分级防护关注________、________和________，每个级别的需求分为_______、________、________、_________、________5 个方向。

思考题

1. GSM 网络的架构是怎么样的？简要描述 GSM 网络的认证过程。
2. 简要描述 CDMA 网络的认证过程。

3．3G 网络的安全性由哪几部分保证？

4．5G 网络的安全性由哪几部分保证？

5．简要描述 5G 网络如何对垂直行业的安全需求进行保护。

6．简要介绍 5G 安全标准化迭代关注的几个方面。

第9章

电子邮件安全

内容提要

电子邮件是 Internet 中使用最广泛的应用之一。利用电子邮件，Internet 用户可以发送消息、图形、音/视频等文件。由于用户增多和使用范围不断扩大，保证邮件本身的安全、减少电子邮件对系统安全性的影响成为非常重要的课题。本章首先介绍电子邮件的基本工作原理，分析电子邮件存在的安全问题；然后详细讨论 PGP 安全业务、PGP 的消息发送与接收、PGP 公钥管理系统及 PGP 5.x 算法；最后介绍另一个重要的安全电子邮件方案——S/MIME。通过本章的学习，读者将明确电子邮件的工作原理与面临的安全威胁，掌握 PGP、S/MIME 的基本工作流程和算法构件。

本章重点

- 电子邮件的基本工作原理与安全问题
- PGP 安全业务与算法
- S/MIME 协议
- 垃圾邮件及其安全检测

9.1 电子邮件安全概述

9.1.1 电子邮件的基本工作原理

电子邮件（E-mail）是一种用电子手段提供信息交换的通信方式，是全球多种网络提供的最普遍的一项服务。电子邮件利用 Internet 实现各类信号的传送、接收、存储等处理，进行遍及全球的邮件传递。迄今为止，E-mail 是人们在 Internet 上使用得最多的服务之一，它不仅可以传递文本内容，而且可以传递其他各类型文件，如声音、图像等。

1. 电子邮件格式

RFC 822 定义了使用电子邮件发送消息的格式，即基于 Internet 的邮件消息标准。电子邮件的标准格式包括必需的邮件头和可选的邮件体，两部分之间由一空行隔开。假设 Alice@hostA.com 向 Bob@hostB.com 发送了主题为“Hello”的电子邮件，邮件内容为“Hello world！”，该电子邮件的代码示例如下。

```
Received: from hostA.com (unknown [108.39.41.193])
     by mx29 (Coremail) with SMTP id T8CowAAnyzCGOZlfnukhBA--.43441S2;
     Wed, 28 Oct 2020 17:27:34 +0800 (CST)
Received: by ajax-webmail-coremail-app2 (Coremail) ; Wed, 28 Oct 2020
 17:27:17 +0800 (GMT+08:00)
X-Originating-IP: [12.134.97.11]
Date: Wed, 28 Oct 2020 17:27:17 +0800 (GMT+08:00)
X-CM-HeaderCharset: UTF-8
From: =?UTF-8?B?5p2O5ZON?=<Alice@hostA.com>
To: Bob@hostB.com
Subject: Hello
X-Priority: 3
X-Mailer: Coremail Webmail Server Version XT5.0.13 build 20200917(3e19599d)
 Copyright (c) 2002-2020 www.mailtech.cn
 mispb-63b7ebb9-fa87-40c1-9aec-818ec5a006d9-buaa.edu.cn
Content-Type: multipart/alternative;
     boundary="----=_Part_513662_1314436486.1603877237830"
MIME-Version: 1.0
Message-ID: <145ad08a.26efb.1756e8879fb.Coremail.Alice@hostA.com>
X-Coremail-Locale: zh_CN
X-CM-TRANSID:RoCowADX3093OZlfKgcIAA--.2020W
X-CM-SenderInfo: dv1rmiasurlqpexdthxhgxhubq/1tbiAgQDBVKd8wPHVwADss
Authentication-Results: mx29; spf=pass smtp.mail= Alice@hostA.com; dk
     im=pass header.i=@hostA.com
X-Coremail-Antispam: 1Uf129KBjDUn29KB7ZKAUJUUUUU529EdanIXcx71UUUUU7v73
     VFW2AGmfu7jjvjm3AaLaJ3UbIYCTnIWIevJa73UjIFyTuYvjxUTMKZUUUUU

------=_Part_513662_1314436486.1603877237830
Content-Type: text/plain; charset=UTF-8
```

```
Content-Transfer-Encoding: 7bit

Hello world!
------=_Part_513662_1314436486.1603877237830
Content-Type: text/html; charset=UTF-8
Content-Transfer-Encoding: 7bit

Hello world!
------=_Part_513662_1314436486.1603877237830--
```

常见的电子邮件头部字段及其意义如表 9.1 所示。其中，Content-Type 字段由 RFC 2045、RFC 2046 等定义，以“X-”开头的字段是不同客户端的自定义字段。用户若要发送二进制文件（图像、声音、可执行文件等），则需要使用多用途 Internet 邮件扩展（Multipurpose Internet Mail Extensions，MIME）协议，该协议可让用户传送二进制数据信息。大多数邮件程序（如 Outlook Express 和 Navigator Messenger 等）都支持 MIME。

表 9.1　常见的电子邮件头部字段及其意义

字段名	意　义
Received	路由信息（from 表示发送主机，by 表示接收主机）
Date	发送邮件的时间
From	发件人地址
To	收件人地址
Subject	邮件的主题
Content-Type	邮件内容的数据类型，格式为 type/subtype，type 声明数据的类型，subtype 声明数据类型的格式
MIME-Version	MIME 的版本
Message-ID	SMTP 服务器生成的唯一消息标识符

2．电子邮件传输过程

电子邮件不是一种“端到端”服务，而是“存储转发式”服务。电子邮件系统利用存储转发进行非实时通信，属于异步通信模式。“发送邮件”意味着将邮件放至收件人的信箱，“接收邮件”意味着从自己的信箱中读取邮件，信箱是由文件管理系统支持的一个实体。电子邮件是通过邮件服务器传递文件的，用户只需向邮件服务器的管理员申请邮箱账号即可使用该项服务。电子邮件的传输过程由如下三个角色完成。

（1）邮件用户代理（Mail User Agent，MUA）。位于客户端的软件，主要功能是接收邮件主机的电子邮件，并提供用户浏览和编写邮件的功能。常用的 MUA 包括 Microsoft Outlook、Mac Mail 等。

（2）邮件传输代理（Mail Transfer Agent，MTA）。位于邮件主机的软件，负责处理所有接收和发送的邮件。针对需要发送的邮件，如果目的主机是本机，那么 MTA 直接将邮件发送到本地邮箱或交给本地 MDA 进行投递；如果目的主机是远程邮件服务器，那么 MTA 发送邮件到中继 MTA 或目的主机所在的服务器。常用的 MTA 包括 Sendmail、Postfix、Qmail 等。

（3）邮件投递代理（Mail Delivery Agent，MDA）。负责根据邮件的目的地址，将从 MTA 接收的邮件投递到本地收件人的邮箱，或经由 MTA 将邮件送到下一个 MTA。常用的 MDA 包括 Procmail、MailDrop 等。

图 9.1 显示了简单的电子邮件收发过程。发件人 Alice 使用 SMTP，通过 MUA 发送邮件到自己使用的 MTA。MTA 检查邮件的目的主机为远程服务器，向 DNS 服务器发送请求，查询收件人 Bob 的邮箱域名的邮件交换（Mail Exchanger，MX）记录，Bob 的 DNS 服务器回复响应的 MX 记录，在对应的 MTA 之间建立连接。邮件交换记录是 DNS 中的一种资源记录类型，用于指定负责处理发往收件人域名的邮件服务器。MX 记录的机制允许为一个邮件域名配置多个服务器，发件人的 MTA 向 DNS 发送请求，查询收件人的邮箱域名的 MX 记录，DNS 服务器返回可以接受向该域发送邮件的邮件交换服务器列表及优先级，根据优先级指定尝试连接的先后顺序。MTA 间根据 SMTP 进行通信，将邮件转发到 Bob 使用的 MTA。MTA 发现邮件为本地邮件，把邮件转发给 MDA，MDA 把邮件投递到 Bob 的邮箱，此时邮件的发送过程结束。收件人使用 POP 或 IMAP 从邮箱中接收邮件，具体过程为：收件人 Bob 通过 MUA 连接到对应的 MTA，向 MTA 请求查看自己的收件箱中是否有邮件；MTA 通过 MDA 检查，MDA 将邮件传送给 Bob 的 MUA。

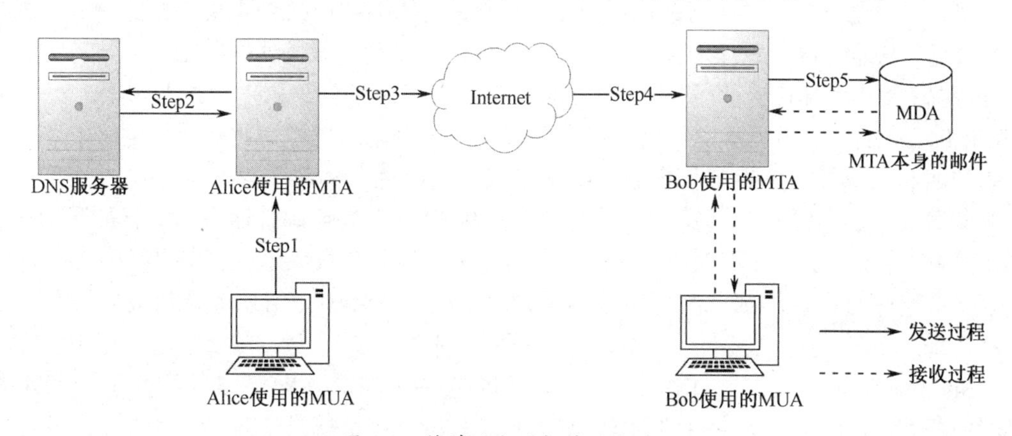

图 9.1　简单的电子邮件收发过程

3. 电子邮件相关协议

Internet 上采用的电子邮件传输协议是简单邮件传输协议（SMTP），该协议控制邮件从用户端发送到 SMTP 服务器，再转发至接收服务器。SMTP 最初由 RFC 821 定义，经更新扩展后，RFC 5321 定义了当前广泛使用的协议标准。SMTP 允许在不同的网络间传输邮件，当收件人和发件人在同一网络中时，可以将邮件直接传给对方；当收件人和发件人在不同网络中时，通过一个或多个中继服务器转发。发件服务器或中继服务器在发送邮件时，如果发送不成功，则会多次尝试，直到发送成功或因尝试次数过多而放弃。SMTP 使用开放中继转发邮件，对转发邮件来源没有限制，任何服务器都可通过它转发邮件。表 9.2 中列出了 SMTP 中的主要命令。SMTP 存在一些安全问题。首先，攻击者可能会利用 SMTP 发起拒绝服务攻击，过度占用网络资源，阻止用户合法使用邮件服务器。其次，EXPN 子命令扩展了邮件列表的别名，这些别名可能会给黑客提供一些有用的信息，例如谁是系统管理员等，进而损害系统和用户信息的机密性。此外，SMTP 使用开放中继机制，缺少身份认证，攻击者很容易伪造发件人地址或利用侵入的计算机发送垃圾邮件。

表 9.2　SMTP 中的主要命令

命　令	功　能	参　数
HELLO (EHLO)	客户端为标识自己的身份而发送的命令（EHLO 为扩展协议命令）	本机域名（主机名）
MAIL FROM	标识邮件的发件人	发件人邮件地址
RCPT TO	标识邮件的收件人	收件人邮件地址
DATA	客户端发送的邮件内容在 DATA 命令完成后传送	邮件内容
QUIT	结束会话	无

接收服务器系统通常采用 POP3，用户利用该协议将邮件下载到本机，在自己的客户端阅读邮件。用户登录 POP3 服务器时，必须提供用户账号/密码。如果电子邮件服务系统不支持 POP3，那么用户必须登录到邮件服务器查阅邮件。POP 最早由 RFC 918 定义，当前的协议标准是 POP3，由 RFC 1939 定义。POP3 是 Internet 电子邮件的第一个离线协议标准，规定了如何将个人计算机连接到支持 POP3 的接收邮件服务器并下载电子邮件。在 POP3 中，电子邮件发送到邮件服务器，用户通过 MUA 连接到本机所在的 POP3 邮件服务器后，从服务器下载还未阅读的邮件，同时删除保存在服务器中的邮件；当客户机长时间保持在线时，MUA 每间隔一段时间就获取一封新邮件。POP3 并不安全。在使用 USER/PASS 组合的旧版本中，用户口令以明文形式传输；采用 APOP 命令收取邮件时，对用户名和口令加密，但邮件内容以明文形式传输；这两种命令以明文形式把口令存储在服务器上，攻击者很容易窃取用户名、口令或者邮件内容。当邮件服务器运行的是 UNIX 操作系统时，POP3 服务器软件在认证结束前通常以根用户权限运行，用户必须在服务器上开设一个账号，这增加了邮件服务器的管理难度，还会因为用户登录到服务器上给服务器带来风险。

Internet 消息访问协议（IMAP）当前的标准是 IMAP4，由 RFC 3501 定义。IMAP4 提供的服务有：邮件下载支持离线阅读；摘要浏览，用户浏览摘要信息（邮件的到达时间、主题、发件人等）后决定是否下载邮件；可选下载附件；允许用户把邮件存储、组织到服务器上，也可以存储在邮箱中。不同于 POP3 只支持离线模式，IMAP4 支持离线和在线两种模式来传输数据，在在线模式下，客户端程序可以操作服务器上的邮件，用户可以通过客户端程序或 Web 在线浏览邮件。此外，IMAP4 是分布式存储邮件方式，IMAP4 的邮件客户端软件记录用户在本地的操作，服务器记录用户离线时的服务器事件，用户在线时互相告知，以保持服务器和客户的状态同步。IMAP4 同时兼顾了 POP3 和 WebMail 的优点，是当前一种较好的通信协议，但 IMAP4 的复杂度太高，需要更复杂的邮件服务器来保障认证的安全性。

9.1.2　电子邮件安全问题

Internet 通信量和业务种类急剧增加，对数据安全保证和保密的需求也随之日益迫切。电子邮件中的信息通常涉及商业秘密、个人隐私等，这些信息一旦被恶意的攻击者截获和利用，将会造成个人隐私和商业机密泄露。在早期人们使用的多数电子邮件系统中，电子邮件采用明文传输，且发送方可伪造身份发送恶意邮件而逃避惩罚。安全电子邮件系统通常需要实现以下基本目标。

（1）信息机密性。保证只有指定的接收方能够阅读信息。

（2）信息完整性。保证发出的信息与收到的信息一致。

（3）认证。确保信息源的正确性。

（4）不可否认性。防止发送方否认所发送的信息，防止接收方否认所接收的信息。

下面列举典型的电子邮件安全问题。

1．恶意软件

电子邮件能携带 Word 文档或 EXE 可执行文件等多种类型附件，Word 文档可能携带宏病毒，EXE 文件可能携带的病毒种类更多。攻击者利用电子邮件传播病毒、蠕虫、木马等恶意软件，进而向用户主机发起攻击。一旦攻击成功，攻击者就可能控制工作站和服务器，进而更改特权、获得对敏感信息的访问权限、监视用户活动和执行其他恶意操作。在实际应用中，很多用户使用 MIME 传送文档，电子邮件已成为宏病毒传播的一个主要途径。在这种情形下，用户不要轻易打开和使用来意不明的邮件附件；系统管理员也可以在邮件系统配置部署相应的软件来防止病毒传播。

2．MIME 标题头中的恶意代码

MIME 标题头读入内存时不检查它们的长度，可能导致邮件程序的缓冲区溢出，运行包含在附件中的任意代码。攻击者利用这一缺陷，在邮件的内嵌资源中隐藏恶意代码，这些代码具有用户的所有能力，能执行重发邮件、改变文件甚至格式化磁盘等破坏性操作。早期流行的 Nimda 病毒将一个可执行文件隐藏在大量内嵌资源中，却声明这段可执行代码是波形声音（即 Content-Type: audio/x-wav; name＝ “readme.exe”），MIME 标题头读入内存时不检查 Content-Type 和 name 的扩展名是否匹配，致使打开邮件时自动运行“readme.exe”，进而让机器感染病毒。出现这些安全问题时，用户需要尽快使用防护软件或电子邮件程序本身的补丁程序，以修正电子邮件程序本身存在的问题。

3．电子邮件炸弹攻击

电子邮件炸弹攻击（Email Bomb Attack）是一种具有强大破坏性的反射式拒绝服务攻击，攻击者在短时间内向受害者的邮箱发送大量恶意生成的电子邮件流量淹没受害者的收件箱，甚至淹没邮件服务器，阻止受害者响应正常的电子邮件。该攻击中的邮件不是伪造的，通常是新闻通讯等合法 Internet 服务的确认或订阅邮件，攻击者利用受害者的邮箱地址注册此类服务，各服务向受害者发送确认或订阅邮件。由于这些邮件来自合法的域名，因此不会被垃圾邮件过滤器拦截。

电子邮件炸弹不仅会干扰电子邮件系统的正常使用，而且会影响网络主机系统的安全。一般来说，电子邮件炸弹的“发件人”和“收件人”栏中，都会填写攻击目标的电子邮件地址，当电子邮件系统已满而无法容纳任何电子邮件进入时，被攻击者发出的邮件就会进入死循环，永无休止地返回给自己。此外，电子邮件炸弹攻击还可以作为烟幕弹来掩盖其他破坏性攻击，如钓鱼攻击、恶意软件等。

4．垃圾邮件

垃圾邮件（Spam）是指未经用户许可的邮件，如某些商业广告、邮件列表、电子刊物、站点宣传等。大批量的垃圾邮件会过度占用网络资源，影响用户工作效率，同时垃圾

邮件的批量发送特点会使其被用作恶意软件的分发。这些垃圾邮件充斥邮箱，不但会影响用户的正常通信，而且会耗费用户的时间和精力。

对于垃圾邮件，虽然可以使用邮箱过滤器、收件箱助理等方法来设防，但用户是被动的，主动权始终掌握在攻击者手中。要彻底摆脱垃圾邮件的骚扰，就只有找到它们的源头，阻断它们的传播途径。

5. 社会工程学攻击

电子邮件欺骗是一种常见的社会工程学攻击，攻击者通过伪造发件人信息来隐藏真实身份，伪装成合法用户进行网络钓鱼。攻击者通过电子邮件来收集敏感信息，或者欺骗用户来获取用户信任，让用户执行进一步的攻击操作，而不是直接侵入系统。

9.2 PGP

PGP（Pretty Good Privacy）是一种混合密码系统，它包含 4 个密码单元，即单钥密码（IDEA）、双钥密码（RSA）、单向哈希算法（MD-5）和随机数生成算法。PGP v1 由 Philip Zimmermann 于 1991 年定义开发。PGP 的后续版本 2.6.x 和 5.x 由自愿写作团体在 Zimmermann 的设计指南指导下实现。PGP 广泛应用于整个计算机领域各种平台上的个人版本和商业版本中。PGP 组合使用对称密钥和非对称密钥加密，为电子邮件和数据文件提供保密性服务；同时通过数字签名、加密、压缩和基数-64 转换（ASCII 保护），为消息和数据文件提供数据完整性服务。

PGP 是公钥密码学的一个使用范例，已广泛用于 Internet 的 E-mail 系统中。PGP 可以免费运行在 Windows、UNIX、Macintosh 等各种平台版本上，所用算法的安全性已被广泛验证。PGP 可为世界范围的公司、个人提供安全服务业务，既可作为公司、团体在加密文件时选择的标准模式，又可加密个人间的通信消息。同时，PGP 不属于任何一个政府、标准化组织，因而得到用户广泛信任。

9.2.1 PGP 的安全功能

PGP 提供的安全功能包括保密性、认证、压缩、E-mail 兼容性、分段和重装、不可抵赖性，安全功能的实现过程如表 9.3 所示。PGP 的安全功能的实现过程涉及的符号约定如表 9.4 所示。

表 9.3　PGP 的安全功能的实现过程

功　能	实现过程
保密性	发送方使用一次性会话密钥加密报文，会话密钥经公钥算法加密，合并后发送给接收方；接收方解密得到会话密钥，进一步使用会话密钥解密报文
认证	发送方使用私钥对报文摘要信息进行数字签名
压缩	加密前对报文明文进行压缩，降低通信量、计算复杂度，增强抗攻击能力
E-mail 兼容性	将原始的二进制流转换为 ASCII 码字符
分段和重装	适应最大消息长度限制，将报文分段发送；接收端重组各个分段，恢复完整的分组
不可抵赖性	对消息源进行认证

表 9.4　PGP 的安全功能的实现过程涉及的符号约定

K_s：会话密钥	H：哈希函数
KU_a：用户 A 的公钥	KR_a：用户 A 的私钥
KU_b：用户 B 的公钥	KR_b：用户 B 的私钥
EC：对称加密算法	DC：对称解密算法
EP：公钥加密算法	DP：公钥解密算法
Z：使用 ZIP 算法的压缩函数	Z^{-1}：解压缩函数
‖：级联	

1．认证

PGP 认证协议的具体过程如图 9.2 所示。发送方使用 SHA-1 哈希算法生成报文 M 的 160bit 哈希值 H，使用自己的 RSA 算法私钥对哈希值 H 签字，使用 ZIP 压缩算法将 $M||H$ 压缩后，发给接收方；接收方对收到的数据进行解压缩处理，使用发送方的 RSA 公钥恢复 M 和 H，计算 M 的哈希值 H'，并与 H 比较来验证签字。

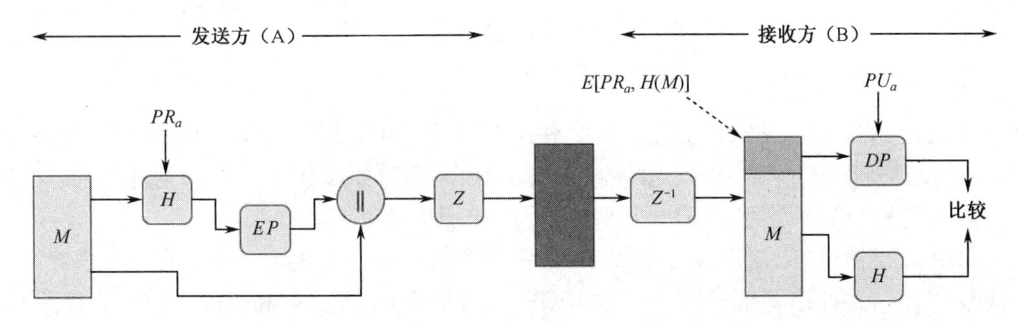

图 9.2　PGP 认证协议的具体过程

2．保密性

PGP 加密协议的具体过程如图 9.3 所示。发送方生成报文和一次性会话密钥；采用 IDEA 算法，使用会话密钥对压缩后的报文 M 加密；再采用 RSA 算法，使用接收方的公钥对会话密钥加密，加密结果附在报文前面。接收方使用自己的私钥解密得到会话密钥，再使用会话密钥解密得到压缩的 M，解压缩后得到报文 M，从而实现保密性。IDEA/RSA 的组合方式使消息 M 的加密时间大大缩短。这种一次性会话密钥特别适合于存储转发 E-mail 业务，避免了执行交换密钥的握手协议，提高了安全性。

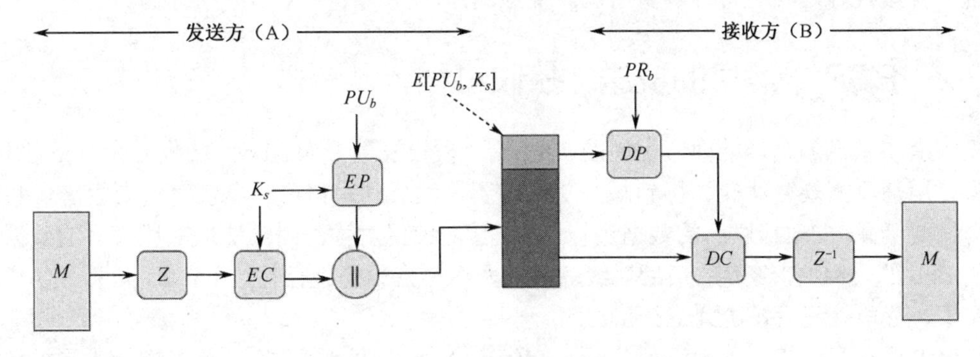

图 9.3　PGP 加密协议的具体过程

3．保密性与认证

如图 9.4 所示，PGP 可以同时提供保密性与完整性。采用先签字后加密的原因是存储消息明文的签字较为方便，第三者证实时无须知道通信者所用的 IDEA 会话密钥 K_s。同时使用加密和认证时，发送方首先使用自己的私钥加密签名消息，然后用会话密钥加密消息和签名，再用接收方的公钥加密会话密钥。

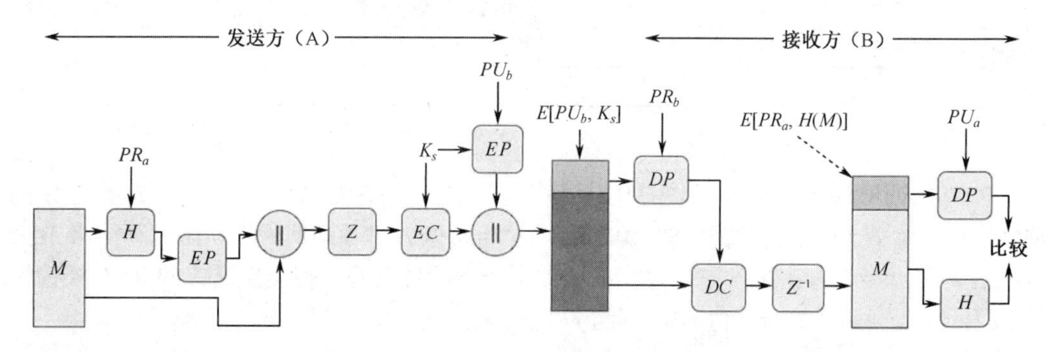

图 9.4　PGP 中实现消息机密性与完整性

4．其他安全功能

压缩是 PGP 的一种默认功能，PGP 使用 ZIP 算法在消息签名后、消息加密前压缩消息，节省通信时间和存储空间，增强对明文攻击的防御能力。发送方先对消息签名，再对级联后的消息和签名进行压缩，以便接收方解压缩后验证签名。

PGP 输出消息包括加密数据，故 PGP 输出中的一部分或全体为任意的 8bit 串。许多 E-mail 系统只允许用 ASCII 文本，故 PGP 采用基数-64 变换，将 8bit 串变为可打印的 ASCII 码字符串。基数-64 变换将任意二进制输入变换成可打印的字符输出，其特点如下。

（1）不限于某个特定字符集编码。

（2）字符集有 65 个可打印字符，其中 $2^6=64$ 个是可用字符（每个字符都表示 6bit 输入），1 个是填充字符。

（3）字符集中不含控制字符，因此通用于各个 E-mail 系统。

（4）不用“-”（连字符），该符号在 RFC 832 中有特定的意义，应避免使用。

此外，E-mail 对消息长度有限制，例如：不超过 50000byte；当消息大于此值时，PGP 将对其分段。分段在所有处理结束后进行，因此会话密钥和签名只在第一段的开始部分出现。在接收端，PGP 将各段重组以恢复原消息。

9.2.2　PGP 中消息的发送、接收过程

PGP 中消息的发送处理流程如图 9.5 所示。假设发送方为 Alice，接收方为 Bob。Alice 首先使用消息摘要算法计算得到邮件明文摘要；然后利用自己的私钥对摘要签名，将签名与摘要级联，并对级联后的数据进行压缩；接着使用对称密码算法加密压缩后的数据，并用 Bob 的公钥加密密钥；最后对级联后的两个加密数据进行基数-64 编码，得到 ASCII 码文本，分段处理后发送到 Internet 上。

PGP 中消息的接收处理流程如图 9.6 所示。Bob 接收到邮件后，首先进行段重组和基数-64 解码；然后使用自己的私钥解密得到密码算法的密钥，并用该密钥恢复密文得到压

缩后的数据；接着解压缩后得到摘要和签名；最后使用 Alice 的公钥对签名解密，若与摘要一致，则证明邮件报文确实是 Alice 发来的，且在传递过程中没有改变。

解密后存储消息的三种方式如下。

（1）以解密形式存储，不附签字。

（2）以解密形式存储，附签字（传递需要时，也可提供对消息完整性的保护）。

（3）为保密需要，以加密形式存储。

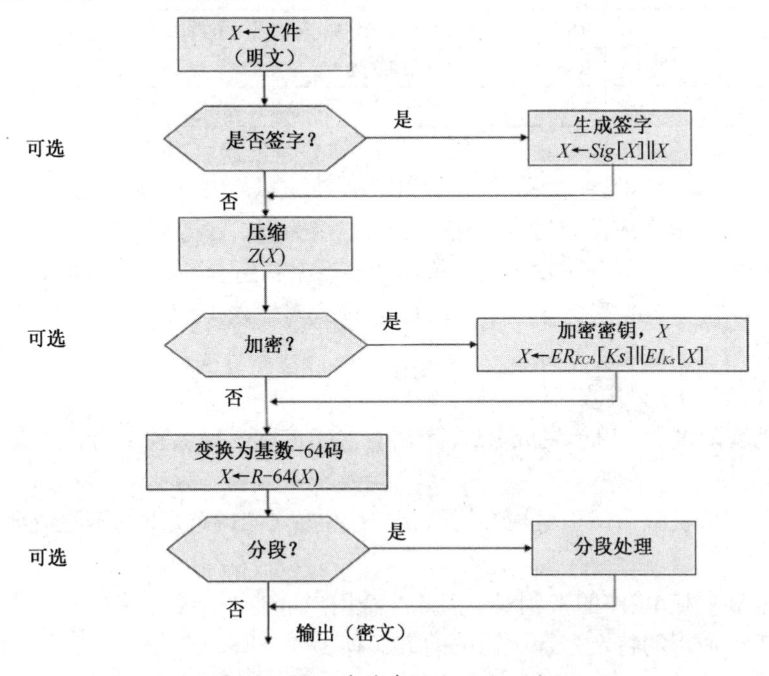

图 9.5　PGP 中消息的发送处理流程

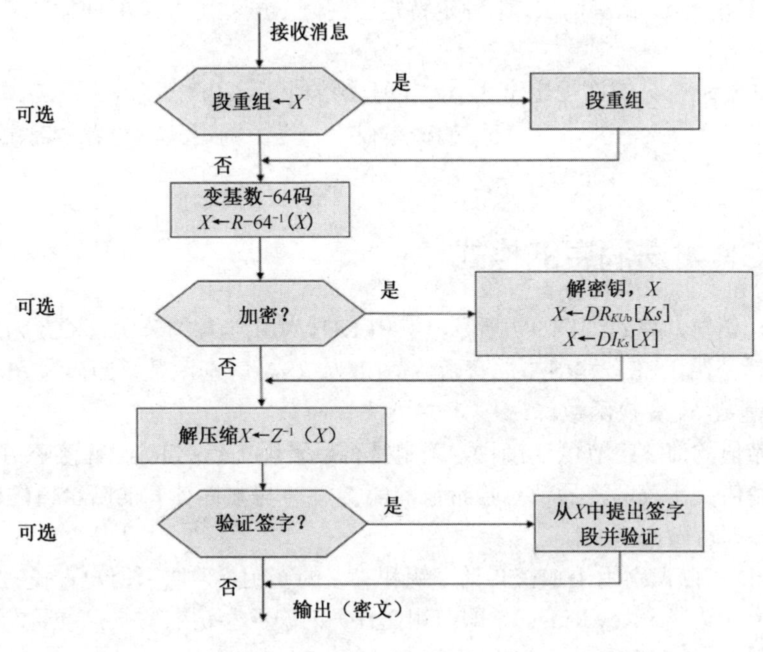

图 9.6　PGP 中消息的接收处理流程

9.2.3 PGP 的密钥

PGP 中用到的密钥种类如表 9.5 所示。

表 9.5 PGP 中用到的密钥种类

密 钥 名	加 密 算 法	用 途
会话密钥	IDEA	用于对传送消息加密/解密，随机生成，一次性使用
公钥	RSA	对会话密钥加密，接收方和发送方公用
密钥	RSA	对消息的哈希值进行加密，形成签字，发送方专用
基于通行短语的密钥	IDEA	对密钥加密，存储在发送端

会话密钥根据 ANSI X9.17 标准，采用 IDEA 算法以 CFB 模式生成，具体步骤如下。

（1）向伪随机数生成器（PRNG）随机输入字符，加上表示输入时刻的 32bit 数据，形成 128bit 伪随机数，并与上次 IDEA 输出的会话密钥组合，作为 PRNG 的输入。

（2）PRNG 在 128bit 密钥作用下，以 CFB 模式对输入（两个 64bit 组）进行加密，相应的输出连接成 128bit 会话密钥。

PGP 的 PRNG 的生成数的用途如下。

（1）作为真随机数，用于生成 RSA 密钥对，对 PRNG 提供种子密钥或在 PRNG 运行中提供附加输入。

（2）作为伪随机数，用于生成会话密钥，或生成 CFB 模式下加密生成会话密钥时的初始矢量（IV）。

用户可能要更换 RSA 的密钥对，因此一个用户可能涉及多个密钥对。正确识别加密会话密钥和签名所用的特定密钥标识符的方式有 3 种。

（1）每次都传送所用密钥——RSA 公钥很长，该方法较浪费资源。

（2）组合用户 ID 和密钥 ID 来确定特定密钥——虽然可行，但增加了管理上的操作和传输、存储开销。

（3）PGP 对每个公钥都规定密钥 ID，以公钥的最后 64bit 表示，如 KU_a 的 ID 是 KU_a mod 2^{64}。由于 2^{64} 很大，因此 ID 重复的概率很小。为了确定其持有者，需由发送方对其签名。

9.2.4 PGP 发送消息的格式

PGP 发送消息的格式如图 9.7 所示，其中 KU_b 为用户 B 的公钥，KU_a 为用户 A 的公钥，K_s 为会话密钥，ER 为 RSA 加密函数，EI 为 RSA 解密函数，ZIP 为 PKZIP 压缩函数，R-64 为基数-64 变换函数。

消息哈希值的前 2 字节可让接收方确定是否已采用正确的 RSA 解密密钥计算用于认证消息的哈希值。比较解密后消息哈希值的前 2 字节与本地计算的哈希值的前 2 字节的副本是否一致即可做出判决。

密钥的 ID 可以识别用于加密会话密钥和签名的密钥。为便于用户查找密钥，PGP 提供了密钥环形存储器（Key Rings），即密钥文件。为确保密钥的安全，可通过下述步骤对其进行加密。

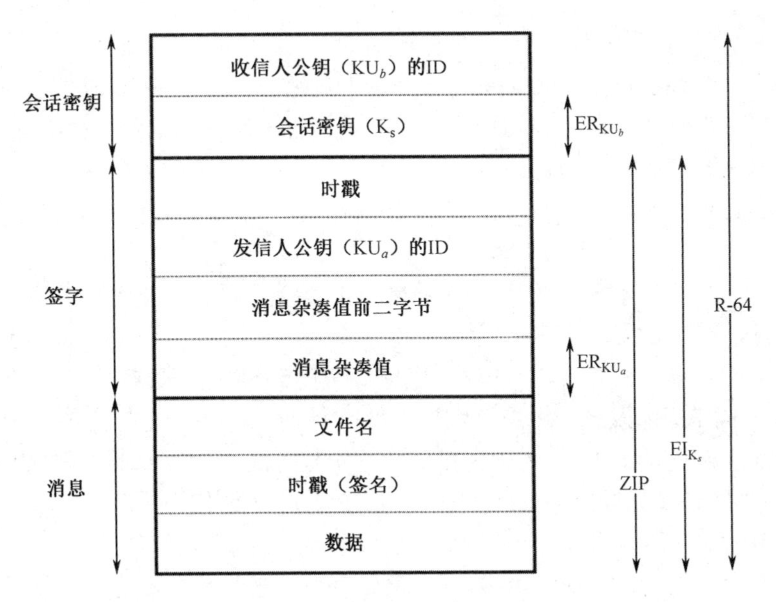

图 9.7 PGP 发送消息的格式

（1）用户选择通行短语（Pass Phrase）对密钥加密。

（2）系统生成一对新 RSA 密钥时，要求用户发送通行短语，并用 MD-5 对其生成 128bit 码，而后注销短语。

（3）系统以此码为密钥，用 IDEA 对密钥加密，然后注销哈希码，并将加密的密钥存入密钥环形存储器。

用户检索密钥时，必须提供通行短语，PGP 将检索出加密的密钥，生成通行短语的哈希码，并根据该哈希码用 IDEA 解密加密后的密钥。

9.2.5 PGP 的公钥管理系统

在 PGP 协议中，用户必须建一个公钥环形存储器（PKR）以存储其他用户的公钥。保证公钥确实是所指定用户的合法公钥至关重要。PGP 不设置可信中心，而用可信任人来实现对公钥身份的认证。在 PGP 中，对公钥的信任基于：（1）直接来自所信任的人的公钥；（2）由所信任的人为某个第三方签署的公钥。在 PGP 得到一个公钥后，检验其签名，若签名者受信任，则认为此公钥可用或合法。这样，通过受信任的用户，可以和陌生人实现基于 PGP 的安全 E-mail 通信。

1．信任管理

PGP 将公钥的信任等级分为三类：完全信任、部分信任、不相识（即不信任）。由完全可信任人签名的公钥为完全信任公钥；由两位部分不可信任人签名的公钥为不完全信任公钥或部分信任公钥；虽然可以用不信任密钥来证实加密传送 E-mail，但 PGP 将以“不可信任”标识此密钥。

PGP 中采用了密钥指纹（Key Fingerprints），它是公钥用 MD-5 算法求出具有唯一性的哈希值（16b 即 md5 码的长度，没有必要反复提及）。密钥指纹提供了对公钥进行证实的方便途径，并可以防止伪造。这可通过密钥环形存储器中的密钥合法性字段、签名可信任字段和拥有者的可信任字段实现，具体作用如下。

（1）密钥合法性字段（Key Legitimacy Field）。所含内容是 PGP 所指示的该用户合法公钥的可信等级。等级越高，表示用户与此公钥捆绑得越紧。等级由 PGP 根据存储器用户收到的、对其签名的证书数量确定。

（2）签名可信任字段（Signature Trust Field）。指示 PGP 用户对证实的公钥签字的信任程度。

（3）拥有者的可信任字段（Owner Trust Field）。指示被信任公钥用于签署其他公钥证书的可信级别，级别由用户规定。

可信任标志处理过程如下，其中假设用户 A 有一个公钥环形存储器 PKR_A。

（1）当 A 向 PKR_A 发送一个新公钥后，PGP 就对其设定一个标志值，指示公钥拥有者的信任程度。若拥有者是 A，则它也在与此公钥相应的密钥存储器中出现，此时该标志值自动为绝对可信（Ultimate Trust）；否则，PGP 询问 A 如何设定此值，A 应输入它给定的值，如对该公钥的所有者不认识、不信任、部分信任或完全信任。

（2）此公钥录入后，出现一个以上的签名，PGP 查看签字者是否在公钥存储器中，若在，则将拥有者的可信任字段值设置为 SIGTRUST；否则设置为 unknown user。

（3）密钥合法性字段 KEYLEGIT 的值，由当前的 SIGTRUST 字段值计算。如果至少有一个值为绝对可信级别，则密钥合法性值为完全信任级；否则，PGP 对可信任值进行加权计算。$1/X$ 是经常可信签字的权值，$1/Y$ 为一般可信签字的权值；X 和 Y 是用户配置参数。当用户/密钥 ID 组合引入的权重之和趋于 1 时，为完全可信，密钥合法性字段值置为完全信任。

PGP 通过定期处理公开密钥环来实现一致性，这是一个自上而下的过程。对于每个 OWNERTRUST 字段，PGP 扫描整个环，找出所有拥有者的签名，并将 SIGTRUST 字段值修改为与 OWNERTRUST 相等的值。这个过程是从那些具有终极信任的密钥开始的。然后，所有 KEYLEGIT 字段的值都在附加签名的基础上进行计算。

图 9.10 给出了 PGP 信任模型示例。在图中公开密钥环结构中，用户已获得一组公钥，其中部分公钥直接来自密钥的拥有者，部分来自第三方，如密钥服务器。标记为“YOU”的节点代表公钥环中相对于该用户的实体。这个密钥是合法的，且 OWNERTRUST 值为终极信任。如果该用户没有指派其他值，那么密钥环中其他节点的 OWNER-TRUST 值为未定义。在图 9.10 中，节点的阴影或空白显示用户 YOU 指派给其他用户的信任程度，树形结构显示了哪些密钥被哪些用户签名。在该例中，用户 YOU 完全信任用户 D 对其他密钥的签名，部分信任用户 A、B 对其他密钥的签名。假设两个部分可信的签名足以证明一个密钥，那么图 9.10 中用户 F 的密钥就被 PGP 认定是合法的，因为它有部分信任用户 A、B 的签名。即使一个密钥被认定是合法的，其拥有者对其他密钥的签名也不可信。例如，I 的密钥是合法的，因为其有用户 D 的签名，且 D 是 YOU 信任的；但用户 I 对其他用户密钥的签名不可信任，因为没有指派用户 I 的信任值。因此，尽管用户 J 的密钥拥有用户 I 的签名，但 PGP 仍然不认为用户 J 的密钥是合法的。

2．公钥撤销

当用户怀疑自己的密钥泄露或想终止其使用期时，可以撤销它。用户可向系统发布一个由他签署的密钥撤销证书。证书与一般签名证书一样，但其中包含一个标志，它指示证书的目的是撤销公钥。用于签名的密钥应与所撤销的公钥对应。密钥撤销证书要尽可能快而广泛地分发。

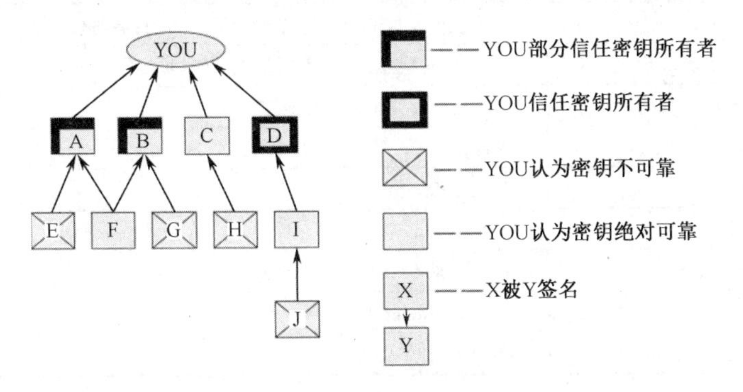

图 9.10 PGP 信任模型示例

9.3 MIME 与 S/MIME

MIME 是对 RFC 822 框架的扩展，定义了用于发送电子邮件文本消息的格式。MIME 的实际目的是解决使用 SMTP 时存在的一些问题和限制。安全/多用途因特网邮件扩展（Secure/Multipurpose Internet Mail Extension，S/MIME）是 MIME 因特网电子邮件格式标准的一种安全增强。

9.3.1 MIME

MIME 是对 RFC 822 框架的扩充，目的是解决使用 SMTP、其他邮件传送协议和 RFC 822 传递邮件的问题与限制，RFC 2045～2049 给出了 MIME 的规范。MIME 定义了 5 个包含在 RFC 822 中的头部字段，分别是 MIME-Version（MIME 版本）、Content-Type（内容类型）、Content-Transfer-Encoding（内容转换编码）、Content ID（内容 ID）和 Content-Description（内容描述）。

MIME 规范的大量工作都集中于定义不同的内容类型，支持多媒体电子邮件的表示。MIME 内容类型如表 9.6 所示，主要包括 7 个主要内容类型和 15 个子类型。内容类型说明数据的一般类型，子类型说明该类数据的特定形式。

表 9.6 MIME 内容类型

类　型	子 类 型	描　述
Text	Plain	无格式正文；可以是 ASCII 码或 ISO 8859
	Enriched	提供更大的格式灵活性
Multipart	Mixed	不同的部分是独立的，但一起传输。它们在接收方显示的顺序应与出现在邮件消息中的顺序相同
	Parallel	与 Mixed 的唯一不同是，在将各部分交付接收方时未定义顺序
	Alternative	不同部分是相同信息的可选版本。它们以原始信息准确程度的递增排序，接收方邮件系统应将“最优”版本显示给用户
	Digest	类似于 Mixed，但每部分默认的类型/子类型为 message/rfc822

续表

类　型	子类型	描　述
Message	rfc822	消息主体本身是符合 RFC 822 标准的已封装消息
	Partial	以一种对接收方透明的方式对大邮件项进行分段
	External-body	包含指向存在于某个其他地方对象的指针
Image	jpeg	图像是 JPEG 格式，JEIF 编码
	gif	图像是 GIF 格式
Video	mpeg	MPEG 格式
Audio	Basic	单通道 8bit ISDN μ 律编码，采样率为 8kHz
Application	PostScript	Adobe PostScript
	Octet-stream	8bit 的二进制数据

MIME 还定义了编码转换方式，使得任何内容格式均可转换为邮件系统认可的格式。MIME 标准定义了两种数据编码方法。Content-Transfer-Encoding（内容转换编码）字段实际上可以接收 6 个值，如表 9.7 所示。当值为 7bit、8bit 和 binary 时，并不进行编码，而是提供一些与数据属性相关的信息。

表 9.7　MIME 转换编码

7bit	数据都被表示成由 ASCII 码字符组成的短行
8bit	行都是断的，但可以存在非 ASCII 码字符（高阶 bit 被置位的八位组）
binary	不仅可以出现非 ASCII 字字符，行也不必短到适合 SMTP 传输
quoted-printable	依照这一方式进行编码：如果被编码的数据大部分为 ASCII 码文本，那么编码后的大部分数据仍然是人可识别的
base-64	通过将输入的 6bit 数据块映射为 8bit 输出来对数据编码，经过编码的数据全是可打印的 ASCII 码字符
x-token	命名的非标准编码方法

9.3.2　S/MIME

S/MIME 能够与传输 MIME 数据的任何系统一起使用。它也可以用于传统邮件用户代理(MUA，在要发送的邮件上添加密码安全服务，在收到的邮件中解释密码安全服务)。

1．S/MIME 的功能

从一般功能上说，S/MIME 与 PGP 非常类似。两者都提供对消息签名或加密的功能。此外，S/MIME 还提供下述功能。

（1）加密数据。对于一个或多个接收方而言，加密数据由任意类型的加密内容及与之对应的加密密钥组成。

（2）签名数据。通过取得要签名的内容的消息哈希，然后使用签名者的私钥对该摘要进行加密生成数字签名。对内容和签名使用基数-64 编码方法进行编码。签名后的数据消息只能被具有 S/MIME 功能的接收方收阅。

（3）透明签名（Clear-signed）数据。与签名数据一样，形成内容的数字签名。但是，这种情况只对数字签名部分使用基数-64 编码方法进行编码。因此，没有 S/MIME 功能的接收方可以看到消息的内容，但不能验证签名。

(4) 签名并且加密数据。只签名和只加密的实体可以递归使用，因此加密的数据可以被签名，签名或透明签名的数据可以被加密。

2．加密算法

S/MIME 组合三种公钥算法。数字签名标准（DSS）是推荐用于数字签名的算法。Diffie-Hellman 是其推荐的密钥交换算法；实际上，S/MIME 使用的是 ElGamal 算法（提供了加密/解密的 Diffie-Hellman 变体）。作为候选，RSA 既可用于签名，又可用于会话密钥加密。对用于创建数字签名的哈希函数，规范推荐使用 160bit 的 SHA-1，但需要支持 128bit 的 MD5。从安全性考虑，SHA-1 是更好的选择。

S/MIME 规范包括如何决定采用何种加密算法。总体而言，接收代理需要提供解密能力列表，按照优先选择的次序声明其解密能力，而发送代理需要基于接收代理的解密能力决定所用的加密算法。

如果消息需要发给多个接收方，但不能选择共同的加密算法，那么发送代理需要发送两个消息。但在这种情况下，消息的安全性依赖于低安全性的消息副本的传输。

3．S/MIME 消息

S/MIME 使用一系列新的 MIME 内容类型，如表 9.15 所示。所有新类型均使用指定的公钥密码规范（Public-Key Cryptography Specification，PKCS）指示。

表 9.15　S/MIME 内容类型

类　型	子类型	smime 参数	描　述
Multipart	Signed		透明签名包含消息和签名两部分
Application	pkcs7-mime	signedData	签名的 S/MIME 实体
	pkcs7-mime	envelopedData	加密的 S/MIME 实体
	pkcs7-mime	degenerate signedData	只包含公钥证书的实体
	pkcs7-signature	—	多部分/签名消息的签名子部分的内容类型
	pkcs10-mime	—	证书注册请求消息

S/MIME 使用签名/加密来保证 MIME 实体的安全。MIME 实体可能是完整的消息（RFC 822 首部除外），当 MIME 内容类型存在多部分时，MIME 实体是消息的一个或多个子部分。MIME 实体附加与安全有关的数据（如算法标识符和证书），由 S/MIME 生成 PKCS 对象；PKCS 对象被视为消息内容并包装成 MIME（提供合适的 MIME 首部）。

被发送的消息都要转换成规范形式。对于每个给定的类型和子类型，消息内容要使用合适的规范形式；对于一个多部分的消息，每个子部分都要使用合适的规范形式。

对于大多数情况，使用安全算法将生成部分或全部由任意二进制数据组成的对象。这个对象将被封装成一个外部 MIME 消息，转换编码在此时使用，通常采用基数-64 编码。对于多部分的签名消息，安全处理不改变子部分的消息内容。如果内容不是 7bit 的，那么可用基数-64 或 quoted-printable 编码传输，因此，不存在修改签名适用内容的风险。

下面给出每个 S/MIME 的内容类型。

1）Enveloped-Data（封装的数据）

Application/pkcs7-mime 子类型用于四类 S/MIME 处理，每类处理都有唯一的 smime-type 参数。在所有情况下，称为对象的结果实体都用 ITU-T Recommendation X.209 建议书定义的基本编码规则（BER 格式）表示。BER 格式由任意的 8bit 字符串组成，是二进制数据。该对象可在外部 MIME 消息中用基数-64 转换算法编码。

MIME 实体准备封装数据的步骤如下。

（1）为特定的对称加密算法（RC2/40 或三重 DES）生成伪随机的会话密钥。

（2）对于每个接收方，使用接收方的 RSA 公钥对会话密钥进行加密。

（3）为每个接收方准备称为 RecipientInfo（接收方信息）的数据块，其中包含了发送方的公钥证书、用来加密会话密钥算法的标识及加密的会话密钥。

（4）使用会话密钥加密消息。RecipientInfo 块后紧随加密的内容，组成封装数据。使用基数-64 对该信息编码。为恢复加密的消息，接收方首先去掉基数-64 编码，然后使用接收方的私钥恢复会话密钥，最后使用会话密钥解密消息内容。

2）Signed-Data（签名的数据）。smime-type 的签名数据可被一个或多个签名者使用。为简化描述，讨论只限于单个数字签名。准备一个封装数据 MIME 实体的过程如下。

（1）选择消息签名算法（SHA-1 或 MD5）。

（2）计算需要签名内容的消息哈希。

（3）使用发送方的私钥加密消息哈希。

（4）准备称为 SignerInfo（签名者信息）的数据块，其中包含签名者的公钥证书、消息哈希算法的标识符、用来加密消息哈希算法的标识符、加密的消息哈希。签名数据实体由许多块组成，包括消息哈希算法标识符、被签名的消息和 SignerInfo。签名数据实体还可包括公钥证书集，即由最高级认证中心到签名者的证书链，然后使用基数-64 进行编码。恢复消息和验证签名时，接收方首先去除基数-64 编码，使用签名者的公钥恢复消息哈希，接收方计算去除编码后消息的哈希值，并将它与签名中恢复的消息哈希进行对比，进行签名验证。

3）Clear-Signing（透明签名）。

透明签名通过带有签名子类型的多部分内容类型来实现。签名过程不转换签名消息的形式，消息以“透明”形式发送。因此，具有 MIME 能力但没有 S/MIME 能力的接收方能够阅读收到的消息。

Multipart/Signed 签名的消息有两部分：第一部分可以是任何 MIME 类型，但必须准备消息使其在从源端到收端的传输中不被修改。如果第一部分不是 7bit 的，那么需要使用基数-64 或 quoted-printable 编码。之后的处理过程与签名数据的相同，但签名数据格式的对象中消息内容字段为空，该对象与签名相分离，用基数-64 编码，作为 Multipart/Signed 消息的第二部分。第二部分的 MIME 内容类型为 Application，子类型为 pkcs7-signature。

Protocol 参数表示这是两个部分的透明签名实体。Micalg 参数表示所用的消息哈希的类型。接收方可将第一部分的消息哈希与从第二部分中使用签名恢复的消息哈希进行比较以进行签名验证。

4）Registration-Request（注册请求）

应用或用户向证书管理机构申请公钥证书时，S/MIME 实体 Application/pkcs10 用来传送证书请求。证书请求包括证书请求信息块（certificationRequestInfo）、公钥加密算法标识符，以及使用发送方私钥计算的证书请求信息块签名。其中，证书请求信息块包括证明证书主体的名字（其公钥将被验证的实体）和该用户公钥的标识位串。

5）Certificates-Only Message（仅含证书的消息）

仅含证书或证书撤销列表（CRL）的消息在应答注册请求时发送。该消息的类型/子类型为 Application/pkcs7-mime，且带一个退化的 smime-type 参数。除了没有消息内容及签名者信息块为空，其他过程均与创建签名数据信息的相同。

4. S/MIME 证书的处理

S/MIME 使用 X.509 v3 标准的公钥证书。使用的密钥管理方法是 X.509 证明层次和 PGP 信任网络的混合。与 PGP 模型一样，S/MIME 管理者或用户必须为每个客户配置可信任的密钥列表和撤销证书列表。也就是说，本地负责验证进入的签名和加密输出消息所需的证书维护。同时，证书须经认证机构签发。S/MIME 用户需要执行生成密钥、进行注册获取公钥证书、证书存储和查询等密钥管理职能。

9.3.3 S/MIME 的增强安全服务

Internet 草案还提出了三种增强安全性服务。

（1）签收。要求对签名数据对象进行签收。返回一条签收消息可以告知消息的发送方已经收到消息，并通知第三方已收到消息。也就是说，接收方对原始消息和发送方的原始签名进行签名，并将签名与原始消息合成一条新的 S/MIME 消息。

（2）安全标签。在签名数据对象的认证属性中可以包括安全标签。安全标签是一个描述被 S/MIME 封装的信息的敏感度的安全信息集合。安全标签既可用于访问控制（即规定哪个用户可以存取该对象），又可描述优先级（秘密、机密、受限等）和角色（即哪类人可以查看该信息）。

（3）安全邮件列表。当用户向多个接收方发送消息时，可以使用 S/MIME 提供的邮件列表代理（Mail List Agent，MLA）。MLA 可以对一个输入消息为各接收方进行相应的加密处理，然后自动发送消息。消息的发送方只需将用 MLA 的公钥加密的消息发送给 MLA 即可。

9.4 垃圾邮件

9.4.1 垃圾邮件概述

垃圾邮件一直是网络安全行业“长盛不衰”的话题，图 9.11 所示为 2018 年 2 月至 2019 年 1 月全球电子邮件和垃圾邮件的总量图，每月的垃圾邮件量占电子邮件总量的百分比稳定在 85%左右。垃圾邮件的特征主要有未经用户许可、信息无效和批量发送等。根据垃圾邮件发送方的主观目的，垃圾邮件分为广告推销、反动色情、病毒传播、DDoS

攻击等类型。大量垃圾邮件占用网络资源和系统资源，影响用户的正常使用，造成巨大经济损失。垃圾邮件成为社会工程学攻击、黑客攻击、病毒传播等恶意活动的工具，引发了严重的安全问题。

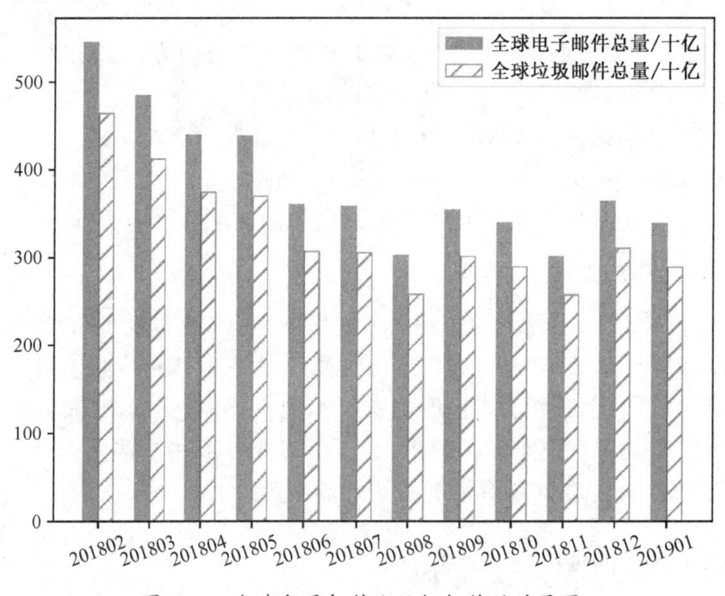

图 9.11　全球电子邮件和垃圾邮件的总量图

9.4.2　垃圾邮件攻击的常见操作

垃圾邮件攻击的前提是收集大量邮件地址，攻击者通过购买现有邮件地址库、根据自定义规则自动生成邮件地址、爬虫收集等方式获得大量邮件地址用于实现垃圾邮件攻击。为了绕过垃圾邮件检测系统，攻击者会有针对性地改进垃圾邮件的发送方法，典型的手段分为反内容分析和反 IP 分析两大类：反内容分析通过混淆和随机的手段，躲避基于内容的过滤器的检测；反 IP 分析的主要思想是避免使用单一的静态 IP 地址，躲避过滤器对 IP 地址的分析。此外，攻击者还会把邮件内容以图片的形式附在邮件正文中，并对图片进行随机的、不影响阅读效果的噪声处理，躲避基于文本的垃圾邮件检测系统。除上述方式外，近年来的研究发现僵尸网络开始大量应用于垃圾邮件攻击，来自僵尸网络的垃圾邮件持续保持着高速增长的态势。

1. 收集邮件地址

收集邮件地址是发送垃圾邮件的重要步骤之一，攻击者必须在发送垃圾邮件前建立受害者列表。攻击者可以直接购买邮件地址列表，这些数据大多是黑客攻击邮件服务器非法获取的用户数据。

攻击者可以使用蛮力攻击和字典攻击收集有效的邮件地址。蛮力攻击是指攻击者首先创建一个列表，列出所有可能的字母和数字组合，然后附加域名，再后对每个组合尝试收集有效的邮件地址。字典攻击则结合常见的名字、姓氏首字母和自定义规则猜测可能的邮件地址，接收邮件的任何地址都被视为有效邮件地址，并添加到攻击者的列表中。

攻击者还可利用爬虫程序收集邮件地址，如图 9.12 所示。爬虫程序向目标 Web 服务器发出 HTTP 请求来获取 Web 文档，一旦收到 Web 服务器的 HTTP 响应，爬虫程序就解析响应内容，从中提取邮件地址和其他 Web 页面的链接。针对 Web 页面的链接，爬虫程序继续进行相同的操作，将电子邮件地址存储在攻击者的数据库中。

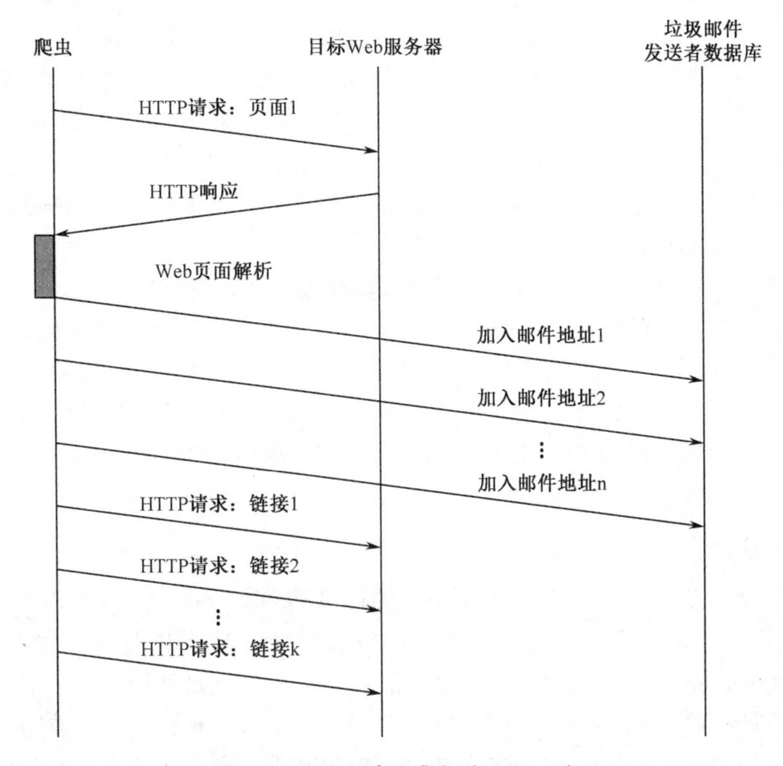

图 9.12　爬虫程序收集邮件地址的过程

2. 反内容分析

反内容分析包括单词混淆、令牌攻击、统计攻击等。

单词混淆主要针对基于文本的垃圾邮件过滤器，虽然这些混淆技巧对用户正确理解消息没有影响，但是可以躲避简单的单词或短语过滤。模糊邮件内容的技巧还有很多：内容加噪，指攻击者在垃圾邮件的内容中加入“噪声”、HTML 标记等，干扰垃圾邮件过滤器对邮件内容的分析；攻击者针对性地变换关键词、关键词的变体拼写等，过滤器需要区分故意混淆和合法拼写错误，从而影响过滤器对关键字的提取。

和单词混淆相似，令牌攻击与垃圾邮件检测的预处理环节相关，攻击者通过破坏特征选择过程，分解和改变关键的消息特性。例如，在文本中插入空格、特殊符号、星号等，使用 HTML、JavaScript、CSS 技巧等。

统计攻击针对基于贝叶斯算法的垃圾邮件过滤器。攻击者在文本中添加随机单词或看似合法的单词以混淆过滤器，使其相信接收的邮件不是垃圾邮件。例如，随机单词攻击通过添加大量的随机单词来降低原始邮件被识别为垃圾邮件的概率，这些单词是从字典中提取的，通常还会添加 HTML 标记或随机文本。但是，这种弱统计攻击是有争议的，可能产生更高的假阳性率，当用户使用被污染的数据进行训练时，过滤器会认为一些随机单词也是垃圾邮件的证据。常用词攻击也称好词攻击，是指在消息内添加合法消息中经常出现的单词，从而降低被识别为垃圾邮件的概率。这种类型的攻击通常是有效的，为了使消息无法被贝叶斯过滤器检测到，添加的单词数量会有所不同。

3. 图像垃圾邮件

图像垃圾邮件是攻击者常用的一种手段，这种攻击在图像中嵌入文本，并将图像作为电子邮件的附件以绕过大多数基于文本的垃圾邮件过滤器。通常攻击者还会在这类邮件中添加“虚假文本”，即经常出现在正常邮件而非垃圾邮件中的文本以迷惑垃圾邮件过滤器。大多数电子邮件客户端默认显示附加的图像，因此一旦打开电子邮件，消息就可以直接传递给用户。图像垃圾邮件的内容主要有以下几类：广告，如促销广告、产品广告、网上购物等；色情图片或色情产品；URL 链接，通常是一个简短的文本描述和一个 URL 链接；反动内容。图像垃圾邮件的特征如下。

（1）图像垃圾邮件几乎都包含文本信息，以传递攻击者的意图。

（2）随机图像。图像垃圾邮件是基于模板的，攻击者对模板进行随机化处理，使得每个生成图像的图像属性发生显著变化，如添加随机噪声、更改背景或字体颜色、使用不同的字体和字体大小等，从而导致统计数据的差异而人眼很难识别这些变化。

（3）图像垃圾邮件使用 MIME 传输附加的图像数据以及 HTML 格式和非可疑文本。但是，垃圾邮件图像中包含的文本和 HTML 主体中包含的文本通常没有相关性。

4. 反 IP 分析

为了对抗黑名单、白名单等基于 IP 地址的垃圾邮件检测技术，攻击者通常利用动态分配的 IP 地址或相互转发，使得垃圾邮件不会重复地出现某个 IP 地址。此外，攻击者还会通过匿名操作隐藏自己的身份。匿名操作的一种常用手段是使用开放中继，开放中继是一个中间节点，在不需要身份验证的情况下就可转发电子邮件消息。攻击者与开放中继建立连接，通过开放中继将邮件转发到目标 SMTP 服务器。攻击者通常使用一个或多个开放代理，以隐藏自己的活动，如图 9.13 所示。攻击者与开放代理 1 建立 TCP 连接；接着继续与其他开放代理建立连接，逐步形成一个代理链；最后，攻击者通过代理链连接到开放中继，通过开放中继把邮件转发给目标 SMTP 服务器。虽然开放代理的日志都是可用的，但要跟踪使用代理链的攻击者，就必须重构整个路径。

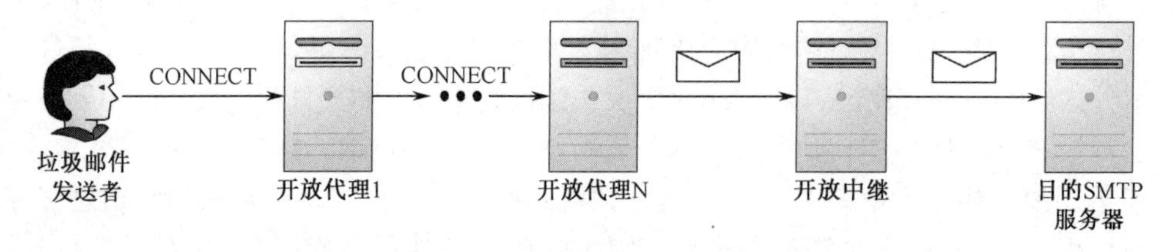

图 9.13 匿名操作

5. 僵尸网络

随着垃圾邮件策略的日趋复杂，攻击者正从传统的直接垃圾邮件技术转至扩展性更高、更难以捉摸和更间接的技术，即利用僵尸网络分发垃圾邮件。僵尸网络（Botnet）是由一组被称为 Bot 的主机组成的网络，这些主机被 Botmaster 实体控制，图 9.14 显示了僵尸网络的基本结构。受害主机均携带恶意软件：这些软件通常通过病毒或访问被感染的网站安装在受害者的计算机上；当受害者启动其计算机时，便会初始化这些程序。Botmaster

通过特殊的命令和控制信道（Command and Control Channel，C&C）向受害者机器发送执行特定任务的命令。C&C是僵尸网络最重要的组成部分，它决定僵尸网络的健壮性、稳定性和反应时间。被感染的主机经过一个僵尸网络的生命周期后，变成一个Bot和僵尸网络的一部分。Bot通过与C&C服务器建立连接来接收命令，并执行恶意活动。

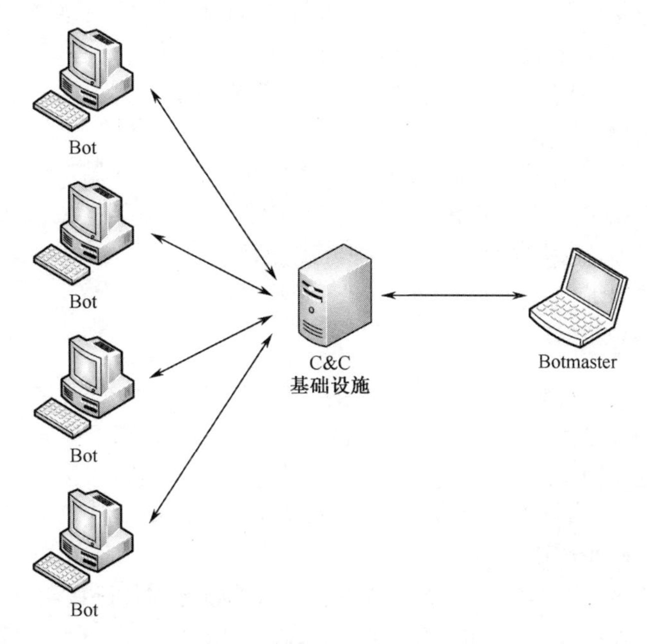

图9.14 僵尸网络的基本结构

利用僵尸网络分发垃圾邮件具有如下优势。僵尸网络提供发送大量垃圾邮件的基础设施，是一个巨大的计算分布式网络，具有可观的带宽。Botmaster可以利用数千台受感染的机器在几小时内发送数千万封电子邮件。僵尸网络的运作方式是将任务分配给所有受感染的机器，因此Botmaster所需的资源量大大减少，从而提高了有效吞吐量。受感染机器的来源或IP地址不断变化，因此大多数僵尸网络具有一定程度的多样性，使得攻击者可以逃避垃圾邮件过滤和IP黑名单技术。僵尸网络为分布式拒绝服务（DDoS）攻击、恶意软件传播、网络钓鱼等非法活动提供了一个分布式平台，成为网络安全面临的严重威胁之一。

9.4.3 垃圾邮件的检测和防御

垃圾邮件检测技术按部署位置，可以分为邮件传输代理（MTA）端的检测、邮件用户代理（MUA）端的检测、邮件投递代理（MDA）端的检测。按垃圾邮件检测的时间，可以分为邮件投递前的检测（黑名单、白名单、灰名单等）和邮件投递后的检测（主要是基于文本的检测）。

1. 黑/白名单

黑名单过滤来自已知或涉嫌发送垃圾邮件的服务器和域的邮件。已知或涉嫌发送垃圾邮件的发送方，其IP地址被列入黑名单。系统在SMTP连接或接收邮件时进行DNS查询，根据得到的回复判断是否为垃圾邮件，进而决定是否接收邮件。黑名单收录的信息有已知的攻击者的 IP 地址、邮箱地址、域名、服务器、开放中继等。

黑名单的 CPU 开销低，容易实现；黑名单允许在 SMTP 连接阶段阻止垃圾邮件，从而有效地阻止垃圾邮件进入网络。黑名单的局限性有：由外部实体维护，可能在没有任何警告的情况下随时被删除；由于攻击者存在 IP 欺骗，经常更换和伪造发件人地址，管理人员必须及时更新黑名单以保证有效性，管理开销大；随着垃圾邮件数量的增加，检查黑名单的 DNS 查找次数也会增加。攻击者可以使用僵尸网络在一定程度上躲避黑名单检查。因为僵尸网络由许多不同的计算机组成，这些计算机可能来自不同的域，因此特定域上的黑名单只能提供最低限度的垃圾邮件保护。

白名单与黑名单相反，白名单是用户认可的发件人列表，即用户可信的发件人地址，所收邮件的发件人在用户的白名单中时，判定该邮件为正常邮件。对大多数用户来说，白名单比黑名单小很多，也更容易维护。这种方法能有效地屏蔽大多数垃圾邮件，但误报率较高，同时需要用户维护。

2. 灰名单

基于灰名单的检测技术适用于来自未知来源的邮件，MTA 会“暂时拒绝”来自未知来源或可疑来源的电子邮件的发送请求，如果该邮件合法，那么原始服务器就会排队并重新尝试，MTA 接收该邮件的发送请求并传递合法邮件。攻击者所用的工具不会重新尝试邮件传递，从而实现对垃圾邮件的过滤。基于灰名单的检测技术依赖于发送方的重新传输及过滤器识别重新传输的能力。

典型的灰名单系统需要维护一个白名单，白名单收录的是已知会重试的 IP 地址。灰名单系统拒绝来自未知 IP 地址的邮件，如果该邮件被重新发送，那么将该 IP 地址加入白名单。Evan Harris 的初始灰名单原型是一个三元组（IP 地址、发件人地址、收件人地址），系统会保留一个三元组的白名单。具有多个服务器的网络通常使用一个共享的灰名单数据库和一个共享的白名单，还共享一个可能重试的发送方列表。正常的 SMTP 会话记录如图 9.15 左侧所示。为了最大限度地减少邮件传递可能被拒所需的网络流量，系统应在提供所有的必需信息后立即执行灰名单检查，即在收到 RCPT 命令后立即执行，相应的 SMTP 会话记录如图 9.15 右侧所示。

→ HELO somedomain.com
← 250 Hello somedomain.com
→ MAIL FROM: <sender@somedomain.com>
← 250 2.1.0 Sender ok
→ RCPT TO: <recipient@otherdomain.com>
← 250 2.1.5 Recipient ok
→ DATA
← 354 Enter mail
...
← 250 2.0.0 Message accepted for delivery

→ MAIL FROM: <sender@somedomain.com>
← 250 2.1.0 Sender ok
→ RCPT TO: <recipient@otherdomain.com>
← 451 4.7.1 Please try again later

图 9.15　SMTP 会话记录

3. 基于内容的检测技术

基于内容的垃圾邮件过滤器的典型结构如图 9.16 所示。邮件在进入分类器之前需要进行适当的预处理，例如特征提取、特征选择。电子邮件中并非所有信息都是有用的、必要的，大多数情况下去除含有噪声和信息量很少的部分可以降低特征空间维度，提高分类性能。对邮件内容的特征提取和特征选择按照以下步骤进行。

图 9.16　基于内容的垃圾邮件过滤器的典型结构

（1）词汇分析。切分表示消息的文本字符串得到一系列令牌，以方便后续处理。词汇分析过程中主要分析电子邮件正文和主题行文本，有时也把 IP 地址和域名视为令牌。

（2）停止词删除。删除文本中时常出现的信息量很少的单词，如冠词、数词、量词、介词、模糊的文字或符号。停止词删除使得单词选择的过程更加高效，可缩小特征空间。

（3）词干分析。将单词转换成词形，需要转换的单词通常是复数形式、动名词形式、前缀、后缀，或含有时态变化。词干分析和词形还原密切相关，词形还原考虑单词词形和相关语境。词干分析和词形还原可以降低特征空间维度，提高分类精度。

（4）格式转换。将文本信息转换成所用算法需要的结构形式。

早期基于内容的检测技术使用启发式算法、基于指纹的检测方法等。基于内容的启发式过滤器是一组手工编码规则，它分析邮件正文和邮件头，根据规则将其分类为垃圾邮件或合法邮件。基本思想是关键词识别，将特定的文本或单词与电子邮件内容进行匹配，包含这类关键词的邮件是垃圾邮件的可能性很大，如“免费”“中奖”等，这些规则的设计基于对大量垃圾邮件的观察分析。启发式算法在早期的垃圾邮件检测中非常有效，但随着攻击者的混淆手段的发展，启发式算法的有效性大大降低，这就要求系统不断地维护与更新规则。启发性算法精度低并且假阳性率高，任何含有关键词的邮件都会被丢弃。在垃圾邮件检测中应用机器学习算法可以实现较好的效果，基于内容的检测技术中常用机器学习算法包括贝叶斯算法、支持向量机、K 近邻算法、决策树、神经网络等。

5. 图像垃圾邮件检测

图像垃圾邮件的检测技术主要分为两类：基于光学字符识别（Optical Character Recognition，OCR）工具的检测技术和基于低层图像特征的检测技术。基于 OCR 工具的检测技术允许分析许多垃圾邮件图像的高层特征（即文本内容），优点是产生误报的可能性很小，但有效性受到 OCR 错误的影响，且高计算成本会导致处理时间过长。此外，基于 OCR 工具的检测技术不考虑低层图像特征，很容易被攻击者的混淆手段迷惑，因此在实际应用中常被视为低层图像处理技术的补充。

基于 OCR 工具的检测技术从图像中提取和分析文本，分析文本的方法主要包括关键词检测和文本分类。由于存在 OCR 错误，因此可对 OCR 工具提取的词与关键词进行模糊匹配，以降低拼写错误等混淆手段的影响。应用于电子邮件正文的文本分类技术也可有效地分析 OCR 工具提取的文本。考虑到存在 OCR 错误，在训练集中加入从图像中提取的文本数据，可以进一步提高图像垃圾邮件的检测率。

基于低层图像特征的检测技术分为图像分类技术和近似重复图像检测技术。低层图像特征包括纹理、形状、颜色和空间位置。图像分类技术的基本思想是根据从图像中提取的低层特征对图像进行分类，垃圾邮件图像的主要特征是存在相对较大的文本区域，而且这些图像通常是计算机生成的具有特定属性的图形。近似重复图像检测技术类似于基于内容的图像检索技术，目标是找到与所查询图像近似的图像。垃圾邮件图像通常由一个公共模板生成，攻击者对其进行随机化处理来逃避基于签名的检测，并分批发送给大量用户。来自相同模板的图像视觉上的相似程度很高，因此可通过与已知垃圾邮件图像的数据库进行比较来识别垃圾邮件图像。

9.5 本章小结

尽管 PGP 和 S/MIME 都在 IETF 标准跟踪的过程中，但目前 PGP 依然是多用户个人电子邮件安全方案的首选，而 S/MIME 将成为商业和组织机构使用的工业标准。本章首先分析了电子邮件的基本工作原理及其安全问题，然后详细介绍了 PGP 安全业务、PGP 消息发送与接收、PGP 公钥管理系统和 PGP 5.x 算法，接着分析了 S/MIME，最后重点分析了垃圾邮件的基本攻击方式和检测防御手段。希望读者通过本章的学习，能够了解电子邮件的工作原理与面临的安全威胁，掌握 PGP、S/MIME 的基本工作流程和算法构件，了解垃圾邮件的检测和防御方法，并将相关知识灵活应用到网络安全实践中。

选择题与填空题

1. ____________协议需要在传输电子邮件之前标识内容的类型。

   A．PEM　　B．PGP　　C．SMTP　　D．MIME

2. 在____________中使用了密钥环的概念。

   A．PEM　　B．PGP　　C．SMTP　　D．MIME

3. S/MIME 提供了发送和接收____位 MIME 数据的方法。

   A．7　　B．5　　C．8　　D．16

4. PGP 提供的 5 个服务是________、________、________、________、________。
5. 在 PGP 体制中，在前一次会话密钥生成后，希望生成________个会话密钥。
6. 分离签名的用途是____。
7. RFC 822 定义了使用电子邮件发送_____的格式，基于 Internet 的_____标准，并被广泛使用。
8. MIME 是对______框架的扩充，目的是解决使用________、其他邮件传送协议和______传递邮件的问题与局限性。
9. S/MIME 提供的主要功能是________、________、________、________。
10. S/MIME 的内容类型为________、________、________、________、________。

问题讨论

1．简述 PGP 发送消息格式。

2．PGP 为什么在压缩前生成签名？

3．电子邮件应用为什么使用基数-64 转换？

4．PGP 为什么需要分段重组？

5．PGP 如何使用信任关系？举例说明。

6．简述 PGP 密钥环形存储器工作模式。

7．简述 SMTP/822 模式存在的主要问题。

8．在 PGP 体制中，在前一次会话密钥生成后，为什么 PGP 选择 CFB？

9．在 PGP 体制中，拥有 N 个公钥的用户有多大的可能性至少拥有一个重复密钥 ID？

10．PGP 签名的 128 位消息摘要中的前 16 位是以明文方式解释的。

（1）这对哈希算法的安全性有多大威胁？

（2）这样能否帮助判定“用于解密消息摘要的 RSA 密钥的正确性”？

11．简述垃圾邮件的常用检测方法。

第10章

Web与电子商务安全

内容提要

目前，越来越多的商业企业、政府机构和个人拥有自己的Web站点。访问Internet的个人和公司数量增长迅猛。然而，由于网络日益复杂，黑客攻击层出不穷，使得Web站点的安全问题日益严重。本章首先讨论有关Web安全性的一般需求，介绍Web面临的安全威胁和现有的安全防护机制；然后详细讨论电子商务安全中非常重要的标准化方法——SET协议，重点介绍SET协议工作流程，以及SET加密技术、双重签名与验证等SET协议中的关键技术；最后介绍新兴的3D安全支付协议，并对SSL、SET、3D-Secure三种Web与电子商务安全防护技术进行对比分析。通过本章的学习，读者将明确Web与电子商务的安全需求，掌握基于SET协议的安全支付技术，了解现有安全防护机制的不足，为Web与电子商务安全分析与设计奠定理论基础。

本章重点

- Web的安全性需求与安全防护技术
- SET协议
- 3D安全支付协议
- 未来电子支付趋势

10.1　Web 安全概述

万维网（World Wide Web，WWW）也称 Web，是一种新型信息系统。在这种信息系统中，文档与其他 Web 资源由统一资源定位符（Uniform Resource Locators，URL）标识。Web 资源由 Web 服务器发布，在 Internet 上通过超文本传输协议（Hypertext Transfer Protocol，HTTP）进行传输，由 Web 浏览器访问并展示给用户。

早期的 Web 网页是静态网页，对所有用户显示的页面信息相同。如今，Web 上的大多数网站实际上是运行在 Internet 和 TCP/IP 内联网上的客户机/服务器应用程序，我们称之为 Web 应用。Web 应用功能强大，可以支持注册和登录、金融交易、网页搜索、收发邮件等交互性功能。这些 Web 应用的网页内容是基于具体用户身份动态生成的，同时 Web 应用处理的许多信息都是私人且高度敏感的，因此 Web 应用的安全性成了用户考虑的主要问题。此外，Web 应用越来越成为公司及相关产品信息的可视化窗口与商业交互平台，Web 服务器成为攻击者进入公司或机构整个计算机系统的“着陆点”。一旦 Web 服务器被攻破，攻击者就可以访问涉及 Web 的信息，还可以入侵本地站点服务器，进而获取额外的数据，甚至破坏系统。

Web 应用依赖于服务器和浏览器之间的双向信息流。绝大多数 Web 应用声称自己是安全的，因为它们在 Web 资源传输过程中使用了 SSL 协议加密，可以有效保护浏览器与 Web 服务器之间传输数据的保密性与完整性。SSL 协议有助于防止窃听攻击，并可向用户保证 Web 服务器的身份，但不能阻止直接针对 Web 服务器或客户机组件的攻击。

事实上，根据 Dafydd Stuttard 和 Marcus Pinto 在 2007 年与 2011 年的两次检测结果，大部分 Web 应用都是不安全的，它们普遍存在以下几类安全漏洞。

（1）脆弱的身份验证。这类漏洞包含 Web 应用登录机制中的各种缺陷，基于这些缺陷，攻击者可以猜测弱密码，发起暴力攻击或绕过登录。

（2）脆弱的访问控制。这类漏洞是指 Web 应用程序无法正确保护对其数据和功能的访问，基于该漏洞，攻击者可以查看服务器上保存的其他用户的敏感数据，或执行特权操作。

（3）SQL 注入。利用该漏洞，攻击者可以提交精心设计的输入，以干扰 Web 应用与后端数据库的交互。攻击者可以从应用程序中检索任意数据，干扰其业务逻辑，或在数据库服务器上执行命令。

（4）跨站点脚本。利用该漏洞，攻击者可将 Web 应用的其他用户作为目标，从而获取其数据的访问权限，代表目标用户执行未经授权的操作或进行其他攻击。

（5）信息泄露。该类漏洞是指 Web 应用通过错误的业务行为逻辑泄露敏感信息，攻击者对 Web 应用程序进行攻击时会用到这些敏感信息。

（6）跨站点请求伪造。利用该漏洞，攻击者可以诱使 Web 应用用户访问恶意网站，恶意网站与 Web 应用进行交互，在其用户上下文和特权级别内对 Web 应用执行非用户意图的操作。

另外，Web 安全开放社区 OWASP 也总结了 Web 应用中常见的 10 个应用漏洞，包括注入、认证失败、敏感数据暴露、XML 外部实体（XXE）、访问控制失败、安全配置错误、跨站点脚本、不安全的反序列化、使用具有已知漏洞的组件以及不足的日志监控与记录等。

10.2 Web 应用安全威胁与防护技术

10.2.1 Web 应用安全威胁分析

Web 应用中的核心安全问题是，用户（客户机）可以向 Web 服务器提交任意输入数据，具体如下。

（1）用户可能会干扰客户机与服务器之间传输的任何数据，包括请求参数、cookie 和 HTTP 头部，轻松地规避在客户机实施的任何安全控制，如输入验证检查。

（2）用户可以按任何顺序发送请求，并且提交的请求中的参数违背了开发人员对用户与 Web 应用进行交互的任何假设。

（3）访问 Web 应用的客户机不仅可以是浏览器，而且可以是其他与浏览器一起使用或独立于浏览器运行的工具。这些工具可以快速生成大量的不同请求，以发现和利用安全漏洞。

因此，攻击者可以使用精心设计的输入来干扰 Web 应用的逻辑和行为，未经授权地访问 Web 应用的数据和功能，从而破坏 Web 应用。这些输入是 Web 应用开发人员无法预期的。下面是一些通过构造输入进行攻击的实例。

（1）更改在隐藏的 HTML 表单字段中传输的产品价格，以较低价格欺诈购买产品。

（2）修改 HTTP cookie 中传输的会话令牌，劫持另一个通过身份验证的用户的会话。

（3）删除 HTTP 请求中提交的某些参数，利用 Web 应用处理中的逻辑缺陷。

（4）更改由后端数据库处理的输入，注入恶意的数据库查询语句或访问敏感数据。

因此，Web 应用的输入并不可信，需要采取必要的防护措施。

10.2.2 Web 应用安全防护技术

基于上述 Web 应用安全威胁分析，安全防护技术的设计包括以下核心思路。

（1）处理用户对 Web 应用数据和功能的访问，防止用户未经授权的访问。

（2）处理用户对 Web 应用功能的输入，防止异常输入引起的恶意行为。

（3）处理攻击者，确保 Web 应用程序在被攻击时采取适当的防御措施。

（4）管理 Web 应用，方便管理员监视应用程序的活动并配置其功能。

从这些核心思路出发，表 10.1 中总结了常见的 Web 应用安全防护技术。

表 10.1　常见的 Web 应用安全防护技术

核心思路	防护技术	具体解释
处理用户访问	认证	对用户进行身份认证，确定用户实际上是其声称的身份
	会话管理	管理认证用户的会话，识别与处理来自不同身份用户的一系列 HTTP 请求
	访问控制	基于发起请求的用户身份，确定该用户是否有权执行操作或访问其请求的数据

续表

核心思路	防护技术	具体解释
处理用户输入	过滤	拒绝已知的恶意输入（“黑名单”机制），接受已知的安全输入（“白名单”机制）
	净化	处理（删除、编码或转义）输入中的恶意字符，保留已知的安全字符
	边界验证	规定用户输入的形式，如固定长度的整数等
处理攻击者	处理应用错误	正常处理 Web 应用的意外错误，并从错误中恢复，或向用户显示适当的错误信息
	维护审计日志	记录 Web 应用的状态信息，使管理员能够准确了解发生了什么，利用了哪些漏洞，攻击者是否未授权访问数据或执行未授权操作，并提供入侵者身份信息
	警告管理者	配置安全规则，当出现相关安全事件时通知管理员采取行动
	反击	缓慢地响应攻击请求，终止攻击者会话等
管理应用	管理应用	管理用户账户和角色（信任级别），记录访问，审核与诊断，配置 Web 应用功能等

上述安全防护技术是 Web 应用对恶意用户的主要防御手段，但它们的缺陷同样会为 Web 应用带来安全隐患。

10.2.3 常见的 Web 安全漏洞与防御措施

1）跨站点请求伪造攻击与防御

用户登录一个站点后进行后续操作时，浏览器自动将该用户的 Cookie 附在请求中发送给服务器，以便服务器验证该用户身份的有效性。因此，攻击者可以构造跨站点请求伪造（Cross-Site Request Forgery，CSRF）攻击，诱使受害者在其浏览器上触发站点请求，受害者会在不希望或不知情的情况下向服务器发出请求（如发送消息、转账等），而该请求在服务器看来是合法的，因为它包含了受害者的正确 Cookie。

典型 CSRF 攻击的完整流程如下。在用户登录站点后，站点将用户的 ID 及凭据作为 Cookie 发送给用户。接下来，攻击者诱使用户通过浏览器的新标签页（或窗口）访问一个恶意站点，该站点向网站发送请求。由于该请求会自动附上用户的 Cookie，在服务器看来是合法的，于是服务器正常处理该请求。

针对 CSRF 攻击的防御机制包括在页面中嵌入隐藏值作为令牌、验证 HTTP 请求的 Referrer Header、验证请求的发送者是人而不是机器等。

2）跨站点脚本攻击与防御

跨站点脚本（Cross-Site Scripting，XSS）攻击是指攻击者在网页中注入恶意脚本代码，绕过同源策略（SOP）等访问控制策略，攻击受害者的客户机，实行 Cookie 窃取、更改 Web 应用账户设置、传播 Web 蠕虫等攻击。XSS 攻击的根本原因是 Web 应用程序存在 XSS 漏洞，未检测出输入中的脚本代码。

XSS 攻击分为非持久性 XSS 攻击（反射型 XSS 攻击）、持久性 XSS 攻击（存储型 XSS 攻击）、基于 DOM 的 XSS 攻击、mXSS 攻击等。针对 XSS 攻击的防御机制包括过滤输入、净化输入、选用更低权限的 JavaScript API、CSP 等。

3）SQL 注入攻击与防御

结构化查询语言（Structured Query Language，SQL）是一种用于访问和处理数据库的语言。在 SQL 注入（SQL injection，SQLi）攻击中，浏览器向服务器发送包含恶意输入的 SQL 查询语句，服务器端不对输入进行检查就直接传入 SQL 查询时，恶意代码就会被执行。

很多 Web 站点都使用客户机-应用服务器-数据库架构。应用服务器接收客户机的输入，传送给数据库，执行查询或修改数据等操作。在这种情形下，成功的 SQLi 攻击可以从数据库读取敏感数据、修改数据库数据甚至对数据库执行管理操作，带来数据库泄露、数据破坏和拒绝服务等后果。攻击者甚至可以变成数据库服务器的管理员，获得操作数据库的完整权限。

典型的 SQLi 攻击手段如下。

（1）构造恒为 True 的条件语句绕过认证。

（2）通过 SQL Union 查询，让站点返回其他数据表中的数据。

（3）在原始查询语句中添加额外的 SQL 语句执行对数据或数据库的操作。

（4）插入外部命令使其在 SQL 查询语句后执行。

针对 SQLi 攻击的常用防御手段如下。

（1）使用 SQL 参数化查询技术。在原始的查询语句中使用占位符代表需要填入的数值，使得数据库服务器不会将参数内容作为 SQL 语句执行。该方法是抵御 SQLi 攻击的最佳方案。

（2）对输入的字符进行转义。主流服务器语言均提供对引号、换行符、注释符等特殊字符的转义，转义后的字符串不会作为有效的 SQL 语句执行。

（3）模式检测。基于具体的应用场景，对输入进行检查（如是否是电话号码）。

（4）限制数据库的权限。对通过应用服务器登录的用户，限制他们对数据库访问和操作的权限。该方法能在一定程度上减轻 SQLi 攻击带来的危害。

（5）使用合适的 SQL 调用函数。例如，不允许同时进行多条查询。

10.3 SET 协议及电子商务安全

10.3.1 SET 概述

Internet 技术的提高促进了电子商务的发展，也带来了网上支付的欺诈风险。安全电子交易（Secure Electronic Transaction，SET）是开放的、用以保护 Internet 上信用卡交易的安全规范。MasterCard、VISA、Netscape、Microsoft 等多家公司都参与了初始规范的开发。SET 是安全协议与格式的结合，可让用户以一种安全的方式将已有的信用卡支付基础设施配置到 Internet 上。

SET 提供三种基本服务：① 在交易涉及的各方之间提供安全的通信信道；② 使用数字证书等技术构建参与各方之间的信任链；③ 保证保密性，信息只在必要的时间、地点才对各交易方可用。

下面介绍 SET 的商业需求、主要特性和 SET 协议的参与者。

1. SET 的商业需求及 SET 的主要特性

在 SET 规范中，在线上使用信用卡进行安全支付处理的商业需求如下。

（1）信息的保密性和完整性。持卡人的账号和支付信息在通过网络传输时需要确保不被泄露，只提供持卡人的信用卡号码，要防止商家取得。SET 通过使用对称加密确保银行账号的保密性。SET 使用随机生成的密钥加密数据，使用收方公钥再次加密。通过这种加密，SET 既保证了数据的保密性，又使得其只能被指定的接收方访问。为保证数据不会在传输过程中被篡改，SET 使用哈希函数和数字签名验证数据的完整性。

（2）持卡人账户认证。SET 协议连接持卡人和合法账户号码，降低了欺骗发生率和支付代理的整体代价。协议使用数字签名结合数字证书来验证持卡人是否是有效账号的合法用户。

（3）商家认证。持卡人要确认与之能够进行安全交易的商户的身份，尤其要确认商家是能够受理信用卡的特约商户。SET 使用数字签名和特约商户证书支持特约商户认证。

（4）新协议创建。作为一个端到端的协议，SET 允许在信息传输中使用 SSL/TLS、IPSec 等加密技术来提供额外的安全性。

（5）互操作性。SET 使用标准协议和消息格式来提供互操作性。规范必须适用于各种软/硬件，并且不能有应用性差异。拥有兼容软件的持卡人均可与满足定义标准的特约商户软件通信。

2. SET 协议的参与者

图 10.1 给出了安全电子商务的成员。

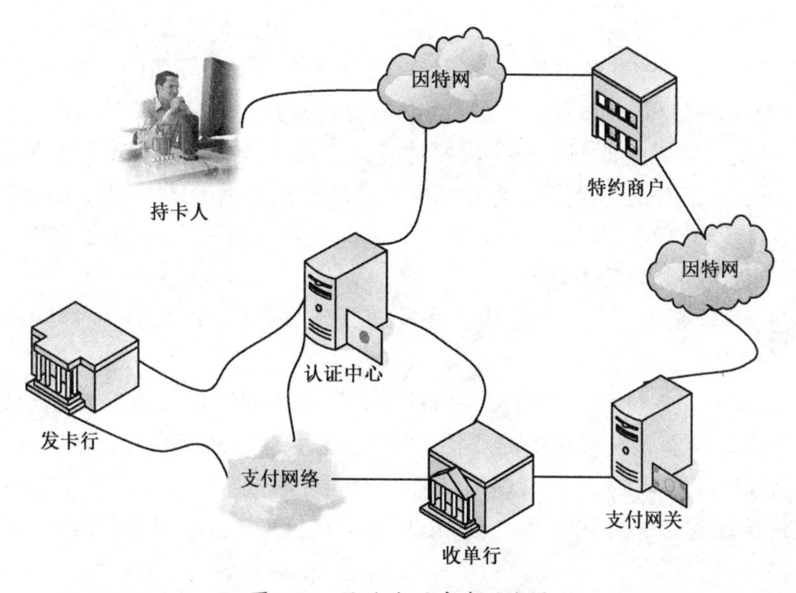

图 10.1 安全电子商务的成员

（1）持卡人（Card Holder）。消费者或采购员在计算机（PC）上通过因特网与商户交互。持卡人是支付卡的授权持有人，该支付卡由发卡行发出。在持卡人与商户的交互中，SET 确保持卡人信息的保密性。

（2）发卡行（Issuer）。发卡行是为持卡人建立账户并发放支付卡的金融机构（银行）。它还给持卡人颁发用于验证持卡人身份和标识持卡人持有的信用卡信息的数字证书。

（3）商户（Merchant）。商户是指能给持卡人提供商品或服务的个人或机构。使用 SET，特约商户能够向其持卡人提供安全的电子交互。接受支付卡的商户必须与收单行

（金融机构）建立关系。

（4）收单行（Acquirer）。收单行是一家金融机构，它为商户建立账户并处理支付卡的授权和支付。收单行将支付卡的详细授权信息发给支付网关，并要求后者进行结算。

（5）支付网关（Payment Gateway）。支付网关充当特约商户与收单行之间的接口，完成不同品牌卡的支付授权服务，完成清算服务和数据捕获。支付网关是由收单行或处理商户支付信息的指定第三方运营的设备，其工作方式如下：将加密后的消息解密，对交易中的所有参与者进行认证，并将 SET 消息重新格式化为与商户销售系统兼容的格式。

（6）认证中心（Certification Authority，CA）。CA 是受托向持卡人、商户、支付网关发行 X.509 v3 公钥证书的实体。CA 的主要功能是接受注册请求、处理和批准/拒绝请求及发行证书。金融结构可以接受、处理和批准其持卡人或商户的证书请求，并把信息转发给合适的支付卡（如 VISA、MasterCard）来发行证书。处理支付卡证书的独立注册中心请求证书，并把它们转发给合适的发卡行或收单行进行处理。金融机构将已批准的请求转给对应类型的支付卡来发行证书。

10.3.2 SET 协议工作流程

SET 协议的通常工作步骤如下。

（1）消费者开通账号。消费者从支持电子支付和 SET 的银行获得信用卡账号，如 MasterCard 或 VISA 卡号。

（2）消费者收到证书。经过身份验证后，消费者收到银行签名的数字证书。证书确定消费者的 RSA 公钥及其有效期，在消费者密钥对与信用卡之间建立由银行担保的关系。

（3）商户获取自己的证书。商户需要持有分别用于消息签名和密钥交换的两个公钥的证书，以证明自己对这两个公钥的所有权。商户还需要网关的公钥证书副本。

（4）消费者提出订购。然后，持卡人把购买清单发送给商户，商户返回包含货物标识、价格、总价格和订购号码的表格。

（5）验证商户。除了订购表格，商户还发送其证书副本，因此消费者可以验证与其交易的商户的合法性。

（6）发送订购和支付信息。消费者将订单、支付信息及消费者的证书一起发送给商户。订单用于确认购买订购表格中的货物。支付信息包含信用卡信息，它被加密为商户不可读方式。消费者证书用于商户验证消费者持卡的合法性。

（7）商户请求支付认可。商户将支付信息发给支付网关，请求核准消费者的存款是否足以支付本次购买。

（8）商户确认该项订购。商户将订购的确认发给消费者。

（9）商户提供货物或服务。商户将货物递送给消费者，或者为消费者提供服务。

（10）商户请求支付。请求被发给支付网关，后者处理所有的支付请求。

10.3.3 SET 协议关键技术

1. 加解密与消息认证

SET 将对称密钥的快速性、低成本和非对称密钥的易用性完美地结合在一起，保证了传输消息的保密性。同时，SET 协议规定发送方在传递的消息中包含数字证书，用于接收方认证消息，保证传输消息的完整性。图 10.2 描述了 SET 协议的加解密与消息认证过程，具体流程如下所述。

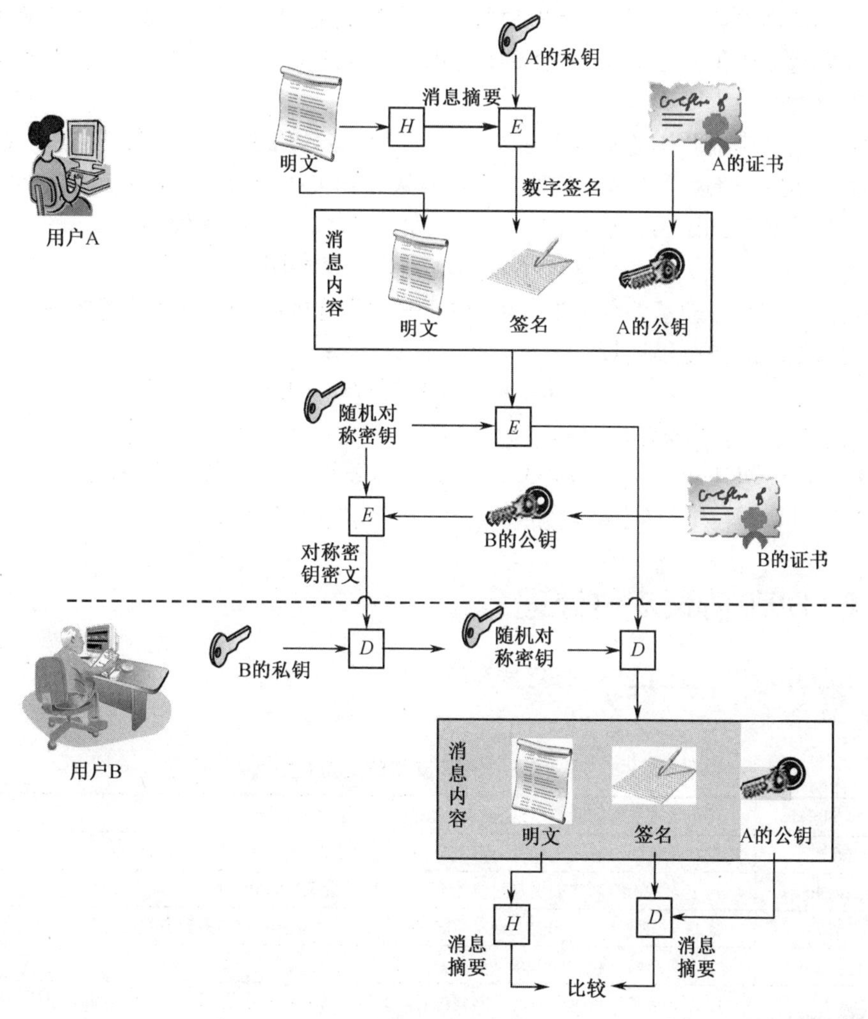

图 10.2 SET 协议的加解密与消息认证过程

如图所示，假设用户 A 为发送方，用户 B 为接收方。用户 A 需要对发送的消息进行加密。首先，用户 A 使用哈希函数生成明文（支付信息或订购信息）的定长哈希值，称为消息摘要，并用自己的私钥对其签名。然后，用户 A 生成随机的对称密钥，并使用该密钥加密明文、A 的签名和 A 的证书的副本，证书中包含 A 的公钥。接着，用户 A 使用用户 B 的公钥加密对称密钥，得到的密文称为“数字信封”。最后，用户 A 将完整的加密信息和数字信封发给接收方。

用户 B 收到加密信息与数字信封后，首先用自己的私钥解密数字信封，获取对称密钥。接着，用户 B 用对称密钥解密明文、A 的签名、从 A 的证书中提取的 A 的公钥。然后，用户 B 用 A 的公钥解密 A 的签名，恢复消息摘要。最后，用户 B 计算解密后明文的消息摘要，并与之前恢复的消息摘要对比，认证消息源；同时，通过与 CA 联系确认 A 的证书的有效性和身份的真实性。

2. 双重签名与签名验证

双重签名是 SET 协议中的一个关键组件，用于级联两个发送给不同接收者的消息。在电子支付中，消费者希望将订购信息（OI）发送给商户，将支付信息（PI）发送给银行。商户不必知道消费者的信用卡号码，银行也不必知道消费者订单的细节。为了避免争议，必要时需要将 OP 和 PI 关联，使消费者可以证明当前支付是用于本次订购而不是用于其他货物/服务的。

因此，消费者需要构建双重签名。首先，消费者使用 SHA-1 计算 PI 的哈希值和 OI 的哈希值。然后，将两个哈希值级联，再计算级联结果的哈希值。最后，消费者使用其私钥 KR_c 对级联结果的哈希值进行加密，创建双重签名。构造过程如下：

$$\mathrm{DS} = E_{\mathrm{KR_c}}[H(H(\mathrm{PI}) \| H(\mathrm{OI})]$$

假设商户获得了双重签名 DS、OI、PI 的哈希值 PIMD，以及从消费者证书中取得的消费者的公钥。商户可以计算

$$H(\mathrm{PIMD} \| H(\mathrm{OI})) \text{ 和 } D_{\mathrm{KU}_c}[\mathrm{DS}]$$

式中，KU_c 是消费者的公钥。若两个数值相等，则商户验证该签名正确。同理，若银行获得了 DS、PI、OI 的哈希值 OIMD 及消费者的公钥，则可以计算 $H(H(\mathrm{PI}) \| \mathrm{OIMD})$ 和 $D_{\mathrm{KU}_c}[\mathrm{DS}]$。同样，如果两个数值相等，那么银行验证该签名正确。

10.3.4 SET 协议支付处理

表 10.2 中给出了 SET 支持的交易类型。下面介绍购买请求、支付认可与支付获取三类交易。

表 10.2 SET 支持的交易类型

持卡人注册	持卡人在能够向商户发送 SET 消息之前必须在 CA 注册
商户注册	商户在能够与持卡人和支付网关交换 SET 消息之前，必须在 CA 注册
购买请求	持卡人发送给商户的消息包含给商户的 OI 和给银行的 PI
支付认可	商户与支付网关之间的交换，用来核准给定的信用卡账号购买的金额可支付
支付获取	允许商户向支付网关请求支付
证书调查和状态	CA 不能立刻完成证书请求的处理时，给持卡人或商户发送回答，指示请求者以后再查看。持卡人或商户发送证书调查消息来确定该证书请求的状态，并在请求被批准时接收证书
购买调查	收到购买响应后，允许持卡人用户检查订购处理的状态。注意这个消息不包括诸如撤销订购货物的状态，但指示认可、获取和信用处理的状态
认可撤销	允许商户更正以前的认可请求。订购不成功时，商户可以撤销整个认可。部分订购不成功（如撤销订购货物）时，商户可以撤销部分认可数量
获取撤销	允许商户纠正获取请求中的差错，如办事员错误输入的交易数量
信用	允许商户向持卡人的账号发出一个信用，如在货物被返回或在传输过程中被破坏的情况下。注意 SET 的信用消息由商户而非持卡人发起。持卡人和商户之间的所有通信都导致在 SET 之外处理的一个信用
信用撤销	允许商户更正以前的请求信用
支付网关证书请求	允许商户询问支付网关，并接收网关当前的密钥交换和签名证书
批管理	允许商户成批地向支付网关发送信息
差错信息	指出响应者由于消息在格式或内容检测中失败而拒绝该消息

1．购买请求

购买请求交换由 4 个消息组成：发起请求、发起响应、购买请求、购买响应。

（1）发起请求。为了向商户发送 SET 消息，持卡人必须拥有商户和支付网关证书的副本。持卡人向商户发送发起请求消息，请求获得证书。该消息包括持卡人的信用卡品牌、持卡人赋予这个请求/响应对的 ID，以及与时间关联的临时交互号。

（2）发起响应。商户生成发起响应，并使用自己的私钥对其签名。响应包括商户的签名证书、支付网关的密钥交换证书、来自持卡人的临时交互号、自己生成的临时交互号和这次购买交易的交易 ID。

（3）购买请求。持卡人通过相应的 CA 签名来验证商户和网关证书，创建订购消息（OI）和支付消息（PI）。商户赋予的交易 ID 放在 OI 和 PI 中。然后，持卡人生成一次性对称加密密钥 K_S，准备购买请求消息。购买请求消息包括与支付相关的信息（包括使用 K_S 加密的 PI、双重签名和 OIMD 及数字信封）、与订购有关的信息（OI、双重签名、PIMD）、持卡人的证书。

（4）购买响应。商户收到购买请求消息后，通过持卡人的 CA 签名验证持卡人证书。然后，使用持卡人的公钥验证双重签名。接着，处理订购信息，并将支付信息转交给支付网关进行认可。最后，向持卡人发送购买响应。

购买响应消息包含响应块，响应块确认订购并引用相应交易 ID。商户使用自己的私钥对响应块签名，然后将响应块与其签名加上商户的签名证书一起发送给持卡人。

持卡人收到购买响应消息后，进行商户证书验证，然后验证响应分组上的签名。最后，基于响应进行相应的操作，如向商户显示一个消息或修改数据库中该项订购的状态。

2．支付认可

在处理来自持卡人的订购时，商户请求支付网关认可该项交易。支付认可确保交易得到发卡行批准，保证商户可以得到支付。因此，商户可以向持卡人提供服务或商品（货物）。支付认可交换由两部分组成：认可请求和认可响应。

（1）认可请求。商户首先生成认可分组，即用商户生成的一次性对称密钥加密的由商户私钥签名的交易 ID。然后生成向支付网关发送的认可请求消息，包括与支付有关的信息（从持卡人处获得并转发）、与认可有关的信息（认可分组与数字信封）、证书（持卡人的签名密钥证书、商户签名密钥证书和商户的密钥交换证书）。

（2）认可响应。支付网关收到认可请求后，验证所有证书，解密认可分组的数字信封，解密认可分组，验证认可分组中的商户签名。接着，解密支付分组的数字信封，解密支付分组，验证支付分组的双重签名，并验证从商户处收到的交易 ID 与从持卡人处收到的 PI 中的交易 ID 是否匹配。最后，向发卡行请求和接收一个认可。获得发卡行的认可后，支付网关向商户返回认可响应消息，包括与认可有关的信息（认可分组和数字信封）、获取权标信息（签名加密的获取权标和数字信封）和支付网关的签名密钥证书。获得网关的认可后，商户即可将货物或服务提供给消费者。

3．支付获取

为了获得支付，商家向支付网关请求支付获取交易，获取交易由获取请求和获取响应两个消息组成。

（1）获取请求。对于获取请求消息而言，商户对获取请求分组（包括支付金额、交易标识）签名、加密。消息还包括在认证响应消息中收到的被加密的获取标识、商家的签名密钥和交换密钥的密钥证书。

（2）获取响应。支付网关收到获取请求消息后，解密并验证获取请求分组，解密并验证获取标识。之后，生成一个通过专用支付网络传送的请求消息，通过该消息指示资金转到商家账号中。然后，支付网关在获取响应消息中通知商户支付情况。该消息包括网关签名和加密的获取响应分组，以及网关的签名密钥证书。商户的软件将保存该获取响应，以便对从清算银行获得的支付进行验证。

10.3.5 SET 协议的不足及改进

SET 协议过于复杂，有许多不足之处。在利用 SET 协议实施电子商务平台时，需要对这些不足之处进行全面考虑并加以改进。

（1）SET 协议中没有支持不可抵赖的描述，但其采用数字签名技术在一定程度上支持不可抵赖性。事实上，SET 协议只是规定支付网关对持卡人的数字签名进行验证，而不对发卡行进行验证。在实施该协议时，显然不能在每次交易时都要求发卡行和收单行同时验证其双重签名等，因为这样会增加工作量，降低效率。只有在发生纠纷时，才将持卡人、客户的双重数字签名等送到发卡行进行验证，然后由收单行处理纠纷。

（2）银行网关具有很大的权力，可以认可该交易是否成功。因此，若其偏袒任何一方，则都将损害另一方的权益。可能的改进策略是，将每次交易的签名哈希值公开，以供查询和质询，或者设立一个提供备份相关信用认证信息的职能机构。

（3）SET 协议的凭证证书格式只是要求遵守 X.509 规范，并未强调要求与各种不同的应用环境兼容。所以在建立电子商务平台时，应尽可能考虑证书的兼容性，周密设计其扩展字段，以方便扩展到不同的交易平台。

（4）外部环境，如 HTTP 及 SMTP 协议的安全性、浏览器与电子邮件的实时性等可能影响 SET 协议的安全性。作为一个复杂的系统，SET 协议的安全性取决于系统中最薄弱的部分，因此使用它时必须要求参与各方能够统筹系统风险、管控安全威胁。

SET 的最大缺点是，协调电子商务中的多个参与方（消费者、商户、发卡行、收单行等）并保证安全意味着巨大的时间和成本开销。对消费者而言，在浏览器中集成 SET 兼容组件或支持相关功能的电子钱包麻烦而昂贵。

10.4 3D 安全支付协议

由于 SET 协议过于复杂，不易部署，1999 年 VISA 组织在电子商务领域引入 3D 安全（Three-Domain Secure，3D-Secure 或 3DS）协议，并在欧洲推行，至 2003 年已在全球范围内推广。3D 安全协议是一种基于可信第三方（TTP）的安全协议，其目标是给发卡行提供一个持卡人身份许可的环节，降低使用 VISA 卡进行欺诈的可能性，提升交易的安全性。

10.4.1 3D 安全协议概述

3D 安全协议涉及的组织如下。

- 收单行域。包括商户和收单行。
- 发卡行域。包括持卡人和发卡行。
- 协作域。包括可信第三方（Third Trusted Party，TTP），如 VISA。

在基于 3D 安全协议的电子商务模式下，3D 安全协议的基本流程如图 10.3 所示。

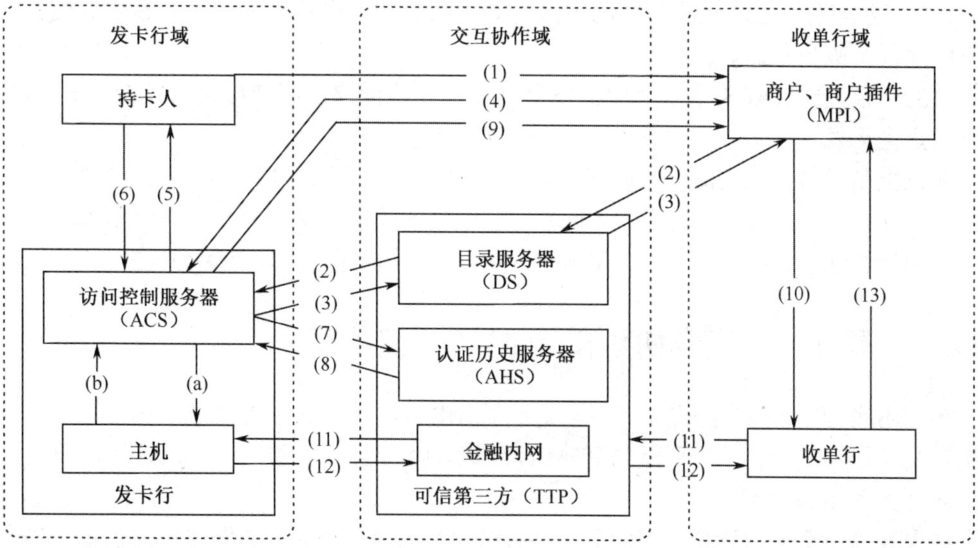

发卡行域
交互协作域
收单行域
持卡人
商户、商户插件（MPI）
(1) (4) (9)
(6) (5)
(2) (3)
目录服务器（DS）
访问控制服务器（ACS）
(2) (3) (7) (8)
认证历史服务器（AHS）
(10) (13)
(b) (a)
主机
(11) (12)
金融内网
(11) (12)
收单行
发卡行
可信第三方（TTP）

图 10.3　3D 安全协议的基本流程

具体步骤如下。

（1）持卡人向商户发出带有其支付信用卡卡号的购买请求。

（2）商户插件（Merchant Plug-in，MPI）将卡号等数据发送到目录服务器（Directory Server，DS），DS 判断该卡所属的发卡行，发卡行检查卡号是否在合法的卡号范围之内；若在此范围内，则向发卡行的访问控制服务器（Access Control Server，ACS）发送校验请求，确定该卡是否已在 ACS 上注册。

（3）ACS 处理校验请求后将响应返回给 DS，DS 收到 ACS 响应后将其返回给 MPI。

（4）商户向发卡行发出认证请求。

（5）ACS 收到请求信息后处理商户的校验认证请求，验证无误后要求持卡人输入网上交易密码以认证身份。

（6）持卡人向 ACS 系统提交网上交易支付密码。

（7）ACS 系统根据持卡人密码确认持卡人身份，确认无误后生成持卡人身份验证值（Cardholder Authentication Verification Value，CAVV），并将支付认证信息和交易状态信息发给可信第三方的认证历史服务器（Authentication History Server，AHS）保存备案。

（8）可信第三方的 AHS 处理支付认证交易明细请求后，将响应返回给 ACS 系统。

（9）ACS 系统将支付认证响应信息返回给 MPI。

（10）MPI 收到响应信息后校验签名，将 CAVV 等信息和卡号、金额等与电子商务指标（Electronic Commerce Indicator，ECI，是 VISA、MasterCard、JCB 等目录服务器返回的一个值，用于指示客户在 3D 安全协议上进行的信用卡付款的身份验证结果）值组成授权交易数据包，再向收单行转发认证校验请求。

（11）网上授权数据按照电子商务消费授权的流程，通过收单行主机经金融内网发送到卡行主机。网上授权数据转发至发卡行进行认证校验，认证校验成功后，发卡行经收单行转发认证校验成功信息并转发批量转账；认证校验失败后，由收单行转发认证校验失败信息并拒付。

（12）发卡行主机拆包后检查 ECI 值、校验 CAVV 并进行授权检查，然后将校验结果由内网返回给收单行。

（13）收单行将 ACS 系统返回的校验结果转发给商户，商户根据认证校验成功/失败信息确定是否发货。

在以上基于 3D 安全协议的认证支付交易流程中，步骤（1）～（10）和（13）为开放系统的交易步骤，步骤（11）和（12）为金融网内的主机认证交易。在交易前，为确保交易实体的合法性，必须在支付流程中对各参与者的操作进行数字签名。

10.4.2 基于 3D 安全协议的支付认证应用实例

在应用实例中，商户为提供 VISA 验证的 MPI，收单行必须是经过 VISA 验证的收单系统。发卡行系统中包括注册系统和 ACS 系统。持卡人必须首先注册，确认需要加入此项服务，如图 10.4 所示。

持卡人提供个人识别信息，如卡号、密码和个人身份识别码。发卡行注册服务器，负责跟踪持卡人信息，并将注册信息传送给发卡行的 ACS 系统。持卡人进行网上交易时，ACS 需要利用这些信息对持卡人的身份进行验证。

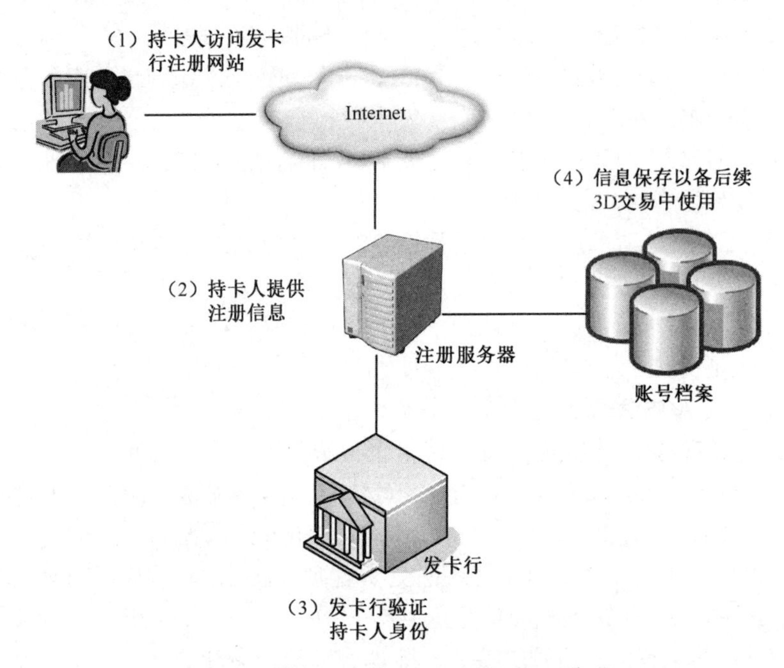

图 10.4　持卡人通过 3D 安全协议认证支付

ACS 系统的流程设计涉及商户、MPI、ACS 和 VISA 目录服务器、认证历史服务器等。在整个流程中，所有请求和响应包都在 SSL 连接上运行。处理请求详细描述如下。

（1）VEReq，从 VISA 目录服务器发来的校验请求包。

（2）VERes，ACS 处理 VEReq 后返回给 VISA 目录服务器的校验响应包。

（3）PAReq，从 MPI 经过持卡人浏览器转发的支付认证请求包。

（4）PARes，ACS 系统对 PAReq 进行处理后返回的支付认证响应包。

（5）PATransReq，ACS 发给 VISA 认证历史服务器的支付认证交易明细请求包。

（6）PATransRes，从 VISA 认证历史服务器处理 PATransReq 完成后返回的支付认证交易明细响应包。

（7）CAVV，持卡人身份验证值。MasterCard 中称该值为 AVV。

3D 安全协议基于三方在线校验的特性，从模式上确保了电子商务的安全，同时令交易离线审计与监督成为可能。因此，3D 安全协议加快了电子商务的快速发展，同时促进了电子商务、电子支付及网上银行的国际化、协作化发展。2010 年，学术界的研究表明，3D 安全协议存在许多安全问题，包括造成更大面积的网络钓鱼攻击、在欺诈性付款情况下转移责任等。例如，钓鱼攻击是因为该协议包括一个持卡人输入密码以供发卡行进行验证的弹出窗口或内联的网站组件，而这些弹出窗口或组件并不能使用安全证书验证其合法性，故仿冒的站点可利用这一缺陷获得持卡人的详细信息。此外，商户的 MPI 以及发卡行使用的 ACS 对应的域名有可能对持卡人是陌生的，这使得钓鱼攻击更加容易。除了安全问题，用户体验及易用性也有待提升：2008 年移动支付出现后非响应式的网页无法适配智能手机屏幕而导致无法顺利验证和支付；消费者的身份验证常常要求输入短信验证码，导致操作变得烦琐，而难以收到验证码的情况又会导致交易失败；弹出窗口拦截器阻止了安全脚本的运行等。

为了克服相关问题，3D 安全协议第二版于 2016 年发布。与第一版相比，身份验证不再需要重定向到单独的弹出窗口，可通过可信机构提供的移动应用程序进行身份验证。3D 安全协议第二版还支持在这些应用中使用指纹、语音、人脸等生物特征认证方式和设备序列号、位置数据等信息辅助验证，在进一步提升安全性的同时提供了良好的无缝安全支付体验。这种新的多因素身份验证方式是为了满足强客户认证（Strong Customer Authentication，SCA）的要求而设计的。由于更多的用户数据被提供给第三方，故商户需要更新自己的数据隐私条款来合理利用和保护用户隐私，同时满足相关监管要求。此外，它允许将更多的上下文发送到银行（如邮寄地址和交易历史记录）以验证和评估交易风险。仅当确定客户的交易具有高风险时，才会要求客户通过身份验证质询，这进一步提高了持卡人的支付体验，也需要发卡行和商户提升自己的交易风险管控能力。当然，3D 安全协议仍有一些缺陷，如它不限制欺诈性退款。

10.4.3 3D 安全协议的发展趋势

3D 安全协议和 SET 协议的根本区别是，3D 安全协议调整了以前的网上用卡环境，将原来的消费者（持卡人）需要下载的软件及烦琐的动作改由发卡行及商户来执行。发卡行在消费的同时直接与消费者点对点地认证，因此，消费者可以方便、安全地在每次消费时直接得到发卡行的认证。

对消费者来说，该方案最大的好处是在保证安全性的同时操作变得非常简单，不用再去为下载软件等烦琐的操作而烦恼。对于发卡机构，3D 安全协议第二版提供的额外信息可用于评估交易的风险等级，做出不同的风险决策，进而将认证流程分为两种：高风险下的挑战认证流程（Challenge Flow）和低风险下的无摩擦认证流程（Frictionless Flow），起到了风险管理的作用。

目前 VISA、MasterCard、JCB 和美国运通、PayPal 等都已对 3D 安全协议提供了广泛支持。2019 年 9 月，欧洲出台的修订付款服务指令 PSD2 要求对超过 30 欧元的交易采用强用户认证（Strong Customer Authentication，SCA）。3D 安全协议第二版作为满足 SCA 的交易验证规定的安全认证新标准，有助于在为顾客提供更流畅的结账体验，即减少弃单率的同时，为线上信用卡支付的安全保驾护航。随着国外线上信用卡交易的不断普及，3D 安全协议仍在不断得到推广和应用，已成为目前支付行业普遍认可的安全协议。

10.5 本章小结

本章首先概述了 Web 应用的安全性，介绍了 Web 面临的安全威胁及现有的安全防护机制，简述了三类常见的 Web 应用安全攻击；然后介绍了电子商务安全中的 SET 协议，分析了 SET 协议的工作流程。接着，介绍了新兴的 3D 安全支付协议，给出了未来电子支付的发展趋势。通过本章的学习，读者将了解 Web 与电子商务的安全需求，掌握基于 3D 安全支付协议的安全支付技术。希望读者能够将本章知识灵活应用到 Web 与电子商务安全设计与分析中。

选择题与填空题

1. 在_________中，用户在电子商务中使用信用卡之前，需要进行认证。
   A. SET　　B. SSL
   C. 3D 安全　　D. WTLS
2. SET 使用_________的概念。
   A. 两个签名　　B. 双重签名
   C. 多个签名　　D. 单个签名
3. SET 的主要目的与_________有关。
   A. 浏览器与服务器之间的安全通信　　B. 数字签名
   C. 消息摘要　　D. Internet 上的安全信用卡付款
4. SET 协议的商业安全需求是______________________________________。
5. 3D 安全协议中的关键参与者是______________________________________。

思考题

1. 简述 Web 应用安全的核心问题。

2．简述 Web 应用安全防护技术思路。
3．简述常见的 Web 应用安全漏洞与防御措施。
4．列举并简要定义 SET 协议交易各方。
5．简述 SET 协议的工作流程。
6．简述 SET 协议中用于消息完整性的加密/解密过程。
7．SET 协议中的双重签名的定义和目的是什么？
9．3D 安全协议与 SET 协议有什么不同？
10．3D 安全协议第一版存在什么问题？第二版是如何解决的？

参考文献

[1] Ford, W. *Computer Communications Security: Principles, Standard Protocols and Techniques*. Prentice Hall, Englewood Cliffs, New Jersey, 1994.

[2] DOD1. *Trusted Computer System Evaluation Criteria*. DOD 5200. 28-STD, U. S. Department of Defense, National Computer Security Center, Fort Meade, MD, December, 1985.

[3] Klein, D. V. *foiling the cracker: A survey of, and implications to, password security*. Proceedings of the USENIX UNIX Security Workshop, 1990: 5-14.

[4] Haller, N., Metz. C., Nesser. P., and Straw, M. *A one-time password system*. RFC 2289. Internet Engineering Task Force. February, 1998.

[5] Staniford, S., Paxson, V., and Weaver, N. *How to own the Internet in your spare time*. In Proceedings of the 11th USENIX Security Symposium. San Francisco. CA. USA. 2002.

[6] Rubin, A. D. *Tackling the Threats: White-Hat Security Arsenal*. Addison Wesley. Reading. MA. 2001.

[7] Postel, J. *Internet protocol* RFC 791. Internet Engineering Task Force. September 1981. Cited on: 19. http://www.rfc-editor.org/rfc rfc791.txt.

[8] Ziemba, G., Reed, D., and Traina. P. *Security considerations for IP fragment filtering*. RFC 1858. Internet Engineering Task Force. October, 1995.

[9] Plummer, D. C. *An Ethernet address resolution protocol: Or converting network protocol addresses to 48-bit Ethernet address for transmission on Ethernet hardware*. RFC 826. Internet Engineering Task Force. November, 1982.

[10] Bellovin, S., M. *Security problems in the TCP/IP protocol suite*. Computer Communications Review. 1989, 19(2): 32-48.

[11] Bellovin, S. M. *Problem areas for the IP security protocols*. In Proceedings of the Sixth usenix UNIX Security Symposium, 1996: 1-16.

[12] Postel, J. *User datagram protocol*. RFC 768. Internet Engineering Task Force. August, 1980.

[13] Postel, J. *Internet control message protocol*. RFC 792. Internet Engineering Task Force. September, 1981.

[14] Mogul, J. C. and Deering. S. E. *Path MTU discovery*. RFC 1191. Internet Engineering Task Force. November, 1990.

[15] Conta, A. and Deering. S. *Internet control message protocol (ICMPv6) for the internet protocol version 6 (IPv6) specifications*. RFC 2463. Internet Engineering Task Force. December, 1998.

[16] Stewart, John, W. *BGP4 Inter-Domain Routing in the Internet*. Addison-Wesley. January, 1999.

[17] Heffernan, A. *Protection of BGP sessions via the TCP MD5 signature option*. RFC 2385. Internet Engineering Task Force. August, 1998.

[18] Kent, S., Lynn, C., Mikkelson, J. and Seo, K. *Secure border gateway protocol (S-BGP)-real world performance and deployment issues*. In Proceedings of the IEEE Network and Distributed System Security Symposium. February, 2000.

[19] Kent, S., Lynn, C. and Seo, K. *Secure border gateway protocol (Secure-BGP)*. IEEE Journal on Selected

Areas in Communications, 2000: 18(4): 582-592.

[20] Goodell, G., Aiello, W., Timothy Griffin, John Ioannidis, Patrick McDaniel and Aviel Rubin. *Working around bgp: An incremental approach to improving security and accuracy of interdomain routing*. In Proceedings of the IEEE Network and Distributed System Security Symposium. February, 2003.

[21] Smith, B. and Garcia-Luna-Aceves. J. *Securing the Border Gateway Routing Protocol*. In Proceedings of Global Internet 96, 1996: 103-116.

[22] Mockapetris, P. V. *Domain names-concepts and facilities*. RFC 1034. Internet Engineering Task Force. November, 1987.

[23] Mockapetris, P. V. *Domain names-implementation and specification*. RFC 1035. Internet Engineering Task Force. November, 1987.

[24] Stahl, M. K. *Domain administrators guide*. RFC 1032. Internet Engineering Task Force. November, 1987.

[25] Bellovin, S. M. *Using the domain name system for system break-ins*. In Proceedings of the Fifth USENIX UNIX Security Symposium, Salt Lake City. UT. 1995: 199-208.

[26] Gavron, E. *A security problem and proposed correction with widely deployed DNS software*. RFC 1535. Internet Engineering Task Force. October, 1993.

[27] Eastlake, D. *Domain name system security extensions*. RFC 2535. Internet Engineering Task Force. March, 1999.

[28] Eastlake, D. and Kaufman. C. *Domain name system security extensions*. RFC 2065. Internet Engineering Task Force. January, 1997.

[29] Srisuresh, P. and Holdrege, M. *IP network address translator (NAT) terminology and considerations*. RFC 2663. Internet Engineering Task Force. August, 1999.

[30] Tsirtsis, G. and Srisuresh, P. *Network address translation-protocol translation (NAT-PT)*. RFC 2766. Internet Engineering Task Force. February, 2000.

[31] Rekhter, Y., Moskowitz, B., Kartenberg, D. de Groot, G. J. and Lear. E. *Address allocation for private internets*. RFC 1918. Internet Engineering Task Force. February, 1996.

[32] Hain, T. *Architectural implications of NAT*. RFC 2993. Internet Engineering Task Force. November, 2000.

[33] Holdrege, M. and Srisuresh, P. *Protocol complications with the IP network address translator*. RFC 3027. Internet Engineering Task Force. January, 2001.

[34] Senie, D. *Network address translator (NAT)-friendly application design guidelines*. RFC 3225. Internet Engineering Task Force. January, 2002.

[35] Deering S. and Hinden. R. *Internet protocol Version 6. (IPv6) specification*. RFC 2460. Internet Engineering Task Force. December, 1998.

[36] Carpenter, B. and Moore, K. *Connection of IPv6 domains via IPv4 clouds*. RFC 3056. Internet Engineering Task Force. February, 2001.

[37] Carpenter, B. and Jung, C. *Transmission of IPv6 over IPv4 domains without explicit tunnels*. RFC 2529. Internet Engineering Task Force. March, 1999.

[38] Srisuresh, P. and Egevang, K. *Traditional IP network address translator (traditional NAT)*. RFC 3022. Internet Engineering Task Force. January, 2001.

[39] Hagino, J. and Yamamoto, K. *An IPv6-to-IPv4 transport relay translator*. RFC 3142. Internet Engineering

Task Force. June, 2001.

[40] Klensin, J. editor. *Simple mail transfer protocol*. RFC 2821. Internet Engineering Task Force. April, 2001. Cited on: 41.

[41] Costales, B., Eric Allman and Neil Rickert. *Sendmail*. O'Reilly. Sebastopol. CA. 1993.

[42] Markoff, J. *Computer invasion: "back door" ajar*. In The New York Times. Volume CXXXVIII. page B10. November 7. 1989.

[43] Avolio, F. M. and Vixie, P. *Sendmail: Theory and Practice*. Second Edition. Butterworth-Heinemann, 2001.

[44] Myers, J. *SMTP service extension for authentication*. RFC 2554, Internet Engineering Task Force. March, 1999.

[45] Hoffman, P. *SMTP service extension for secure SMTP over transport layer security*. RFC 3207, Internet Engineering Task Force. February, 2002.

[46] Rescorla Eric. *SSL and TLS: Designing and Building Secure Systems*. Addison-Wesley. 2000.

[47] Crispin, M. *Internet message access protocol-version 4revl*. RFC 2060. Internet Engineering Task Force. December, 1996.

[48] Freed, N. and Borenstein, N. *Multipurpose internet mail extensions (MIME) part one: Format of internet message bodies*. RFC 2045. Internet Engineering Task Force. November, 1996.

[49] Sollins, K. *The TFTP protocol (revision2)*. RFC 1350. Internet Engineering Task Force. July, 1992.

[50] Postel, J. and Reynolds, J. K. *File transfer protocol*. RFC 959. Internet Engineering Task Force. October, 1985. Cited on: 53.

[51] Bellovin, S. *Firewall-friendly FTP*. RFC 1579. Internet Engineering Task Force. February, 1994. Cited on: 53. 202.

[52] Martin, D. Rajagopalan, S. and Aviel Rubin, D. *Blocking Java apple at the firewall*. Proceedings of the Internet Society Symposium on Network and Distribute System Security, 1997: 16-26.

[53] Eisler, M. *NFS version 2 and version 3 security issues and the NFS protocols use of RPCSEC*. GSS and Kerberos V5. RFC 2623. Internet Engineering Task Force. June, 1999.

[54] Vincenzetti, D. Taino, S. and Bolognesi, F. *STEL: Secure TELnet*. In Proceedings of the Fifth USENIX UNIX Security Symposium. Salt Lake City. UT. 1995.

[55] Blaze, M. and Bellovin, S. M. *Session-layer encryption*. In Proceedings of the Fifth USENIX UNIX Security Symposium. Salt Lake City. UT. June, 1995.

[56] Ylonen T. *SSH: secure login connections over the internet*. In Proceedings of the Sixth USENIX UNIX Security Symposium, 1996: 37-42.

[57] Case, J. D., Fedor, M., Schottstall, M. L. and Davin, C. *Simple network management protocol (SNMP)*. RFC 1157. Internet Engineering Task Force. May, 1990.

[58] Blumenthal, U. and Wijnen, B. *User-based security model (USM) for version 3 of the simple network management protocol (SNMPv3)*. RFC 2574. Internet Engineering Task Force. April, 1999.

[59] Bishop Matt. *A security analysis of the NTP protocol*. In Sixth Annual Computer Security Conference Proceedings, Tucson. AZ. December, 1990: 20-29.

[60] Fumy, W. and Landrock, P., *Principles of key management*, IEEE Journal on Selected Areas in Communications, 1993, 11: 785-793.

[61] Fumy, W. and Leclerc, M., *Placement of cryptographic key distribution within OSI: design alternatives and assessment.* Computer Networks and ISDN Systems, 1993, 26: 217-225.

[62] Menezes, A., Qu, M. and Vanstone, S. *Some new key agreement protocols providing implicit authentication*, workshop record, 2nd Workshop on Selected Areas in Cryptography (SAC '95), Ottawa, Canada, 1995: 18-19.

[63] Gong Guang, Lein Harn. *A new approach on public-key distribution.* 密码学进展——CHINACRYPT'98. 北京：科学出版社，1998: 50-55.

[64] Maurer, U. M., *Conditionally-perfect secrecy and a provably secure randomized cipher*, Journal of Cryptology, 1992, 5(1): 53-66.

[65] Maurer, U. M., *Secret key agreement by public discussion based on common information*, IEEE Trans. on Inform. Theory, May 1993, 39(3): 733-742.

[66] Cachin, C. and Maurer, U. M. *Linking information reconciliation and privacy amplification*, J. of Cryptology, 1997, 10(2): 97-110.

[67] Rivest, R. L. and Shamir, A. *How to expose an eavesdropper*, Communications of the ACM, 1984, 27(4): 393-395.

[68] 王育民，刘建伟．通信网的安全——理论与技术．第 1 版．西安：西安电子科技大学出版社，1999.

[69] Bellovin, S. M. and Merritt, M., *Encrypted key exchange: password-based protocols secure against dictionary attacks*, Proceedings of the 1992 IEEE Computer Society Conference on Research in Security and Privacy, 1992: 72-84.

[70] Konheim, A. G., Mack, M. H., McNeill, R. K., Tuckerman, B. and Waldbaum, G. *The IPS cryptographic programs*, IBM Systems Journal, 1980, 19(2): 253-283.

[71] 唐正军．入侵检测技术导论．北京：机械工业出版社，2004.

[72] Luca Deri. *Improving Passive Packet Capture: Beyond Device Polling*, Proceedings of SANE, 2003.

[73] 刘建伟，张卫东，刘培顺，李晖．网络安全实验教程．北京：清华大学出版社，2007.

[74] Hickman, K. E. B. *The SSL Protocol*. Online document, February 1995.

[75] Freier, A. O., Karlton, P. and Kocher, P. C. *The SSL Protocol*. Version 3. 0. INTERNET-DRAFT, draft-freier-ssl-version3-02.txt, November, 1996.

[76] Calvelli, C. and Varadharajan, V. *An analysis of some delegation protocols for distributed systems.* Proceedings of the Computer Security Foundations Workshop V, IEEE Computer Society Press, 1992: 92-110.

[77] Morris, R. and Thompson, K. *Password security: a case history*. Communications of the ACM, 1979, 22(5): 594-597.

[78] Azzarone, S. *Safety PIN: Can it keep card systems secure*? Bank Systems and Equipment, Nov. 1978.

[79] Stallings, W. *Network and Internetwork Security*. Englewood Cliffs, NJ, Prentice-Hall, 1995.

[80] Atul Kahate 著．密码学与网络安全（第 2 版）．金名，等译．北京：清华大学出版社，2009.

[81] [ISO10202-7 1994] ISO 10202-7, *Financial Transaction Cards — Security Architecture of Financial Transaction Systems Using Integrated Circuit Cards — Part 7: Key Management*, draft (DIS), International Organization for Standardization, Geneva, Switzerland 1994.

[82] Tara, M. *Wireless Security and Privacy: Best Practices and Design Techniques*, Addison Wesley 2002.

[83] GSM 02. 09 v8. 0. 1, *Security aspects*, Release 1998, Phase 2+, 2001.

[84] GSM 03. 20 v9. 0. 0, *Security related network functions*, Phase 2+, 2001.

[85] 曹鹏，文灏，等．第三代移动通信系统安全. 移动通信. 2001, l: 20-21.

[86] 3G TR 33. 102V3. 5. 0, *Security Architecture*. 2000, 07: 11-26.

[87] 刘锋. 第三代移动通信系统中认证与密钥协商协议的应用研究[D]. 重庆大学硕士学位论文，2005.

[88] Pollino David. *Wireless Security*. McGraw-Hill, 2002.

[89] http://www.commsdesign.com/design_library/cd/hn/OEG20021126S0003.

[90] 马建峰，朱建明，等．无线局域网安全——方法与技术．北京：机械工业出版社，2005.

[91] 朱海龙，张国清．基于 DIAMETER 的 AAA 技术及其在 Mobile IP 中的应用[J]．计算机工程与应用，2003(21): 159-163.

[92] C. Rigney, S. Willens, A. Rubens, et al. *Remonte authentication dial in user service* (RADIUS) [S]. RFC2865, Jun., 2000.

[93] 杨建军，贾晨军，冉立新．基于 RADIUS 协议的网络认证技术研究[J]．浙江大学学报，2005，39(2): 234-237.

[94] W. Simpson. *PPP challenge handshake authentication protocol* (CHAP)[S]. RFC 1994, Aug. 1996.

[95] Pat R Calhoun et al. *DIAMETER Base Protocol*[S]. IETF DRAFT.

[96] Pat R Calhoun et al. *DIAMETER Framework Document*[S]. IETF DRAFT.

[97] C. Perkins and P. Calhuon. *Anthentication, authorization, and accounting (AAA) registration keys for Mobile IPv4*[S]. RFC3957, Mar., 2005.

[98] Zhou L., Haas Z. J. *Securing Ad Hoc Networks* [J]. IEEE Network Journal, 1999, 13 (6): 24-30.

[99] Yi S., Kravets R. *MOCA: Mobile certificate authority for wireless ad hoc networks* [A]. In: proc. of the 2nd Annual PKI Research Workshop[C]. 2003: 65-79.

[100] Luo H, Lu S. *Ubiquitous and Robust Authentication Service for Ad Hoc Wireless Network* [R]. Los Angeles: UCLA Computer Science Department, 2000.

[101] Kong J., Zerfos P., Luo H., et al. *Providing Robust and Ubiquitous Security Support for Mobile Ad-Hoc Networks* [A]. In: International Conference on Network Protocols (ICNP) 2001[C]. Washington, DC: IEEE Computer Society. 2001: 251-260.

[102] Luo H., Zerfos P., Kong J., et al. *Self-Securing Ad Hoc Wireless Networks* [A]. In: seventh IEEE Symposium on Computers and Communications (ISCC '02) [C]. 2002: 567-574

[103] Hubaux J. P., Buttyan L., Capkun S. *The Quest for Security in Mobile Ad Hoc Networks* [A], In: ACM Symposium on Mobile Ad Hoc and Computing (MobiHOC2001) [C]. 2001: 146-155.

[104] Capkun, S., Hubaux, J. P., Buttyan, L. *Self-Organized Public-Key Management for Mobile Ad Hoc Networks* [J], IEEE Transactions on Mobile Computing, 2003, 2(1): 52-64.

[105] Zimmermann, P. *The Official PGP User's Guide* [M]. Cambridge: MIT Press. 1995.

[106] A. Shamir. *Identity-based Cryptosystems and Signature Schemes* [J], Advances in Cryptology – CRYPTO'84, G. R. Blakley, D. Chaum (Eds.), LNCS196, Springer-Verlag, 1984: 47-53.

[107] Lamport, L. *Password authentication with insecure communication* [J]. Communication of the ACM, 1981, 24(11): 770-772.

[108] Perrig A., Canetti R., Tygar J., et al. *Efficient authentication and signing of multicast streams over lossy channels* [A]. In: Proc. of IEEE Symposium on Security and Privacy 2000[C]. 2000: 56-73.

[109] Eschenauer L, Gligor V. *A key management scheme for distributed sensor networks* [A]. In: Proc. of the 9th ACM Conf. on Computer and Communications Security [C]. New York: ACM Press, 2002: 41-47.

[110] Chan H., Perrig A., Song D. *Random key pre-distribution schemes for sensor networks* [A], In: Proc. 24th IEEE Symp. on Security and Privacy [C]. Washington, DC: IEEE Computer Society. 2003: 197-213.

[111] Blom R. *An optimal class of symmetric key generation systems* [A]. In: Eurocrypt. 84[C]. Berlin: Springer-Verlag, 1984: 335-338.

[112] Blundo C, Santis A D, Herzberg A, et al. *Perfectly secure key distribution for dynamic conferences* [J]. Information and Computation, 1998, 146 (1): 1-23.

[113] Du W L., Deng J., Han Y. S., et al. *A key management scheme for wireless sensor networks using deployment knowledge* [A]. In: Twenty-third Annual Joint Conference of the IEEE Computer and Communications Societies [C]. Washington, DC: IEEE Computer Society. 2004: 586-597.

[114] 苏忠，林闯，封富君，任丰原．无线传感器网络密钥管理的方案和协议．软件学报，2007, 18(5): 1218-1231.

[115] Fonseca E., Festag A. *A Survey of Existing Approaches for Secure Ad Hoc Routing and Their Applicability to VANETS* [R]. NEC: NET Network Laboratories, 2006.

[116] Anantvalee T., Wu J. *A Survey on Intrusion Detection in Mobile Ad Hoc Networks* [A], In: Xiao Y, Shen X M, Du D Z. Wireless Network Security [M]. New York: Springer, 2007: 159-180.

[117] William Stalling 著．密码编码学与网络安全：原理与实践（第 4 版）[M]．孟庆树，王丽娜，傅建明，等译. 北京：电子工业出版社，2004.

[118] Ranganathan C, Ahobha Ganapathy. *Key dimensions of business-to-customer web sites* [J]. Information and Management, 2002, 39(1): 457-465.

[119] Visa Int Service Association. *3D Secure protocol specification core functions* [EB/OL].

[120] 吴小强，刘晶，等．3D 协议的改进及应用[J]．控制与决策，2005 年第四期，2005 年 4 月.

[121] Wu X Q. *A hybrid approach in intelligent workflow modeling using Petri nets and neural network for inter-organizational cooperation* [A]. The 8th lnt on CSCW in Design[C]. Xiamen, 2004: 307-311.

[122] 沈娟．3D-Secure 安全协议将成新一代网上支付认证的标准架构[J]．国际金融报，2004 年 9 月.

[123] 3D Secure 解决方案．http://www.mpia.cn/cn/tdocs/3ds-chinese.pal.

[124] 丁建立等．网络安全[M]．武汉：武汉大学出版社，2007.

[125] James Tobin. *Great Projects: The Epic Story of the Building of America, from the Taming of the Mississippi to the Invention of the Internet* [M]. Simon and Schuster, 2012.

[126] Marcus Pinto, Dafydd Stuttard. *The Web Application Hacker's Handbook: Finding and Exploiting Security Flaws* [M]. United States: Wiley, 2011.

[127] OWASP. *OWASP Top Ten* [EB/OL]. https://owasp.org/www-project-top-ten/.

[128] Wikipedia. *Cross-site request forgery* [EB/OL]. https://en. wikipedia.org/wiki/Cross-site_request_forgery.

[129] OWASP. *Cross Site Request Forgery* (CSRF) [EB/OL]. https://owasp.org/www-community/attacks/csrf.

[130] OWASP. *Cross-Site Request Forgery Prevention Cheat Sheet* [EB/OL]. https://cheatsheetseries. owasp.org/zcheatsheets/Cross-Site_Request_Forgery_Prevention_Cheat_Sheet.html.

[131] Wikipedia. *Cross-site scripting* [EB/OL]. https://en.wikipedia.org/wiki/Cross-site_scripting.

[132] OWASP. *Cross Site Scripting (XSS)* [EB/OL]. https://owasp.org/www-community/attacks/xss/.

[133] OWASP. *Types of XSS* [EB/OL]. https://owasp.org/www-community/Types_of_Cross-Site_Scripting.

[134] OWASP. *Cross Site Scripting Prevention Cheat Sheet* [EB/OL]. https://cheatsheetseries. owasp.org/cheatsheets/Cross_Site_Scripting_Prevention_Cheat_Sheet.html

[135] Ariel Ortiz Ramirez. *Three-Tier Architecture* [EB/OL]. https://www.linuxjournal.com/article/3508, 2000-7-1.

[136] OWSAP. *SQL Injection* [EB/OL]. https://owasp.org/www-community/attacks/SQL_Injection.

[137] Wikipedia. *SQL Injection* [EB/OL]. https://en. wikipedia.org/wiki/SQL_injection#Form.

[138] Hossein Bidgoli. *The Internet Encyclopedia, Volume 3*[M]. John Wiley & Sons, 2004.

[139] Murdoch S J, Anderson R. *Verified by visa and mastercard securecode: or, how not to design authentication* [C]. International Conference on Financial Cryptography and Data Security. Berlin, Heidelberg: Springer, 2010. 336-342.

[140] Olivier Godement. Stripe: *3D Secure 2— Guide to 3DS2 Authentication* [EB/OL]. https://stripe.com/ en-ca/guides/3d-secure-2.

[141] Waidner M, Kasper M. Security in industrie 4. 0-challenges and solutions for the fourth industrial revolution[C]. 2016 Design, Automation & Test in Europe Conference & Exhibition (DATE). IEEE, 2016: 1303-1308.

[142] 危光辉. 移动互联网概论(第 2 版)[M]. 2018. 北京：机械工业出版社.

[143] 肖云鹏，刘宴兵，徐光侠. 移动互联网安全技术解析[M]. 2015. 北京：科学出版社.

[144] 中国互联网络信息中心. 第 45 次《中国互联网络发展状况统计报告》[R/OL]. [2020-06-03].

[145] 梁晓涛，汪文斌. 移动互联网[M]. 2013. 武汉：武汉大学出版社.

[146] 刘陈，景兴红，董钢. 浅谈物联网的技术特点及其广泛应用[J]. 科学咨询，2011(9): 86-86.

[147] 刘云浩. 物联网导论[M]. 2017. 北京：科学出版社.

[148] 张玉清，周威，彭安妮. 物联网安全综述[J]. 计算机研究与发展，2017, 54(10): 2130-2143.

[149] 武传坤. 物联网安全关键技术与挑战[J]. 密码学报，2015, 2(1): 40-53.

[150] 武传坤. 物联网安全架构初探[J]. 中国科学院院刊，2010, 25(4): 411-419.

[151] RFC 6962. Certificate Transparency[S]. 2013.

[152] 张婕，王伟，等. 数字证书透明性 CT 机制安全威胁研究[J]. 计算机系统应用，2018, 27(10): 232-239.

[153] Laurie B. *Certificate transparency* [J]. Communications of the ACM, 2014, 57(10): 40-46.

[154] *What is certificate transparency*? [EB/OL]. https://www.certificate-transparency.org/what-is-ct.

[155] Stark E, Sleevi R, Muminovic R, et al. *Does certificate transparency break the web*? *Measuring adoption and error rate*[C]//2019 IEEE Symposium on Security and Privacy (SP). IEEE, 2019: 211-226.

[156] Li B, Lin J, Li F, et al. *Certificate transparency in the wild: Exploring the reliability of monitors* [C] //Proceedings of the 2019 ACM SIGSAC Conference on Computer and Communications Security. 2019: 2505-2520.

[157] 徐梓耀，贺也平，邓灵莉. 一种保护隐私的高效远程验证机制[J]. 软件学报，2011, 22(02): 339-352.

[158] *How Log Proofs Work* [EB/OL]. https://www.certificate-transparency.org/log-proofs-work.

[159] Szydlo M. *Merkle tree traversal in log space and time*[C]//International Conference on the Theory and Applications of Cryptographic Techniques. Springer, Berlin, Heidelberg, 2004: 541-554.

[160] Merkle R C. *Protocols for public key cryptosystems*[C]//1980 IEEE Symposium on Security and Privacy.

IEEE, 1980: 122-122.

[161] Merkle R C. *A digital signature based on a conventional encryption function* [C]//Conference on the theory and application of cryptographic techniques. Springer, Berlin, Heidelberg, 1987: 369-378.

[162] Nakamoto S. *Bitcoin: A peer-to-peer electronic cash system* [R]. Manubot, 2019.

[163] 3GPP TS 33.501, *3GPP Security architecture and procedures for 5G System*, v. 15.4.0, 21.06.2018

[164] 3GPP TS 33.401, *3GPP System Architecture Evolution* (SAE): Security Architecture, v.14.2.0, 17.03. 2017

[165] 3GPP TR 33. 899, *Study on the security aspects of the next generation system*, v. 1.3.0, 21.08. 2017

[166] RFC 822. *Standard for the Format of Arpa Internet Messages* [S]. 1982.

[167] RFC 2045. *Multiputpose Internet Mail Extensions (MIME) Part One: Format of Internet Message Bodies* [S]. 1996.

[168] RFC 2046. *Multiputpose Internet Mail Extensions (MIME) Part Two: Media Types* [S]. 1996.

[169] RFC 281. *Simple Mail Transfer Protocol* [S]. 1982.

[170] Khan W. Z., Khan M. K., Muhaya F. T. B., Aalsalem M. Y., Chao H. *A Comprehensive Study of Email Spam Botnet Detection* [J]. IEEE Communications Surveys & Tutorials, vol. 17, no. 4, pp. 2271-2295, 2015.

[171] Klensin J. RFC 5321, *Simple Mail Transfer Protocol* [S]. 2008.

[172] 刘建伟，王育民. 网络安全——技术与实践[M]. 北京：清华大学出版社，2017: 58-62.

[173] RFC 918. *Post Office Protocol* [S]. 1984.

[174] RFC 1939. *Post Office Protocol-Version 3*[S]. 1996.

[175] RFC 3501. *Internet Message Access Protocol-Version 4rev1*[S]. 2003.

[176] Stine k., Scholl M. E-mail Security: *An Overview of Threats and Safeguards* [J]. Journal of AHIMA, vol. 81, no. 4, pp. 28-30, 209.

[177] Cisco Senderbase. *Spam Overview* [EB/OL]. http://www.senderbase.org/static/spam.

[178] Bhowmick A., Hazarika S. M. *Machine Learning for E-mail Spam Filtering: Review, Techniques and Trends*. ArXiv abs/1606. 01042, 2016.

[179] Gregory L. W., Wu S. F. *On Attacking Statistical Spam Filters* [C]. Proceedings of First Conference on Email and Anti-Spam, 2004.

[180] Andreolini M., Bulgarelli A., Colajanni M., Mazzoni F. *HoneySpam: Honeypots Fighting Spam at the Source* [C]. Proceedings of the Steps to Reducing Unwanted Traffic on the Internet Workshop, pp 77–83, 2005.

[181] Silva S. S. C., Silva R. M. P., Pinto R. C. G., Salles R. M. *Botnets: A survey* [J]. Computer Networks, vol. 57, no. 2, pp. 378-403, Feb. 2013.

[182] Nagamalai D., Dhinakaran C., Lee J. K. *Multi Layer Approach to Defend DDoS Attacks Caused by Spam* [C]. 2007 International Conference on Multimedia and Ubiquitous Engineering, pp. 97-102, 2007,.

[183] Yuan J., Mills K. *Monitoring the effect of Macroscopic Effect of DDoS flooding attacks* [J]. IEEE Transactions on Dependable and Secure Computing, vol. 2, no. 4, pp. 324-335, 2005.

[184] Cook D., Hartnett J., and Manderson K., Scanlan J. *Catching spam before it arrives: domain specific dynamic blacklists* [C]. Proceedings of the 2006 Australasian workshops on Grid computing and e-research, pp. 193-202, 2006.

[185] Leiba B., Ossher J., Segal R., Wegman M. *SMTP Path Analysis* [C]. Proceedings of Second Conference on Email and Anti-Spam, 2005.

[186] Levine J. R. *Experiences with greylisting* [C]. Proceedings of Second Conference on Email and Anti-Spam, 2005.

[187] Harris E. *The Next Step in the Spam Control War: Greylisting* [EB/OL].

[188] Bajaj K. S., Pieprzyk J. *Can We Can the email spam* [J]. 2013 Fourth Cybercrime and Trustworthy Computing Workshop, pp. 36-43, 2013.

[189] Sanz E. P., Hidalgo J. M., Cortizo J. C. *Email Spam Filtering* [J]. Advances in Computers, vol. 74, pp. 45-114, 2018.

[190] Graham P. *A plan for spam* [EB/OL]. http://www.paulgraham.com/spam.html.

[191] Yeh C., Chiang S. *Revisit Bayesian Approaches for Spam Detection* [C]. 2008 The 9th International Conference for Young Computer Scientists, Hunan, pp. 659-664, 2008,

[192] Lili Diao, Chengzhong Yang. *Training Anti-Spam Models with Smaller Training Set Via Svm Way* [J]. 2010 International Conference on Electronics and Information Engineering, vol. 2, pp. 101-105, 209.

[193] Drucker H., Donghui Wu, Vapnik V. N. *Support vector machines for spam categorization* [J]. IEEE Transactions on Neural Networks, vol. 10, no. 5, pp. 1048-1054, 1999.

[194] Yang Yiming, Christopher G. Chute. *An Example-Based Mapping Method for Text Categorization and Retrieval* [J]. ACM Transactions on Information Systems, vol. 12, pp. 252-277, 1994.

[195]Alberdi I., Philippe E., Vincent O., Kaâniche N. M. *Shark: Spy Honeypot with Advanced Redirection Kit*[C]. Proceedings of the IEEE Workshop on Monitoring, Attack Detection and Mitigation, 2007.

[196] Mehta B., Nangia S., Nejdl W. *Detecting image spam using visual features and near duplicate detection*[C]. Inernational World Wide Web Conference, 2008.

[197] Dhanaraj S., Karthikeyani V. *A study on e-mail image spam filtering techniques*[C]. 2013 International Conference on Pattern Recognition, Informatics and Mobile Engineering, pp. 49-55, 2013.

[198] Biggio B., Fumera G., Pillai I., Roli F. *A survey and experimental evaluation of image spam filtering techniques* [J]. Pattern Recognition Letters, vol. 32, pp. 1436-1446, 2011.

[199] Fumera, G., Pillai, I., Roli, F. *Spam filtering based on the analysis of text information embedded into images* [J]. Journal of Machine Learning Research (special issue on Machine Learning in Computer Security), vol. 7, pp. 2699–2720, 2006.

[200] Wang Chao, Zhang Fengli, Li Fagen, Liu Qiao. *Image spam classification based on low-level image features*[C]. 2010 International Conference on Communications, Circuits and Systems, pp. 290-293, 209.

[201] Drake C. E., Oliver J. J., Koontz E. J. *Anatomy of a Phishing Email*[C]. Proceedings of First Conference on Email and Anti-Spam, 2004.

[202] Schneider, M., Shulman, H., Sidis, A., Sidis, R., & Waidner, M. *Diving into Email Bomb Attack*[C]. 2020 50th Annual IEEE/IFIP International Conference on Dependable Systems and Networks, 2020.

[203] Hendrickson J. *How email bombing uses spam to hide an attack* [EB/OL]. https://www.howtogeek.com/412316/how-email-bombing-uses-spam-to-hide-an-attackl.

[204] Herzberg A. *Dns-based email sender authentication mechanisms: A critical review* [J]. Computers & security, vol. 28, no. 8, pp. 731-742, 2009.

[205] Bekerman D. *How registration bots concealed the hacking of my amazon account* [EB/OL]. https://www.imperva.com/blog/amazon-account-hack-registration-bots/.

[206] Benishti E. *The return of email flooding* [EB/OL]. https://www.darkreading.com/endpoint/the-return- of-email-flooding-/aJd-id/1333351.

[207] Garfinkel S. *PGP: pretty good privacy* [M]. 1995.

[208] 宋成勇，胡勇，陈淑敏，李均锐. PGP 工作原理及其安全体制[J]. 电子技术应用, 2004(10): 49-51.

[209] RFC 4880. OpenPGP Message Format[S]. 2007.

[210] Coremail 论客，360 威胁情报中心. 2017 中国企业邮箱安全性研究报告[R]. 2018.

[211] RFC 3548. *The Base16, Base32, and Base64 Data Encodings*[S]. 2003.

[212] RFC 2119.

[213] 深入分析：Onliner SpamBot7. 11 亿电邮账号泄露事件[EB/OL]. https://yq. aliyun.com/articles/231211.

[214] Patrick C. *An Exploration of the Identifying Characteristic of Spam Campaign Address Lists* [EB/OL]. https://escholarship.org/uc/item/05z017qc. 2015.

[215] F-Secure Labs. *Net-Worm: W32/Nimda* [EB/OL]. https://www.f-secure.com/v-descs/nimda. shtml